현대성의 위기와 건축의 파노라마

Architecture, Crisis and Resuscitation

The reproduction of post-Fordism in late-twentieth-century architecture

탈 카미너(Tahl Kaminer) 지음
조순익 옮김

Spacetime

국립중앙도서관 출판시도서목록(CIP)

현대성의 위기와 건축의 파노라마 / 탈 카미너 저 ; 조순익 옮김.
서울 : 시공문화사(Spacetime), 2014
p.336 ; 150×220cm

원표제: Architecture, crisis and resuscitation : the reproduction of post-Fordism in late-twentieth-century architecture
원저자명: Tahl Kaminer
참고문헌과 색인수록
영어 원작을 한국어로 번역
ISBN 978-89-5592-289-9 93540 : ₩18000

현대 건축[現代建築]
건축사(역사)[建築史]

610.9205-KDC5
724.6-DDC21 CIP2014010057

이 도서의 국립중앙도서관 출판시도서목록(CIP)은 서지정보유통지원시스템 홈페이지(http://seoji.nl.go.kr)와 국가자료공동목록시스템(http://www.nl.go.kr/kolisnet)에서 이용하실 수 있습니다.
(CIP제어번호: CIP2014010057)

목차 Contents

감사의 말 Acknowledgments

이 책은 델프트공과대학교(Delft University of Technology)에서 2004년부터 2008년까지 수행한 연구의 결과다. 제3부의 섹션들은 런던대학교(UCL) 바틀렛 건축대학원에서 2002년부터 2003년까지 수행한 연구에 기초한다. 본 저자는 이런 노력의 전반에 걸쳐 독려와 지지와 비평을 해준 아리 흐라플란트(Arie Graafland)에게 감사를 표하고 싶다. 게다가 내 동료들의 기여를 언급해야겠는데, 특히 루카즈 스타넥(Lukasz Stanek)과 패트릭 힐리(Patrick Healy), 하이디 손(Heidi Sohn), 이자벨 두셋(Isabelle Doucet)은 이 책을 만드는 데 도움을 주었고, 종종 의도치 않게 토론과 논평을 하기도 했다. 수많은 이유로 도와주신 우리 부모님들에게, 그리고 끈기 있게 성원해준 마이릿(Miritte)에게 특별한 감사를 전한다.

추천서문 Foreword

글: 힐데 하이넨(Hilde Heynen)

시간이 지날수록 다뤄야 할 과거의 역사는 더 많아지는 법이다. 그런데 이 때문에 개인에게는 어떤 흥미로운 효과가 일어난다. 일정 연령에 도달하고 나면 마치 역사가 항상 자신을 뒤쫓아 오는 것처럼 보이고, 자신이 겪어온 사건에 대한 역사적 해설을 읽을 땐 다소 심란함을 경험하게 된다. 마치 이제야 역사서술을 통해 곱씹어보니 특정사건의 실재적 의미가 드러나고 있다는 느낌을 받으면서도, 그 역사가가 객관화하는 담론 속에서 뭔가가 상실되는 듯한, 즉 사건들을 겪었던 이들로서는 그 사건들을 뭔가 즉각적이고 긴급하게 특징짓는다는 느낌을 받기도 하는 터다. 개인적으로 중요했던 일련의 연속적인 것들, 말하자면 감정과 우연, 내밀한 연합, 복잡한 분규 같은 것들이 잘려나가는데, 역사란 과거의 다채로운 부산물이 아닌 과거의 본질을 드러내는 작업이기 때문이다.

이런 말이 역사의 의무에 대한 낭만적 개념을—과거의 '진리' 와 '실재적 의미' 를 추구한다는 개념을—연상시킬지라도, 그것은 1966년부터 2001년까지 벌어진 건축논쟁들에 관한 탈 카미너의 『현대성의 위기와 건축의 파노라마』를 읽은 나의 경험을 적절히 표현하는 말이다. 카미너는 건축학적 실천에 중요한 흔적을 남겨온 건축가와 저자, 프로젝트, 텍스트들을 엮어 모아 하나의 폭넓은 망을 구성하여 최근의 건축역사를 재해석했다. 그가 등장시키는 인물들과 그들의 성과는 이미 유명하므로 그가 상술하는 사건들은 친숙하게 들린다. 하지만 이 책에서 주목할 만한 비상함은 그 모든 인물과 그들의 작업을 서로 견주어가며 배치하는 가운데 이야기를 풀어가는 그의 해석체계에 있다. 그는 그것들을 다음과 같은 변증법적 서사로 풀어낸다. 처음(정[正], thesis)에는 모더니즘이 있었고, 모더니즘은 심각한 위기에 빠졌다. 아무도 건축가가 하는 일을, 심지어는 건축가 자체를 좋아하지 않았다. 따라서 건축가들은 모더니즘의 대안을 찾으려 역사적 준거와 도시적 맥락, 소비문화 등을 탐구하고 있었다. 하지만 그들이 찾은 건 고작 도피(반[反], antithesis)뿐이었고, 이때 그들은 실무적 압력들로부터 후퇴하여 자율적 학문으로서의 건축을 향해 선회하기 시작했다. 도면의 난해한 세계를 탐험하며 결코 지어지지 않을 디자인들을 만드는 페이퍼 건축에 몰두하기 시작한 것이다. 이로써 그들은 자체적인 명성을 얻었는데, 처음에는 일부 식자층에게만 유명했지만 점차 더욱 폭넓은 대중의 관심을 끌어왔다. 어느 시점에 이르자 이러한 명성은 브랜드화(합[合], synthesis)되었고, 이는 건축가들이 실재(the real)와 실천(practice)의 영역으로 되돌아갈 수 있게 해줬다. 건축주들과 의뢰단체들에게 자신들이 설계하는 건물이 흥미롭고 혁신적이며 매력적이라고 설득할 수 있었던 건축가들은 품위를 회복하고 건축을 재활시키는 데 성공했다.

이러한 이야기를 풀어내는 『현대성의 위기와 건축의 파노라마』는 건축가들과 비평가들 사이에 벌어진 집안싸움 같았던 논쟁들을 당시의 사회경제적 조건들 속에 위치시킨다. 카미너는 그의 주인공들이 그린 지적 계보들뿐만 아니라 그들의 출신국가마다 다양한 건축문화들에 대해서도 철저히 알고 있다. 예를 들어 그는 유럽과 북미 간에 벌어진 중요한 차이를, 즉 건축가들이 건설업에서 차지하던 위치라든가 계획과 건설을 관장하는 제도적 장치들 속에서의 위치가 서로 꽤나 달랐음을 예리하게 자각하고 있다. 미국에서 가장 유명한 건축가들이 관념적인 면에서는 크게 존경받지만 실제로 건물을 지을 기회가 거의 없는 문화엘리트에 속한다면, 유럽에서는 건축가와 비평가, 학교, 의뢰단체, 계획위원회 사이의 연계망이 보다 섬세한 경우가 많다. 따라서 건축실무를 좌우하는 요인들이 서로 상당히 다르고 젊은 건축가들이 인정받게 되는 경로 역시 다르다. 유럽에서는 현상설계와 대체로 공적인 의뢰 건들을 통해 인정받지만, 미국에서는 전시와 대체로 사적인 의뢰 건들을 통해 인정받는다. 이런 차이들은 최근의 (탈)비판성([post]criticality)에 관한 논쟁에서 여러 오해들이 있었던 이유 중의 하나다. 카미너의 분석은 비록 그런 논쟁에 대한 적극적인 개입을 삼가고 있긴 하나, 확실히 그러한 논쟁적 용어들을 명확히 하는 데 중요한 기여를 하고 있다.

건축의 운동과 경향 들을 그보다 더 폭넓은 사회경제적 맥락과 상호 연결하는 이 책은 만프레도 타푸리와 프레드릭 제임슨 같은 역사가 겸 비평가들의 족적을 따른다. 아방가르드와 모더니즘이 자본주의의 개발수요와 관련되어 있음을 보여준 게 타푸리였다면, 그리고 포스트모더니즘이 후기자본주의의 문화논리와 결속되어 있음을 분석한 게 제임슨 이었다면, 1966년부터 2001년까지 건축이 위기를 맞아 후퇴했다가 재부상하는 일견 무관해 보이는 주기가 본질적으로는 자본주의와 신자유주의의 경제 요건들에 반응하던 것이었음에 초점을 맞추는 게 카미너다. 포스트모더니즘에 관한 제임슨의 명저(『포스트모더니즘, 혹은 후기자본주의의 문화논리』[1991]; Jameson 2005)와 비교해볼 때, 카미너는 2011년에 보다 먼 역사를 바라봄으로써 더욱 완전한 하나의 주기를 관찰할 수 있었고 1989년에는 아직 완전히 드러나지 않았던 중요한 의미를 지닌 인물들의 역할에 다가갈 수 있는 이점을 얻었다.

이것은 카미너가 20세기 말의 건축사를 결산하여 기술했다는 의미일까? 나는 그렇게 생각하고 싶지 않다. 이 책은 이 시대 건축문화의 매우 중요한 측면에 대한 고도의 타당하고 지적인 분석을 담고 있다. 말하자면 주류건축매체에서 건축학이 스스로를 이해하고 표현하는 만큼의 학문적 핵심을 담고 있는 것이다. 하지만 이 책은 그러한 핵심에 즉각적인 효과를 주지 못하거나 주변부에 속한 것일지라도 어쨌거나 건축문화 내부에서 일어나고 있는 많은 점들을 무시하고도 있다. 나는 페미니즘과 포스트식민주의비평, 생태운동 등 소위 말하는 신사회운동(new social movement)들과 일상적인 것에 대한 관심이 아마도 결국 이 책에서 분석하는 경향들만큼이나 중요하리라 본다. 하지만 『현대성의 위기와 건축의 파노라마』가 이런 걸 무시하는 이유는, 건축의 학문적 특정성에 초점을 맞추겠다는 이 책의 출발점이 그런 의무를 부여하기 때문이다. 이러한 초점은 어떤 것들을 강조하되 다른 것들은 가리는 거울처럼 작용한다. 여기서 가려지는 것은 건축의 학문적 특정성(건축의 골자인 도면과 그 기골인 전범[典範])에 도전하는 모든 것이다. 하지만 그러한 신사회운동들은 건축주와 공무원, 시공업자, 사용자의 역할뿐 아니라 세계 속에서 건축이 일으키는 효과들을 훨씬 더 많이 인식할 수 있을 건축의 재개념화를 요한다. 따라서 핵심 인물들을 기준으로 건축의 자기이해에 주목하는 역사분석에서 이런 운동들이 가려지게 되는 건 크게 놀랄 일이 아니다.

그럼에도 불구하고 이러한 초점이 있기에 이 책은 응집성과 일관성을 유지하며, 그렇기에 그토록 읽을 만한 가치가 있는 책이다. 이 책이 표방하는 과업은 20세기 후반 건축문화에 꽤나 결정적이었던 일련의 지적 행보들에 대한 매우 능숙하고도 철저하게 박식한 파노라마를 제시하는 일이다. 건축가와 비평가, 프로젝트, 텍스트, 건물들을 폭넓게 배치하고 역사화하고 맥락화함으로써, 『현대성의 위기와 건축의 파노라마』는 건축문화가 어떻게 그것의 사회적 조건들과 지속적으로 교섭하는지를 보여주는 상호관계와 접속점들을 찾아낸다. 바로 이것이야말로 내가 경의를 표하는 이 책의 성과다.

옮긴이서문: 파편화하는 현실에서 그리는 변증법적 인식의 지도

Preface: Dialectical Cognitive Mapping from Fragmenting Realities

이 글은 힐데 하이넨의 추천서문에 주석을 달다가 설명이 길어지면서 별도의 해제로 다시 쓰게 된 것이다. 해제에 앞서 본서의 제목에 대해 먼저 얘기하자면, 원제는 *Architecture, Crisis and Resuscitation: the reproduction of post-Fordism in late-twentieth-century architecture*다. 직역하면 "건축, 위기, 소생(부흥): 20세기 말 건축의 포스트포디즘 재생산"이 되는데, '소생'이나 '포스트포디즘 재생산'[1] 같은 말들은 독자들에게 선뜻 이해되지 않으리라 생각되어 『현대성의 위기와 건축의 파노라마』로 제목을 지었다. 이 제목은 본서가 대략 20세기 중반을 즈음하여 찾아온 모더니티[2]의 위기와 더불어 후퇴했다가 다시 살아나게 된 한 편의 파노라마 같은 건축의 이야기임을 뜻한 것이다. 하이넨[3]이 추천서문에서 언급했듯이 20

1. '포스트포디즘'은 포디즘(포드주의) 이후의 '탈(후기)포드주의'라는 의미로서 포디즘은 미국의 실업가 헨리 포드가 1913년에 그의 이름을 딴 자동차 공장을 만들며 도입한 대량생산방식을 말한다. 일괄 조립라인에서 각 노동자마다 자기가 맡은 표준화된 특정부품을 만드는 분업시스템을 도입하여 생산효율성을 극대화한 포디즘은 양차대전 사이에 성장하여 산업자본주의의 혁신적 토대가 되었으며, 여기엔 과학적 관리법인 테일러주의도 결합했다. 한편 포스트포디즘은 반도체 기술과 컴퓨터, 로봇 기술의 부상과 함께 일어난 탈산업사회의 생산방식으로서, 전문화된 상품·용역의 유연한 생산과 소규모의 기업단위 등으로 특징지어진다.

2. '모던(modern)'이란 말은 본래 '현대적'이란 뜻이기에 '모더니티(modernity)'도 '현대성'이란 의미이며, '모더니즘(modernism)'은 이러한 현대성을 추구하는 '현대주의'적 의미의 문예사조를 말한다. 하지만 19세기 말부터 20세기 초에 정점을 이루었던 모더니티는 점차 인간을 소외시키는 모순을 드러냈고 제1·2차 세계대전 등을 거치면서 근대적 이성에 대한 총체적 비판에 직면하게 되었다. 그리고 20세기 중반 이후로는 종래의 산업사회에서 탈산업사회로, 종래의 자본주의에서 후기자본주의로 이행하면서 포스트모더니티 같은 모더니티 이후의 대안적 개념이 등장하게 되었기에, 현 시점에서 볼 때의 모더니티는 역사적으로 '근대성'에 가까운 말이 되었다. 하지만 모더니티는 '끝나지 않은 미완의 기획'이라는 하버마스의 말처럼 여전히 현대를 구성하는 주요한 특성이다. 게다가 현대의 특성이 모더니티냐 포스트모더니티냐의 논쟁이 생긴 이래로 현 시대를 '컨템퍼러리(contemporary)'로 칭하는 용법도 생겼거니와 '컨템퍼러리'의 다소 양식화된 느낌과 달리 순수하게 '현 시대'를 가리키는 'present-day'라는 일상적 용법도 있는 만큼, 'modern'이란 영어단어는 맥락에 따라 '근대'와 '현대', '모던'으로 적절히 번역했다.

세기 말 건축사에 대한 탈 카미너의 이러한 '큰 그림' 이 나오기에 앞서 현대 서구건축의 비평적 토대를 구축한 두 명의 핵심인물이 있는데, 이탈리아의 건축사가이자 건축이론가인 만프레도 타푸리와 미국의 문학이론가이자 문화비평가인 프레드릭 제임슨이 그들이다. 따라서 그들이 남긴 족적을 짧게나마 미리 살펴보는 게 이 책의 맥락을 이해하는 첫걸음으로서 유효할 것이다. 아울러 20세기에 전개된 아방가르드와 모더니즘, 포스트모더니즘의 흐름도 간략히 살펴보고, 본서가 적극적으로 개입하지 않는 '(탈)비판성' 논쟁과 그에 관련된 본서의 핵심적인 철학용어들도 좀 짚어본다면 더욱 짜임새 있는 그림을 그리는 데 도움이 되리라 생각한다.

만프레도 타푸리(1935~1994)는 건축 실무부터 시작하여 젊은 나이에 건축저널의 편집장을 지냈고, 궁극적으로는 건축 실무보다 이론과 역사에 비판적 소명을 부여하면서 이후 서구 건축이론·비평에 핵심적인 주제들을 정초한 인물이다. 20세기 초 무솔리니 시대가 남긴 파시즘의 잔재를 타파하기 위한 이탈리아의 급진적 정치운동 속에서 안토니오 네그리와 마시모 카치아리의 영향을 받고 1968년의 저항운동을 경험한 이 마르크스주의 이론가는 1968~80년 사이에 집중적으로 중요한 텍스트들을 생산했는데, 이 중에는 『건축의 이론과 역사(Teorie e storia dell' architettura)』(1968), 『건축과 유토피아(Progetto e utopia)』(1973), 『현대건축(Architettura contemporanea)』(프란체스코 달 코와 공저, 1976), 『구와 미로(La sfera e il labirinto)』(1980) 등이 있다. 그의 가장 유명한 저서인 『건축과 유토피아』를 통해 케인스주의 경제 속에서 건축의 이데올로기가 자본주의적 계획의 이데올로기로 변해가고 근대건축의 유토피아가 무용해져가는 과정을 변증법적으로 분석했을 뿐더러 『구와 미로』에서는 70년대에 활동하던 동시대 건축가들의 실천사례들을 분석하며 자율적 건축의 시도들을 마르키 드 사드의 규방철학에 빗대어 비판한 걸로도 유명하다.[4] 당대의 수많은 사상가

3. 힐데 하이넨의 『건축과 현대성(Architecture and Modernity)』(이경창·김동현 옮김, 스페이스타임, 2008)[『건축과 모더니티』(같은 옮긴이와 출판사, 2013년 재판본)]은 건축을 '모더니티' 와의 관계 속에서 들여다본 책으로 20세기의 아방가르드와 모더니즘, 모더니티에 대한 비판담론을 상세히 다루는 만큼, 본서에서 거론되는 현대성의 '위기' 와 관련하여 근대적 맥락을 더 깊이 조망하기에 적합한 책이다.

들을 섭렵한 그였지만, 그의 이론적 지평은 주로 근대적 진보의 폭풍이 남긴 역사적 파편들의 짜임관계(constellation) 속에서 '역사의 결을 거슬러 솔질' 하며 알레고리적 의미를 읽어내려 했던 발터 벤야민의 역사철학적 입장에 기초한다는 게 중론이다.

프레드릭 제임슨(1934~현재)은 사르트르의 실존주의에 대한 탐구로 학문적 이력을 시작하여 비판이론과 러시아 형식주의, 구조주의, 프로이트와 라캉의 정신분석학 등을 섭렵해온 마르크스주의 이론가로서 2008년에는 인문사회과학계의 노벨상이라 불리는 홀베르그 상을, 2012년에는 미국 현대어문학협회(MLA)의 공로상을 받았다. 그의 대표작으로는 『마르크스주의와 형식(Marxism and Form)』(1971), 『정치적 무의식(The Political Unconscious)』(1981), 『포스트모더니즘, 혹은 후기자본주의의 문화논리(Postmodernism, or the Cultural Logic of Late-Capitalism)』(1991), 『단일한 모더니티(A Singular Modernity)』(2002) 등이 있고, 1976년에 『건축과 유토피아』의 영역본이 출판되면서 타푸리가 미국에 본격적으로 소개된 이후 1982년의 한 심포지엄에서 타푸리에 대한 비판적 논평을 한 바 있다.[5] 제임슨의 이론에서는 전 지구적 자본주의의 총체성을 파악하는 '인식적 지도그리기(cognitive mapping)'가 중요하며, 모더니즘과의 결별을 표방하던 포스트모더니즘을 후기자본주의의 문화논리로 보고 하나의 단일한 모더니티로 총체화한 것이 그의 대표적인 이론적 성과 중 하나라 할 수 있겠다.

타푸리의 『건축과 유토피아』가 주는 교훈은 20세기 초 자본주의의 발달 속에서 벌어지던 건축 아방가르드와 근대 도시계획의 변증법이라고

---

4. 『1968년 이후의 건축이론』(K. 마이클 헤이스 엮음, 봉일범 옮김, 스페이스타임, 2003)에 실린 타푸리의 "규방의 건축: 비평의 언어와 언어의 비평"(1974) 참조. 타푸리의 저서들 가운데 현재 국내에는 『건축과 유토피아』(신석균 · 김영훈 · 김정 옮김, 태림문화사, 1988; 김원갑 옮김, 기문당, 1988)와 『건축의 이론과 역사』(김일현 옮김, 동녘, 2009)가 번역되어 있다.

5. 『1968년 이후의 건축이론』에 실린 제임슨의 "건축과 이데올로기 비판"(1982) 참조. 제임슨의 저서 중 번역된 책들로는 『마르크스주의와 형식』(여홍상 · 김영희 옮김, 창비, 2014), 『후기마르크스주의』(김유동 옮김, 한길사, 2000), 『지정학적 미학』(조성훈 옮김, 현대미학사, 2007)이 있으나, 그의 가장 대표적인 저서인 『정치적 무의식』과 『포스트모더니즘, 혹은 후기자본주의의 문화논리』는 아직껏(2014년 초까지) 번역되지 못한 상태다. 다만 그의 『포스트모더니즘, 혹은 후기자본주의의 문화논리』에 실린 동명의 논문은 본래 『뉴 레프트 리뷰(New Left Review)』 146호(1984년 7-8월호)에 실린 글이어서 『포스트모더니즘론』(정정호 · 강내희 편, 도서출판 터, 1989)에 번역되어 실렸다.

할 수 있을 것이다. '아방가르드(avant-garde)'는 '전위(前衛)'로 번역되는 만큼 말 그대로 본래 최전방을 지키는 전방호위대를 가리키는 군사용어였지만, 문화예술분야에 흡수된 이래로는 전형적으로 20세기 초의 모더니즘 초기에 등장한 구성주의(Constructivism)와 다다(Dada), 초현실주의(Surrealism), 미래주의(Futurism) 등의 급진적 전위예술운동을 지칭하게 된 말이다. 당시의 건축 아방가르드는 1920~30년대에 주체와 객체의 분열에 맞서 건축과 도시의 연속체를 만들어내려던 일련의 흐름들, 예를 들어 러시아의 모이세이 긴즈부르크와 독일의 루트비히 힐버자이머 및 에른스트 마이 같은 건축가들의 공동주거 작업들을 일컬으며, 게오르크 지멜의 도시사회학적 연구와 발터 벤야민의 아케이드 프로젝트 등도 건축과 도시의 관련성을 탐구했다는 점에서 같은 흐름으로 엮인다. 이러한 모더니즘 초기 아방가르드의 급진적 색채는 점차 모더니즘의 형식화 경향이 두드러지게 되는 전성기 모더니즘(high modernism)에 이르러 역사 속으로 사라지게 되며, 이런 의미에서 '역사적(historical)' 아방가르드라 불리게 된다. 한편 전성기 모더니즘 건축을 대표하는 르 코르뷔지에는 그의 대표적 저서 『건축을 향하여(Vers une Architecture)』(1923)에서 "건축이냐 또는 혁명이냐, 혁명은 피할 수 있다"●6는 유명한 말을 남겼는데, 이 말은 이후 모더니즘의 반혁명적 문화주의를 암시하는 말이 된다.

본서의 출발시점인 20세기 후반의 초기는 모더니즘이 전성기를 지나 위기에 처하고 '포스트모더니즘'이 새롭게 대두되던 시기다. '포스트모더니즘'은 꽤나 논쟁적인 용어인데, 이 말을 정의했던 대표적인 학자들로는 장-프랑수아 리오타르와 프레드릭 제임슨이 있다. 모더니즘의 거대서사 대신 미시서사가 떠오르게 되는 양식적 변화를 포스트모더니즘으로 본 리오타르는 모더니즘의 대표적 거대서사였던 사회적 진보관념에 반감을 표현했던 데 반해, 포스트모더니즘을 고전적 자본주의와 독점적(제국주의적) 자본주의를 이어 제3단계에 접어든 후기자본주의(소비사회)의 문화논리로 설명한 제임슨은 이 용어의 정치적·역사적 외연을 확장시켰

6. 르 코르뷔지에, 『건축을 향하여』(이관석 옮김, 동녘, 2007) 283쪽 참조.

다고 볼 수 있다. 결국 포스트모더니즘 논쟁은 필연적으로 모더니즘의 문제와 결부되는데, '모던(modern)' 이라는 말 자체가 본래 '현대적' 이란 뜻인 만큼 과거와의 단절과 역사적 진보를 표방하는 관념이었고 여기에는 유물론과 관념론의 혼합 속에 기술적 진보와 사회적 진보라는 상충적인 개념들이 공존하고 있었던 탓이다. 이러한 모더니즘의 내적 모순은 모더니즘 초기 아방가르드가 점차 사회적 진보관념을 상실하고 기능 위주의 전성기 주류 모더니즘으로 형식화한 원인이기도 했고, 소비사회의 미디어의 발달과 결합한 (MTV의 상업화 등 소비사회를 진전시키는) 우파 포스트모더니즘과 소수자 인권운동 및 신사회운동(생태주의, 포스트식민주의 등)과 결부된 좌파 포스트모더니즘의 분리로도 나타났다. 한편 모더니즘의 진보적 거대서사에 대한 포스트모더니즘의 비판은 모더니즘 이전의 과거를 회복하려는 전통적 보수주의의 유행을 낳았으며, 원인과 목적을 갖춘 선형적 진보가 아닌 혼성모방과 콜라주, 상호텍스트성 등의 특징을 보이게 된다.

포스트모더니즘은 좁게는 영 · 미권의 문예사조를 가리킬 만큼 주로 영 · 미권에 일반화된 말이지만 넓게 보면 이와 유사한 유럽 철학사조인 프랑스의 후기구조주의(poststructuralism)를 포함할 수 있고, 애초에 '포스트모더니즘' 이란 용어를 처음 썼던 이탈리아의 이합 하산은 다소 후기구조주의적인 관점에서 포스트모더니즘의 특징들을 정리한 바 있다. 후기구조주의가 대두하기 전에는 물론 구조주의(structuralism)의 흐름이 있었는데, 구조주의가 언어학(소쉬르)과 인류학(레비스트로스), 역사학(푸코), 문화연구(바르트), 정신분석학(라캉), 정치철학(알튀세르) 등에서 일어난 일종의 합리주의 사조였다면 후기구조주의는 구조주의에 영향을 받았으면서도 그것의 합리주의적 환원성에 반기를 들고 탈권위적인 다양성과 차이를 강조한 일단의 흐름들이다(들뢰즈와 데리다, 후기 푸코, 후기 바르트가 대표적이며 라캉도 말미에는 후기구조주의의 영향을 보여준다). 거칠게 말해서 구조주의의 근대적 원류를 대략 마르크스와 프로이트에게서 찾을 수 있다면, 후기구조주의의 근대적 원류는 주로 니체에서 찾을 수 있을 것이다. ●7

후기구조주의와 포스트모더니즘은 1960년대에 형성되기 시작하여 1968년에 폭발한 (5월의 파리 학생운동으로 대표되곤 하는) 세계적 봉기 이후로 본격화하면서 70년대의 반전운동(베트남전 반대시위) 및 반문화 운동(로큰롤과 히피, 마약, 폭주족과 같은 청년 하위문화)에 영감을 주게 된다. 이런 분위기 속에서 종래의 케인스주의와 복지국가체제가 해체되며 떠오른 신자유주의는 8~90년대 들어 영국의 대처리즘과 미국의 레이거노믹스에 힘입어 본격적으로 활력을 얻게 되는데, 본서에서 곧잘 거론되는 프랑스 사회학자 뤽 볼탕스키와 에브 시아펠로는 이러한 6~70년대의 반문화적 흐름과 8~90년대의 신자유주의를 서로 자연스럽게 이어지는 연속적인 흐름으로 읽어낸다. 즉 그들의 분석은 반문화가 추구했던 '자유'의 개념이 '경제적 자유'의 개념으로 일원화되었거나 서로 불가분의 관계였음을 시사하며 포스트모던 문화를 총체적으로 돌아보게 하는 관점을 대변한다. 한편 그랙 램버트에 따르면 제임슨은 1977년에 미국에서 들뢰즈와 가타리의 『안티-오이디푸스(Anti-Oedipus)』가 번역 출간되자 마르크스주의적 해석에 대한 이 저서의 잠재적 위협을 의식하고 1981년에 『정치적 무의식』을 출간하여 후기구조주의와의 본격적인 문화전쟁에 나섰는데, 이는 그러한 반문화적 사상이 안 그래도 상업화된 미국에서 사회적 주체들을 더욱 파편화함으로써 마르크스주의적 저항의 연대를 소멸시켜버릴 위험을 막고자 함이었다.[8]

---

7. 김상환은 『니체, 프로이트, 맑스 이후』(창비, 2002)에서 이렇게 언급하고 있다. "(중략) 라캉은 프로이트로, 알튀세르는 마르크스로 돌아가자고 외쳤다. 우리는 푸코, 들뢰즈, 데리다에게서 니체로의 복귀가 선언되고 있음을 읽을 수 있다. 그러므로 1960년대 이후의 프랑스철학을 신니체주의, 신프로이트주의, 신마르크스주의 등으로 분류한다 해도 무리는 아니다." — 『니체, 프로이트, 맑스 이후』 155쪽 참조(원문 내 인명은 본서에서의 명칭에 맞춰 변경 표기).

8. 『누가 들뢰즈와 가타리를 두려워하는가?』(그랙 램버트 지음, 최진석 옮김, 자음과모음, 2013) 제1부 "표현" 부분 참조. 사실 들뢰즈와 가타리의 『안티-오이디푸스』에 대한 제임슨의 문제의식은 1977년에 출간된 그의 『이론의 이데올로기(Ideologies of Theory)』에서 이미 나타났다. 이 책에 실린 "라캉의 상상계와 상징계(Imaginary and Symbolic in Lacan)"라는 글에서 제임슨은 들뢰즈와 가타리가 보여준 정치적 전략이 라캉적인 의미의 '상상계'(언어체계로 구조화된 상징계로 이행하기 전 단계로서, 헤겔적인 의미에서는 대자[對自]적 단계로 나가기 전의 즉자[卽自]적 단계와 유사한 단계)에 머무른다는 저항적 한계를 지적했기 때문이다. 들뢰즈와 가타리가 그들의 저서에서 내세운 새로운 주체화의 전략은 기존의 '몰적(molar)' 총체에서 '분자적(molecular)' 집단들로의 전환이었는데, 제임슨의 문제제기는 이런 전략이 부르주아적 개인주의를 저지한다는 마르크스주의적 전략에 부합하지 않는다는 것이었다.

후기구조주의와 포스트모던 문화에 대한 유사한 문제의식에도 불구하고, 볼탕스키와 시아펠로의 시각은 제임슨의 관점과 구분된다. 즉 제임슨은 1968년의 저항운동을 후기자본주의사회(탈산업사회) 내부에서 일어나는 저항으로 보았지만, 볼탕스키와 시아펠로는 1968년의 저항을 아직 산업사회에 머물러있던 복지국가와 케인스주의를 표적으로 한 탈산업사회의 현상으로 본 것이다. 바로 이 볼탕스키와 시아펠로의 관점에서 카미너는 반문화와 신자유주의의 '연속성'에 주목하여 '자율적' 건축과 '실재적' 건축을 연결시킨다. 카미너의 분석은 그간 건축가들 사이에서 가장 논쟁적이고 정의가 분분했다 할 수 있을 ('자율성'과 '실재'로 대표되는) 개념들을 둘러싼 오해와 그 이상적 허구성을 예리하게 지적하는 대신 건축가들의 생산자적 위치를 파악함으로써 모더니즘의 위기 이후 심화해온 신자유주의의 베일에 가려진 물적 현실과 생산방식의 변화, 주객분열의 문제에 초점을 맞춘다. 이는 마르크스의 '물적 토대(base)-이데올로기적 상부구조(superstructure)' 라는 유물론적 사회구성체 도식에서 후기마르크스주의자들이 이데올로기적 상부구조의 역할에 주목했던 시대를 지나 다시 물적 토대와 정치 · 사회 · 문화적 상부구조를 총체적으로 살펴보며 상대적으로 토대에 더 초점을 둔 것이라 할 수 있는데, 하버마스가 말했듯이 예전의 케인스주의 경제에서는 시장이 물적 토대와 거리를 유지한 채 상부구조의 정치 이데올로기를 정당화하고 있었지만 신자유주의 경제로 넘어오면서 아예 시장 자체가 이데올로기화되어 물적 토대 속에 파묻혀버렸기 때문이다.[9]

9. 이데올로기적 상부구조의 역할을 긍정한 후기마르크스주의 개념으로는 안토니오 그람시의 '헤게모니(hegemony)' 개념과 루이 알튀세르의 '상대적 자율성(relative autonomy)' 개념이 대표적이다. 한편 카미너는 서론에서 말하기를 본서의 관점이 알튀세르와 베버의 관점을 종합한 것으로 얘기하고 있는데, 막스 베버의 경우 『프로테스탄트 윤리와 자본주의 정신』(1905)에서 초기 자본주의의 발달에 개신교 윤리가 주효하게 작동했음을 분석했던 만큼 마르크스의 유물론과 대별될 정도로 상부구조적인 '정신'이 강조된다. 그리고 볼탕스키와 시아펠로 역시 『자본주의의 새로운 정신』(1999)에서 이러한 베버의 '정신'을 상대적으로 강조한 입장이다. 한편 알튀세르는 상부구조에서의 이데올로기적 기능에 주목하면서도 마르크스를 따라 사회구성체의 최종결정은 역시 물적 토대라는 '중층결정론'을 주장했다. 따라서 이들의 관점을 반영한 카미너는 건축의 이데올로기적 역할에 크게 주목하면서도 최종적으로는 물적 토대가 핵심을 이루고 있다고 할 수 있다. 시장이 상부구조의 정치를 재현하던 역할에서 벗어나 물적 토대에 파묻힘으로써 시장 자체를 정당화하게 되었다는 하버마스의 말은 제3부 "통화주의의 부상"을 참조.

카미너의 본서는 특히 21세기 초부터 떠올랐던 서구건축계의 (탈)비판성([post]criticality) 논쟁을 둘러싼 용어들의 오해를 불식하는 데 기여하는 측면이 크다. 왜냐면 이 논쟁에서 '비판성'은 다름 아닌 '자율성(autonomy)'•10과 결부되어 있었고, 그런 비판을 개시하며 '탈비판성'을 내세운 쪽은 '실재'의 건축을 옹호하는 이들이었기 때문이다. 그만큼 본서는 현대건축에서 가장 얽히고설킨 논쟁의 이슈들에 빛을 비추고 있는 셈이다. 그것도 정치와 경제, 사회, 문화를 아우르는 다양한 시각의 프리즘을 통해서 말이다. 마이클 스픽스와 로버트 소몰, 사라 화이팅 등이 2002년에 개시하고 이후 스탠 알렌 등이 가세하며 불을 지폈던 '(탈)비판성' 논쟁은 미국 건축학계를 중심으로 불붙은 논쟁이었고, 그 요지인즉 7~80년대에 정점에 달했던 '자율적' 건축이 지나치게 비판적 담론에 집중하는 현학적인 엘리트주의로 치우쳐왔기에 변화한 시대의 실재를 제대로 반영하지 못한다는 것이었다.•11 이 논쟁을 처음 개시한 마이클 스픽스는 본서에서 '네오아방가르드'라 일컬어지는 자율적 건축가들을 '영웅적 아방가르드'로, 그가 옹호하는 새로운 세대의 디지털 건축가들(그렉 린, FOA, UN 스튜디오 등)은 '혁신적 아방가르드'로 칭했다. 스픽스와 같은 해에 논쟁을 개시한 로버트 소몰과 사라 화이팅은 비판담론을 이끌어온 자율적 건축을 '핫(hot)'한 건축으로, 90년대 이후 렘 콜하스 이후의 실재의 건

10. '자율성' 개념의 연원은 18세기 칸트의 정의로까지 거슬러 올라가며, 고티에와 피들러, 뵐플린 등을 거쳐 20세기에는 대표적으로 테오도르 아도르노와 클레멘트 그린버그, 페터 뷔르거 같은 이론가들을 통해 예술적 자율성에 대한 이론화가 이루어진다. 본래 자율성의 의미는 칸트의 '자유' 개념과 낭만주의의 '예술을 위한 예술' 운동, 사회에 대한 '비판적' 거리유지라는 명목과 관련되어 있었다. 하지만 이는 일상적 삶으로부터 멀어질수록 고립된 '예술을 위한 예술'이 될 수밖에 없는 모순을 안고 있던 만큼 이론가들마다 자율성에 대한 이해와 입장도 제각각이었다. 이것이 1933년 오스트리아 예술사가 에밀 카우프만을 통해 건축적 자율성으로 본격적으로 이론화된 후 1940년대에는 영국의 콜린 로우를 통해 이에 대한 형식주의적 이해가 일어났고, 자율적 건축에 대한 이러한 분화된 이해들은 1960~70년대에 이탈리아의 알도 로시와 미국의 피터 아이젠만으로 이어지면서 내적으로도 구분되는 흐름들을 낳는다. 이어서 존 헤이덕과 마시모 스콜라리, 베르나르 츄미, 다니엘 리베스킨트 등의 이질적 형태를 중시하는 자율적 건축가들이 대두되었고, 마이클 헤이스는 아이젠만의 자율성 개념을 개량하여 건축적 자율성과 비판성의 관계를 이중적인 변증법으로 이론화하였다. 자세한 내용은 제2부를 참조.

11. *Constructing a New Agenda: Architectural Theory 1993-2009* (ed. A. Krista Sykes, New York: Princeton Architectural Press, 2010)에 실린 마이클 스픽스의 "디자인 지능 제1부: 서론(Design Intelligence Part 1: Introduction)"과 로버트 소몰 및 사라 화이팅의 "도플러효과와 다른 모더니즘 경향들에 관한 소고(Notes around the Doppler Effect and Other Moods of Modernism)" 참조.

축을 '쿨(cool)' 한 건축으로 칭했으며, 이들이 원조로 삼은 '실재' 의 건축가는 바로 본서의 제3부에서 집중적으로 다루는 렘 콜하스와 그가 이끄는 OMA 및 AMO였다. 이들은 1970년대에 자율적 해체의 다이어그램을 통한 일련의 작품들을 선보인 이론적 건축가 피터 아이젠만과 1984년에 '비판적' 건축의 이론화를 개시했었던 건축이론가 K. 마이클 헤이스를 주된 공격대상으로 삼았고, 이러한 논쟁적 구도는 2005년에 미국 건축 잡지 『아키텍츄럴 레코드(Architectural Record)』에 마이클 스픽스가 쓴 "이론 이후(After Theory)" 라는 글로도 표면화된다.[12]

하지만 그들이 비판대상으로 삼은 비판성과 자율성의 철학적 연원은 칸트에게로까지 거슬러 올라갈 만큼 뿌리가 깊으며, 그들이 공히 비판한 '비판적' 진영의 아이젠만과 헤이스도 타푸리와 제임슨에게서 받은 영향이 서로 다른 만큼 내부적인 속사정은 그리 간단치가 못하다. 또한 위에서 짧게 살펴봤듯이 타푸리와 제임슨의 차이는 또 오죽할 것인가. 하지만 이런 비판적 진영의 공통점을 찾자면 대략 마르크스주의로 모아지는 만큼 탈비판적 진영의 불만은 곧 마르크스주의적인 비판담론에 대한 불만이며, 여기서 또 한 번 모더니즘과 포스트모더니즘의 구도에서 엿보이던 정치적 노선의 분리를 엿보게 된다. 그런데 비판성 대 탈비판성의 구도에서 주목할 점은 그 '실재' 의 건축을 표방하는 탈비판적 진영이 대부분 자신들이 비판한 아이젠만의 후예들로서, 공히 후기구조주의의 영향 속에서 노선만을 변경했을 뿐이란 점이다.[13] 이는 기존 건축의 '의미

12. Michael Speaks, "After Theory," *Architectural Record* (June 2005), p. 72-5 참조.

13. 아이젠만은 1960년대 말부터 10여 년간 ≪주택 연작≫으로 모더니즘적 소외효과를 선보이다가 1978~88년에는 '인공적 발굴의 도시' 프로젝트로 해체론적 후기구조주의 철학자 자크 데리다의 '차이를 생산하는 글쓰기' 개념을 건축적으로 실험한다. 이는 기존 건축에 전통적이었던 의미론적 차원에서 벗어나 구문론적 차원으로 이행하던 후기구조주의의 영향을 반영한 것이며, 아이젠만의 후예로서 90년대 초부터 떠오른 새로운 세대의 디지털 건축가들은 역시 데리다 못지않게 '차이' 의 철학을 대표하는 들뢰즈의 '추상기계(abstract machine)' 적 다이어그램 개념을 차용하기 시작했다. 이에 아이젠만은 1999년에 출판된 그의 『다이어그램 다이어리(Diagram Diaries)』에서 자신의 다이어그램 작업을 들뢰즈의 개념과 비교하여 설명하기도 했으며, 이에 앞서 1984년에 쓴 "고전적인 것의 종언: 시작의 끝, 종결의 끝" 이란 에세이에서는 전통적인 의미론적 차원의 재현을 '시뮬레이션' 으로, 자신의 작업을 '디시뮬레이션(dissimulation)' 으로 표현하며 그것이 들뢰즈의 시뮬라크르 개념과 유사하다고도 말한 바 있다. — Peter Eisenman (1984), "The End of the Classical: The End of the Beginning, the End of the End," in *Theorizing a New Agenda for Architecture: An Anthology of Architectural Theory 1965-1995*, ed. Kate Nesbitt (New York: Princeton Architectural Press, 1996), 미주 14, 16번 참조.

론적(semantic)' 상징수법에서 모더니즘과 후기구조주의의 영향을 받은 아이젠만의 '구문론적(syntactic)' 다이어그램을 거쳐 후기구조주의에 신자유주의적인 실천과 실용성을 접목한 건축가들의 '화용론적(pragmatic)' 다이어그램으로 이행했다고도 빗대어 말할 수 있겠는데, 이는 본서에서 기술하는 변증법적 서사와도 일맥상통한다. 즉, 현대성의 위기에 직면하여 건축이 후퇴하던 시절 과거로 회귀하거나 절충적으로 이미지화된 사실주의적 포스트모더니즘이 대두되다가,•14 이와 반대되는 흐름으로 합리주의적 네오모더니즘(본서의 표현으로 말하자면 '자율적 네오아방가르드') 건축가들이 떠올라 건축의 브랜드화를 일으키고, 다시 포스트모더니즘적인 사실주의와 네오모더니즘적인 아이콘화가 종합된 '실재'의 건축이 출현하는 변증법적 서사 말이다.•15

그리고 이 '실재'라는 개념은 '이상'이나 '자율성'과 더불어 본서에서 가장 주목해야 할 문제적 관념일 수밖에 없다. 다름이 아니라 본서의 해석체계에 따르면 플라톤적인 '이상'에 대항하고자 했던 '실재'가 결국 똑같은 '이상'으로 포섭되기 때문이다. 물론 카미너는 '실재'에 대

---

14. 미국을 중심으로 포스트모더니즘이 대두될 때 이탈리아에서는 아키그램 식의 대중적인 기술유토피아와 팝아트가 급진적인 사회주의 정치노선과 결합한 '급진적 건축'(슈퍼스튜디오, 아키줌 등)이 등장했었으나, 이런 경향은 곧 70년대 말에 이탈리아의 알도 로시를 필두로 한 신합리주의적 건축의 경향으로 흡수된다.

15. 건축 포스트모더니즘의 기수인 로버트 벤추리와 데니스 스콧 브라운, 스티븐 이즈나워는 『라스베이거스의 교훈(Learning from Las Vegas)』(1972)에서 모더니즘적인 건축과 포스트모더니즘적인 건축을 각각 '오리(duck)'와 '장식된 헛간(decorated shed)'으로 묘사한 바 있다. 거칠게 말해 전자가 입체적 형태를 강조한다면, 후자는 평면적 장식을 강조한다는 차이를 특징지은 것이다. 한편 여기서 말하는 신사실주의적 포스트모더니즘과 신합리주의적 모더니즘(네오아방가르드)의 변증법적 서사에 따라 등장한 '실재'의 건축세대는 할 포스터에 의하면 '장식된 오리(decorated duck)'로 칭할 수 있을 것이다. 포스터는 『디자인과 범죄, 그리고 그에 덧붙인 혹평들(Design and Crime, and Other Diatribes)』(2002)에서 프랭크 게리의 〈빌바오 구겐하임 미술관〉을 '장식된 오리'로 칭했으며, 그의 이러한 비판에 대한 반응으로 2005년에 열린 컨퍼런스에서는 이 용법을 렘 콜하스의 〈베이징 중국국영방송(CCTV) 사옥〉으로까지 확장시켰다. 즉 그의 요지는 '장식된 헛간'이 포스트모던한 이미지를, '오리'가 모던한 건물을 상징한다면, 게리와 콜하스로 대표되는 현대의 아이콘적인 건축들은 이미지와 건물이 하나가 된 '이미지-건물'이라는 얘기이며, 이는 모던과 포스트모던의 변증법이라는 그의 시각을 적용한 것이다. 그는 이 컨퍼런스의 논문을 마무리하는 자신의 논문 "이미지-건물(Image-Building)"에서 2005년 당시의 건축적 경향에 대해 말하기를, "과도한 블롭(blob)이나 '매체화된 외피(mediated envelope)'" 같은 건축어휘로 스펙터클한 빌바오 효과를 얻고자 하는 경향이 "아직도 여전하고 그 어느 때보다 더한, 팝의 세상"이라고 했다 — Hal Foster (2005), "Image-Building" *in Architecture Between Spectacle and Use*, ed. Anthony Vidler (Williamstown: Clark Art Institute, 2008) 참조. 같은 맥락에서 그는 기 드보르가 『스펙터클의 사회(Society of the Spectacle)』(1967)에서 스펙터클(볼거리)을 '자본이 이미지가 되는 지점까지 축적된 자본'이라 한 것에 빗대어 게리와 같은 건축가들에게 스펙터클이란 '이미지가 자본이 되는 지점까지 축적된 이미지'라고도 비판했다. — 할 포스터, 『디자인과 범죄, 그리고 그에 덧붙인 혹평들』(손희경 · 이정우 옮김, 시지락, 2006) 제3장 참조.

한 다른 개념, 예를 들어 그 어느 때보다 요즘 철학적으로 주목받고 있는 라캉의 '실재' 개념이라든가 후기구조주의적인 실재론을 깊이 파고들진 않는다. 아마도 마이클 헤이스가 『건축의 욕망(Architecture's Desire)』(2010)에서 시도했듯이 라캉의 개념을 도입했더라면 더욱 설명이 난해하고 혼란스러워져 선명한 비판적 시각을 확립하기 힘들었을지 모른다. 하지만 저 '실재' 의 건축가들이 표방하는 개념들이 어디까지나 들뢰즈의 시각에 크게 빚지고 있음을 고려해본다면,[16] 그들이 표방하는 실재를 들뢰즈와 대별되는 라캉의 실재와 비교해보는 것도 의미가 있겠다.[17] 라캉의 '실재(the real)' 개념은 '현실(reality)을 언제나 실패시키는 불가항력' 과도 같은데, 달리 말해 그의 실재는 언제나 '부재하는 원인(absent cause)' 으로서 일상적 현실을 좌절시키는 부정적인 빈자리다. 반면에 들뢰즈의 실재는 '잠재적(virtual)' 욕망의 현실화(actualization)라는 생성과정 자체로서 긍정적 의미를 획득한다. 따라서 건축 들뢰즈주의자들이 추구해온 실재론의 핵심적 차원은 바로 그 생성기계로서의 '잠재적 실재성(virtual reality)' 에 있었다.[18] 그러나 그 '잠재성' 의 철학이 결국 일상적 현실과 그저 '다른' 뭔가를 만들기 위한 도구로 쓰일 뿐이라면, 그 효과는 '잠재적 차이의 현실화' 라기보다 무한한 스펙터클의 생산으로 신자유주의적 실재의 위기를 은폐하는 '동일한' 현실이요, 말 그대로 '가상현실' 의 이미지에 불과하다. 작금

---

16. 렘 콜하스를 추종하기에 앞서 90년대 초부터 그렉 린이 라이프니츠의 '주름(the fold)' 개념을 비롯하여 들뢰즈의 각종 철학적 개념들을 원용하기 시작한 이래로 디지털 건축가 세대에게 들뢰즈의 『주름, 라이프니츠와 바로크』(1988), 『천의 고원』(1980), 『차이와 반복』(1968) 등에 담긴 많은 개념들은 디지털 알고리즘에 기초한 자신들의 방법론을 정당화하는 철학적 바탕이 되어왔다. 예를 들어 '주름/접기(folding)' 를 형태적인 방법론으로 적용하고 '복수성/다양체(multiplicity)' 와 '유목민(nomad)' 을 강조하거나, '수목(tree)' 보다 '뿌리줄기(rhizome)' 구조를, '존재(being)' 보다 '생성/되기(becoming)' 를, '유기적인 신체(organic body)' 보다 '기관 없는 신체(body without organ)' 를, '홈 패인 공간(striated space)' 보다 '매끄러운 공간(smooth space)' 을, '가능한 것(the possible)' 보다 '잠재적인 것(the virtual)' 을 강조하는 건축적 수사법들이 그렇다. 본서의 제3부에서 다루는 '실재' 의 건축가 세대가 이런 '들뢰즈주의' 적인 수사법을 쓰는 경우는 흔한 일이 된지 오래다.

17. 물론 카미너가 본서에서 그들의 '실재' 개념을 분석하는 방식은 그들이 취하는 들뢰즈적 수사를 직접 다루기보다 그들이 추종하는 콜하스의 '실재론' 적 표현들에 집중하면서 그것이 '신자유주의적 실재' 와 밀접한 '플라톤적 이상' 에 다름 아님을 밝히는 것이다.

18. 슬라보예 지젝은 들뢰즈에 관한 자신의 저서 『신체 없는 기관(Organs Without Bodies)』(2004)에서 이렇게 말한다. "들뢰즈에 관해 떠오르는 첫 번째 규정은 잠재적인 것의 철학자라는 것이다. 또한 이에 따른 첫 번째 반응은 아마도 들뢰즈의 잠재적인 것이라는 개념을 가상현실이라는 어디에나 유포된 주제와 대립시키는 것일 터이다. 들뢰즈에게 중요한 것은 가상현실이 아니라 잠재적인 것의 실재성(라캉의 용어로는, 실재)이다." — 슬라보예 지젝(2004), 『신체 없는 기관』(김지훈 · 박제철 · 이성민 옮김, 도서출판b, 2006) p. 17 ("잠재적인 것의 실재성" 부분).

의 디지털 건축 형태주의는 이런 혐의에서 벗어나기 힘들다.

사실 전통적인 플라톤주의를 뒤집기 위해 플라톤이 최고우위에 놓은 이상(the ideal)과 최하위로 취급한 '시뮬라크르(*simulacre*)'[19]의 지위를 역전시킨 들뢰즈야말로, 플라톤적 이상을 거울이미지처럼 반영한 인물이 아니던가?[20] 플라톤의 이상이 이데아란 이름으로 그것의 그림자에 불과한 현실보다 '우위'에 있었다면, 들뢰즈의 이상은 잠재적 욕망이란 이름으로 현실의 밑으로 파고들어가 그 무의식적 '근간'을 이룬다. 플라톤에게서 시뮬라크르가 '원본을 의도적으로 왜곡한 사본'이란 이유로 최하위로 폄하되었다면, 들뢰즈에게서 그것은 같은 이유로 복권되고 우선시된다. 따라서 들뢰즈의 초월적 경험론을 이루는 핵심은 경험적인 현실보다 잠재적인 가상의 초월적 실재다. 이러한 실재는 더 이상 원본이나 근원적인 뿌리가 중요하지 않으며, 장 보드리야르의 용법으로는 원본에서 떨어져나간 '파생실재'에 근접하게 된다. 보드리야르의 이 파생실재는 플라톤의 '원본을 왜곡한 사본'을 한 단계 넘어 원본 자체가 소멸된 시뮬라크르다. 이러한 파생실재는 스스로 원본을 가장하는 '극사실적(hyperreal)' 이미지로서, 마치 현실과 사실, 진실의 모습을 가장하지만 실제로는 그렇지 않은 가상이다. 이것이야말로 현대건축을 둘러싼, 혹은 그 이상의 현대문화를 지배하고 있는 '실증주의(positivism)'적 수사의 가상이 아니고서야 무엇이겠는가? 진짜 실재는 텅 비어있으나 마치 실제적인 증거처럼 보이는 수사들만을 끊임없이 추구하는 가상, 그것은 알프레드 자리(Alfred Jarry, 1873-1907)가 형이상학(形而上學, metaphysics)조차 초월해버린 유사-과학적 실천들을 풍자한 이름인 '형이상상적(形而上上的, pataphysical)'[21]인 무엇이기도 하다. 하지만 이렇게 본질과 뿌리를 없애는 파생실재가 출몰할수록,

19. 플라톤은 대상들과 이데아들을 원본(model)과 원본을 복제한 사본(copy), 그리고 원본을 의도적으로 왜곡한 최하위의 시뮬라크라(*simulacra*)로 구분했다. 즉 절대적 자기동일성을 갖춘 이데아적 원본과의 동일성을 기준으로 사본과 시뮬라크라의 위계도 구분한 것이었다. 시뮬라크라는 '그림자', '환영'이란 뜻의 라틴어 '시뮬라크룸(*simulacrum*)'의 복수이며, '시뮬라크르'는 이에 대한 불어 이름이다.

20. 지젝은 들뢰즈의 잠재적 실재론에 기초가 되는 '순수 차이(pure difference)' 개념에 궁극적으로 내재한 헤겔적인 동일성(identity)과 초월적 절대성을 읽어냄으로써 들뢰즈의 실재를 플라톤적 이데아로 독해했다. — Slavoj Zizek (2007), *Deleuze's Platonism: Ideas as Real*, LACAN.COM (www.lacan.com/zizplato.htm) 참조.

건축은 장소성과 정체성을 위협받는다. '아키-텍처(archi-tecture)' 로서의 건축을 '아르케(arche)' 의 '텍토닉스(tectonics)' , 즉 삶의 '본질' 에 대한 '구축술' 로 본다면,[22] 본질주의를 해체하는 환영생성의 기술은 건축의 주체인 인간을 공허감에 빠뜨릴 수밖에 없다.

이런 의미에서 보면 현대건축의 위기는 디지털 '텍토닉스' 가 오히려 '아르케' 를 소멸시키거나 은폐하는 주체의 위기인 셈이다. 근대성이 위기에 직면하고 포스트모더니티가 주체의 죽음을 선포하며 건축가들은 공허감에 젖었듯이, 이 시대에도 끊임없이 공허한 실재가 현실로 귀환하여 인간의 주체성 자체를 위협한다. 하지만 오히려 이런 이유 때문에 그 실재의 빈자리를 끊임없이 이상적 유토피아로 대체하려던 노력들이 이뤄져온 게 아니었던가? 그 모든 게 궁극적으로는 아무리 거세해도 다시 출몰할 수밖에 없는 이상(理想)들로서, 언제나 빈자리일 수밖에 없고 영원히 채워지지 못할 욕망의 빈자리를 배회한 게 아니었던가? 이렇게 보면 서구적 의미의 '아키텍처' 는 애초부터 채워질 수 없는 실재의 빈자리에 구축해온 '밑 빠진 독에 물 붓기' 였음에도 그런 위기를 극복하려는 의지로써 철학을 꽃피어왔던 셈이다.[23] 어쩌면 그런 공허감을 뒤늦게야 크게 깨달은 게 본서가 출발하는 위기의 시점이었을 뿐이고, 건축의 비판담론은 그러한 위기에 대한 반응이었으리라.

최근의 최첨단 디지털 건축에서 염려되는 이러한 주체성의 소멸은 자본주의의 유토피아적 실천인 신자유주의적 이상이 종래의 비판담론을

---

21. 이러한 관점에서 네덜란드 건축비평가 바르트 로츠마는 렘 콜하스의 후예를 대표하는 네덜란드 건축사무소 MVRDV의 '3D 도시' 작업을 '형이상상적(pataphysical)' 이면서도 들뢰즈와 가타리의 '욕망하는 기계' 의 근간이 되는 정신분열증의 형이하학이라고 적절히 묘사했다. — Bart Lootsma (2003), "What is (really) to be Done?" in *Reading MVRDV*, ed. V. Patteeuw, Rotterdam: NAI Publishers 참조.

22. '아키텍처' 가 고대 그리스철학에서 '세계의 근원' 을 뜻하는 '아르케' 의 '텍토닉스' 란 점에서 이를 '주체의 구축' 으로 보는 생각은 그리스적 의미를 따라 건축을 이렇게 정의하는 김영철의 전언을 따른 것이지만, 필자가 보기에 국내에서는 아직껏 이런 정의가 일반적이지 않은 듯하다. 이와 관련하여 김영철은 이렇게 말하고 있다. "그리스적 의미로 아키텍처를 다시 해석해서 강조하면, 존재의 근원이 다스려지고 관장되도록 구축하는 일, 원칙을 구현하는 일, 존재의 가능 조건을 형식화하는 것 등이다." — 김영철, "옮긴이의 말", 『꾸밈없는 언어』(프리츠 노이마이어 지음, 김영철 · 김무열 옮김, 동녘, 2009) 520쪽. — 반대로 '아키텍처' 를 '아르케' 적인 '테크네' 로, 즉 '으뜸의 기술' 로 풀이하는 경우는 흔히 볼 수 있는데, 이는 일본을 통해 수입된 '건축' 개념이다. 김영철이 말하는 그리스적 의미의 정의와 다른 '아키텍처' 개념에 대해서는 이상헌의 『대한민국에 건축은 없다』(효형출판, 2013)와 이종건의 『건축 없는 국가』(간향미디어랩, 2013) 같은 최근의 저서들을 참고해볼 수 있겠다.

몰아내고 실증주의적 수사로써 있지도 않은 실재를 가장하는 현실과 직결된 문제다. 과거의 사회적 유토피아에 대한 환멸적 반감이 결합한 기술적 유토피아의 실증주의적 수사가 비판성을 신자유주의적 실재로 대체하려 하지만, 다시금 라캉적인 의미에서 보자면 그 실재의 빈자리는 결코 채워질 수 없는 '부재하는 원인'으로 남을 것이다. 그렇다면 그 불편한 빈자리는 그저 미지의 세계로서 신비롭게 이상화되어야만 할까? 제임슨은 라캉의 실재 개념을 다름 아닌 '역사'로 정의한다.[24] 모순적이게도, 그 '부재'하는 원인은 추후의 역사서술을 통해서야 비로소 역사로서 '존재'하게 되는 것이다. 역사는 언제나 그것을 해석하고 상징화하려는 모든 시도에 절대적으로 저항하는 종잡을 수 없는 것이지만, 그렇기 때문에 더더욱 인간의 주체성을 회복하는 차원에서 역사서술 자체를 필연적으로 반복케 하는 원인이기도 하다. 신자유주의적 실재론은 '역사의 종언'과 '이데올로기의 종언'이라는 수사 속에서 역사적인 서사를 파편적으로 해체하고 공허한 이데올로기적 위기의 본질을 은폐하는 현상유지의 논리로 작용하지만, 본서는 바로 그것에 가려진 핵심을 꿰찌르며 최근의 건축역사를 서사적으로 복원한다. 그것인즉 파편화하는 현실의 공허한 위기를 둘러싸고 벌어지는 이데올로기적 이슈들과 그 바탕에 있는 물적 토대 및 생산방식의 변화에 관한 이야기다. 본서를 통해 독자들이 그간 위기의식과 맞물려 분분한 담론들을 만들어온 논쟁적 개념들을 비판적으로 검토하고 건축학의 현대사에 대한 총체적 인식의 지도를 그리는 데 보다 도움이 되길 바란다.

- 2014년 2월 옮긴이 씀.

23. 가라타니 고진은 그의 『은유로서의 건축(Architecture as Metaphor』(1995)에서 서양철학을 '건축에의 의지'에 빗댄 바 있다. 단 한 칸의 빈자리가 있어 나머지의 다른 퍼즐들을 이리저리 움직여가며 맞춰볼 수 있게 되는 사례에서처럼 실제로는 그 빈자리가 '건축(구축 혹은 구성)에의 의지'로써 철학을 일으키는 핵심이며, 이러한 빈자리는 결코 해소할 수 없는 칸트적인 '물자체(物自體)'이자 라캉적인 '실재'처럼 '부재하는 원인'이다. 고진은 이렇게 말한다. "이것은 조각들을 상하 좌우로 움직여 어떤 순서를 만드는 숫자 또는 문자 움직이기 게임의 빈 공간과 꼭 같다. (중략) 그것을 라캉의 언어로 표현하면 이러하다. 각각의 숫자는 자신이 주체라고 생각할지 모르지만, 그것은 이 떠다니는 기표의 한 결과일 뿐이다." — 가라타니 고진, 『은유로서의 건축: 언어, 수, 화폐』(김재희 옮김, 한나래, 1998) 107쪽 참조.

24. Fredric Jameson, "Imaginary and Symbolic in Lacan" (1977) in *The Ideologies of Theory: Essays 1971-1986*, vol. 1 (London: Routledge, 1988) p. 104 참조.

※ **표기에 대한 일러두기**

1. 텍스트 저작물에 대해서는 『 』, 텍스트가 아닌 건축 및 예술 작품이나 시각적인 프로젝트는 〈 〉, 전시회명에 대해서는 《 》로 표시했다.
2. 서론 이후부터 지은이와 옮긴이의 주석들을 함께 각주 처리하였기 때문에 원서상의 주석번호와는 일치하지 않는다. 옮긴이의 주석인 경우 말미에 '— 옮긴이' 라고 표기했다.
3. 등장하는 외국인명은 처음 등장할 때 원어를 병기하는 것을 원칙으로 했으나, 충분히 인지도가 높거나 굳이 필요하지 않다고 생각되는 원어 병기는 생략하였다.

서론 Introduction

도면(Drawing)

예술과 건축의 역사를 접하다보면 브루넬레스키가 투시(perspective)를 발명했다는 이야기를 곧잘 들을 수가 있다. 그렇게 투시도법이 발명됨에 따라 도면과 기하학이 건축의 기초를 이루게 된 현상은 건축이 비로소 공예(craft)에서 인문학(liberal art)으로 변화하게 되는 시발점이었고, 향후 건축의 발달은 여기서부터 운명 지어진다. 투시의 원뿔을 그리게 되면 관찰하는 주체는 원뿔의 꼭지점에, 관찰되는 대상은 원뿔의 반대편 끝에 위치하면서 주체와 객체의 분리가 일어나는데, 이런 관계 속에서 근대 건축학이 성립하게 된 것이다.

건축에서 도면은 특별한 지위를 차지한다. 도면은 아직 존재하지 않는 어떤 대상을 재현하는 것이므로 전통적인 모방(mimesis)의 범주로 보긴 매우 힘들지만, 그럼에도 여전히 닮음(semblance)이라는 개념에 의존한다. 재현의 대상이 실제로 지어지고 나면 도면은 일단 그 대상과 닮아있거나 심지어 동일할 것으로 기대된다. 도면과 현실의 관계는 건축의 학문적인 기능방식과 건축 자체의 지각방식에 영향을 준다. 건축가는 도면을 만들고, 시공업자들은 도면을 활용하여 건물을 실제로 짓는다. 넬슨 굿먼(Nelson Goodman)에 따르면(Goodman 1976), 건축도면은 재현물이라기보다도 지시사항들로서 기능하는 추상적 표현들의 집합인 '표기들(notations)'이라고 볼 수 있다.

건설노동에 육체적으로 참여하지 않고 도면이라는 약호화된 지시사항들의 집합을 만들어내는 전문직 엘리트가 형성되면서, 건축(architecture)은 건물(building)이라는 구체적인 대상으로부터 멀어졌다(Rykwert 1980).

이렇게 도면과 건물이 간극을 형성하게 되자 어떤 건축가들은 도면을 일절 회피하고 건물에 바로 접근하려 했다. 미술공예운동에 영향을 받은 동시에 그것을 비판하기도 했던 건축가 아돌프 로스(Adolf Loos)는 이렇게 주장했다. "나는 내 디자인을 도면으로 그릴 필요가 전혀 없다. 무엇을 짓든 간에 좋은 건축은 글로 써낼 수 있다"(Loos 2008: 175). 그는 도면을 이용하지 않고 현장에서 말과 손짓으로 인부들을 직접 지도하고 싶어 했다. 그러한 작업방식은 소규모 프로젝트에만 어울릴 법한데다 풍토건축과 공예적인 건축에 전형적인 방식이다. 로스는 산업화된 사회에서 도면을 완전히 무시할 순 없음을 알고 있었지만, 건축적인 개념을 흡사하게 표현한다는 이유로 도면을 숭배시하지도 않았다. 오히려 그는 도면을 인부들과 소통하기 위한 매개체로, 따라서 건물 자체와 직접 관계 맺기 위한 하나의 수단으로 보았다. 로스에 따르면 "진정한 건축가는 도면을 그리지 못하는, 자신의 감정들을 하나의 선으로 표현하지 못하는 사람이다. 건축가가 도면이라 부르는 건 실제로 작업을 수행하는 장인들을 이해시키려는 시도다"(1962: 392).

평면도와 단면도, 입면도는 추상적인 구성물들이다. 그것들은 육안으로 관찰해서는 결코 확실히 알 수 없는 무언가를 상상토록 한다. 알베르티의 중앙 1점 투시도법은 비록 과학적으로 부정확할지라도 기존까지 수용되었던 빛과 시각의 이론인 '자연적 시각(natural vision)'에 기초했지만, 평 · 단 · 입면도법과 축측투영도법(axonometric projection)[1]은 그런 시각과 거리가 멀다. 이런 도면들은 진짜 수치가 표기되기에 '실재적(real)'이라고 느껴지지만, 실재에서는 결코 그렇게 경험되지 못한다. 따라서 '실재의 시각적 경험'과 '측정 가능하되 경험되지는 않는 실재' 사이의 이분법이, 말하자면 실재라는 개념 자체를 이해하는 두 가지의 대비적인 방법이 건

1. 평 · 단 · 입면도법과 축측투영도법은 모두 무한히 멀리 떨어진 관찰자의 시점을 가정한 것으로, 태양처럼 무한히 먼 광원만이 평행에 근사한 광선을 보내듯 평행한 투영선을 설정하는 평행투영도법에 속한다. 이를 평면과 단면, 입면에 각각 수직으로 투영하는 도법이 평 · 단 · 입면도법(정투영도법)이고, 재현대상을 기준으로 3차원 직교좌표의 x, y, z 축을 모두 지나는 투영면에 수직으로 투영하는 도법이 축측투영도법이다. 이러한 평행투영도법들은 실제 수치를 정확하게 표현하지만, 무한이 떨어진 시점을 가정하므로 실제 시각으로 경험될 수 없는 추상적 도법이다. — 옮긴이

축에 침투한다. 피터 아이젠만(Peter Eisenman)의 〈주택 X(House X)〉(1978)를 위한 축측투영모델은 단일시점에서 바라본 투시도처럼 경험되는 동시에 측정 가능한 축측투영도로도 보이는 실시간 축측투영모델로서, 마치 이러한 이분법을 해결하는 것처럼 보인다(그림 0.1 참조). 이 모델은 축측투영의 공간을 투시의 공간 속에 위치시켜 이러한 실재의 두 가지 다른 관념들을 결합했음을 암시한다. 물론 이 축측투영모델은 일종의 트롱프뢰유(trompe-l' oeil), 즉 눈속임 그림과 같은 환영주의 모델이다. 따라서 이 모델은 그 이분법을 해결하는 게 아니라, 그러한 역설을 강조하고 있을 뿐이다.

평행투영도법(parallel projection) 같은 기법은 종종 가장 실용적인 유형의 문제들이나 어떤 이론 혹은 작업흐름을 명료히 해야 하는 등의 특정 문제들을 해결하고자 도입되어 널리 적용되어왔다. 어떤 기법이 폭넓게 실용화되어 전문가들이 익숙하게 활용하기에 이르면, 그것이 직무분야 자

0.1 피터 아이젠만, 〈주택 X〉(1978), 축측투영모델.
Eisenman Architects 제공.

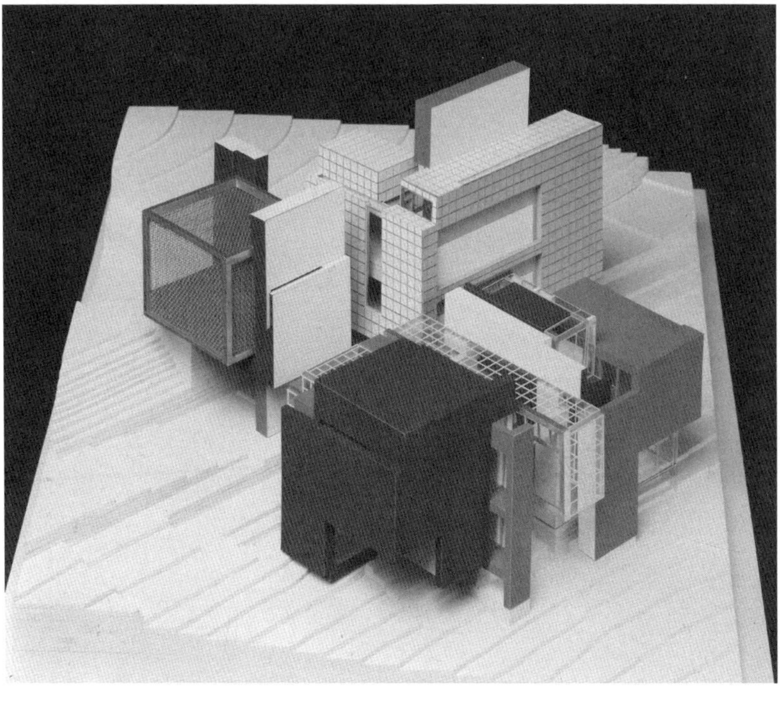

체에 영향을 주게 되면서 편견과 선입견, 선호경향 등을 좌우하기 시작한다. 어떤 기법들은 새로운 문제와 접근방식에 쉽게 적용할 수 있지만, 그렇지 못한 기법들도 있다. 하나의 기법이 만들어질 때 그것이 얼마나 적용 가능할지를 예측하기란 한계가 있다. 제약적이고 엄밀한 기법은 직무 분야에 변화가 생길수록 더 많은 어려움에 봉착하게 된다. 로빈 에반스(Robin Evans)는 18세기에 널리 사용된 특정 도면유형인 '전개표면(developed surface)' 에 대해 서술하는데, 이것은 하나의 바닥 평면을 둘러싸는 4개의 벽을 펼쳐 '평면화한' (Evans 1997: 195-231) 도면유형이다. 이러한 기법은 당시에 인기 있었던 실내배치, 즉 전형적인 직각모양 실들의 벽에 가구를 인접 배치하는 방식을 함께 묘사하기 위해 고안된 것이었다. 하지만 인테리어의 개념이 변화하게 되면서, 이러한 도면기법의 활용은 점차 줄어들었다.

건축도면에서 줄기찬 생명력을 과시하는 윤곽선들(lineaments)의 두드러짐은 선적 기법의 적용성과 기량을 증언하지만, 사전에 실무자의 어떤 경향과 접근 방식들을 정의하기도 한다. 선들은 재료보다 형태를, 채움보다 윤곽을 선호하는 경향을 유도할뿐더러, 내 · 외부 간의 관계를 구획하고, 건축도면을 기하학에 바로 연관시킨다. 평 · 단 · 입면도들을 그려야 하는 실무자는 아무래도 정투영도법(orthographic projection)에서 쓰기 쉬운 기하학을 사용할 수밖에 없게 된다. 건축도면은 건물에서 발견되는 일부 특징들을 추상적으로 기술하고, 다른 특징들은 무시한다. 건축도면은 특정 완공시점을 목표로 결코 실재화가 불가능한 이상적 상황을 제시하므로, 건물에서 시간이 경과하며 나타나는 모종의 요소를 재현하지 못한다. 따라서 시공단계에서의 실수와 흠결, 예기치 못한 결과, 노후의 징후, 완공 후의 용례 등은 도면이 언제나 현실의 건물과는 좀 다른 무언가를, 말하자면 이상적인 건물을 재현함을 말해준다. 도면과 건물을 분리하는 이러한 간극은 본서에서 살펴보게 될 건축학의 근본적이고도 결정적인 특징이자, 건축에서 이상(理想)이 중심을 이루게 하는 원인이다.

학문(Discipline)[2]

18세기에 챔버스(Chambers)와 로지에(Laugier) 같은 건축가 및 학자 들이 '건축'의 기원을 탐구하기 시작했을 때, 그들은 비트루비우스처럼 시간을 거슬러 올라가 최초의 인공적 피난처(shelter)인 원시오두막(primitive hut)을 상상코자 했다. 그러한 노력은 건축을 일종의 자연적인 현상으로 기술하고픈 욕망의 표현이었을 뿐더러 '건축'이 기본적으로 건물이자 피난처라는 인식을 보여줬고, 이런 입장은 20세기 들어 건축가들과 대중 사이에 공통적인 성향으로 자리매김했다. 하지만 학문으로 취급되는 '건축'은 건물과 다르다. 건축비평가 콜린 로우(Colin Rowe)와 프레드 쾨터(Fred Koetter)는 "문학이 말소리에 관한 사회제도인 것과 매한가지로 건축도 건물에 관한 사회제도다"(1983: 101)라고 기술하면서 '건축'과 '건물'의 불일치성을 강조했다. '건축'을 하나의 학문으로 압축해보면, 즉 건축을 적어도 그 용어의 다의성으로부터 구분해보자면, 학교와 출판물, 규정, 강연, 아틀리에, 대표기관, 도면들이 지배하는 매우 색다른 영역이 파악된다.

오늘날 존재하는 건축이라는 학문은 상대적으로 최근에 발생한 것이며, 그러한 발생의 최초 기원은 르네상스 시대에 건축이 공예로부터 분리된 순간이었다(Pevsner 1973). 학문이 형성되면서 건축의 중심은 건물이라는 구체적인 대상으로부터 이상적인 대상으로, 더 나아가 사고의 과정과 건축가의 지식으로 옮겨갔다. 알베르티(Alberti)와 바사리(Vasari) 같은 인물들, 그리고 그 뒤를 이은 예술 및 건축의 학계는 건축이 정신의 산물이라는 관념을 강조했고, 종종 신플라톤주의 사상에 고취된 이해를 표출했다(Alberti 1988; Pevsner 1973; Boschloo and Hendrikse 1989; Panofsky 1968).[3]

2. discipline이라는 말은 통상 '규율'이란 말로 번역되곤 하지만, 본래 어원상으로는 '전문직(profession)'을 수행할 인재를 길러내는 훈육체계를 지칭한다. 즉 이 말은 '문하생'이란 뜻의 disciple과 같은 라틴어 어원을 공유하며, disciple의 어원은 '학생'을 의미하는 라틴어 *discipulus*와 '배우다'란 뜻의 *discere*에서 연유한다. 한편 푸코는 『감시와 처벌: 감옥의 탄생(*Surveiller et punir: Naissance de la Prison*)』(1975)에서 권력과 유착하여 개인의 신체를 훈육하는 감시적 차원의 규율로서 discipline을 탐구하면서 학문분야들이 18세기 프랑스의 감옥 및 감시 체계와 같은 통제과정에서 비롯했다고 주장했다. 이런 의미에서 이 말은 문맥에 따라 '학문(분야)' 혹은 '훈육(체계)' 등으로 번역했다. — 옮긴이

이상(ideal)의 중요성과 도면 및 기하학이 건축학에 갖는 의미로 말미암아, 두 세기가 더 지나 피라네지(Piranesi)와 불레(Boullée), 르두(Ledoux)의 작품에서 '페이퍼 건축' [4]이 생겨났을 뿐만 아니라, 20세기에는 건축의 자율성(autonomy)이라는 관념이 꽃을 피우게 되었다.

본서는 서구의 건축학 자체를 주인공으로 다룬다. 비록 학문이라는 훈육체계는 분산 배치되는 무형적 제도라는 의미에서 상상적인 실체임에도, 실재하는 제도와 기관, 생산물들의 누적효과를 통해 구성되는 것이다. 분산되고 흩어짐에도 불구하고(혹은 그러한 이유로 인해), 훈육은 권력의 도구로서 경계를 결정하고 보호하며, 적법한 언어와 규준들을 지시한다. 미셸 푸코(Michel Foucault)는 다음과 같이 기술했다. "훈육(규율)은 고정시킨다, 운동들을 포획하거나 규제한다, 혼란을 제거해버린다, 예기치 않은 방식으로 국가를 떠돌아다니는 개인들의 탄탄한 집단들을 흩뜨려놓는다, 그리고 계산된 분산 상태들을 확립한다."(1979: 219).

건축과 같은 학문은 하나의 특정한 의식을, 하나의 특정한 이해와 세계관을 보유하며, 그 모든 것은 시간과 장소에 따라 변한다. 건축학의 의식은 그 학문적 담론 속에서, 건축의 전범(典範, canon)으로 인정되는 작품 속에서, 논쟁과 비평에서 제기되는 이슈와 인식 속에서, 그 학문이 세운 경계와 한계 속에서 표현된다.

본서는 1966년부터 21세기 초까지에 걸친 기간 동안 건축이라는 학문분야에 일어난 변화에 초점을 맞추며, 모더니즘의 쇠퇴에서부터 그 이야기를 시작한다. 모더니즘의 종식을 알리며 1970년대를 지배했던 위기는 불확실성을 야기했을 뿐만 아니라 당시까지 수용되었던 위계와 정설, 이해 등에 질문을 제기했다. 건축분야에서는 이러한 위기를 기본적으로 건축적인 관점(건축학이 자체적으로 관계할 수 있는 유일한 관점들) 속에

---

3. 이처럼 '학문(discipline)'으로서의 건축은 어디까지나 서구적인 '아키텍처'의 이야기이므로, 동양의 건축은 원천적으로 그 궤를 달리한다. 이러한 차이에 대해서는 이상헌의 『대한민국에 건축은 없다』(효형출판, 2013)와 이종건의 『건축 없는 국가』(간향미디어랩, 2013) 등을 참조. — 옮긴이

4. '페이퍼 건축(paper architecture)'이라는 말은 실제로 지어지지 못한 채 지면으로만 남게 될 지극히 이상적인 건축을 일컫는 말로, 이러한 비현실성을 조롱하는 어조로 생겨난 말이다. — 옮긴이

서 이해했지만, 기실 그것은 1970년대에 서구를 잠식한 보다 폭넓은 사회적 · 경제적 · 정치적 위기의 일부였다. 그것은 산업사회와 포디즘사회, 자본주의사회에서 탈산업사회와 포스트포디즘사회, 후기자본주의사회로의 변화가 표현된 것이었으며, 이러한 변화는 물질적 생산을 강조하던 종래의 경향이 브랜딩과 생활양식, 광고와 이미지들에 대한 보다 상상적인 관심으로 이동하는, 즉 구체적인 현실보다 이상으로 관심이 이동하는 새로운 세계관의 출현 속에서 구체화된 것이기도 했다. 그것은 계급이익과 계급정체성을 비롯한 '사회적' 관심이 이제는 '문화적' 관심으로, 또한 사회를 이끌 결정들이 이뤄지는 영역으로서의 '정치적' 관심이 '경제적' 관심으로 대체되었음을 의미했다.

사회의 새로운 요구들을 충족시킬 수 없었던 건축분야는 자체적인 기반과 자신감을 상실했고, 현실에서 후퇴하여 해당학문의 내부를 파고들었다. 이러한 후퇴가 표출된 첫 번째 형식은 포스트모더니즘 양식의 역사주의적 관심이었다. 하지만 두 번째로 표출된 형식인 자율적인 페이퍼 건축으로의 후퇴는 건축이 스스로를 소비사회에 대한 하나의 저항형식으로 인식하면서도 그 학문의 부흥을 모색하기에 보다 유익한 형식이었다. 1970년대의 페이퍼 건축은 건축적 실천들을 재고하기 위해 건축학의 자율성이라는 관념을 활용했으면서도, 바깥세상과의 적절한 거리를 유지하며 현실도피를 즐겼다. 1970년대의 페이퍼 건축에서 발전한 건축운동은 학문적인 자신감과 신뢰성을 회복하는 데 도움을 주었고, 건축을 문화의 전면에 위치시키면서 이 분야를 인기 있는 지위로 끌어올렸다. 따라서 1990년대 중반에 들어 건축이 다시 실재를 향한 흐름으로 접어든 것은 단지 자율적 건축에 반대되는 현상으로만 볼 게 아니다. 그것은 자율적 건축의 성공에 힘입어 자신감을 얻은 나머지 그 보금자리를 깨고 성큼성큼 걸어 나간 움직임이기도 했다. 렘 콜하스(Rem Koolhaas)를 선구자로 삼은 실재의 건축은 새로운 사회적 · 정치적 환경을 수용했다. 하지만 그뿐만이 아니었다. 이미 존재하는 것들을 찬미한 그들의 태도는 어떠한 저항가능성도, 혹은 어떠한 실재적 변화의 전망도 배제시켰다.

따라서 본서는 위기와 사회적 변화의 상황들에 건축학이 보인 반응을 규명한다. 건축학은 현실도피로서, 혹은 '은둔' 속의 저항과 부흥으로서 학문 자체를 향해 내향적으로 후퇴했다가 다시 '귀환' 하는 반응을 보였는데, 귀환했다는 말은 건축학이 새로운 사회적 질서를 수용하면서 변화한 사회경제적 환경과 관계하기 위한 새로운 기법과 이해를 습득했다는 뜻이다. 후퇴는 이상의 영역, 즉 일상생활과 수용 불가한 새로운 질서의 오염으로부터 격리된 영역으로의 후퇴였다. 이로써 실재와 이상의 이분법이 일어난다. 이러한 친숙한 대비는 저마다의 특수한 강조점을 갖는 수많은 용어들로 표현되어왔다. 본서에서 사용하는 '이상(理想)' 이란 말은 어떤 특정한 관념론적 원칙이나 철학을 지칭하는 게 아니라 다양한 입장들을 기술하는 일반적인 용어로서, 즉각적이고 촉각적이며 물질적인 세계 너머에 있는 모든 걸 강조한다. 즉 이 말은 신플라톤주의적 관념이나 헤겔철학, 혹은 생산과 물질의 문제와 적정거리를 유지하는 사회정치사상 같은 특정 형식을 꼬집어 지칭하는 게 아니라, '물질보다 의식을 우선시함' 을 일컫는 말이다. 따라서 여기서 이상은 주관성 혹은 주체성(subjectivity)과 관련된 것으로 이해된다. [물론 관념론적 철학의 일부 정의들에서는 주관성과 관련되지 않은 예외도 있긴 하다(Smith 1924).] 임마누엘 칸트(Immanuel Kant)는 그의 『순수이성비판(Critique of Pure Reason)』에서 다음과 같이 기술했다.

> 내가 '이상(ideal)' 이라고 부르는 건 심지어 관념(idea)보다도 객관적인 실재에서 훨씬 더 먼 것으로 보인다. 내가 말하는 '이상' 은 그저 *공통적* 차원의 관념이 아니라 *개별적* 차원의 관념을, 즉 그 관념만으로 결정할 수 있거나 결정되기까지 하는 개별적인 것을 의미한다.
>
> (Kant 1996: 561)

반면, '실재(the real)' 는 구체적 현실에 대한 끈질긴 매혹이다. 하지만 본서의 제3부에서도 나올 테지만, 여기서 말하는 실재란 이상의 특수한 형식으로서 그것의 대립적 개념을 가장하고 있을 뿐이다. 실재는 이상과 매우 다른 이슈들에 초점을 둠에도 불구하고 이상과 같이 일상생활로부터 격리되어 기능한다. 실재를 지지하는 이들은 반대적인 입장을 천명하지만,

그것은 그들의 주장만큼 이상의 반대편에 서있지 않다. 이 말은 건축에서 이상과 실재의 이분법이 '틀린' 건 아닐지라도 극복될 수가 있는 것임을 시사한다.

이상과 실재의 분열과 관련하여 본서에서 중요하게 다뤄지는 한 가지는 주체와 객체의 이원론이다. 18세기 말과 19세기 초에 유럽에서 진행된 대량 산업화와 도시화는 전통적인 공동체와 위계질서들을 해체시킨 동력이었다. 18세기에 헤게모니를 쥐게 된 부르주아지는 때마침 새롭게 형성 중인 프롤레타리아트의 위협을 받고 있었고, 사회는 모든 수준에서 급진적 재구성을 경험하고 있었다. 사회가 급진적 변화를 겪으면서, 소외(alienation)의 문제가 사회담론을 지배하게 되었다. 마르크스는 임금노동자가 그의 생산물(자본주의 생산방식의 결과)로부터 분리되는 거리를 소외의 원인 중 하나로 묘사했는데, 그런 범주화는 노동자라는 주체와 노동자가 만들어내는 생산물로서의 객체가 분리됨을 가정한다. 이러한 이분법은 이상과 실재의 이분법과 간접적으로 관련되었지만, 일상생활에 존재하고 있었고 근대화의 한 부수효과였다.[5] 사회의 산업화와 자본주의 경제의 결과로서 사람들 간의 관계를 사물들 간의 관계로 대체시킨 사물화(reification)는 소외를 만들어내는 중심요소이자 주객분리의 간극을 일으키는 원인이었다. 따라서 주체와 객체의 새로운 통일은 철학과 정치, 사회학, 예술, 그리고 보다 암묵적으로는 건축까지도 주된 관심으로 삼는 일이 되었다.

이런 관심들은 19세기 사상을 지배했을 뿐만 아니라 20세기에도 오래 지속되었으며, 최근 건축에서도 비록 수정된 형식이긴 하지만 이런 관심들을 찾아볼 수 있다. 주체와 객체의 이분법은 건축에 쉽게 적용되는데, 주체는 건축가나 사용자, 혹은 단일 건물로서, 객체는 건물이나 도시로서

5. 마르크스에 따르면 소외는 노동 분업의 결과이기도 하다. '소외(alienation: *Entfremdung* 혹은 *Entäusserung*)'는 마르크스의 후기저술에서도 나타나지만, 마르크스의 1844년 이전 저술에서 보다 중심을 이룬다(Marx 2003a: 85-95 참조). '소외'라는 용어는 아노미(anomy)와 소원함(estrangement)과 같은 별개의 관념들을 지칭하는데다 한 사람의 의식이나 실존적인 조건들 가운데 어디에도 속할 수 있단 점에서, 과학적 용어로서의 엄밀성이 없다는 문제가 있다.

각각 상정되곤 한다. 이러한 이분법적 이해는 시대에 따라 변동했고, 기본적으로 주관적 혹은 예술적 속성과 과학 및 객관성에 관한 속성이 충돌하는 형식을 취하곤 했다. 전후(戰後) 시기에 접어들어 근대성과 그 목표 및 과학적 토대들에 대한 문제제기가 늘어나면서, 이러한 이분법은 자율적 건축에 실재의 건축이 대항하는 새로운 형태를 띠게 되었다. 만프레도 타푸리(Manfredo Tafuri)는 1974년에 쓴 그의 유명한 논문 "규방의 건축(L' architecture dans le boudoir)"에서 이러한 건축의 두 동력을 각각 말없는 내향적 건축과 현실을 향해 '외부로 폭발하는' 건축으로 일컬었다(1998: 310). 제3의 건축유형인 모더니즘 아방가르드는 건물과 도시의 연속체를 만들어내려던 시도였으나 당시에는 이미 평판이 떨어진 상태였다.[6] 뒤를 이은 비평가들은 다양한 용어들로 이 두 집단을 대별시켰는데, 백색파 대 회색파(Stern 2000), 디포메이션(변형) 대 인포메이션(정보)(Kipnis 1993), 또한 가장 최근 들어서는 핫(hot)한 건축 대 쿨(cool)한 건축(Somol and Whiting 2002)으로 대별시키곤 했다. 하지만 두 집단의 내부에서도 접근법들은 서로 꽤나 다르고 심지어 모순적이기까지 했다. 1970년대에 자율적 건축의 형식으로 나타난 이상은 이상유형과 초월주의를 내세운 알도 로시(Aldo Rossi)와 콜린 로우의 건축뿐만 아니라, 건축학의 내적 진보를 표방한 피터

6. 제3의 건축유형인 모더니즘 아방가르드란 모이세이 긴즈부르크와 루트비히 힐버자이머, 에른스트 마이 등의 모더니즘 초기 아방가르드(역사적 아방가르드)를 일컫는다. 한편 이렇게 건물과 도시의 연속체를 만들어내려던 유럽의 외향적인 사회주의 아방가르드는 제1 · 2차 세계대전을 겪으며 강대국으로 떠오른 미국의 자본주의적 영향 속에서 평판을 상실해가게 되고, 이로써 미국을 중심으로 형성된 서구 건축의 양대 흐름이 외향적인 포스트모던 건축과 내향적인 합리주의적 건축이다. 각기 신사실주의와 신합리주의로 일컬어진 바 있는 이 양대 흐름은 본서에서 말하는 실재적 건축과 자율적 건축의 계보를 이루게 되는데, 자율성을 아방가르드와 동일시하는 이러한 내향적 모더니즘은 페터 뷔르거의 아방가르드 이론에 따르면 제도와 자율성에 저항하던 역사적 아방가르드와 달리 자율성이란 미명하에 제도 속으로 흡수되어버린 '네오' 아방가르드에 불과하다. (여기서 '네오' 라는 뷔르거의 수식어는 경멸적 어조가 담긴 표현이나, K. 마이클 헤이스는 이 말의 부정적 함의를 낮춰 이들을 프레드릭 제임슨이 말하는 후기 모더니즘(late modernism)의 관점에서 '레이트[late] 아방가르드' 라 칭한 책―『건축의 욕망: 레이트 아방가르드 읽기』―을 출판했다.) 로버트 벤추리 등의 사실주의적 · 상업적 포스트모더니즘과 아이젠만을 비롯한 뉴욕 5인조(New York Five)로 대표되던 형식주의적 · 자율적 모더니즘은 한때 회색파와 백색파로 각기 명명되었고, 90년대 들어 본격적으로 떠오르기 시작한 (렘 콜하스를 따라 옛 벤추리의 계보를 다시 이어가게 된) '실재(the real)' 의 건축은 그러한 자율적 건축을 형태변형(디포메이션)에 몰두하는 핫(hot)한 건축으로 특징지으면서 스스로를 정보(인포메이션)에 기초한 쿨(cool)한 건축으로 대별시키기에 이른다. 하지만 본서의 저자는 그러한 실재의 건축이 표방한 '실재' 조차도 사실 절대적인 '자율성' 만큼이나 플라톤적인 '이상' 의 범주에 속할뿐더러 그러한 실재의 건축이야말로 종전의 자율적 건축이 건축의 사회적 위상을 높인 데 기초하여 형성된 흐름임을 변증법적인 역사서술로써 보여주고 있다. ― 옮긴이

아이젠만의 전치(dislocation)를 통한 건축과도 관련이 있었다. 반면 주로 현실에 대한 연구와 수용을 통해 표현되는 실재는 종종 대중매체를 통해 정보와 미디어와 이미지의 가상세계로 미끄러져 들어갔고, 그것은 극사실적(hyper-real) 영역으로의 미끄러짐이라는 보드리야르의 언급을 입증한 것이었다(Baudrillard 1983).

따라서 본서는 사회경제적 위기에 대한 건축의 학문적 반응을 기술하는데, 그것은 도면과 건물을 분리하는 간극, 건축이 도면과 기하학에 의존하기에 생겨나는 간극 때문에 일어날 수 있는 일종의 '생존본능' 같은 반응이다. 본서가 약술하는 것은 건축이 새로운 사회의 논리와 세계관에 적응함으로써 공리성과 안정성과 평등성을 희생하는 대신 '자유(freedom)'와 자기표현 및 창조성을 최우선시하며 건축의 사회적 위상을 부흥시킨 방식이다. 따라서 1966년부터 78년까지 활발했던 건축의 저항운동은 포스트포디즘 사회의 의식과 함께 이후 10년간 절정에 달하게 되는 신자유주의 의식을 공유한 움직임이었다. 일부 학자들은 '68세대의 좌파진영이 1980년대 신자유주의적 움직임의 이상을 공유했다는 주장을 격렬히 거부하면서, 이 두 움직임이 '자유'를 다르게 이해함을 지적한 바 있다. 극좌진영에서 요구한 자유는 집단적 자기조직화에 대한 자유였던 반면, 신우파가 요구한 자유는 사회의 명령과 규제들로부터 벗어나는 개인적 자유였다는 얘기다(Ross 2002; Touraine 1971). 그럼에도 그 새로운 좌파와 우파는 국가권력과 산업사회, 포디즘적 타협이라는 공통의 적들을 공격하고 있었다. 게다가 어떤 관념이 수많은 대중에게 전파될 때 대개는 그 관념의 환원과 수정, 단순화가 일어나게 마련이다. 따라서 신좌파와 신우파가 서로 다른 비판을 했음에도 불구하고, 그들은 탈산업사회의 '의식'이나 '논리'로 불릴 수 있는 감성을 공유했다(Boltanski and Chiapello 2005; Lipovetsky 1994; Bull 2001). 1968년의 저항운동은 동력이 쇠진되기까지 이미 정부와 전통적인 좌파정당들, 노동조합, 대학 및 박물관과 같은 산업사회의 여러 제도들에 막심한 피해를 입혀왔다. 그 저항운동이 표방했던 이상 중 일부는 (비록 단순하게 수정되어 이해되긴 했지만) 일반적으로 폭넓은 사회부문에서 채택되었다. 따라서 그 저항운동은 신자유주의가 부상할 수 있는 길을 닦아놓은 것이기도 했다. 이러한 모든 발전이 건축에 영향을 주었고, 새로운 합의의 형성은 1990년대 말에 실재가 득세하게 되는 현상과도 암묵적으로 결부되었다.

본서는 학문분야의 관점에서 건축에 일어난 변화를, 말하자면 건축이 사회적 변화들을 수용하기 위해 건축의 절차와 방법론, 자기이해를 조정한 방식에 대해 이야기한다. 후퇴와 현실도피, 저항, 부흥, 수용으로 연이어 나타난 건축분야의 반응들은 1970년대의 위기에만 특정하지 않았을 뿐더러 건축의 실존적 조건을 통해 결정된 '반성적(reflex)' 반응들이었다. 이러한 실존적 조건은 다시 도면과 건물을 분리하는 간극, 즉 주체와 객체를, 이상과 실재를 분리하는 심연으로 인해 건축에서 이상이 지배적인 위상을 차지하며 일어난 결과였다. 이러한 건축의 기본조건이 여기서 기술하는 학문분야의 변화에 원동력이 된다.

본서는 21세기 초반까지를 다루는데, 이 시기는 1990년대의 낙관주의 대신 불확실성이 대두되는 순간으로서 세계무역센터라는 쌍둥이 타워의 피격으로 건축이 다시 세계적 사건의 중심에 서게 되는 때다. 2002년에 경제는 침체되었고 서로 다른 문화의 충돌위협이 전면에 부상했다. 이 순간부터 네덜란드의 정치적 올바름과 관용에 문제가 제기되기 시작했고, 영국의 낙관주의는 급격히 퇴조했으며, 미국의 경제는 곤두박질치기 시작했다. 2002년의 이러한 급작스런 경기후퇴는 2008년에 일어난 리먼 브라더스(Lehman Brothers)의 붕괴와 장기불황의 위협으로 더욱 악화되었다. 예술은 비판성(criticality)을 재발견하게 되었는데, 2002년에 열린 제11회 ≪도큐멘타(Documenta)≫[7]전에서는 비판적인 예술작품이 주류를 이뤘고 수많은 젊은 실무자들이 다큐멘터리적인 예술실천방식을 폭넓게 채택했다. 건축에서는 2002년에 '탈-비판적(post-critical)' 논쟁이 부상한 반면 (Somol and Whiting 2002; Baird 2004), 네덜란드의 건축기관들은 '자기탐구(soul searching)' 와 자기비판의 과정을 시작했다. 결과적으로 보면, 그간 일어난 사회적 · 경제적 · 문화적 환경의 변화에도 불구하고 1970년대에

7. 독일 카셀에서 5년에 한번 씩 열리는 미술제 — 옮긴이

건축에서 문제시되었던 많은 이슈들이 다시 시의적절한 이슈로 떠오르는 모양새다.

방법론적 고려사항(Methodological considerations)

롤랑 바르트는 에펠탑에서 펼쳐지는 전망을 통해 파리라는 도시를 분별하고, 그 구조와 구성을 파악하고, 길거리에서는 느낄 수 없는 걸 볼 수 있었다. 바르트가 기술한 바에 따르면, 조감도적 시선은 "우리에게 *읽어내야 할* 세상을 제시해준다"(Barthes 2002: 175). 반면 포스트모더니즘의 근대성 비판은 그러한 '폭넓은 시선(wide perspective)'을 혹평했는데, 그것이 중요한 차이와 감수성들을 배제하고, 환원적인데다, 총체적 세계관과 거대서사들을 구축한다는 이유에서였다.[8] 이렇게 총체적 조망의 정당성을 파기한 포스트모던 비평은, 시장상황과 국제조직들이 거리낌 없이 그렇게 폭넓은 목표들을 추구하던 순간에 비판의 범위를 파편화하고 제한해버리는 결과를 낳았다. 달리 말해서, 보다 폭넓은 관점을 취하지 않으면 사회와 문화, 건축에서 일어나는 변화들에 대한 이해는 부분적인 이해에 그칠 수밖에 없다는 얘기다. 도시사회학자 앙리 르페브르(Henri Lefebvre)는 이렇게 기술했다. "총체성(totality)을 고집하지 않는다면, 이론과 실천은 '실재'를 현상 그대로, '사물'을 현상 그대로, 말하자면 파편적이며 분리되고 단절된 방식으로 수용할 뿐이다"(Lefebvre 2002: 181). 한편 문학비평가 프레드릭 제임슨(Fredric Jameson)은 이렇게 말한 바 있다. "사회적 총체성(과 전체적인 사회시스템을 변화시킬 가능성)에 대한 개념이 없이, 적절히 사회주의적인 정치는 불가능하다"(1988: 355). 총체성에 대한 비판에 반대하는 또 다른 논자인 아티스트 겸 비평가 수지 개블릭(Suzi Gablik)은 다음과 같이 기술했다.

8. 이러한 비판은 이 책이 관심을 두는 근대성에 대한 포스트모던 비평과 얽혀있다. 장-프랑수아 리오타르와 미셸 푸코는 확실히 거대서사에 대한 비판을 확산시킨 책임이 가장 큰 인물들이다. 거대서사와 '폭넓은 관점'에 대한 전형적인 비판의 한 사례로는, 굴리엘미(Guglielmi)의 『아방가르드와 실험주의(Avanguardia e sperimentalismo)』(1964)를 참조할 것.

> 몇 년 전 시카고대학교의 동문회보 표지에는 철학자 리처드 로티(Richard Rorty)가 "큰 그림(Big Picture)은 없다" 고 언명하는 모습이 실렸다. 나는 이 말을 잠시도 인정해본 적이 없다. 나의 시선은 언제나 그 큰 그림 위에 있으며, 그렇게 사물이 서로 조합되고 분리되는 방식을 바라보고 있다.
>
> (Gablik 2004: 11)

본서 역시 그러한 '큰 그림' 을 그리는 데 관심을 둔다. 보다 큰 시야는 환원주의를 내포함에도 불구하고, 그것 없이는 인식하지 못했을 세계와 삶에 대한 관점을 밝혀준다.

'큰 그림' 에 대한 비판은 역사를 의문시하는 경향과 유사점이 있다. 그런 경향은 역사서술을 현실이 아닌 구성물로 간주하면서 그것이 이데올로기적이고 비과학적이라며 비판해왔다.[9] 이러한 비판에는 논쟁의 여지가 없지만, 역사서술이 없어진다면 역사에 대한 인식과 자각조차도 소실되어버린다. 그러한 변화는 시대와 상관없이 영원한 실존을, 현재로의 종속화를, 기존 현상들의 자연스런 이입을 지향해가는 혼란스런 결과들을 낳는다. 결국 역사에 관한 의문들에도 불구하고, 역사는 본서에서 매우 큰 존재감을 갖는 동력이다.

본서에서 기술하는 역사적 변화는 탈산업사회의 부상으로 특징지어진다. 이 부상하는 새로운 질서는 '후기자본주의' 나 '정보사회' , '포스트포디즘' , '포스트모더니티' 등으로 불리기도 한다. 이런 용어들은 각기 다른 관점을 표현하기 때문에 정확한 정의는 저마다 다르다. '탈산업사회(post-industrial society)' 라는 용어는 알랭 투렌(Alan Touraine)과 대니얼 벨(Daniel Bell)의 저작과 관련되며 사회-기술적인 관점을 제시하는 용어다. '후기자본주의(late capitalism)' 라는 용어는 20세기 초부터 사용되었지만, 1970년대 들어 마르크스주의적 이해에 입각한 에르네스트 만델(Ernest Mandel)의 저작을 통해 대중화되었다. '포스트포디즘(post-Fordism)' 이란 용어는 조립생산라인의 거부와 포디즘적 타협의 소멸을 강조한다(Harvey 1992). '포스트

9. 역사서술에 대한 비판은 특히 레비스트로스부터 푸코에 이르는 구조주의 및 후기구조주의 집단에서 강력히 나타났다(Jay 1984).

모더니티(postmodernity)' 라는 용어는 장-프랑수아 리오타르(Jean-François Lyotard)의 저작과 관련되며, 주로 문화와 관련하여 사용된다. 만델이 전후 시기와 국가독점자본주의에 대해 저술하며 사용한 '후기자본주의' 라는 용어는 1970년대 초에 부상하던 새로운 유형의 경제학을 정의하려던 목적이 아니었다. 그것은 두 차례의 세계대전 이후 자본주의가 종반전에 접어들었음을 암시하는 용어였다. 대니얼 벨도 1973년에 『탈산업사회의 도래(The Coming of Post-Industrial Society)』라는 저작을 출판하면서 당시 일어나던 변화들을 기술하고 있었다. 만델과 벨은 변화하는 사회의 특징들을 파악했고, 그들의 저작에서 개괄된 많은 변화의 과정과 동력들은 이후 수십 년 동안 줄곧 증가하고 강화되기만 했다. '탈산업사회' 와 '포스트포디즘 사회' , '후기자본주의' 와 같은 용어들은 비록 서로 차이가 있으나, 본서에서는 상호교환적인 용어로 사용된다.[10] 그 용어들은 전후시기에 형성되기 시작하여 1970년대에 와서야 케인스경제의 현상유지를 무색하게 한 세계관적 · 경제적 · 문화적 · 사회적 특징들을 표현하는 데에 사용된다.

복지국가와 케인스경제학을 포스트포디즘 사회로부터 구별하는 게 여기서 중요한데, 1970년대의 사회학 문헌에서는 이러한 차별적 정의가 썩 잘 이뤄지지 못했었다. 양자(복지국가-케인스경제학 대 포스트포디즘 사회)는 시대적으로 중첩되지만 동일하기보다 서로 대립적이며, 각기 다른 조건과 논리에 연관되어 있다. 예를 들어 프랑스 산업에서는 테일러주의 생산이 1960년대 초에야 충분히 실행됨으로써, 서구의 전통적 산업들이 기반을 잃기 시작하던 시점에 즈음하여 완전한 산업화를 이루었다. 게다가 프랑스 사회학자인 뤽 볼탕스키(Luc Boltanski)와 에브 시아펠로(Eve Chiapello)는 복지국가와 케인스주의의 시기를 자본주의 성장과정 중의 휴

10. 그럼에도 불구하고, '탈산업사회' 라는 용어가 1970년대의 신보수주의자 대니얼 벨과 연관되어 있었음(Deutsche and Ryan 1984)을 주지할 필요가 있다. 아도르노는 다음처럼 기술한 바 있다.
변증법주의자는 후기자본주의와 산업사회를 구분하는 선 긋기를 완전히 거부할 수 있을지언정, '한편으로는 그렇지만 다른 한편으로는' 이라는 어정쩡한 태도의 즐거움에 빠질 가능성은 적다. [중략] 그것은 누군가의 과학적 관점이나 취향에 따라 어떤 형식을 선택할 것인가의 문제가 아니다. 오히려 양자 간의 관계가 그 나름대로 현대를 특징짓는 모순을 표현하며, 이를 이론적으로 해명하는 게 사회학에 어울리는 일이다. (Adorno 1968: 3)

지기, 말하자면 자본주의가 후퇴한 '틈새' 기간으로 정의한다. 따라서 본서에서 '탈산업사회' 와 '포스트포디즘', '후기자본주의' 같은 용어들은 2차 대전 이후 케인스주의 복지국가의 질서 하에서 그와 반대되는 기류를 형성하기 시작하여 1970년대와 80년대('역전적[逆轉的, roll-back]' 신자유주의 시대)에 전면에 드러났다가 1990년대('전진적[前進的, roll-out]' 신자유주의 시대)11에 들어서야 완전히 본격화된 사회를 일컫는데, 이러한 기류는 일단 그 논리가 노동과 경영, 사회관계, 지배구조, 문화 등 서구사회의 다양한 영역에 전반적으로 적용되면서 일어난 것이었다. 따라서 '탈산업사회' 는 전후 케인스주의 경제학 및 복지국가 시기의 합의를 포함하지 않고 그것을 전복하며 대체했던 질서를 정의한다. 본서에서 1960년대 말과 1970년대 초의 저항운동과 소요를 당시 떠오르던 탈산업사회에 대한 반작용이 아닌 그것의 일부로 보는 이유도 이 때문이다. 전후시기와 케인스주의 경제학은 산업사회와 포디즘의 논리가 이미 주춤하던 때에도 여전히 그런 논리에 지배되었으며, 당시의 저항운동은 바로 그러한 산업사회에 맞선 운동이었다.[12]

여기서 거론하는 이슈들에 대해 이러한 사회 변화가 갖는 의미는 사회가 구조화되고, 조종되고, 결정되는 방식을 더 깊이 설명할 필요가 있다는 점이다. 본서에서 표출되는 입장은 두 가지의 사회이해 방식을 종합하는데, 하나는 알튀세르의 모델이고 또 하나는 베버의 모델이다. 루이 알튀세르(Louis Althusser)는 정통마르크스주의자들의 모델과 다른 사회모델을 정의했다. 이데올로기와 정치와 문화의 상부구조는 단지 그 구조적 토대를 반영할 뿐이라는 유물론적 결정론에 입각한 사회기술 대신, 알튀세르는

11. 참고로 제이미 펙과 애덤 티켈은 '역전적(roll-back) 신자유주의' 를 "케인스주의-복지주의 및 사회적-집단주의 제도들의 적극적 파괴 혹은 불신임" 으로, '전진적(roll-out) 신자유주의' 를 "신자유주의화된 국가 형식들, 협치 방식들, 규제 관계들의 의도적 구축 및 공고화" 로 정의한 바 있다. 쉽게 말해 60년대까지 이어지던 기존의 케인스주의적 복지국가 시스템을 뒤집어엎은 7~80년대를 역전적 신자유주의 시대로, 이렇게 전면에 드러난 신자유주의적 시스템을 더욱 공고히 구축해나간 90년대를 전진적 신자유주의 시대로 본 것이다. (Jamie Peck and Adam Tickell [2002] "Chapter 2" in Neil Brenner and Nik Theodore [eds.], *Spaces of Neoliberalism: Urban Restructuring in North America and Western Europe.* Malden, MA: Oxford's Blackwell Press, p. 37 참조; Adalberto Aguirre, Jr., Volker Eick, and Ellen Reese [eds.] [2006]. "Introduction: Neoliberal Globalization, Urban Privatization, and Resistance." *Social Justice* Vol. 33, No. 3: 1-5에서 재인용.) 카미너 역시 이런 관점에서 이 두 용어를 사용하고 있다. — 옮긴이

상부구조 자체가 다양한 방법과 제도를 통해 사회결정에 관여하는 모델을 기술했다. 하지만 그렇게 이데올로기의 사회적 역할을 규명했음에도, '최종 심급(審級)에서는'[13] 상부구조보다 생산력이 사회를 형성하는 더 큰 원인임을 강조한 게 알튀세르였다(Althusser 2001). 본서에서 중요한 의미를 갖는 두 번째 이해방식은 『프로테스탄트 윤리와 자본주의 정신(The Protestant Ethic and the Spirit of Capitalism)』에서 윤리와 이상이 사회를 형성하는 방식을 기술한 바 있는 사회학자 막스 베버(Max Weber)의 작업에 기인한다(Weber 2002). 1970년대에는 문화가 점차 중요해지고 이데올로기에 대한 관심이 증가함에 따라 현대사회의 '정신'을 정의하려던 몇 가지 시도들이 있었다. 앞서 언급한 대니얼 벨과 알랭 투렌은 1970년대에 어느 정도 이와 같은 베버식의 사회관을 묘사했다. 보다 최근에는 리처드 세넷(Richard Sennett)의 『신자본주의 문화(The Culture of the New Capitalism)』와 뤽 볼탕스키 및 에브 시아펠로의 『자본주의의 새로운 정신(The New Spirit of Capitalism)』이 현대사회의 원동력이 되는 세계관에 대해 개괄적인 설명을 시도했다(Sennett 2006; Boltanski and Chiapello 2005). 볼탕스키와 시아펠로는 자본주의의 '정신'을 다음과 같이 설명한다.

> 자본주의의 정신은 바로 이 질서를 정당화하고 그러한 정당화를 통해 자본주의에 적합한 행동양식과 성향을 지속시키는데 도움이 되는 일련의 신조들이다. [중략] 더 이상 지배 이데올로기를 지배층이 피지배층의 동의를 확보하기 위한 단순한 구실로 보

12. 제임슨은 만델과 벨의 논의에 부쳐 1960년대 말의 저항운동을 탈산업사회에 맞선 도전으로 특징짓는다(Jameson 1985). 반대로 볼탕스키와 시아펠로는 60년대 말 학생운동의 요구들과 자본주의의 발달 방향 간의 연관성을 파악하며(Boltanski and Chiapello 2005), 본서에서는 바로 이 양자의 연관성을 추적한다. 볼탕스키와 시아펠로는 '신자본주의(new capitalism)'라는 용어를 사용하지만, 그들은 이 용어를 탈산업사회에 대한 대립 항이 아닌 산업사회와 산업논리에 대한 대립 항으로 사용한다. 같은 맥락이지만 본서에서 '신자본주의'보다 '탈산업사회'와 '포스트포디즘'이란 말을 선호하는 것은 20세기 후반에 일어난 포디즘에 대한 다양한 거부들을 상관 짓기 위함이다. 볼탕스키와 시아펠로처럼 리처드 세넷의 『신자본주의 문화(The Culture of New Capitalism)』(*국역본 제목: 『뉴캐피털리즘』)도 60년대 말의 저항운동과 '신자본주의'의 유사점들을 파악한다. 두 책은 모두 막스 베버의 '윤리'와 '정신'에 대한 관심을 '문화'로, 다시 말해 어떤 예술적 추구로서의 문화가 아닌 인류학적 의미에서의 문화로 확장한다.

13. '심급'(審級, instance)이란 본래 제1심, 제2심, 제3심 등의 재판심사단계에서 각 단계를 일컫는 말이다. '최종 심급(the last instance)'이란 말은 알튀세르의 중층적인 사회결정모델에서 일종의 '최종적인 결정단계'를 뜻한다. — 옮긴이

> 지 않고, 관련된 다수가 (약자뿐 아니라 강자까지도) 이런 기획들에 의존하여 자신들이 몸담고 있다고 생각되는 질서의 작용과 혜택과 제약들을 대변하려 한다는 걸 인정한다면, 우리는 실로 이러한 심급에서 *지배 이데올로기*에 대해 말할 수 있을 것이다.
>
> (Boltanski and Chiapello 2005: 10-11)

건축분야에서 활발히 활동하는 전문가들, 즉 실무건축가와 건축사가, 건축이론가, 건축저널리스트 등은 사회의 구성원들이기도 하기 때문에, 그 사회의 정신을 내화하여 이러한 정신을 건축으로 전치시킨다. 따라서 학문의식은 다양한 사회구성원들의 동기를 자극하는 정신에 대한 반성으로서 형성되며, 일단 이런 학문 내 의식을 '적용하는' 수단을 발견하고 나면 그러한 의식은 학문적인 생산과정 자체 속에 내재화(재생산)된다. 결국 본서에서는 건축을 그 자체의 '정신' 이나 '의식' 이 있는 것으로서 기술한다. 이런 의식은 이데올로기적인데, 한편으로는 건축의 학문과 제도 및 실천을 구조화하고 조직화하기 위한 지침으로서, 다른 한편으로는 어떤 실천들을 정당화하는 동시에 다른 실천들의 정당성은 파기하는 수단으로서 기능한다. 타푸리는 실상 그것을 '건축의 이데올로기' 라고 부른다(Tafuri 2000: 6; 15, 28, 29도 참조). 사회에 어떤 새로운 의식이 출현하는 변화의 시대에, 건축 같은 학문은 종종 그 새로운 의식을 수용하는 데 어려움을 겪고, 그러한 수용을 감행할 수단도 없으며, 그런 과정에서 어떤 모순과 불확실성, 심지어는 불안까지 일으키곤 한다. 본서는 사회의 변화하는 의식이 이러한 건축적 관념과 자기자각에, 그리고 불가피하게 건축생산에 어떻게 영향을 끼쳤는지를 개괄적으로 살펴볼 것이다. 하지만 의식이 건축학에 미치는 효과를 기술하면서도 본서는 그렇게 일어난 중요한 변화들이 결코 구조적인 변화는 아니었다는, 즉 새로운 건축생산 수단의 발달로 인해 훨씬 더 근본적인 구조적 변화가 진행될 수도 있다는 주장으로 끝을 맺을 것이다.

건축학은 본서의 주인공인 만큼 좀 더 추가적인 정의가 필요하다. 앞서 언급했듯이 본서의 관심은 서구 건축학에 있는데, 그 이유는 단지 서구 건축이 지배적이어서가 아니라 본서가 서구의 건축학교와 연구센터, 서구의 출판사라는 서구 건축제도의 산물이기 때문이다. 유럽에서 건축학의 출현은 근대국가의 발달과 맥을 같이 하는데, 예를 들어 절대주의왕정의 프랑스에서 예술 아카데미가 보인 기량은 국가권력의 중앙 집중화와 관련되어 있었다. 결국 건축분야의 많은 기관들은 국가적인 기반 위에서 조직된 것이니, 국가적인 건축분야들, 즉 언어와 국경, 국가기관 등에 따라 다르게 정의되는 분야들을 적절히 파악해볼 수 있다. 따라서 '서구' 건축학의 관념은 이미 국가적으로나 지역적으로 다양하게 파편화된 분야들을 하나의 일체로서 융합하는 국제주의적 관점을 암시한다. 그 모호한 성격에도 불구하고, '국가적인' 건축분야들 간에 일어난 상당량의 교류는 일체화된 서구적 건축학을 형성한 주된 원인이었다. 이런 교류들은 예를 들어 국제적으로 저명한 건축가들에게 외국 건물들의 설계를 의뢰한다든지, 출판물이나 번역서 등을 통해 이론과 역사를 전파한다든지, 건축가들이 먼 오지를 여행하며 곳곳의 고대건축유산들을 기록한다든지, 20세기에 근대건축국제회의(CIAM)와 같은 국제 건축기관들이 설립된다든지 했던 경우들을 포함한다. 결코 새로운 건 아니지만, 그렇게 경계를 횡단하는 교류들은 최근 수십 년간 새로운 국제 조직과 기반, 새로운 교통 및 통신 수단에 힘입어 확장해왔다. 서구가 세계 경제와 문화, 정치를 지배함에 따라, 서구 건축은 다양한 분야들을 단일하고도 이른바 국제적인 '건축'의 기치 하에 통합하고자 노력하면서 세계 건축에 영향을 주어왔다. 그렇다 하더라도 그것은 여전히 유럽에서 출현한 특수하게 '서구적인' 학문이다. 20세기에 리나 보 바르디와 루이스 바라간, 겐조 단게, 기쇼 구로카와 등의 많은 비-서구 건축가들이 건축학에 기여하긴 했지만, 그 지평은 여전히 문제적이게도 서구적인 것이다.

서구 건축학의 내부에서 다양한 중심들이 출현했다가 사라졌던 만큼, 본서는 그 과정을 추적하는 과정에서 서구담론에 머무르지 않는 국가적 · 지역적 담론들을 들여다본 다음 국가와 지역의 담론들을 벗어나 새롭게 부상하는 중심들 속에 있는 타자들을 선호할 것이다. 따라서 본서는 서구 건축학의 관심들을 추적하면서 베네치아에서 뉴욕으로, 런던에서 로테르담으로 이행해간다. 그러한 이행은 결과적으로 확실히 지역적인 감수성과 특수성보다는 국제주의적이거나 서구적인 전반적 관점을 중시하게 된다. 예를 들어, 에르네스토 로제르스(Ernesto Rogers)가 처음 사용한 이탈리아어 '암비엔테(*ambiente*)'가 영어에서 '컨텍스트(context)'로 오역된 사례는 영미권의 '컨텍스트' 논의와 이탈리아에서 전개된 매우 다른 논쟁을 융합시켰다(Forty 2000: 132).[14] 지역적이거나 국가적인 담론이 보다 광범위한 서구적 담론으로 이행할 때 일어나는 그러한 오역은 반복적으로 발생해온 현상이었다. 그럼에도 '암비엔테' 개념은 보다 폭넓은 논의에 진입하여 확실한 지식과 이론들을 형성하는 데 일조했다. 전반적 관점을 취해 특수성을 놓치게 되는 또 다른 경우는 연대기적 방식으로 각 부분을 전개할 때다. 알도 로시의 『도시의 건축(The Architecture of the City)』은 이탈리아에서 1966년에 출판되었고, 영문판은 그로부터 15년 후에 출판되었다. 알도 로시는 이탈리아에서 일찍이 자신의 저술로 영향력을 구가한 뒤 〈모데나 국립묘지〉(1971)와 밀라노 〈갈라라테제 공동주거〉(1973)를 설계하거나, 『유비적 도시(Analogous City)』(1976)를 출판했지만, 그 15년이란 시차 때문에 이탈리아가 아닌 곳에서는 영향력을 구가한 저작의 순서가 뒤바뀌었다. 본서에서도 지역적인 수준과 서구적인 수준 사이에 이러한 간극의 이행이 일어나기 때문에 분명 많은 걸 놓치겠지만, 그 대신 하나의 전반적인 관점을, 말하자면 최근 건축의 '보다 큰 그림'을 가시화하는 전반적인 관점을 획득한다.

또 다른 제약을 언급할 필요가 있겠는데, 그것은 이론적인 저술이나 특수한 논증들을 보다 폭넓은 논의와 논쟁에 통합할 때 생기는 제약이다. 그러한 통합은 대개 복잡한 논증들을 단순화하여 미묘한 뉘앙스를 상실시키는데, 말하자면 해당 저술을 훼손한다는 얘기다. 예를 들어 1960년대의 모더니즘 비판은 많은 모더니스트 건축가들의 흥미를 끌었던 시학과 주체성, 맥락, 역사 등의 이슈들을 완전히 빼놓고 만든 망상적 모더니즘을

14. '암비엔테(*ambiente*)'(직설적 의미로는 '주변을 둘러싼 상황이나 환경')라는 이탈리아어와 '컨텍스트(context)'(문맥, 전후관계)라는 영어 단어들은 우리말로 공히 '맥락'에 해당하는 말이다. 하지만 로제르스가 사용한 '암비엔테'란 말에 역사적 의미가 깃들어있던 데 반해, 이 말이 미국으로 옮겨오면서 사용된 로우의 '컨텍스트'란 용어에서는 역사적 의미가 사라지고 형태적 차원이 강조된다. 이에 대해서는 본서의 제1부 "맥락" 부분을 참조. — 옮긴이

적으로 삼았다. 본서는 건축학 내부의 논쟁과 보다 광범위한 논의에 관심을 두므로, 그러한 오해와 왜곡들을 교정하기보다는 그것들을 둘러싼 논쟁 자체를 탐구할 것이다. 그렇다고 본서가 그런 오해들을 어떤 의미로든 인정한다는 뜻은 아니다. 인정여부는 그저 본서의 범위와 관심에서 벗어날 뿐이다.

한 세기가 넘도록 건물과 도시의 관계는 건축담론의 중심에 서있었다. 이 주제는 토니 가르니에(Tony Garnier)부터 알도 로시까지, 산텔리아(Sant'Elia)부터 힐버자이머(Hilberseimer)까지 이르는 건축가들의 작업에서 중요한 요소였으며, 본서에서도 역시 불가피하게 중요한 의미를 갖는다. 다만 여기서 취하는 관점은 건축의 관점인데, 본서가 개관하는 것은 건축학의 최근 역사이지 도시의 역사는 아니기 때문이다. 건물과 도시의 관계에서 일어나는 변화들은 건축학 자체의 변화를 특징적으로 비춰낸다. 따라서 이런 변화를 개략적으로 기술해보자면, 먼저 도시를 공장의 조립라인처럼 재구성하려던 모더니즘적 열망(Tafuri 2000)은 추후에 새로운 건축과 전통적인 도시를 화해시키려던 콜린 로우의 시도로 대체되고, 렘 콜하스의 작업에 이르러서는 옛 도시가 중요하지 않은 대신 지시에 따라 하향적으로 계획되는 단지들보다 진화적이며 자체적으로 영속하는 걸로 보이는 새로운 도시개발단지들이 관심대상이 된다. 건물과 도시의 관계에서 도시는 '사회적인 것' 을 상징하므로, 도시에 대한 건축가의 접근은 사회정치적인 입장과 세계관을 드러내기 마련이다. 따라서 본서가 건축에 초점을 맞춘다는 이유로 건축을 도시로부터 완전히 분리시키기란 불가능할 뿐만 아니라 부적절한 일이다.

본서의 본론을 구성하는 '위기' 와 '자율적 건축' , '실재' 에 관한 세 부분은 건축이론의 영향력을 증언하는데, 『건축의 복합성과 대립성(Complexity and Contradiction)』, 『도시의 건축(The Architecture of the City)』, 『라스베이거스의 교훈(Learning from Las Vegas)』과 같은 출판물들이 이슈와 논증의 틀을 짓고 그 어떤 실제 건물보다도 더 명백하게 방법론과 기법들을 기술하기 때문이다. 따라서 건축이론은 건축학의 변화에 일차적인 역할을 수행한다. 여기서의 연구대상은 건축이라는 '학문' 이므로 본 연구에 활용된 자료에는 건축이론과 건축사, 건축가와의 인터뷰, 지어지거나 지어지지 않은 프로젝트들이 포함되며, 폭넓게 논의되고 전파된 저작들, 건축의 변화에 일조한 저작들에 주로 초점을 맞춘다.

1966년은 모더니즘의 쇠퇴가 시작되었음을 특징적으로 알린 해다. 이 해를 분수령으로 모더니즘에 반대하는 동력들이 담론의 전면에 대두되었는데, 알도 로시의 『도시의 건축』과 로버트 벤추리(Robert Venturi)의 『건축의 복합성과 대립성』이 이때 출판되었을 뿐만 아니라 피렌체에서 슈퍼스튜디오(Superstudio)와 아키줌(Archizoom)이 결성된 것도 이때였다. 이런 사건들이 결합하여 대다수 건축가들에게 미친 영향을 가시화할 순 없지만, 적어도 많은 건축가들은 모더니즘에 대한 이러한 비판적 기류 중 하나를 접했다. 본서의 1부는 1970년대의 사회경제적 · 건축적 위기와 그 원인들, 그에 대해 건축학이 즉각적으로 보였던 반응에 초점을 맞추며, 당대의 저항운동이 소리 높여 외쳤던 요구사항들을 조명한다.

위기는 종종 사전경고 없이 급작스럽게 폭발하는 것처럼 보인다. 대개 그런 위기를 키워내는 동력들은 시야의 중심에서 벗어난 주변부에서 강화되는데, 현상에 대한 그런 힘들의 위협은 이후에도 적절히 다뤄지지 않다가 어느 순간 위기를 분출시키고야 만다. 따라서 위기는 1970년에 들어서야 분출된 것일 뿐, 위기를 키워낸 힘들은 오래 전부터 존재했었다. 위기에 앞서 1966년에 모더니즘 건축에 대한 강력하고 잘 정의된 반론이 출현했다가, 나중에 모더니즘이 붕괴하면서 현상에 대한 비판과 대안을 제공함으로써 이러한 발전을 뒷받침했다. 이어서 다양한 대안들이 주로 콜라주적이고 역사주의적인 기류로서 등장했는데, 이러한 두 기류는 각각 '신사실주의(neorealism)' 와 '신합리주의(neorationalism)' 란 이름으로 명명되었다. 이 별개의 두 운동은 1977년에 '포스트모더니즘 건축' 이라는 포괄적인 용어로 통합되면서 과거회귀적인 저항이나 도피주의의 형식으로 특징될 수 있는 운동을 만들어냈다. 이런 운동의 궤적은 새로운 현실주의를 표방한 '네오리얼리즘' 적 요소들에도 불구하고 이상에 불과한 것이었는데, 크리스티안 노르베르그-슐츠(Christian Norberg-Schulz)의 다음과 같은 발언이 이를 예증한다. "우리는 리얼리티를 결코 '있는 그대로' 경험하거나 기술할 수 없으며 이런 용어는 무의미하다고 결론내릴 수밖에 없다"(1969: 220). 포스트모더니즘 양식의 대중주의를 통해 건축을 구제하려던 시도는 제한된 성공을 거뒀을 뿐이지만, 건축의 자율성으로, 결함이 아닌 가치로서의 '차이'로, 창조적 실험으로 향하는 길을 열어주었다.

2부는 페이퍼 건축이 부상하기 시작하여 1990년대에 건축의 자율성이 시장에 통합되기까지를 아우르는 이상(理想)의 궤적을 추적한다. 자율적 건축의 주요 창시자들은 알도 로시와 피터 아이젠만이지만, 그들의 실제적인 입장은 구분되며 심지어 서로 대립적이기까지 하다. 로시는 시간을 초월하는 자율적 건축의 개요를 그렸고, 아이젠만은 자신의 자율적 건축을 일종의 비판 형식이자 저항 형식으로 묘사했다. 하지만 저항 형식으로서의 아이젠만 건축은 탈산업사회보다 산업사회에 저항하는 형식으로서 더 효과적이었다. 예술적 자율성을 흉내 낸 이러한 건축의 자율적 운동은 건축학을 부흥시킴으로써 1990년대 말에 이르러 건축학이 전례 없는 인기를 구가하게 한 주된 원인이었다. 그리고 이러한 인기는 건축을 다시 시장경제로 새롭게 통합시켰고 이제 건축 디자인은 경제에 매우 실질적인 권력을 행사하게 되었다. 이러한 이상(理想)으로 새로운 사회적 정세에 적응한 건축의 무대에서 실재는 정체되고 있었다.

3부는 건축학이 새롭게 발견한 자신감과 더불어 새로운 사회적 정세의 수용을 표현하는 실재의 귀환에 대해 이야기한다. 건축에서 실재는 1920년대에 뿌리를 둔 일상생활의 혁명이라는 급진적 관념과 같은 연원을 공유하지만, 이내 역동적인 변화로 위장된 채 기존의 현상에 대한 옹호자가 된다. 실재는 그간 이상이 그려온 족적에 대한 유일한 대안으로서 등장하지만, 결국에는 더 이상의 변화를 막아버리고 기존의 것들을 계속해서 찬미하는 것 말고는 모든 가능성을 배제시키는 막다른 길과 병목현상으로 이어진다. 9/11과 2002년의 경기침체로 위기감이 다시 고조되면서, 1960년대 말부터 건축을 지배해온 이상과 실재의 양 기류는 이제 동력을 소진한 나머지 건축담론에서 부상하는 그 어떤 현대적 질문과 의문도 해결할 수 없는 모양새를 하고 있다. 따라서 건축학이 변화하는 현실과 사회에 맞게 적응하며 변화하는 이야기가 등장한다. 그것은 절망적으로 시작하여, 과거회귀적인 도피주의와 수동적인 저항으로 이어지다가, 새로운 사회에 대한 문제제기 없는 수용으로 끝을 맺는 이야기다.

제1부

위기와 후퇴 Crisis and withdrawal

공허(The void)

1974년에 건축사가 만프레도 타푸리는 "오늘날 건축을 말하게 만들려는 자는 아무 의미도 없는 재료들에 의존할 수밖에 없다"(1998: 292)고 기술하면서, 깊은 환멸 내지는 절망까지도 표현했다. 이때는 건축이 위기에 빠져 허우적대고 있음을 발견한 시기였으며, 그 위기는 모더니즘이 해체되고 붕괴하며 일어난 결과로 보였다. 이러한 위기는 '모더니즘이 실패했다' 는 인식, 즉 모더니즘의 사회적 열망들이 재앙으로 끝났다는 인식으로 발현된 것이었다. 이러한 외관상의 실패에 대한 정확한 이유들이 무엇인가는 논쟁거리였지만, 일단 폭넓은 대중으로부터 건축가들에게 전파된 이러한 인식은 일종의 공유된 환멸감으로서 담론을 지배하게 되었고, 자기탐구(soul-searching)와 치유를 추구하게 하는 계기가 되었다.

하지만 그 위기는 비단 건축에만 국한된 게 아니라 사회적 · 경제적 · 정치적 · 문화적 측면들을 대부분 포괄하던 위기였다. 문화비평가 로버트 휴이슨(Robert Hewison)은 이 위기를 이렇게 묘사했다.

> 서구문명 전체를 괴롭히는 이 위기. 20세기의 대부분에 걸쳐 문화적 발전을 지속시켜온 주된 동력인 모더니즘의 문화가 소멸된 걸로 보일 때, 생동하며 진보하는 문화를 어떻게 유지한단 말인가?
>
> (Hewison 1990: 11)

이 경우 모더니즘은 하나의 예술양식 이상을 의미한다. 이 말에는 20세기 이전부터 모더니티 자체를 정의해온 관념들인 계몽의 기획과 진보와 유토피아에 대한 믿음이 얽혀있다.

베를린 장벽이 붕괴되기 오래 전에 유럽의 급진좌파는 자본주의에 대한 대안모델로서 소련에 대한 신뢰를 상실했다. 헝가리에 대한 소련의 잔인한 폭압과 스탈린의 공포정치가 1956년에 드러난 이후, 1960년대의 급진파들은 자본주의자들뿐만 아니라 노동기관들까지 표적으로 삼으며 '관료들'에 저항했다.[1] 1968년의 '프라하의 봄' 사건들은 진보와 해방의 상징이었던 소련에 대한 믿음을 절하시키면서, 마지막으로 기댈 절박한 혁명적 교의로서 모택동주의로 선회하게 만들었다. 휴이슨은 이렇게 점증하던 환멸을 다음과 같이 요약했다.

> 모더니즘과 결별한 대가는 인류를 위한 더 나은 미래의 비전을 상실한 것이었다. 모더니즘은 그러한 미래의 틀을 짓는 데 도움이 되었었다. 모더니즘 이후에는 단지 공허함만이 남았다. 이러한 염세주의적 시각은 1968년의 혁명이 실패한 이후 프랑스 좌파지식인들 사이에 퍼진 정치적 염세주의를 통해 강화되었다.
>
> (Hewison 1995: 222)

이런 불만들 속에는 한 세기 전에 낭만주의자들이 표출했던 의심들, 말하자면 인간 존재의 표준화 경향이 확산됨에 대한 두려움이 되풀이되고 있었다. 삶의 모든 측면이 속속들이 상품화되어가면서, 기존의 공상가들이 약속했던 유토피아를 제공하지 못한 기술에 불신이 일어나면서 이런 근심은 늘어만 갔다. 국가의 팽창과 매스미디어의 성장이 개인을 주변화 시킨다는 세계인식과 이에 대한 지나친 개인주의적 반응은 게오르크 지멜(Georg Simmel)의 '메트로폴리스와 정신적 생활(Metropolis and mental life)'에서 이미 기술된 바 있는 근대성의 부수효과들이었다. 이제 그러한 효과는 자본주의의 국제주의적이고 세계화된 충동과 서구 중산층의 성장이 자극제가 되어 새로운 사회부문들로 확산되었다.

1950년대와 1960년대에 일어난 사이버네틱스의 부상은 선형적 시간에 대한 근본적인 두려움을, 즉 진보에서 비롯한 불확실성을 보여줬다

1. 예를 들어, 민주사회를 위한 학생연합(Students for a Democratic Society: SDS)의 1962년 포트 휴론 성명을 보자. 이 성명은 미국 내 신좌파의 설립을 알리며 이후 학생운동의 토대가 된 문서였다.

> 비록 우리의 기술이 사회조직의 옛 형태들을 파괴하고 새 형태들을 만들고 있을지라도, 사람들은 여전히 무의미한 노동과 실업을 감내한다. [중략] 유토피아와 희망의 쇠퇴는 사실 오늘날 사회생활을 정의하는 특징 가운데 하나다. 그 이유들은 다양하다. 구좌파의 희망들은 스탈린주의로 곡해되었고 전혀 재생되지 않았다. (SDS 1962)

(Lee 2004). 도청장치와 CCTV 시스템, 스파이 위성 등의 기술적 감시수단이 그 어느 때보다 더 정교해지던 이 시기에, 중산층의 성장은 사생활보호에 대한 요구를 더욱 키웠다. 전통적인 촌락사회에서는 생활조건상 중산층이 바라는 사생활보호 유형이 적용되지 못했고 몰래 엿듣는 이들은 대개 친척이나 이웃이었다. 하지만 이제는 완전한 이방인인 정체불명의 관료가 도청하는 시대다. 사회적 통제에 대한 점증하던 근심과 이에 반한 자유에 대한 요구는 프랜시스 포드 코폴라(Francis Ford Coppola) 감독의 편집증에 관한 영화 〈도청(The Conversation)〉에서 간명하게 묘사되고 있다.

클로드 레비스트로스(Claude Lévi-Strauss)의 인류학 연구와 롤랑 바르트(Roland Barthes)의 문학비평 및 철학을 통해 인기를 구가하게 된 구조주의는 비언어적 체계들을 언어로서 '구조적으로' 연구할 수 있다고 주장했다. 스위스 언어학자 페르디낭 드 소쉬르(Ferdinand de Saussure)를 따라, 구조주의자들은 언어이론들을 활용하여 다양한 체계들을 분석했다. 그들은 역사서술을 이데올로기적이고 문화 결정론적인 신화로 규정했다(Lévi-Strauss 1966; Althusser and Balibar 1970). 결국 대부분의 구조주의자들은 특정 순간의 역사적 구성방식을 설명하기보다 현재의 현상 자체에 대한 분석을 선호했다. 역사의 부재 속에서, 학자들이 분석한 구조들은 그 어느 때보다 독립적이고, 확정적이며, 안전하고, 강력하게—말하자면, 인간적 작용인(作用因, agency)[2] 이 전혀 통제하지 못하는 비역사적이고 초월적인 권력체계들로—보였다. 개인적인 것에 대한 위협은 미셸 푸코의 연구가 행한 권력에 대한 어두운 설명들을 통해 강화되기만 했다. 푸코가 묘사한 세계에서 인간 주체는 더 이상 인본주의 사상에서처럼 자신의 운명을 통제하는 능동적 작용인이 아니라, 그저 억압적인 체계와 구조 속에, 즉 개

2. 아리스토텔레스는 현상의 네 가지 원인을 질료인(*causa materialis*)과 형상인(*causa formalis*), 작용인(*causa efficiens*)과 목적인(*causa finalis*)으로 구별했는데, 이중 작용인은 영어로 통상 agency로 일컬어진다. 한편 '인간적 작용인' 이란 인간이 주체적으로 선택을 내릴 수 있는 능력으로서, 결정론적으로 진행되는 자연력에 반대되는 개념이다. 헤겔과 마르크스의 철학적 전통에서는 역사적 자연력에 대비한 인류의 집단화된 행동력을 가리키는데, 헤겔의 시대정신과 마르크스의 보편계급은 각각 이에 대한 관념론적 표현과 유물론적 표현을 대표한다. 사회학에서도 인간적 작용인은 마르크스의 의미와 마찬가지로 '구조' (기존의 체계)와 대비되는 개념으로서, 독립적으로 활동하면서 스스로 자유롭게 선택과 결정을 내릴 수 있는 인간의 능력을 말한다. — 옮긴이

인의 조절력이나 영향력을 뛰어넘는 체계 속에 끼어있었다(Berman 1983).

구조주의자들만 사적 유물론의 전통적 기초들을 해체한 게 아니었다. 포스트모더니즘의 '선지자' 였던 장-프랑수아 리오타르는 좌파비평이 단지 부정적이며 비생산적이라고 보고 그것과 거리를 두었다. "우리에게 해방의 비평은 없다" (Bürger, C. 1992: 75에서 인용)고 선언한 그는 '긍정적(affirmative)' 저항수단으로서 개인적 위반과 즉흥성에 대한 개요를 그려나갔다. 개인적 자유를 요구하며 모든 '메타서사들' 을 거부하고 욕망을 포용한 리오타르의 디오니소스적 허무주의는 주로 반(反)이성적인 입장을 취했고, 긍정적 대안의 궤적으로서 반문화와 '미시서사들' 에 초점을 맞췄다. 불가피하게도 리오타르에게는 조직화되거나 편성되거나 계획되거나 집합적인 저항을 위한 공간이 없었다. 리오타르의 허무주의는 1970년대 포스트모더니즘의 도래와 관련되었고, 상대주의로의 이동을 부추기면서 이데올로기들을 근거 없는 것으로 표현하고, 그 진리 가치를 깎아내리며 이데올로기의 생명력을 손상시켰다. 자크 데리다(Jacques Derrida)의 '해체(Deconstruction)' 는 주로 지배 이데올로기를 겨냥한 것이었지만 그럼에도 모든 이데올로기들의 토대를 약화시켰다. 결국 해체 개념은 데리다의 의도와 반대로 지배 이데올로기와 대립하는 이데올로기에 더 큰 손해를 끼쳤다. 모든 입장들이 공격을 받고 근거 없음이 폭로되자, 근거 없는 지배 이데올로기를 역시 근거 없는 반대 이데올로기로 대체하려는 욕망은 시들해졌기 때문이다. 게다가 해체 개념이 미국에 수입되고 특히 예일 대학교에 전해진 다음에는, 폴 드 만(Paul de Man)과 그의 동료들이 그 개념의 급진 정치적인 요청을 희석시키고는 '해체' 를 허무주의적인 언어게임으로, 무의미하고 방종한 학술적 관습으로 응용하였다.

유토피아의 지평이 상실되고, 역사가 거부되고, 기술에 관한 의심들이 생기고, 개인주의가 위협받게 된 세태는 진보라는 관념이 점차 의문시되어 결국 하나의 신화로서 거부되었음을 뜻했다. 이런 의심들은 심지어 테오도르 아도르노(Theodor Adorno)와 같은 전형적인 진보적 모더니즘 사상가들에게서도 제기되었는데, 아도르노는 "어떠한 보편적인 역사도 야만에서 박애주의로 흐르지 않으며, 새총에서 메가톤급 폭탄으로의 이행만 있을 뿐이다"(2001: 3)고 언급했다. 유토피아와 진보에 대한 의문제기는 많은 면에서 자작적인 신화와 망상 들을 더 잘 자각하고 더 이상 거대서사들의 환상에 종속되지 않게 된 보다 성숙한 사회의 징후였다. 또한 그것은 모더니티가 만들어낸 흉물스러움, 소련 집단수용소의 불의함과 끔찍함, 제3세계의 빈민가에 대한 자각이 늘었음을 뜻하기도 했다.

상기한 변화들은 이데올로기의 위기, 즉 의식의 위기 속에서 표현되었다. 1970년대에 분출한 이러한 이데올로기적 위기는 얼마간 진화해온 보다 큰 사회적 변화들을 반영한 것이었고, 그러한 사회적 변화들은 자본주의를 변화시킨 경제적 발전들, 즉 포스트포디즘으로의 이행이 만들어낸 결과였다. 포스트포디즘으로의 이행은 경제적 패러다임이 일반적으로 변화했다는, 말하자면 산업주의 패러다임의 생산에 대한 관심이 점증하는 소비의 중요성으로 대체되었다는 뜻이었다. 서비스 부문이 부상하고 정보 등의 비물질적 상품들이 중요해진 반면, 전통적인 산업과 실체적인 생산물들은 중요성이 줄어들었다. 이러한 변화는 광고와 브랜딩, 생활양식, 지각과 이미지를 더 중시하기 시작했다. 그것은 생산물의 물질적 속성과 생산의 측면들 너머에 있는 모든 걸 강조한 세계관이자, 사회의 토대(base)보다 그 상부구조(superstructure)에 관심을 집중시킨 세계관이었다(Jameson 2009; Baudrillard 1983, 2005). 현실적인 생산물(그리고 그 유용성과 특질)은 생산물의 이미지에 대한, 제품이 소비자들에게서 환기시킬 수 있을 욕망에 대한 관심으로 대체되었다. 경제와 사회의 관심들은 비실체적인 세계를 향해 결단적으로 이동했다.

고전적 자본주의 경제학자들은 시장을 수요와 공급에 따른 교환가치의 객관적 중재자로 보면서 시장에 하나의 '진리' 가치를 부여했다. 그것은 소비자가 욕구에 따라 자본을 합리적으로 소비하는 객관적이고 합리적인 행위자(agent)임을 가정한 것이었다(Bell and Kristol 1981). 반면 노벨상을 수상한 경제학자 대니얼 카너먼(Daniel Kahneman)은 행동주의 심리학을 활용한 연구와 설명으로 소비의 불합리성을 증명했다(Kahneman *et al.* 1982). 하지만 기업가들과 CEO들은 과학적 증명을 기다릴 필요가 없었다. 19세기에 이미 태동한 광고(Williams 2005)는 2차 대전 이후 매스미디어의 팽창에 힘입어 굉장한 비율로 성장하였고, 소비가 어떤 객관적이고 공리적인 '진리'나 현실보다 지각과 환상에 의존한다는 암묵적 이해를 표현했다.

후기자본주의 경제의 비실체성은 돈의 추상성, 즉 같지 않은 생산물들을 같은 것으로, 동일한 교환가치들의 결과로 인식하기를 장려하는 추상으로부터 직접 발전하였다. 신용카드와 체크카드는 새로운 수준의 추상을 도입했는데, 카드들의 가치가 은행 예금과 신용도에 의존하므로 그것들의 교환가치는 '보이지 않는' 가치가 되고 그것을 카드의 브랜드가 대변하게 된 것이다. 경제적 변화들은 노동력의 상당부분이 진화하는 질서에 적응하지 못하는 상황을 만들어냈다. 말하자면 전통적인 산업 노동자들은 서비스기반 경제와 정보기술 산업기반 경제에서 더 이상 자신들의 노동을 요하지 않게 되면서 스스로 대량실업 신세에 처했음을 알게 되었다.

사회적 · 경제적 소요로 특징되었던 1970년대에 서구는 불황과 인

1.1 1977년 뉴욕 시 정전사태 당시 브루클린 베드포드-스타이베슨트 근린지구의 혼란.
저작권자: AP통신 보도기자들.

플레이션, 실업, 사회적 갈등, 노동쟁의 및 파업을 겪었다. 이때는 석유파동으로 촉발된 경제폭락, 에너지 부족에 기인한 주당근무시간 감소, 파산에 직면한 뉴욕 시, 펑크족의 '샘의 여름(Summer of Sam)' (그림 1.1),[3] 도심이 붕괴된 '불만의 겨울(Winter of Discontent)',[4] 광범위한 폭동과 '붉은 여단(Red Brigade)' 같은 도시 게릴라들로 특징된 10년이었다. 예를 들어 프랑스에서는 1992년에 일수로 치환한 연간 파업규모(strike days per year)가 50만 일도 안 되었지만, 1971년부터 75년까지는 평균 4백만 일이었다(Boltanski and Chiapello 2005). 1973년에 월스트리트는 15퍼센트만큼 규모를 감축했고, 그 이듬해에는 또 다른 12퍼센트의 월스트리트 직원들이 불필요해졌다(Sorkin, A. R. 2008). 1970년대는 사회적 정세가 새로운 경제적 질서에 적응하던 10년이었고, 그렇게 적응하려면 예전의 질서를 깨뜨릴 필요가 있었다. 그 예전의 질서란 유럽의 경우 케인스주의 복지국가 모델이었고 미국에서는 루스벨트의 뉴딜정책이었다. 노동계급의 성취를 증진하려던 시도로 시작된 사회불안이 점차 보증되지 않은 변화들을 막고 전후 서구에 번영을 가져다준 경제적 모델을 보존하는 데에 집중되었고, 다수의 인구가 그런 변화들로부터 직접적이고도 심각한 위협을 느꼈다. 극좌파의 눈에는 앞선 수십 년간 급료인상과 직업안정성을 성취했던 노동조합들이 이제 정부의 협력자들로 보였다. 결국, '미공인(未公認, wild cat)' 노동쟁의들이 확산되어 전통적인 노동조합들을 포위하고 그 힘을 약화시켰다. 늘어나는 실업과 폭동과 파업 들이 전반적인 불만을 일으켰고, 이런 불만이 점차 그 현 상태를 겨냥하게 되면서 이제는 불확실한 변화들을 막기보다 그런 변화들을 정치적으로 가능케 했다.

본서의 이번 섹션은 1970년대에 시작하여 사회의 구조조정을 필연적으로 만든, 정치경제적 변화에서 일어난 위기의 진앙을 파악할 것이다. 그것은 그런 위기가 건축과 사회에서 어떻게 진화했는지를 개괄할 것이

3. 1977년 뉴욕의 '샘의 여름'은 한 연쇄살인범이 뉴욕 시 주민들을 위협에 빠뜨린 사건으로, 정전과 폭동, 약탈이 뒤따르면서 광범위한 파괴가 일어나고 뉴욕이 최악의 암울한 순간에 빠졌던 걸로 악명이 높다.
4. '불만의 겨울'은 영국에서 1978~79년 겨울의 노동 불안을 묘사하는 데 사용된 셰익스피어의 문구였다. 이때 광범위한 파업이 있었고 이것이 결국 노동당 정부를 무력화시켰다.

다. 즉 사회의 동기와 목적과 이상의 변화(사회 '정신'의 변화)를 건축에 대해 가중되던 압력의 이면에 놓인 엔진으로서, 모더니즘과 모더니티의 약속에 대해 점증하던 환멸의 이유로서 개괄할 것이다. 위기의 조건은 건축과 사회의 관계를 드러내며, 사회를 '합리화'하고 예전 질서의 모순들을 해소하고 그 잔여물들을 제거하려는 모종의 변화를 향한 시도들이 경제부터 건축, 정치부터 문화에 이르는 삶의 모든 측면들에 어떻게 영향을 주는지를 보여준다. 건축의 위기는 자기탐구와 자기비판을 키웠으며, 그것은 건축학 내부에 광범위한 불안과 불확실성을 일으켰다. 이러한 난관에 대한 반응으로서 건축은 건축의 내부로, 퇴보적인 저항이나 도피주의의 형식으로 후퇴했고, 건축학의 많은 '불안들'을 파악하는 데에는 성공했지만 구제책이 없었으며, 종종 보다 폭넓은 사회적 변화를 무시한 채 자체적인 건축 생산에 관심을 집중하곤 했다. 이러한 후퇴가 가능했던 건 또 다시 건축에서 이상이 차지하는 우위 때문이었으며, 그러한 이상의 우위는 도면과 건물을 분리하는 거리에서, 주체와 객체의 분열에서 판가름나는 것이었다.

경제적 · 사회적 위기(Economic and social crisis)

위르겐 하버마스(Jürgen Habermas)는 "사회는 그 구성원들이 상황을 위기적으로 파악할 때, 그리고 오직 그럴 때에만 위기에 빠지지 않는다"(2005: 4)고 말했다. 위기의식과 사회적 위기, 경제적 위기는 종종 관련이 있고 심각한 위기상태들은 세 가지 범주 모두에 영향을 미치는 반면, 그 세 가지는 별개로 독립되어 일어날 수도 있다. 하버마스는 이렇게 지적했다. "사회 구성원들이 계속적인 실존을 위한 결정적 구조변화들을 경험하면서 스스로의 사회적 정체성이 위협받는다고 느낄 때 우리는 위기에 대해 말할 수 있다. [중략] 위기 상태는 사회 제도들의 해체라는 형식을 가정한다"(2005: 3). 부분적인 위기는 일단 경제적으로 표출되며, 그것은 자본주의 경제의 특징인 경제적 호전과 침체의 경기순환과 관련된다. 반면 보다 폭넓은 위기는 사회 조직과 사회적 관계들, 정치적-경제적 사회 조정(steering)의 변화와 관련된다. 이 후자의 위기 형태에 대해 하버마스는 다음과 같이 설명했다.

> 위기의 사건들은 그것이 미해결된 조정의 문제들로부터 발생한다는 사실로부터 객관성을 확보한다. 정체성의 위기는 조정의 문제와 연관된다. 비록 그 주체들은 일반적으로 그런 문제를 의식하지 못하지만 이러한 조정의 문제가 실로 특정한 방식으로 의식에 영향을 주는 이차적인 문제들을 일으키는데, 그것은 바로 사회통합을 위협하는 방식이다.
>
> (Habermas 2005: 4)

위기가 따르게 되는 생산성의 감소는 자본주의 경제에서 불가피한 사건이다(Habermas 2005; Craig-Roberts and Stephenson 1973). 자유 시장은 균형을 추구하지만, 그런 상태는 오로지 일시적일 수밖에 없다. 생산과 소비가 분리된 이상, 수요와 공급의 균형은 달성이 불가하다. 시장 자본주의의 조건에서는 언제나 생산되는 상품들의 수와 그런 상품들에 대한 수요가 불일치할 것이다. 즉 생산자에게는 미래의 소비를 정확하게 예측할 수단이 없다. 어떤 산업에서는 불필요한 노동량이 존재하지만, 또 다른 산업에서는 노동력이 부족하다. 균형과 불균형 사이에서의 변동은 자유 시장의 필수적인 특징이며 반복적인 부분적 위기들을 일으키는 원인이다. 결국 자본주의 경제는 어느 단일 생산자나 단일 산업에 국한된 작고 부분적인 위기들을 항시적으로 겪는다. 자본은 언제나 다양하고 복잡한 방식으로 투자되고 재투자되는 경향이 있으므로, 부분적 위기의 결과들이 그 시스템 내에서 쉽게 확산되어 수익성이 높았던 산업들에 영향을 끼칠 수 있다. 따라서 자본주의는 성장이 침체될 때 시스템을 교정하는 수단으로서 위기들을 생산하는데, 이것은 생산과 소비의 필요들을 따라 노동을 재분배하는 종류의 '충격요법'이다. 경제의 성장과 자본의 투자 증대는 시스템 전반의 복잡성과 반항성을 키우게 되면서 경제를 위기에 더 취약하게 만든다(Mandel 1975; Craig-Roberts and Stephenson 1973).

그런 위기들은 19세기 유럽과 미국의 자유방임형 자본주의 경제와 연관이 있었다. 하지만 전후의 상황은 달랐다. 이미 1930년대에는 1929년의 경제적 충격과 대공황을 뒤이은 반응으로, 미국의 경우 루스벨트가 뉴딜의 일환으로 새로운 정책들을 시행했다. 이어서 서유럽과 미국은 존 메이너드 케인스가 옹호하고 전후 존 케네스 갤브레이스(John Kenneth Galbraith)와 같은 신-케인스주의 경제학자들이 명료화한 경제정책들을 채택했다. 뉴딜과 케인스의 경제모델은 '거품과 불황'의 순환주기를 막을 경기조정 경제(anti-cyclical economy)를 확립하기 위해 신고전적 자본주의 경제이론과 결별했다. 케인스주의 모델의 중심적 전제는 공급보다 수요에 초점을 맞추거나, 이윤율이나 세율을 변경하거나, 통화가치를 낮추는 등의 정부 정책들을 통한 경제 개입이 위기를 방지할 수 있다는 것이었다. 즉 그것은 경제를 교정하고 조정하는 행동주의 및 개입주의 모델로서, 사회민주주의 복지국가에서 계획화된 시장경제를 낳은 모델이었다. 결과적으로 케인스는 그의 모델이 자유방임형 자본주의에 영향을 준 위기유형에 영향을 받지 않는다고 믿었다.

케인스주의 모델은 시간에 대한 두 가지의 상충하는 이해방식을 구현했다. 한 가지 방식에 따르면 시간은 선형적이다. 즉 현재는 계획을 통해 미래를 결정하며, 이러한 계획은 사회적 진보가 이뤄지는 방향으로 경제를 조정하는 정치적 의지에 자본주의 경제를 종속시킨다. 케인스주의 경제학의 많은 옹호자들은 이 경제모델의 효력이 다할 순간을 예측하지 않았다. 대신 위기가 없던 순간에 경기조정적인 케인스주의 모델은 '지금 여기'의 천국으로서, 현재의 유토피아로서, 시간의 종말로서 이해되었다. 즉 케인스주의 경제학은 결국 1929년 경제공황에 대한 반응으로서 태어났고, "미래에 대한 두려움을 제거하기 위한", "미래는 현재로서 고정되어야 한다는"(Negri 2003: 40) 어느 정도의 이데올로기적 요청이었던 셈이다. 계획의 미래지향성이 케인스주의 모델의 사회적 책무들을 표현했지만, 그것의 현재성은 케인스주의가 부르주아 사회에 제공한 보호책과 관련되어 있었다. 결국 이 영국인 경제학자가 고안한 거시경제이론은 자본주의를 다시 한 번 성장의 궤도상에 위치시켜 혁명의 위협과 부르주아 사회의 해체를 회피하는 수단이었다(Negri 2003).

하지만 위기의 증거가 축적되었다. 1945년부터 65년까지 임금은 생산성과 함께 증가했다. 그 이후로 노동자들의 활동이 성공을 거두면서 임금은 계속해서 증가했지만, 생산성의 향상 폭은 줄어들기 시작했다. 1970년대 말에 이르러, 미국 내 실업과 인플레이션은 모두 평균 7.8퍼센트를 기록했다(Willes 1981). 프랑스에서는 1959년부터 73년까지 비(非)개인 회사들의 이윤율이 2.9포인트 하락했지만 1973년부터 81년까지는 무려 7.8포인트가 하락했다. 1970년대부터 1980년대까지 미국과 일본, 서유럽의 연간 평균 국내총생산(GDP) 성장률은 1/3이 감소했다(Boltanski and Chiapello 2005). 게다가 인플레이션과 실업이 직접적 연관이 있다는 믿음, 즉 실업률이 높을수록 인플레이션은 줄어들고 그 역도 성립한다는 믿음은 서구에서 인플레이션과 실업이 동시에 일어나면서 무너져 내렸다. 인플레이션과 실업의 직접적 상관성은 케인스주의 이론이 아니었다. 그것은 1950년대에 영국의 한 경제학자가 발견한 연구결과에 기초한 것으로, 이는 그의 이름을 딴 필립스 곡선으로 명명되었다. 하지만 신케인스주의자들이 필립스 곡선을 채택함으로써, 이 곡선은 결국 케인스의 모델을 연상시키게 되었다. 따라서 시카고의 경제학자 밀턴 프리드먼(Milton Friedman)이 1967년 전미경제학회장 취임연설에서 필립스 곡선의 결점들을 거론하고 실업과 인플레이션의 직접적 연계를 끊는 새로운 대안으로서의 곡선을 제시했을 때, 그것은 케인스주의 경제학에 대한 직접적인 공격으로 이해되었다. 몇 년 후에는 1944년의 브레튼 우즈 통화협정이 깨지면서 정부의 투자 규제가 줄어들게 되었고,[5] 이것은 전후의 현상유지를

5. 브레튼 우즈 협정(Bretton Woods Agreement)은 제2차 세계대전의 종전을 앞둔 1944년 미국 뉴햄프셔 주의 브레튼 우즈에 모인 44개국의 연합국 대표들이 환율안정을 위해 미국의 달러화를 기축통화로 한 고정환율제의 금환본위제도를 실시하기로 한 협정이다. 세계대전으로 피폐해진 유럽과 달리 미국은 금을 압도적으로 보유하고 있었기에 금을 대신할 화폐로서 기존의 파운드보다 달러가 탁월한 지위를 얻었고, 이 협정을 통해 각국에 외화를 지원할 국제통화기금(IMF)과 전후복구 및 개발도상국 지원을 위한 국제부흥개발은행(IBRD)이 설립된 이래로 미국의 달러화는 전 세계에 대거 투입되었다. 자유무역을 진흥한 브레튼 우즈 체제 하에서 서구경제는 비약적으로 발전했지만 1950년대 말부터 시작된 베트남전쟁에 미국이 개입하면서 미국경제는 정체하고 국제수지도 대폭적인 적자를 누적하기 시작했다. 미국이 전비조달을 위해 통화량을 증발하여 일어난 인플레이션으로 달러가치가 급락하면서 각국은 달러를 금으로 바꿔줄 것(금태환)을 요구했으나, 베트남전쟁에 패배하며 엄청난 빚을 떠안은 미국이 1971년에 금태환 정지 선언을 하면서 금본위제도가 사실상 폐지되기에 이른다. 이후 국제 통화제도는 혼란에 빠졌고 곧 달러화의 가치를 낮춘 형태로 브레튼 우즈 체제를 연장한 스미소니언 체제로 이행했지만 각국이 관세장벽을 높이면서 세계무역의 축소화 경향이 일어나게 되었고, 결국 1973년에 변동환율제를 도입(일명 스네이크 체제)했다가 1976년에 금의 공정가격 철폐와 변동환율제의 도입을 정식화한 킹스턴 체제로 이어지게 된다. — 옮긴이

종식시킨 신호탄이었다. 1981년에 경제학자 제임스 W. 딘(James W. Dean)은 앞선 10년간 케인스주의 모델이 붕괴하고 '역전적(roll-back)' 신자유주의 시대가 시작되었음을 언급하면서 "정책적 허무주의의 시대가 시작되었다"(1981: 27)는 심상찮은 선언을 했다.

위기 이론을 케인스주의 경제학의 조건들에 맞춰 수정한 하버마스는 자본주의 경제의 이익—이윤—과 케인스주의 이론이 요구하는 경제의 사회적 수요로의 종속 간에 벌어지는 긴장을 파악했다. 그는 케인스주의 경제에서 일어나는 위기의 발달을 다음처럼 묘사했다.

1 "자본주의 체계 내의 위기들은 자본을 전체적으로 가속화된 운동에 다시 투자하는 과정을 확립하기 위해 기존 자본의 가치를 떨어뜨린다. 투자는 직접적으로 이윤율이 감소해서든 간접적으로 자본투자를 위한 수익성 있는 기회들이 줄어서든 간에, 주기적으로 정체상태에 도달한다"(2005: 222).
2 노동비용에 대한 잉여가치의 의존성 (노동비용은 역사와 국가, 문화에 따라 결정되고 특히 선진국에서는 최소수요 비용 이상을 포함하며 도덕적 · 이데올로기적 입장들에도 반응한다.)
3 특히 복지국가에서는 규제와 재분배를 통해 노동임금이 상승하고, 따라서 생산되는 상품들의 소비에서도 상승을 부추긴다.
4 자본의 확장은 사용가치보다 교환가치가 주도하기 때문에, 사회의 복지 및 이익과는 점점 더 어긋나게 된다. 투자나 투자회피에 관한 결정들은 어떤 단계에서 이윤을 늘리는 단순한 메커니즘과 분리되어야 할 것이고, 자본주의적 축적을 약화시키는 정치적 개입이 필요해질 것이다. (pp. 222-35)

1970년대에 서구사회는 후기자본주의로의 이행을 완성하지 못했다. 사회의 일부 부문들은 경제적으로나 이데올로기적으로나 이미 새로운 질서에 적응했는데, 말하자면 서비스 및 정보 부문들이 점차 중요해지고, '문화'가 부상하고, 소비가 강조되고, 개인주의와 '자유'가 강조되는 질서에 적응한 상태였다. 하지만 다른 사회 부문들은 여전히 상당정도 산업사회의 논리에 따라 구조화되어 있었다. 노동력의 상당 부분이 여전히 쇠퇴하는 산업에 고용되어 있었고, 복지국가는 여전히 커다란 지지를 받고 있었으며, 안정성은 높은 가치를 유지하고 있었다.[6] 대량실업과 높은 인플레이션을 동시에 맞닥뜨린 각국 정부는 경제조정능력을 상실했다. 게다가 이제는 사회의 근본적인 이상들이 의문시되었기 때문에, 사회의 조정방향이 점차 쟁점으로 떠올랐다. 변화하는 경제정세의 압박 속에서 연속적으로 나아갈 것이냐 근본적으로 변화할 것이냐는 양극으로 분열된 서구사회는 어느새 자체적으로 변화를 막지도 받아들이지도 못하는 교착상태에 이르게 되었다. 이에 따라 세금을 줄이든, 노동조합과 협상하든, 구조적 변화들을 도입하든 간에 고용주들을 지원하라는 정부에 대한 압력은 횡포에 가까워졌다. 경제적으로나 정치적으로나 발생하는 전이들을 방지할 수도 수용할 수도 없음을 깨달은 예견된 충돌의 경로에서 결국 위기가 발발했다.

후퇴하는 모더니즘(Modernism in retreat)

위기가 추락의 극단에 이르자, 극적이고 암울하며 묵시적인 사망선고들이 일상화되었다. '저자의 죽음'과 '주체의 죽음'에 더해, '예술의 죽음'과 '영화의 죽음'까지 선고되었다.[7] 이러한 죽음이 암시한 것은 전문직에 의한 생산의 종말이 아니라, 예술이나 건축과 같은 학문의 탄생이 죽음으로 끝을 맺는 학문적 진보의 종말이었다. 따라서 그와 직결된 것은 진

---

6. 리처드 세넷은 다음처럼 솔직하게 기술한 바 있다.

> 나는 1960년대 말 미국 보스턴의 백인 노동자 가족들을 연구하기 전만 해도 거대한 관료제를 해체해야 한다는 신좌파의 주장에 동감했다. 그 무렵 내가 인터뷰한 대부분의 노동자 가족들은 보스턴으로 이주한 이민 2~3세대들이었다. [중략] 이들은 관료제에 의해 억압받기는커녕 그 견고한 제도 속에서 안정적으로 뿌리내리고 있었다. 안정된 노동조합, 거대 기업, 상대적으로 고정된 시장이 그들의 삶을 지탱해 주었다. (2006: 6) [번역서 『뉴캐피털리즘』(유병선 옮김, 위즈덤하우스, 2009) 9쪽 참고]

7. 영화의 죽음은 장-뤽 고다르가 감독한 1967년 영화 〈주말(Weekend)〉의 마지막 장면에서 구체화되었고, 추후 장 보드리야르는 예술의 죽음을 선언한 후 『악의 투명성(The Transparency of Evil)』을 비롯한 일련의 출판물들을 통해 이를 명료화했다. 또 다른 예는 1964년에 레슬리 피들러(Leslie Fiedler)가 쓴 에세이 "아방가르드 문학의 죽음(The death of avant-garde literature)"이다. 하지만 이러한 학문적 '죽음들'은 진보의 종언과 관련된 것인 반면, '주체(혹은 저자)의 죽음'은 탈인본주의에 의한 주체의 말소와 연관된 점에서 서로 구분할 필요가 있다.

보에 대한 의문들이었고, 이는 더 나은 미래가 아닌 되돌릴 수 없는 종말을 향한 직선적 발달로서의 진보의 궁극, 즉 역사의 종언이라는 테제였다. '건축의 죽음' 이라는 진술은 건물들의 신축을 배제하지 않았지만, 더 나은 미래를 향해 진보하는 학문으로서의 건축이 막다른 종말에 이르렀음을 암시했다. 따라서 다니엘 리베스킨트(Daniel Libeskind)는 이렇게 선언할 수 있었다. "건축이라는 단어야말로 본래의 명성을 잃어버렸다. 건축은 어떻게 자기변호를 해야 하는가? '좋은 시절과 나쁜 시절' 들은 모두 지나갔다. 일상적인 건축가는 죽었다"(1991: 6). 급기야 레온 크리에(Leon Krier)는 "오늘날 나는 건축가여서 건물을 지을 수 없다"(1980: 82)고까지 말했다.

이 시대의 사회적 · 경제적 위기는 사회학자와 경제학자, 정치인, 저널리스트 들이 평가하고 분석하고 있었지만, 건축의 위기는 건축학 분야에만 국한된 요원한 영역에서 일어나는 듯했다. 건축 분야의 실무자들과 이론가들은 보다 폭넓은 사회-경제적 위기 속에 있던 건축적 위기의 기원들을 여전히 투명하게 바라보지 못했다. 환멸과 절망, 불확실성의 폭발로서 건축에 일어난 위기는 상당한 숙성기간을 거치고 나서야 분명한 모습을 드러냈다. 만프레도 타푸리에 따르면 그러한 위기의 최초 징후들은 일찍이 1930년대에 나타났다고 볼 수 있겠는데, 뉴딜정책과 케인스주의 경제이론을 시행한 결과 모더니즘 건축의 이데올로기적 기능이 고갈되었던 시점이 이때라는 얘기다(Tafuri 2000; Jameson 1985). 건축비평가 콜린 로우는 이 위기가 제2차 세계대전 직후에 시작된 걸로 보는데, 이런 위기는 1947년의 근대건축국제회의(CIAM)에서 이미 가시화되어 모더니즘이 과거에 대한 총체적 거부로부터 후퇴하는 양상으로 예증되었다는 것이다(Rowe and Koetter 1983). 모더니즘의 죽음을 향한 여정에서 건축은 당시에 위기로 이해된 몇 가지 충격들에 직면했는데, 그것은 르 코르뷔지에의 롱샹성당에 대한 반응으로 '자유 형태' 와 '유기적' 건축이 부상하거나, 초기 모더니즘 건축의 입체파적 정통성을 위반하는 오스카 니마이어와 알바 알토의 작품이 출현하곤 했던 충격들이었다. 한편 BBPR●8의 에르네스토 로제르스가 이탈리아의 대표적인 건축 잡지 『카사벨라 콘티누이

타(Casabella Continuita)』에 쓴 (1950년대의) 사설들은 이탈리아에서 일부 모더니즘적 신조들(특히 역사의 말소와 같은 신조들)을 재고하게 만들었다. 20년 후(1976년)에 라파엘 모네오(Rafael Moneo)는 이 잡지의 입장이 '당시 모던운동이 수용하고 있던 획일적 정통성과 결별하는 입장' 이었다고 기술했다(1998: 107). 이런 충격들은 그 범위와 모더니즘에 대한 비판에 있어서 제한적이었고, 모더니즘의 본질적인 원칙들을 공격하기보다는 보다 폭넓은 형태언어를 표현했다. 대부분의 실무건축가들은 나중 들어 1960년대가 되어서야 모더니즘에 의심과 의문을 품기 시작했다.

모더니즘에 대한 비판론은 주체와 객체의 종합을 이루었다고 자신했던 모더니즘이 오히려 주객의 분열을 키웠다고 묘사했다. 모더니즘 건축이 직면한 이러한 대립을 가장 잘 설명해주는 것은 보다 급진적이었던 역사적 아방가르드의 일부 프로젝트들이다. 힐버자이머의 1924년 〈고층도시(Hochhausstadt)〉 프로젝트는 모더니즘이 제기한 가장 극단적인 상상 중 하나로서, 커다란 수평의 주택 슬래브들이 체계적으로 배치되고 각각의 슬래브에는 작은 창문들이 동일하게 반복되며 보행자와 차량, 대중교통수단을 위한 단계화된 높이구분이 이루어진 프로젝트였다. 그 거대한 스케일은 보행자들을 슬래브들과 열린 공간에 비해 난장이처럼 보이게 한다. 당시에는 이 프로젝트가 어수선하게 밀집되고 혼잡스러웠던 자유방임형 19세기 도시를 거부하는 것이라고 이해될 수 있었다. 이를 달성할 수 있었던 건 도시와 건물의 연속체이자 건물과 단일 유닛의 연속체를 만들고 이 모든 요소들을 반복과 질서를 통해 결속시킴으로써 근대적 소외와 사회의 파편화에 대한 건축적 해법까지 제공했기 때문이었다. 하지만 몇 십 년이 흐르자 이 프로젝트는 암울하고 권위적인 디스토피아로밖에 보이지 않았다. 소외를 해결하기보다 되레 일으키는 걸로 보였고, 주객의 통일을 이루기보다 테일러주의의 극단적인 형식으로써 삶의 모든 측면들

8. 지안 루이지 반피(Gian Luigi Banfi)와 로도비코 벨지오조소(Lodovico Belgiojoso), 엔리코 페레수티(Enrico Peresutti), 에르네스토 로제르스(Ernesto Rogers)가 각자의 성씨 머리글자를 따 만든 이탈리아의 건축사무소로, 1932년 밀라노에서 결성되었다. — 옮긴이

을 객관화하는 듯했다. 이러한 인식의 변화는 포스트포디즘 사회가 출현한 결과였는데, 포스트포디즘 고유의 세계관은 평등성에 관심을 두지 않고 개인주의를 강조했기 때문이다. 하지만 이런 변화는 바로 일어나지 않았고, 모더니즘의 붕괴는 느리게 진행되었다.

모더니즘에 대한 초기 비판은 1950년대에 팀 텐(Team X)의 일원들이 시작했는데, 그것은 자기비판의 형식이자 모더니즘의 목적 및 수단 들을 재고하는 형식으로 이뤄졌다. 이 젊은 건축가 세대는 모더니즘의 아버지들이 남긴 작품을 존경했지만, 그 선구자들의 작품에서 다음처럼 미결성과 일관성의 결여를, 또한 비인간적 수준의 기능주의와 합리화를 지적했다.

> 이제 우리는 불결하고 혼잡한 불편함이 아닌 위생학에서 지루함을 느낀다. 빈민가는 물리적으로 (예를 들어 네덜란드에서는) 사라졌지만, 그 자리를 무엇이 대체했나? 수마일에 걸쳐 조직된 이름 모를 곳, 자기가 '어딘가에 사는 누군가' 임을 느끼지 못하는 이름 모를 사람들이다.
>
> (Smithson 1965: 15)

앨리슨 스미슨과 피터 스미슨 부부, 그리고 알도 판 아이크로 가장 대표되는 팀 텐의 일원들은 1920년대 모더니즘의 피상적인 백색 치장벽토 마감을 비판하면서 '재료에 대한 진실성' 이라는 관념을 구체화했고, 무엇보다도 도시에 대한 모더니즘의 접근법을 재고했다. 예를 들어 스미슨 부부는 초기 모더니즘 원리들과 대비되는 주된 도시 원리들로서 정체성(identity)과 공동체(community)와 연합(association)을 옹호했다.[9] 바케마(Bakema)는 고립되지 않고 중첩하는 건물 및 프로그램 들을 대안으로 제시했다(Rowe and Koetter 1983). 게다가 스미슨 부부가 전파한 '뉴 브루털리즘(New Brutalism)' 은 인간과 건물의 친밀성을 재발견하려던, 달리 말해 주객통일

9. 크리스틴 보이어는 E. A. 거트킨드(E. A. Gutkind)의 『환경 혁명(Revolution of Environment)』(1946)과 『공동체와 환경(Community and Environment)』(1953)이 스미슨 부부에게 미친 영향을 밝혀냈다(Boyer 2003). Kenneth Frampton (2001), "The English Crucible"도 참조할 것.

을 이루려던 의도였으며, '브루털리즘'은 재료들을 '일상에서 발견한 그대로(as found)', 즉 착색되거나 치장되지 않은 재료 자체의 산업적 본질 그대로 사용한다는 뜻의 용어였다.

그럼에도 스미슨 부부와 팀 텐의 다른 구성원들은 여전히 모더니즘에 헌신하고 있었고, 그들의 기획은 모더니즘을 타파하기보다 교정하려던 것이었다. 그들은 모더니즘의 이론들을 따르되 그것들을 실현하는 형식에 의문을 제기했다(Banham 1999). 이 건축가들은 북유럽 신경험주의(New Empiricism)의 '부드러운' 모더니즘을 비판했고, 영국 잡지인 『아키텍추럴 리뷰』의 향수적 대중주의와 타협된 모더니즘—18세기의 회화풍과 건축유산, 정원도시 원칙들에 대한 재발견[10]—을 질타했다. 팀 텐의 비판적 노선은 정통 모더니즘이 지나치게 합리적이고 시학과 정체성은 결여되어 있다고 주장했지만, 그것은 몇 년 후 그들 자신의 작업에 가해지게 될 비판의 모든 특징들을 보여준 것이었다. '교정된' 모더니즘을 생산하려던 노력에도 불구하고, 그들의 작업은 자신들이 제기한 문제들을 해결하는 걸로 보이지 않았다. 팀 텐은 초기 모더니스트들의 작품에서 나타나던 단일 격실의 단순한 반복으로부터 벗어나 테일러주의의 명료화된 형식을 개발했지만, 스미슨 부부의 〈셰필드대학교 기본계획〉(1953)과 같은 프로젝트들에서 보이는 몇몇 격실 유형들의 반복은 여전히 포디즘의 논리에 종속되어 있었다.

따라서 모더니즘에 대한 비판이 커진 1960년대에 비난의 화살은 르코르뷔지에와 그로피우스를 향할 때가 많았지만, 그런 선구자들의 작업만이 아니라 팀 텐의 작업 역시 비판의 대상이었다. 스미슨 부부와 판 아이크를 비롯한 팀 텐의 동료들도 결국에는 사람들보다 '시스템'에 더 관심이 있는 걸로 보였다. 말콤 맥키웬(Malcolm MacEwen)은 1974년에 기술하기를, "헌스턴튼 학교를 설명하던 스미슨 부부는 사람들에 대해 얘기했지만 [중략] 헐벗어서 소리가 쩌렁쩌렁 울릴법한 그 무미건조한 철골건물의

10. 예를 들어, 이미 1945년에 드 크로닌 헤이스팅스(de Cronin Hastings)는 『아키텍추럴 리뷰』 지에서 '장소의 혼이 요청하는 것은 구성적 타협이지, 백지화가 아니다'(1945: 164)라고 썼다.

공간들 속에는 한 명의 아이도 휴지도 없었다"(p. 13)고 썼다.[11] 콜린 로우는 팀 텐의 제안들에 대해 "이 모든 제안들은 칭찬할 만하지만 (그리고 누가 그런 건전한 일반론들에 동의하지 않겠는가), 그 결과물은 엄밀히 말해 뚜렷이 차별화되지 않는다"(Rowe and Koetter 1983: 41-2)고 냉소적으로 응답했다. 찰스 젱크스(Charles Jencks)는 스미슨 부부가 제안한 〈로빈 훗 가든(Robin Hood Gardens)〉의 고가도로에 대해 이렇게 기술했다.

> 이 공중의 가로들은 놀랍게도 스미슨 부부가 비슷한 다른 계획들에서 인식했었던 모든 오류들을 담고 있다. 이 길들은 이용도가 낮고, 집합적인 출입구들은 보잘것없이 작으며, 그중 몇몇은 파손되었다. 사실 그것들은 어두침침하고 냄새나며 눅눅한 통로들이다. 장소감은 더 적고, 집합시설은 더 적으며, 건축가들이 현대적인 건물에 필요하다고 합리적으로 언급한 '정체성을 나타내는 요소들' 도 더 적다.
>
> (Jencks 1977: 23)

따라서 모더니즘을 소생시키려던 팀 텐의 시도는 그들 자체의 기준에 비춰서도 실패였다. 그들의 작업은 공공의 관점에서 볼 때 이전 세대의 작업만큼이나 여전히 합리적이고 비인간적이며 정체성이 결여된 작업이었다. 팀 텐이 시작한 비판은 탈산업사회의 논리와 요구들을 표현했지만, 그들의 해법은 여전히 산업사회의 논리에 안착되어 있었다.

1960년대 초에 커진 이러한 모더니즘적 도시계획에 대한 비판은 제인 제이콥스(Jane Jacobs)의 『미국 대도시들의 죽음과 삶(The Death and Life of Greate American Cities)』(1961)에서, 예술가 집단이었던 상황주의 인터내셔널(Situationist International)의 수사법에서, 프랑스 사회학자 앙리 르페브르(Henri Lefebvre)의 저술들을 통해 명확하게 표현되었다. 『미국 대도시들의 죽음과 삶』은 도시재개발 정책과 도시개발에 대한 통렬한 비판이었다. 제이콥스의 입장은 보수적이거나 향수적인 입장으로, 상황주의자들과 르페브르의 입장은 급진적인 입장으로 특징지을 수 있지만, 그들의 비판은 어조는 달랐을지언정 내용면에서 상당 부분 유사했다. 이 세 입장들은 (그들의 주

11. 레이너 밴험(1977)의 『뉴 브루털리즘: 윤리냐 미학이냐?(The New Brutalism: Ethic or Aesthetic?)』도 참조할 것.

장에 따르면) 지나치게 합리화된 모더니즘 건축 및 도시계획이 파괴한 자발성(spontaneity)과 즉시성(immediacy)과 자유(freedom)를 재도입하길 희망했다. 제이콥스의 책은 널리 읽혔고, 상황주의자들이나 르페브르의 저술보다도 제이콥스의 주장을 접한 대중이 당시엔 훨씬 많았다. 제이콥스는 이렇게 기술했다.

> 누가 영원한 경이의 풍경들보다 이 무미건조한 교외화를 선호하겠는가? [중략] 정말이지 너무도 친숙한 종류의 성향이 여기서 작동한다. 가장 복잡하고 독특한 질서가 존재하는 곳에서 무질서만을 보는 성향. 도시의 거리생활에서 무질서만을 보고 그것을 지워내고, 표준화하고, 교외처럼 바꾸려 안달인, 역시 똑같은 종류의 성향 말이다.
>
> (Jacobs 1972: 460)

이러한 비판적 노선은 자크 타티(Jacques Tati)의 〈나의 아저씨(Mon Oncle)〉(1958)와 〈플레이타임(Playtime)〉(1967), 고다르의 〈알파빌(Alphaville)〉(1965)에서 볼 수 있으며, 이들 영화에서는 끊임없이 커져가는 사회부문으로 비판적 시각을 확장한다. 제이콥스와 동맹적인 관계를 형성하게 되는 사례들로는 허버트 갠스(Herbert Gans)의 도시재개발 비판과 로버트 카로(Robert Caro)가 제이콥스의 맞수 로버트 모제스에 대해 쓴 비판적 전기가 있는데, 이들은 그 '고속도로의 거장' 모제스를 무자비한 독재자와 같은 인물로 묘사했다. 이런 단계에 이르자 충실한 모더니스트였던 기데온조차도 모더니즘을 커져가는 비판으로부터 변호할 필요를 느꼈고, 이를 그의 『공간, 시간, 건축』 신판 서문에서 표현했다. 그의 다음과 같은 진술은 오늘날에 대한 예언처럼 들린다.

> 60년대의 건축에는 회화에서처럼 어떤 분명한 혼란이 존재한다. 그것은 일종의 멈춤이자, 심지어는 일종의 탈진 현상이다. 모두가 그걸 자각하고 있다. 피로는 대개 뭘 해야 할지, 어디로 가야할지에 대한 불확실성을 동반한다. 피로는 도피주의와 모든 종류의 피상성들로 문을 열어젖히는 우유부단함의 어머니다.
>
> (Gideon 1982: xxxii)

1960년대 말이 되자 도시계획은 일상생활에 지나치게 포괄적으로 침투하여 도시환경과 그 용도를 과도하게 결정하기에 이르렀다. 계획이 지나친 영향력을 발휘하게 되면서 일반적인 역풍이 일어나기 시작했는데, 그것은 자유와 미결정성과 자발성을 열망하거나 계획을 억압적이고 결정적이며 생명 없는 것으로 인식하는 형식으로 일어났다. 모더니즘적인 대량주거, 특히 1960년대에 지어진 사회적 주거 및 고층건물 프로젝트들은 언론에서 악하게 묘사되었고, 그것들은 대중에게서 우둔하고, 딱딱하고, 위협적이고, 비인간적이며, 정체성이 없는 걸로 인식되었다. 유명한 사례로, 런던에 있는 에르노 골드핑거(Erno Goldfinger)의 트렐릭(Trellick) 타워와 밸프론(Balfron) 타워는 영국 언론으로부터 매서운 비판과 비난을 받았다(MacEwen 1974). 1968년에 일어난 로넌 포인트(Ronan Point) 고층주거 붕괴사고(그림 1.2)는 영국에서의 고층주거 거부현상을 부추겼고 산업적인 사전제작뿐만 아니라 모더니즘 디자인들과 관련해서도 의문을 제기했다. 이로써 로넌 포인트는 영국에서 모더니즘의 붕괴를 상징하게 되었다(Hewison 1990).

모더니즘 건축에 대한 이러한 일반적 실망은 일반매체에서 가장 요란하게 나타났다. 영국에서는 수년 후인 1984년에 영국왕립건축가협회(RIBA)에서 영국 왕자가 연설한 후로 절정에 도달하게 되는데, 당시 영국 왕자는 내셔널 갤러리의 증축계획에 통탄하면서 이렇게 주장했었다. "제안된 안은 많은 사랑을 받는 우아한 친구의 얼굴에 끔찍한 부스럼을 붙인 모양새다"(Prince of Wales 1984). 하지만 건축에서는 영국 왕자의 연설보다 훨씬 전에 이미 모더니즘의 독단주의에 환멸을 느껴 그것과의 결별을 소망하던 디자이너들이 늘어나면서 명백한 반란이 일어나기 직전에 있었다. 그러한 환멸, 즉 수용된 전범들에 대한 의심과 거부는 모더니즘의 오류와 과잉으로부터 연유한 건축학의 위기로 해석되었다. 논리적으로 그 해법들은 건축학 내부에서 자체적으로 모색되었는데, 이에 대해서는 아래에서 얘기할 것이다. 하지만 이러한 건축의 위기는 당대의 보다 큰 사회적 · 경제적 · 정치적 위기와, 포디즘으로부터 포스트포디즘으로 옮겨가던 서구사회의 이행과 암시적으로 결부되어 있었다. 모더니즘의 사회적 열망과 계획, 개인성보다 집단성에 대한 선호, '최소생활보장(existence

1.2 런던의 로넌 포인트(1968).
저작권자: Evening Standard/Stringer, Hulton Archive/Getty Images

minimum)' 이라는 이상이 지배하던 모더니즘 건축은 당시 진화 중이던 탈산업사회와 불협화음을 냈다. 모더니즘적 대량주거는 일차적으로 투쟁하는 노동계급을 위한 사회적 주거로서 계획되었다. 1950년대의 '경제적 기적' 이후로 서구사회는 상당한 부를 축적했다. 중산층이 늘면서 화이트칼라 직업들이 노동시장을 더욱 지배했고, 노동계급은 새로운 정부정책과 대학정책에 힘입어 보다 높은 수준의 교육을 받을 수 있었다. 보다 폭넓은 중산층과 보다 부유한 대중이 도래하면서 전후 주거만으로는 더 이상 충분하지 않게 되었다. 전후 주거는 기본적인 물질적 수요들을 다루면서 최소생활조건을 제공했지만, 새로운 사회의 욕망들을 담기에는 역부족이었다. 일단 기본적인 수요들이 충족되자, 개인주의와 이동성, 자기표현, 정체성, 그리고 자유가 사람들의 주요 관심사로서 전면에 떠오르기 시작했다. 모더니즘은 이런 관심사들 가운데 아무것도 만족시켜주지 못했다. 형태적인 반복과 딱딱함 속에서 산업시대의 요구였던 평등성과 안정성을 표현했던 모더니즘은 이제 개별성과 자유의 상실을 대변했다. 따라서 모더니즘을 태동시켰던 사회가 변화한 것이었고, 소멸하던 생산수단에 여전히 종속되었던 모더니즘은 탈산업사회의 요구들에 맞출 수가 없었다. 그럼에도 당대의 건축가들은 모더니즘 건축과 그 원리 속에서 실수와 오인, 실패 들을 찾으려고 했는데, 그건 마치 사회가 변화했다기보다는 모더니즘이 실수를 저질렀다고 보는 인식이었다. 사회적 변화들에 대한 그러한 부분적인 이해는 학문적인 회고와 자기비판으로 이어졌다.

1960년대 중반에 이르러 건축학 내부에서의 모더니즘 비판은 더욱 강력하고 단호해졌다. 예를 들어 1964년에 뉴욕 현대미술관은 버나드 루도프스키(Bernard Rudofsky)의 기획으로 ≪건축가 없는 건축≫이라는 전시회를 열어 몰역사적이고 민속적인, 풍토적이고 토착적인 건축을 전시했다. 이 전시회는 학문체계를 초월하여 '정통' 건축을 재발견하려던 열망을 대변했다. 같은 해에 크리스토퍼 알렉산더(Christopher Alexander)는 『형태의 종합에 관한 소고(Notes on the Synthesis of Form)』를 출판했다. 영국에서 교육받고 버클리에 거점을 둔 건축가인 알렉산더는 팀 텐의 분석들이 과학적으로 엄밀하지 못하다고 보았다. 그는 사전에 정의한 경험주의적 인자(parameter)들을 적용하여 도시와 삶을 설명할 분석수단을 추론하기 시작했는데, 이는 그런 분석들을 통해 엄격한 설계방법론을 만들려는 의도였다.

『커뮤니티와 프라이버시(Community and Privacy)』(1963, 세르지 체르마예프와 공저), 『형태의 종합에 관한 소고』, '도시는 나무가 아니다(A city is not a tree)' (1966), 『패턴 랭귀지(A Pattern Language)』(1977) 등 일련의 출판물들을 통해 전편에서 개괄한 방법론을 향상시켜갔던 알렉산더는 인류학적 연구에 시스템분석과 언어학을 결합했다. 도시와 삶의 복잡성을 설명하고 환원주의를 피할 범주들을 개괄하려 노력한 그에게 필요한 인자들의 수는 계속해서 늘어났다. 놀라운 것은 그의 작업이 이 주제의 폭을 다룰 수 있을 설계방법론을 생산하기보다 합리주의와 실증주의, 결정론의 극단적인 형식으로, 즉 삶을 표현하거나 향상시키기보다 표준화하는 시도를 내포하는 형식으로 회귀하는 모양새를 보여줬다는 점이다.

판 아이크가 도시의 구조와 성장을 나무에 비유한 것을 환원적이라고 여긴 알렉산더는 도시의 복잡성을 반영할 이상적인 도시패턴들을 탐구하기 시작했다. 이러한 탐구는 알렉산더와 여타의 건축가들을 주체와 도시로부터 점차 멀어지는 전례 없이 복잡한 패턴들로 이끌면서, 복잡한 형태와 패턴에 대한 과학적인 연구로 변화했다.[12] 이러한 흐름은 1960년대에 '파라메트릭(parametric, 인자적)' 혹은 '형태론적(morphological)' 건축이라는 이름으로 불렸다.[13] 이런 건축이 취했던 경험주의 방법론에 대한 지나친 신념은 도구적 이성에 대비되는 일반적인 흐름을 이루었지만, 여기서 특징적인 것은 알렉산더가 영원한 풍토건축으로 선회했다는 점이다. 풍토건축적인 '이름 없는 특질'은 산업시대 이전의 건축에서만 찾아볼 수 있었기 때문에, 알렉산더가 정의한 인자들은 대개 전원적인 전(前)산업적 공동체들로부터 도출되었다. 따라서 '영원한 생활방식'에 기초하여 광범위한 '수요들'을 충족시키려던 소망에 따라, 알렉산더의 작업은 전통적인 주거방식들을 뒷받침하는 경향이 있었고 진보나 시대정신 등의 관념으로부터는 멀어졌다. 알렉산더는 자신이 근무하던 버클리대학교의

12. 예를 들어 리오넬 마치(Lionel March)나 콜린 뷰캐넌(Colin Buchanan)의 저작을 참조할 것. 이러한 작업은 팀텐의 '군집(cluster)'에서 복잡한 도시패턴들로 이행하는 자취를 그리는데, 여기서는 이런 패턴들의 형태론과 특징들이 도시와 삶보다 우선시된다.
13. '파라메트릭 건축' 운동은 루이지 모레티(Luigi Moretti)가 시작했다(Jencks 1973: 358).

근대적인 사무실을 이렇게 묘사했다.

> 그곳은 끔찍하고, 어둡고, 죽어있는, 추한 장소다. 그곳은 같은 건물에 있는 유사한 여러 사무실 중의 하나다. [중략] 이런 끔찍한 언어가 수백 개의 사무실들을 만들었다. 하지만 이런 언어를 염두에 둔 사람은 그 언어를 완전히 폐기하지 않고서야 결코 사무실을 생기 있게 만들 수가 없다.
>
> (Alexander 1979: 228)

알렉산더가 모더니즘에 '이름 없는 특질'이 없다는 신념 속에서 영원한 풍토건축으로 선회한 것은 건축이라는 학문을 거부하고 그러한 학문적 한계 바깥에서 해법을 찾으려 했던 것이다. 따라서 모더니즘을 비판한 대부분의 인물들에 비해, 알렉산더는 모든 건축학적 전범을 산업시대 이전의 일상생활에서 유도된 대안으로 타파하고 대체하려는 진일보한 시도를 감행한 것이었다. 알렉산더의 기획에 담긴 숨은 의미는 주체와 객체의 분열에 대처하여 어떤 새로운 통일성을, 말하자면 모더니티가 파괴했다고들 얘기되어온 통일성을 생산하자는 제안이었다. 알렉산더의 작업은 경험주의 방법론과 시적이고 주관적인 것을 통합하려는 시도가 불편하게 결합했다는 게 문제였다. 알렉산더가 '영원한' 풍토건축으로 선회하면서 모더니즘을 기피함에 따라, 그의 작업은 (비록 특이할지언정) 그 엄격한 기능주의에도 불구하고 모더니즘 진영에서 적대적인 반응에 부딪혔다. 결국 알렉산더는 대부분 페루와 멕시코 등의 제3세계 국가들에서 프로젝트들을 실현할 수 있었던 반면, 서구의 도시들에서는 상대적으로 적은 성공을 거두었다. 그의 접근은 아마도 산업사회로 충분히 전환하지 못한 사회에 더 적합한 것이었으리라 여겨지는데, 달리 말해 알렉산더의 방법론이 산업적 혹은 탈산업적 맥락에서는 거의 가치가 없었으리라는 얘기다. 알렉산더의 일부 신념과 방법론에서 보이는 극단주의에도 불구하고, 그의 많은 관심사들, 예를 들어 도시 속에서 '질서'와 '차이'의 균형을 맞추거나 도시의 기능적 조닝을 피하는 등의 관심사들은 그의 입장이 1960년대 이후 도시설계에서 이루어진 합의에 근접해있었음을 보여준다.

알렉산더가 합리화의 논리를 극단으로 추종하긴 했지만 이 시기에 팀 텐과 제인 제이콥스 등으로부터 확산된 모더니즘 비판이 이후로도 모더니즘에 대한 주된 반론들을 형성했다. 즉 그것은 표준화와 관료화, 엘리트주의, 합리화 및 소외에 대한 반론, 하향식 설계·계획 전략들에 대한 반론, 모더니즘과 결합한 권위주의에 대한 반론을 형성했으며, 이러한 반대기류는 같은 시기에 '억압적인' 케인스주의 국가에 대해, 포디즘에 대해, 더 거시적으로는 사회와 경제의 현상유지상태에 대해 제기되던 반론들과 동일한 것이었다.

급진적 건축(Radical architecture)

상기한 비판적 노선은 파리에서의 '68년 5월 사건들을 비롯하여 서구의 여타 도시들에서 일어난 같은 기류의 저항시위들을 통해 가시화되었다. 시위자들, 특히 학생들은 자유와 참여를 요구하면서 사회제도와 노동제도에 협동하기를 거부했는데, 당시의 그러한 제도들은 예술적 비판과 관련된 '질적' 요구들보다 사회비판이 사회에 취하는 '양적' 요구들과 더 관련된 탓이었다(Boltanski and Chiapello 2005). 이러한 학생들의 시위는 앞서 코르넬리우스 카스토리아디스(Cornelius Castoriadis)와 그의 '사회주의냐 야만이냐(Socialisme ou Barbarie)' 그룹과 같은 인물들이 정식화하고 안톤 판네쿠크(Anton Pannekoek)의 의회공산주의에서 영향을 받아 형성된 급진 정치적인 자율성 개념으로부터 발달했다. 프랑스에서는 이들 극좌파가 프랑스 공산당(Parti Communiste Français: PCF)과 전통적인 노동조합들을 포위하면서, 정통마르크스주의와 스탈린주의에 입각한 프랑스 공산당의 이론적 토대는 격렬한 비판에 직면했다. 마찬가지로 이탈리아에서는 노동자들의 자율성을 지향한 운동이, 특히 안토니오 네그리(Antonio Negri)가 이끌던 집단이 주축이 되어 기존 제도들의 개혁보다 자기조직화를 선호했다.

이 모든 것은 예전까지 대학에서 배제되었던 인구 부문들이 더 많은 고등교육의 기회를 얻게 되면서 서구 대학생들의 수가 극적으로 늘어나던 시기에 일어났다. 학생들은 대개 대학 제도들이 엉망이고 그 많은 대학생들의 증가에 대처할 수 없을뿐더러 오래 된 교육 프로그램들로 부담이 가중되어 있다고 여겼다. 종종 대규모의 관료조직 내에 배치되면서 자아실현의 기회가 제한적이었던, 점차 쇠락하는 노동전망과 취업기회에 직면하여, 학생들은 단체적으로 급진화되었다. 프랑스에서 이 순간은 보자르를 해체하고 이를 몇몇의 위니테 페다고지크(Unites Pedagogiques)로 대체하면서 건축교육을 재조직화한 순간과 일치했다(Pawley and Tschumi 1971). 이어서 보다 진보적인 몇몇 건축학교들은 필립 부동(Philippe Boudon)과 베르나르 라수스(Bernard Lassus), 니콜 및 앙투안 오몽(Nicole and Antoine Haumont), 앙리 레이몽(Henri Raymond) 등 르페브르의 영향권에 있었던 도시사회학자들을 종종 초청했고(Violeau 2007), 이로써 건축학교 학생들은 이들 사회학자들의 급진적 비판을 접할 수밖에 없었다.

불모의 관료적 건축과 전범적인 모더니즘 거장들의 정체된 건축에 불만이 쌓인 많은 학생들이 아키그램(Archigram)과 세드릭 프라이스(Cedric Price)의 작품에서 영감을 얻기 시작했다. 대중매체를 한껏 활용한 일련의 자가 출판 잡지들로 떠오른 아키그램은 주류 모더니즘을 현실과의 접촉이 없고 구시대적인 초연한 건축으로 묘사했다. 영국출신의 이 그룹은 당대의 시각적 언어를 제시했고, 진보와 해방의 수단으로서 기술에 다시 개입할 기회를, 또한 많은 모더니즘 도그마들과 결별할 기회를 제공했다. 아키그램이 보여준 비전은 건설의 현실보다도 과학소설과 판타지에서 영향을 받은 미학화된 기술의 비전이었다. 이들은 건축학의 관심을 산텔리아나 루크하르트(Luckhardt)의 계보 속에서 페이퍼 건축의 판타지들로 나타나는 극단적이고 급진적인 디자인들로 옮겨놓은 장본인이었다. 뒤이은 위기의 순간에 나타난 페이퍼 건축으로의 회귀는 200년 전에 피라네지의 동판화들을 낳은 환경들을 상기시켰다. 페이퍼 건축은 어떤 면에서 타협된 사회의 제약들로부터 디자인을 분리시켜 모더니즘의 문제들에 대한 해법을 제공했다.

많은 건축전공 학생들과 젊은 건축가들이 아키그램과 프라이스의 예를 따랐던 반면, 일부 그룹들—특히 이탈리아와 호주에서 형성된 그룹들—은 아키그램의 작업적 한계들을 뛰어넘어 그들만의 건축을 발전시켰다. 이런 그룹들로는 슈퍼스튜디오와 아키줌 아소차티(Archizoom Associati), 스트룸(Strum), 유에프오(UFO), 그룹 9999, 쿱 힘멜블라우(COOP

HIMMELB(L)AU), 하우스 루커(Haus Rucker Co.)등이 있었는데, 이들의 작업은 진보와 영원성의 모순적인 혼합을 저마다 다양한 수준으로 표현했다. 일반적으로 하우스 루커와 같은 호주 그룹들은 보다 기술 지향적이었던 반면 이탈리아 그룹들은 알도 로시의 영원성에 더 가까운 입장이었다. 이탈리아와 프랑스의 극좌파가 취한 비판적 입장은 이탈리아 그룹의 작업에 일차적으로 반영되었고, 특히 피렌체의 아키줌이 보여준 프로젝트들에 가장 명시적으로 반영되었다. 아울러 이들 그룹은 당대의 '급진적 건축' 운동을 형성했는데, '급진적 건축' 이라는 말은 1972년에 비평가 겸 큐레이터 제르마노 첼란트(Germano Celant)가 처음 사용한 용어로서 같은 해 『카사벨라』 잡지의 표지에 실려 정식화되었다.

아키그램이 대중문화와 기술을 낙천적으로 인정했던 것과는 달리, 이들 그룹 중 다수는 그러한 아키그램의 입장과 분리된 비판적이거나 급진 정치적인 입장들을 표현했다. 어느 순간 그들의 작업에서 기술적 요소가 줄어들기 시작했고 그러한 프로젝트들의 유토피아적 열정은 디스토피아로 변화하기 시작했는데, 이러한 정치적 · 비판적 차원은 1970년대 말에 이르러 대체로 시들게 되었다. 이중 가장 유명했던—분명컨대 가장 특이하기도 했던—그룹은 슈퍼스튜디오였다. 슈퍼스튜디오의 작업은 동류의 다른 그룹들보다 더 많은 아이러니와 모호성을 보여줬다. 이 이탈리아 그룹의 프로젝트들은 실재—영화 및 광고 형식의 대중문화—에 대한 매혹을 표현하면서도 그에 대한 배타성을 유지했다. 그러한 모호성 속에서 그들의 작업은 당대의 혼란을 반영했는데, 말하자면 퇴보와 진보, 개입과 거리두기라는 모순적인 힘들을 〈연속적 기념비(The Continuous Monument)〉와 같은 단일 프로젝트 속에서 충돌시키는 식이었다. 슈퍼스튜디오가 오브제들을 생산하는 과정에서 파악한 난점들은 '탈피 디자인(evasion design)'을 표방한 1967년의 한 텍스트에서 표현되고 있다.

> 탈피 디자인이란 [중략] 산업생산 분야 속에서 시학과 비합리성을 방법론으로 상정한 채 계획하고 작업하는 활동이자, 합리주의와 기능성의 모호성들이 만들어내는 일상적인 황량함으로부터의 연속적 탈피를 제도화하고자 노력하는 활동이다.
>
> (Superstudio 1993: 438)

슈퍼스튜디오의 일원이었던 나탈리니(Natalini)는 예술적 아우라(aura)의 소멸[14] 이라는 발터 벤야민의 테제를 반영하여, 대량생산되는 공리적인 오브제들의 지위를 소멸시키는 것이 "노동 없는 자연 상태를 향한 경향으로서 일어나는 형식적 구조의 제거"(Superstudio 2003a: 120)라는 보다 큰 모더니티 기획의 핵심이라고 주장했다. 이들은 오브제들의 현재 의미를 파괴하는 데 동참하고, 그 과정의 속도를 높여 새로운 의미가 '재장전' 되기 전에 그것들을 중립적이고 무의미한 오브제들로 만들고자 했다. "소비를 유도하는 디자인이 더 이상 존재하지 않을 때, 거울 표면에서와 같이 작동하고, 조형하고, 변형하고, 제공하고, 보존하고, 변경할 필요와 같은 것들이 드러나는 빈 영역이 만들어진다"(Superstudio 2003a: 121).

〈연속적 기념비〉는 하나의 반투명한 반사구조가 여러 도시와 풍경들을 가로질러 관통하는 일련의 콜라주들로 구성되었다(그림 1.3). 그 반투명 구조는 아무런 분명한 기능도 없이 상징적으로 보일 뿐이고 그 스케일과 반복으로써 주변을 압도하는 동시에 주변을 반사시킴으로써 그 환경 속에서 소멸하는데, 이는 마치 상기한 거울과 같은 효과다. 이 기념비는 각각의 맥락에 저마다 다르게 적용된다. 콜로세움 위에서는 원통이 되고, 맨해튼에서는 슬래브가, 메카에서는 입방체가 된다. 이러한 변경과 그 비물질성에도 불구하고, 이 기념비는 강압적인 존재감을 자랑한다. 슈퍼스튜디오는 그들의 콜라주에서 묘사한 환경에 대해 '기술과 문화, 기타 제국주의의 모든 불가피한 형식들에 의해 균일하게 표현되는 세계' 라고 기술했다(2003b: 122). 찰스 젱크스는 이 프로젝트에서 퇴보적인 측면과 평등주의적인 기류 사이의 긴장을 보았다(Jencks 1973). 케네스 프램튼은 이 기념비의 가독성이 부족함을 강조했다(Frampton 1992). 이 프로젝트의 모호성은 그 데카르트적인 직각격자를 지구 전체에 통합한 기념비의 총체적 비전에 의한 중압감과 하나의 초월적이고 탈물질화된 오브제 사

14. '아우라' 라는 말은 이미 일상적인 외래어가 된지 오래지만 본래 발터 벤야민이 "기술복제시대의 예술작품(The work of art in the age of mechanical reproduction)"(1936)에서 언급한 걸로 유명한 용어로, 예술작품의 원본성이 일으키는 어떤 '영묘한 분위기' 를 뜻한다. 벤야민은 기술복제시대를 대표하는 예술인 영화가 어떻게 기존 예술의 아우라를 해체하는지를 기술했다. 이에 대해서는 본서의 결론 중 "아우라의 회복" 부분을 참조. ― 옮긴이

1.3 슈퍼스튜디오, 〈연속적 기념비(The Continuous Monument)〉(1969-71).

이에 일어나는 대비에 근거한다. 따라서 이 기념비는 사회와 건조 환경의 제약들로부터 해방됨으로써 자체적인 고유의 영역을 만들어냈지만, 기존의 도시들과 황량한 풍경들을 향해 폭력적으로 진입했다. 따라서 그 존재감은 시적이면서도 강압적이다. 이 기념비는 주체와 객체의 무한한 통일, 시적이고 비물질적인 것과 도구적 이성의 통일을 성취하는 수단이었다. 그것은 고유의 자유를 표방했지만, 주변 환경을 그 기념비의 이상에 종속시켰다.

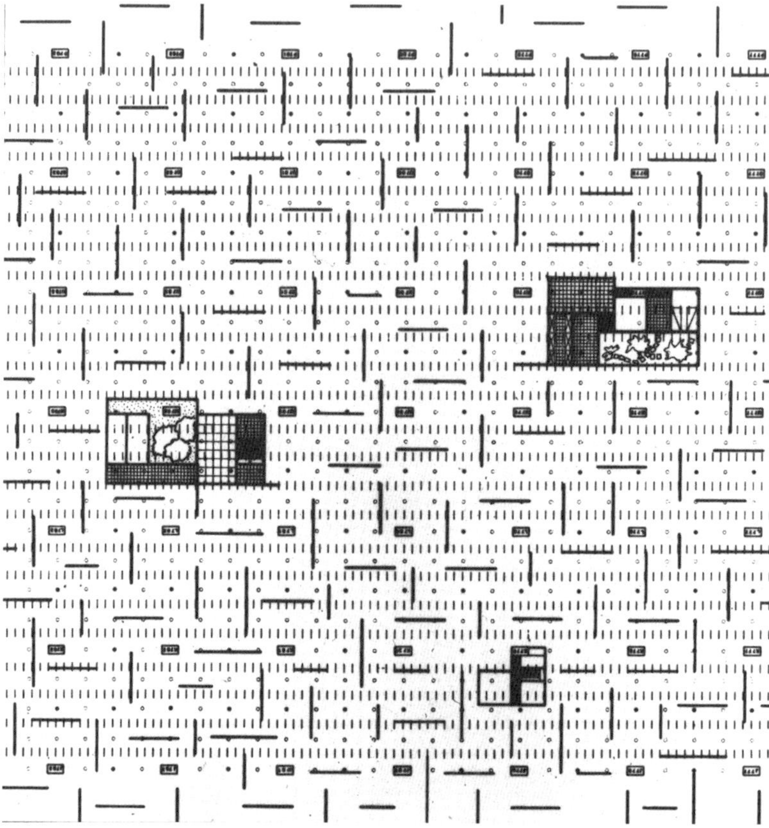

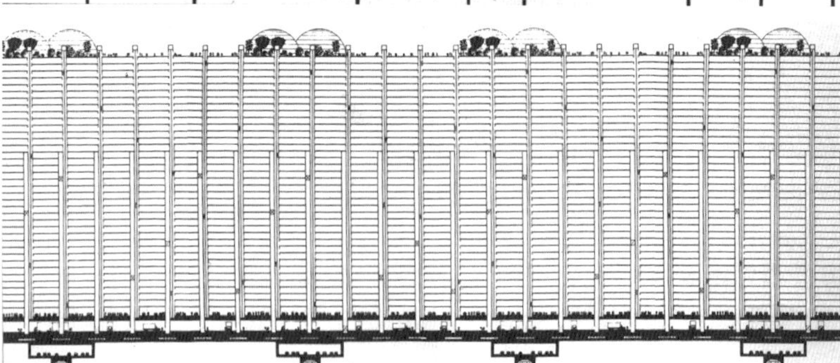

1.4, 1.5 아키줌 아소차티, 〈멈춤 없는 도시(No-Stop City)〉(1968-70). Andrea Branzi 제공.

슈퍼스튜디오와 더불어 피렌체에서 동시대에 활동했던 아키줌은 〈멈춤 없는 도시(No-Stop City)〉 프로젝트에서 세계를 하나의 슈퍼마켓으로 진화한 공장으로, 건축 없는 총체성으로 묘사한다(그림 1.4와 그림 1.5).

이 프로젝트가 묘사하는 수직으로 무한하게 적층된 주차평면들은 자체 내에 인간생활의 모든 측면들을 질서화하고 조직하는 평면들이다. 〈멈춤 없는 도시〉가 암시하는 이러한 '열린 구조'의 접근법 및 변화와 다목적성은 기술을 통해 더 나은 미래를 만들 수 있다는 믿음을 풍자적으로 그려낸다. 따라서 이 프로젝트는 그 소임을 건축의 이데올로기적 역할을 폭로하는 비판으로 한정한다. 그것은 자본주의의 생산조건들을 부조리한 수준으로까지 강화시켜 드러낸다. 아키줌의 창립자 중 한 명인 안드레아 브란치(Andrea Branzi)는 이 그룹의 전략을 '사회주의적 사실주의와 팝아트의 결합'으로 간명하게 묘사하면서(2005: 179), 실재와 대중매체에 대한 관심을 강조했다. 상품문화와 좌파적 관념들의 이러한 결합이 만든 결과는 슈퍼스튜디오만큼이나 모호했다.

슈퍼스튜디오와 아키줌의 격자들은 무한히 연장된다. 그것들은 인간적 오브제와 지역적 도시, 국제적 세계라는 다양한 스케일들을 매개하며, 이성의 진보와 기술관료주의를 상징하는 하나의 추상적인 통합적 요소를 제공한다. 더 나아가 이 격자들은 그 오브제 자체의 소멸을 선언하기에 이른다. 〈멈춤 없는 도시〉와 슈퍼스튜디오의 〈다섯 가지 근본활동

1.6 슈퍼스튜디오, 〈다섯 가지 근본활동〉(1972-3).

(Five Fundamental Acts)〉에서 건축 오브제는 모두 하나의 무한한 격자 평면으로 대체된다. 그 〈다섯 가지 근본활동〉의 '상부표면' 을 이루는 첫 번째 격자 평면인 '삶(Life)' 은 오브제들의 대체물로서 제시된다. 그 표면 밑으로는 하나의 하부구조 네트워크가 전 세계에 걸쳐 확장되면서, '플러그-인' 소켓들을 통해 인간의 모든 수요를 충족시킨다(그림 1.6). 이렇게 〈다섯 가지 근본활동〉은 앞선 세대의 기술적 유토피아를 제시하지만, 이 프로젝트의 초점은 그 하부구조가 아니라 그것이 가능케 하는 인간의 활동과 자유에 있으므로 그러한 기술을 위장시킨다. 기술은 자체적으로 탈물질화되고, 아키그램의 기계적 비전들로부터 보이지 않는 정보와 전자기술로 변형된다. 이 프로젝트의 총체성은 〈연속적 기념비〉를 초월하며, 건물과 구조를 비롯한 모든 오브제들이 피상적으로 변한다. '건축' 은 삶과 융합하고, 삶은 삶과 교육, 의식, 사랑, 그리고 죽음이라는 다섯 가지 본질들의 주관적이고 초월적인 경험들에 지배된다. 〈멈춤 없는 도시〉에서는 무한 평면의 중립성이 자아실현에 본질적인 요인이다. 집조차도 총체적으로 중립적인 것으로 묘사되는데, "집은 거주할 수 없는 옷장—모두가 자기 자신과 더불어 생활공간의 형식까지도 발명할 권리를 실행하는, 질서와 의미가 완전히 소거된 편리한 공간—이 된다"(Branzi 2005: 181). 따라서 급진적인 건축가들의 작업은 건축과 디자인의 사회적 역할에 의문을 제기하는 데 초점이 맞춰져 있었다. 그들의 작업은 페이퍼 건축을 비판의 수단으로서 활용했고, 『도무스』와 『카사벨라』 같은 건축 잡지들에 특히 어울리는 프로젝트들을 설계했다. 슈퍼스튜디오는 〈다섯 가지 근본활동〉을 설명하는 텍스트에서 이런 목적들을 인정했다.

> 이것은 단순히 스케일을 전치시켜 구체적 형태를 얻을 수 있는 현실의 어떤 3차원적 모델이 아니라, 철학적 사변이자 지식의 수단으로서, 비판적 실존으로서 이해되는 설계활동을 향한 비판적 태도(혹은 희망)의 시각화다.
>
> (Superstudio 2005: 194)

이와 유사하게 아키줌은 이렇게 기술했다.

> 우리가 활용하는 유토피아는 오로지 수단일 뿐이다. 그것은 그 자체를 표상하지만, (노동계급의 대도시로서 존재하지 않는) 그 시스템의 어떤 다른 모델에 대한 원형으로서가 아니라 그 시스템 자체와 관계된 하나의 비판적 가설로서 표상하는 것이다.
>
> (Archizoom 1970: 157)

〈멈춤 없는 도시〉의 디자인은 이탈리아에서 신좌파와 극좌파가 구좌파에 도전했던 순간에 일어났다. 프랑스에서는 알튀세르와 그의 우군들이 프랑스 공산당●15의 개혁을 시도하고 있었던 반면, 르페브르와 카스토리아디스 및 학생운동은 스탈린주의적인 구좌파와 구조주의에 모두 반기를 들면서 또 다른 의제를 그려내고 있었다. 즉, 이들에게서는 자율성과 기술관료주의의 거부라는 관념들이 평등성에 대한 전통적인 요구들을 대체했던 것이다. 한편 이탈리아에서는 안토니오 네그리와 그의 동료들이 이탈리아 공산당과 전통적인 노동조합들에 결별을 고하면서 그러한 투쟁이 막 시작되었는데, 예전의 '노동자주의' 운동이었던 오페라이스모(operaismo)가 1970년대 들어 노동자들의 '자율주의' 운동인 아우토노미아(autonomia)로 발전한 시점이었다. 전통적인 좌파 제도의 바깥에서 일어난 이 자기조직화 운동은 자유에 대한 요구와 관료제의 거부를 중심으로 발달했고, 공산당은 정치체제에 통합되면서 노동계급으로부터 멀어졌다는 비난을 받았다. 이러한 논쟁은 이탈리아의 건축담론에 파급효과를 주었으며, 『반(反)계획(Contropiano)』 간행물의 편집국에서 이런 효과를 탐지할 수 있었다. 기존의 저널들이었던 『붉은 노트(Quaderni Rossi)』와 『노동계급(Classe Operaia)』, 『새로운 천사(Angelus Novus)』의 잿더미 위에서 이탈리아 좌파의 새로운 대변지로 부상한 이 저널은 이탈리아 건축의 발전에 중요한 의미가 있었는데, 그 편집진이 타푸리 중심의 베네치아학파와 관련된 지식인들—알베르토 아소르 로사(Alberto Asor Rosa), 마시모 카치아리(Massimo Cacciari), 안토니오 네그리, 마리오 트론티(Mario Tronti)—을 포함했을 뿐더러 문화와 이데올로기의 이슈들을 다루었기 때문이다. 하지만 일찍이 네

15. 알튀세르가 프랑스 공산당의 정론들을 고수하고 스탈린주의를 비난하기 꺼려한 것과 관련해서는 Jay (1984)를 참조. 알튀세르는 1978년 4월부터 『르몽드(Le Monde)』 지에 프랑스 공산당의 정통성을 신랄하게 비판하는 일련의 논평들을 연재했다.

그리와 트론티는 자율성에 대한 이해와 학생봉기에 대한 지원, 이탈리아 공산당과의 관계와 관련하여 이견을 빚었고, 결국 네그리가 이 저널을 떠나게 되었다(Borio *et al.* 2005; Lotringer and Marazzi 2007: 179; Aureli 2008). 이런 논쟁 속에서 슈퍼스튜디오는 모호한 입장을 유지했지만, 아키줌은 일반적으로 극좌파와 연관되어 노동자 자율성과 학생운동으로부터 아이디어들을 취했다. 불안정한 극좌파적 의제의 흔적들은 이 시기의 급진적 건축가들이 생산한 많은 결과물 속에서 찾아볼 수 있는데, 그들은 자기조직화와 반제도적 정서, 그리고 자유를 강조하곤 했다. 브란치는 1968년의 사건들이 일어난 원인—그리고 아키줌이 취한 입장의 근원들—을 다음과 같이 설명했다.

> 이미 자리 잡아 널리 확산되었던 혁신적이고 젊은 자유주의 문화는 부르주아지와 프롤레타리아트, 선과 악의 대립에 기초한 구시대의 신학적인 정치모델을 변호하는 데 전념했던 노동조직들 때문에 진로를 제지당하고 있다고 여겼다.
>
> (Branzi 2005: 178)

따라서 급진적 건축이 팽창구조에 관심을 둔 것은 고정되고 안정적인 것보다 일시적인 것을 선호하는, 유목적인 삶과 수명이 짧은 오브제들에 대한 관심을 반영한 것이었다. 〈연속적 기념비〉와 〈다섯 가지 근본활동〉, 〈멈춤 없는 도시〉가 제안한 환경들에서 오브제들이 제거된 것은 당시 68년 5월 사건들의 슬로건 중 하나인 "사라져라, 오브제여!(cache-toi, objet!)"로 표현된 반(反)-소비주의 이상들의 발현이었다. 오브제란 상품과, 삶의 대상화와 사물화와 연관된 것이었다. 이와 비슷하게 이 시기의 개념미술 역시 예술창작을 인공물보다 예술가의 맘속에 위치시키면서, 미술시장을 포위할 일시적인 설치물과 해프닝 들을 만들어내면서 오브제를 완전히 해체했다. 루시 리파드와 존 챈들러는 1967년에 이렇게 기술했다. "지난 두 세기를 특징지었던 반지성적이고 감성적 · 직관적인 예술제작 과정들은 이제 거의 그 사고과정만을 강조하는 극히 개념적인 예술에 자리를 내주기 시작했다"(Lippard and Chandler 2000: 46). 오브제들의 비난은 상품문화를 공격하면서도 결국에는 실재를 희생하며 이상을 강화하게 되

1.7 쿱 힘멜블라우, 〈바젤의 쉬지 않는 구(Restless Sphere, Basel)〉(1971).
COOP HIMMELB(L)AU 제공. 사진촬영 및 저작권자: Peter Schnetz.

고, 부상하던 포스트포디즘 질서에 일반적인 상품들의 비물질적 속성들을 강조하는 데서 그 대안을 찾게 된다.

오브제들의 탈물질화와 자유에 대한 요구는 구조주의와 도구적 이성의 잔재들과 정반대의 입장에 섰지만, 그러한 잔재들은 급진적 건축가들의 작품에서도 주로 억압적인 데카르트적 격자의 형태로 남아있었다. 이러한 모순들은 극좌파와 구조주의, 혹은 자유와 억압 사이에서만 나타나는 게 아니다. 설계를 통한 제한행위인 '제작(making)'에 대한 거부 또한 설계를 건너뛸 경우 마비상태로 귀결될 수밖에 없는 모순이 있다. 이러한 모순은 당대의 급진적 그룹들에게서 전형적으로 나타났다. 예를 들어 기 드보르(Guy Debore)는 콘스탄트(Constant)●16가 그의 〈뉴 바빌론(New

Babylon)〉 설계에서 일상생활을 사전적으로 규정했다고 비판했다(Wigley 1998: 20). 젊은 시절의 보드리야르 등 르페브르의 영향권에 있던 급진적인 사회학자, 도시계획가, 건축가 및 조경건축가 들로 이루어진 프랑스의 위토피(Utopie) 그룹도 역시 비슷한 교착상태로 귀결되었는데, 그들의 이론에는 얼마나 덧없고 일시적이든 간에 오브제들을 만드는 모든 시도들을 배제하는 부분이 있었던 데 반해 같은 그룹의 건축가들은 실무상 오브제를 물질적으로 실현해야 할 필요를 극복할 수 없었던 것이다(Violeau 1999).

가장 비판적인 프로젝트들은 모두 1966년부터 72년 사이에 개념화되고 창작되었으며, 이런 분위기의 정점은 뉴욕현대미술관에서 열린 ≪이탈리아: 새로운 실내풍경≫이라는 전시회를 통해 이탈리아의 급진적 건축이 미국에 소개되었을 때였다. 그 이후로 급진적 건축의 비판은 시들해지기 시작했고, 1978년에 이르러 이런 그룹들은 대부분 해체되거나 신합리주의와 같이 당시 득세하던 운동들에 맞춰 작업을 번안하곤 했다.[17] 슈퍼스튜디오의 초기 작업이 보여주던 아이러니는 후기 프로젝트에서 거의 완전하게 사라지고, 유토피아-디스토피아의 모순들은 이미 〈다섯 가지 근본활동〉의 순진한 히피적 황홀경과 본질주의 속에서 하위적인 수준으로 이동한다. 이어서 위토피 그룹의 작업에서 나타나던 유토피아적 하위텍스트는 1978년에 이르러 디스토피아적으로 변했다. 아키줌과 슈퍼스튜디오의 프로젝트들은 일반적으로 형식적이고 형상적인 건축을 혐오하면서 건축을 이데올로기의 위장술로 인지하는 태도를 나타냈다. 따라서 그 프로젝트들의 논리는 그러한 이데올로기를 드러내고 건축의 제도를 공격하는 경향으로 이어진다. 하지만 이들 작업에 내재한 그러한 비판론은 상품시장을 분명히 수용하는 태도도 드러낸다. 피렌체의 이 두 스튜디오들이 사용한 콜라주와 에어브러시는 대중문화에 대한—음반커버와 광

16. 콘스탄트 니우엔하위스(Constant Nieuwenhuys, 1920-2005): 네덜란드의 화가이자 조각가, 그래픽 아티스트, 저술가, 음악인, 건축가. — 옮긴이
17. 예를 들어 쿱 힘멜블라우(COOP HIMMELB(L)AU)의 작업은 1988년의 해체주의 건축 전시회에 포함되었던 반면, 퓨처 시스템즈(Future Systems)는 하이테크 건축에 더 가까운 입장이었다.

고에 대한—그들의 친숙함을 반영한 것이었다. 슈퍼스튜디오와 아키줌은 확실히 그들이 비판하던 대상에 이끌렸으며 그러한 대상의 핵심이었다는 점에서 모호성과 모순을 안고 있었다. 그들의 유일한 무기로 남은 건 아이러니밖에 없었다. 하지만 아이러니가 사라지면서, 그들의 작업은 비판 수단으로서의 신뢰도를 상실했다.

모더니즘의 대안들(Alternatives to modernism)

급진적 건축은 건축의 제도에 직접적으로 도전했다. 주류적인 건축 질서였던 모더니즘은 건축이 부르주아 이데올로기와 공모하게 만든 장본인으로서 간접적으로만 비난되었을 뿐이었다. 급진적 건축은 1960년대 후반에 모더니즘 건축이 직면한 수많은 도전 가운데 하나에 불과했다. 건축학 내부에서 광범위한 관심을 자극한 최초의 비-모더니즘적 작품들은 건물이 아니라 1966년에 출판된 두 권의 책이었는데, 하나는 알도 로시의 『도시의 건축(The Architecture of the City)』이고 다른 하나는 로버트 벤추리의 『건축의 복합성과 대립성(Complexity and Contradiction in Architecture)』이었다. 『도시의 건축』은 기본적으로 이탈리아에서의 건축적 논의를 지향했고, 역사적인 도시환경 속에서 이뤄지는 새로운 건축의 건설에 관한 책이었다. 하지만 이 책은 건물과 도시의 관계, 형식과 내용의 관계, 역사와 도시의 관계에 관심을 두었기에 크게 보아 서구 건축에 시의적절한 이슈를 제공한 것이었다. 벤추리의 『건축의 복합성과 대립성』은 '정통' 모더니즘을 전복하는 하나의 포괄적 선언이었다. 이 책은 모더니즘적 도그마들을 위반하는 비-모더니즘적 의제를 정의했는데, '순수성(purity)' 과 '양자택일(either-or)', '의미의 명료함(clarity of meaning)', '명백한 통일성(obvious unity)'에 반대하면서 '혼종(hybrid)' 과 '복합성(complexity)', '양자공존(both-and)', '의미의 풍부함(richness of meaning)', '혼잡한 생동감(messy vitality)' 을 찬성했다. 이 책이 '모순' 과 '복합성' 을 내세운 건 건축의 현실적 관계에 기초한 것으로서, 모더니즘이 현실 자체를 환원하고 추상화하며 순수화하려는 시도라고 본 것이었다.

로시와 벤추리의 책들에서는 역시 1966년에 출판된 비토리오 그레고티(Vittorio Gregotti)의 『건축의 영역(Il Territorio dell' Architettura)』에서와 마찬가지로 '의미(meaning)' 의 이슈가 나타났는데, 물론 주요 주제는 아닌 하나의 하위주제로서 다루어졌다. '의미' 는 주로 파노프스키(Panofsky)와 곰브리치(Gombrich)와 같은 미술사가들에 의한 도상해석학(iconology) 연구의 영향으로 20세기 전반에 걸쳐 건축이론에 계속해서 등장한 주제였다. 1960년대 중반까지 '의미' 연구는 기본적으로 학계를 사로잡은 관심사였고, 한 예로 1949년에는 르네상스 건축의 상징적 의미를 개관한 루돌프 비트코버(Rudolf Wittkower)의 『인문주의 시대의 건축원리(Architectural Principles in the Age of Humanism)』가 출판된 바 있다. 1960년대 말에 이르러 '의미' 는 점차 담론의 중심적인 위치를 차지하게 되었다. 이런 경향의 초기 징후들은 1968년에 영문으로 출판된 노르웨이인 크리스티안 노르베르그-슐츠의 『건축에서의 의도(Intentions in Architecture)』와 1962년에 출판된 질로 도르플레스(Gillo Dorfles)의 『상징, 커뮤니케이션, 소비(Simbolo, Comunicazione, Consumo)』 같은 출판물들이었다. '의미' 에 대한 건축적 관심은 커뮤니케이션과 의미화를 다루는 사이버네틱스와 구조주의의 부상과 연결되어 있었다. 하나의 특정한 의미가 생산되는 방식을 드러내고 싶어 하던 구조주의는, 언어와 구조적으로 유사하고 암묵적인 사회적 합의에 따라 만들어지는 특정한 문화적 약호들을 다양한 체계와 현상들 속에서 식별할 수 있다고 가정했다. 구조주의의 점증하는 존재감은 건축담론을 비롯한 문화 전반에 걸쳐 언어학과 커뮤니케이션 및 의미에 대한 관심을 증대시켰다.

이런 주제로 쓰인 최초의 주요 건축서는 찰스 젱크스와 조지 베어드(George Baird)가 엮어 1969년에 출판된 『건축에서의 의미(Meaning in Architecture)』다. 이 책의 전신은 같은 제목으로 베어드가 편집하여 1967년에 출판된 건축협회(Architectural Association) 저널 『아레나(Arena)』의 한 간행물이었다. 이 출판물에 실린 논설들은 이후 논쟁을 지배하게 될 주요 접근법들을 대표하고 있다. 책의 서문에서 젱크스는 『건축에서의 의미』의 출판이 모더니즘에 관하여 늘어나는 의심 및 위기의식의 부상과 관련이 있다면서 이렇게 언급한다. "건축 내부에서 혁명과 변화와 같은 이슈들에 대한 총괄적인 위기(일부 저자들이 '건축' 을 총체적으로 폐기하고 싶어

하는 위기)가 있으며, 다른 한편으로는 어떠한 '건축에서의 의미' (혹은 의미들)가 시의적절한가에 대한 특정한 위기가 있다" (Jencks 1969b: 7).

4년 후에 젱크스는 『건축에서의 모던운동(Modern Movements in Architecture)』을 출판했는데, 이 제목은 건축의 통합되고 단독적인 흐름보다 건축의 복수성에 대한 인식을, 단절보다는 모던(근현대)의 연속에 대한 인식을 표현하고 있다. 이 책에서 젱크스는 대개 변화하고 융합하며 분기하는 다양한 운동들을 폭넓게 묘사하면서 모더니즘의 하위운동과 비-모더니즘적인 운동들을 포괄적으로 개관한다. 초반의 장들에서는 모더니즘의 선구자들을 신랄하게 비판하는데, 미스 반 데어 로에의 작업은 디테일에 집착하며 사용자를 무시했을 뿐더러 의사소통적인 '의미'를 결여하고 있다고 혹평한다. 〈판즈워스 주택(Farnsworth House)〉은 칭찬의 대상으로 꼽히지만, 〈시그램 타워〉와 〈시카고 일리노이공대〉 건물은 비난의 대상이다. 미스의 작품을 '희극(farce)'으로 특징지은 젱크스는 계속해서 라이트와 그로피우스에 대한, 특히 그들의 후기작품에 대한 비판을 이어간다. 그는 그로피우스를 줏대 없고 독창적이지 못하며 실용적인 건축가로 특징짓고, 라이트는 우아함의 망상에 빠진 자기중심주의자로 특징짓는다. 두 건축가의 작품은 무의미한 형식주의로 묘사된다. 그러한 가혹한 취급을 당하는 마지막 모더니스트는 르 코르뷔지에인데, 그는 심리적으로 비극적인 인물로 해석된다.[18] "건축과 혁명(Architecture and revolution)"이라는 제목의 후기에서 젱크스는 건축이 한계가 있는 분야이며 그 형식을 정치적·사회적 목적들로부터 유리시킨다고 주장한다. 하지만 그는 의미가 결여된 형식주의에 반대하면서, 상징을 통해 의미를 되살릴 것을 권고한다.

> 건축이 건축가와 대중에게서 공히 신뢰를 다시 얻으려면, 두 가지의 다른 일이 일어나야 할 것이다. 직업 내부적으로는 일부 작업에 기념비적이고 상징적인 표현을 부여하는 문제에 바로 직면하여 현재와 같은 도피나 당황스런 태도를 보이지 않고 응답해

18. 젱크스는 1973년에 쓴 『르 코르뷔지에와 건축의 비극적 관점(Le Corbusier and the Tragic View of Architecture)』(Cambridge, Mass.: Harvard University Press)에서 르 코르뷔지에에 대한 자신의 관점을 정교하게 다루었다.

> 야 할 것이다. 건축은 어떤 문화적 가치들을 의식적으로(종종 자의식적으로) 구체화하는 것이므로, 건축가들은 그런 가치들을 제시하고 극화함에 있어서 스스로의 책임을 분명히 인정해야 할 것이다.
>
> (Jencks 1973: 371-2).

젱크스는 이 책에서 건축이 혁명을 추동(instigate)하는 게 아니라 추종(follow)할 수 있다는, 그리고 건축이란 직능의 주된 기여는 사회와 문화를 재현함으로써 이뤄진다는, 폭넓게 공유되는 의견을 제시한다. 『건축에서의 모던운동』에서 이뤄진 모더니즘 비판은 같은 시기에 영국 언론이 보여준 비판보다 미약한 것이었다. 영국에서의 모더니즘 비판은 건축가를 적으로, 관료로, 권위적인 인물로서 희화화했을 만큼 특히나 격렬하고 매서웠다. 심지어 덜 신랄한 논평조차도 건축을 향한 비난에서는 강력한 효과를 발휘했다. 휴 카슨 경(Sir Hugh Casson)은 1973년 『타임스(The Times)』에 기고하면서 다음과 같이 냉혹한 논평을 했다. "건축에 대한 환멸은 오늘날 거의 편집증에 다다랐다. 그 이유가 무엇이든 사기를 저하하는 혼란스런 상황이 생겨났는데, 이는 단지 건축가들만의 문제가 아닌 것이 이 나라의 문화적 신경을 마비시킬 상황에 이르고 있기 때문이다." 콜린 맥글라샨(Colin McGlashan)은 1972년 『옵저버(The Observer)』에 실린 기고문에서 이렇게 말했다. "새로운 도시들은 비슷하게 생겼다. 모든 지역들이 부동산 개발업자들에게, 비용을 의식한 건축에, 이윤을 지향하는 상업시설과 휴양시설에, 효율적인 콘크리트 환경에 영혼을 팔았고, 여기서 종국의 고려사항은 그 사용자들이 무턱대고 부리는 불편한 욕망들이다." 반면 리처드 셰퍼드(Richard Sheppard)는 1973년 영국왕립건축가협회(RIBA) 저널에 기고한 글에서 이 상황을 다음처럼 무미건조하게 요약했다. "대중은 건축가들과 그들의 건축을 다 싫어한다"(모두 MacEwen: 11-12에서 인용). 심지어 건축학의 제도권 내부에서도 얼마 전까지만 해도 폭넓은 지지를 누리던 관념들로부터 돌아서는 기류가 일어났다. 영국왕립건축가협회에서 몇몇 직위를 보유했던 말콤 맥키웬은 서슴지 않고 자신과 연관된 기관과 학문체계를 통렬하게 비판했다. 1974년에 출판된 『건축에서의 위기(Crisis in Architecture)』에서 그는 당시의 경제적 위기를 주목하고 건축가의 직업적 난관들과 영국왕립건축가협회의 제도적 약점들을 개관한다. 맥키웬은 모더니즘의 선구자들과 팀 텐이 추구했던 의도들을 변호하면서 그들의 사회적 관심들을 환기시키지만, 건축에서 사회적 내용이 빠져나가고 모더니즘이 단순한 하나의 양식으로 귀결되는 양상을 한탄한다. 이 단계에 이르러 모더니즘에 대한 환멸은 광범위하게 퍼졌고, 건축적 대안들은 이미 벤추리와 로시 같은 건축가들이 내놓은 상황이었다.

중요한 것은 이와 동시에 영국인 건축비평가 콜린 로우가 모더니즘과 결별하기 위한 청사진을 개발하고 있었단 점이다. 1962년부터 코넬 대학교에 재직해오던 로우는 프레드 쾨터와 함께 『아키텍츄럴 리뷰(Architectural Review)』 1975년 8월호에 "콜라주 도시(Collage City)"라는 에세이를 발표했다. 이 에세이는 1973년에 이미 썼던 원고에 기초한 것이었고, 추후 1978년에는 이게 확장되어 동명의 책 한 권으로 출판되었다. 그 제목이 암시하듯이, 콜라주 도시는 모더니즘적 계획을 피하면서 다양한 스타일의 건축을 나란히 배치할 수 있는 도시형성의 기법과 시스템을, 즉 최소한의 필수적인 질서 속에서 차이를 수용하는 시스템을 제안한다. 이 책은 건축과 도시의 역사를 철학과 건축을 오가는 사상의 역사와 엮는다. 『도시의 건축』과 『복합성과 대립성』, 『건축에서의 의미』, 그리고 『콜라주 도시』는 모두 실무자들의 실험들로 뒷받침되면서 모더니즘의 종식을 알리고 포스트모더니즘 건축을 향한 길을 닦아놓았다.

의미(Meaning)

건축사가 빈센트 스컬리(Vincent Scully)는 이렇게 말했다. '형식을 의미로부터 분리할 방법은 없다. 양자는 서로 배타적으로 존재할 수 없다' (1977: 11). '의미' 라는 용어는 다소 오해의 소지가 있는 용어다. 건축에서 이 말은 일차적으로 '내용(content)' 을 묘사할 때 사용되는 반면, 예술이론은 '형식(form)' 과 '내용' 을 구별하고 한 작품의 의미를 양자 중 하나에 위치시키는 경향이 있다. 따라서 건축에서 사용되는 '의미' 의 용법은 예술에서 구분하는 '의미' 와 '내용' 의 경계를 흐려버린다. 상징주의를 피하면서 '말(saying)' 보다 '실천(doing)' 에 집중하기를 선호한 모더니즘은 재현과 커뮤니케이션, 그리고 의미에 관한 논의를 중심에서 배제시켰다. 1960년대의 건축담론에서 '의미'가 중심 주제로 떠오른 것은 모더니즘에 대한 최초의 중대한 도전이었으며, 이는 탈산업사회의 새로운 지평으로서 '문화'가 '사회'를 대체한 양상을 보여주는 것이었다. 다음 섹션에서는 이 주제와 관련하여 1960년대의 가장 영향력 있던 출판물들을 검토하면서 '의미'에 대한 주요한 건축적 입장들을 개략적으로 살펴볼 것이다.

로버트 벤추리의 『복합성과 대립성』에서, 복합성과 대립성은 단순히 복합적인 형태로 다뤄지기보다 대개 커뮤니케이션의 영역에서 다뤄진다. 이 책은 그런 건축을 만들어내는 원리들과 기법들을 개괄하는데, 그 첫머리를 장식하는 복합성의 관념은 벤추리에 따르면 '내적 복합성'에 관한 것으로서 예를 들어 프로그램과 그것이 건물 형식에 반영되는 방식에 내재하는 복합성이다. 그것은 교조적으로 단순성을 앞세우는 건축의 지루함과 환원주의에 맞서는 개념으로 가정된다. "단순성(simplicity)이 잘 먹혀들지 않은 경우에는 단조로움(simpleness)만 남는다. 지나친 단순화는 매력 없는 건축을 뜻한다. 적을수록 지루하다(Less is a bore)." (Venturi 1977: 17).[19] 두 번째 원리인 모호성(ambiguity)은 표현과 지각, 해석, 가독성의 모호성을 의미한다. 그것은 〈사부아 주택(Villa Savoye)〉 평면이 사각형으로 보이지만 반드시 그렇진 않듯이 여러 해석을 가능케 한다. 이런 원리로 출발한 벤추리는 이어서 '양자공존(both-and)'의 원리로 나아가는데, 이 원리는 의미와 용도가 대립하면서 몇 가지 의미들을 생산해내고 전체에 대한 부분의 관계로서 조직되는 대립성의 단계들을 제시한다. 그러한 대립성들은 '폐쇄되면서도 개방적'이거나 '대칭적이면서도 비대칭적'이다. 또 하나의 원리는 대립성들을 조정하여 하나의 종합에 도달하는 실용적 수단으로서 변경할 수 있는 가능성을 제시한다. 이어서 나오는 기법은 이와는 반대로 건축가의 폭력적이고 강력한 진술로서 대립성들을 병치하는 기법이다. 따라서 이러한 '모호성'과 '양자공존'의 원리들은 커뮤니케이

19. 번역서 『건축의 복합성과 대립성』(로버트 벤추리 지음, 임창복 옮김, 동녘, 2004) 37쪽의 번역문을 준용. — 옮긴이

션과 의미를 직접적으로 논의한다. 벤추리는 나중에 데니스 스콧 브라운 및 스티브 이즈나워와 함께 쓴 『라스베이거스의 교훈(Learning from Las Vegas)』(1972)에서 현대적 상징주의에 대한 구체적인 연구결과를 생산하게 된다.

젱크스와 베어드의 『건축에서의 의미』는 커뮤니케이션을 훨씬 더 명시적으로 논의한다. "기호학과 건축(Semiology and architecture)" 이란 제목의 제1부는 건축의 언어학을 다루는 4개의 논설들로 구성되는데, 모두 기호학을 건축분야에 적용하는 가장 좋은 방법을 찾으려는 시도들이다.[20] "기호학과 건축" 이란 섹션에 나오는 기호학에 대한 젱크스의 설명은 구조주의와 현상학 사이를 오가며, 경험적인 것에 대한 강력한 의미에 고취되어 있다. 젱크스는 건축 내의 숨겨진 권력구조들을 드러내는 비판수단으로서 기호학을 활용하기를 삼간다. 오그덴(Ogden)과 리처즈(Richards)가 1923년에 발표한 기호학적 삼각형의 도식을 따르는 그는 그 삼각형의 세 꼭짓점들을 사고(기의), 상징(기표), 지시체(사물)로서 가정한다.[21] 사고와 상징을 구별한 이 도식은 사고와 언어가 언제나 서로 얽혀있다는 구조주의자들의 입장과 구분되는 것이다.[22] 이 도식에서는 사고와 사물 간의 관계 속에 경험이 등장하기 때문에, 예기치 않게 기호학에서 현상학으로 넘어갈 수 있게 한다. 이와 유사한 이동은 『건축에서의 의미』의 다른 논설들에서도 일어나고, 이런 식으로 그는 건축담론에서 '의미' 론이 취할 방향을 표현한다. 기호학에서 랑그(langue)는 언어, 즉 한 집단에 의해 공유되는 문화적 코드를 말하고, 파롤(parole)은 발화, 즉 그 코드를 위반하거나 변경할 수 있는 특정하고 개별적인 언어사용을 일컫는다. 철학적으로 상당히 다양한 양태들로 구성되는 현상학은 '사물들 자체를 향하여'

20. 『건축에서의 의미』에 실린 논설들은 기호학을 건축분야에 적용하려던 초기의 시도들이며, 이중 소수만이 구조주의적 분석을 실천한다. 이런 의미에서 마리오 간델소나스(Mario Gandelsonas)와 다이애나 애그레스트(Diana Agrest)의 1970년대 저작이나 움베르토 에코(Umberto Eco)의 1986년 에세이 "기능주의와 기호(Functionalism and Sign)" 는 건축에 구조주의를 적용한 훨씬 더 좋은 사례들이다.

21. 사실 오그덴과 리처즈의 기호학적 삼각형은 찰스 샌더스 퍼스(Charles Sanders Peirce)의 작업에서 도출되었다.

22. 이런 차이들은 20세기 초의 중요한 두 기호학자인 소쉬르와 퍼스의 매우 구분되는 영향들을 특징짓는다. 프랑스 구조주의자들은 퍼스보다 소쉬르의 작업에 기초하여 자신들의 방법론들을 발전시켰다.

라는 에드문트 후설(Edmund Husserl)의 격언을 따른다. 과학적 실증주의와 거리를 두면서 주체와 객체의 이분법을 해소하려 하는 현상학은 경험에 특권을 부여한다. 결국 구조주의와 현상학은 대부분의 측면에서 화합할 수 없는 철학적 접근법들이다.[23]

『건축에서의 의미』는 이 책의 논설들에 대한 반응과 논평을 각각의 말미에 제시하는 논쟁형식으로 구성되었다. 비록 그 결과가 일반적으로 균형을 이루곤 있지만, 경험적인 것을 강조함으로써 구조주의의 탈-인본주의로부터 '구제된' 인간 주체는 그럼에도 수동적인 주체로 제시된다. 이를 인식한 조지 베어드는 이 책에 실린 프랑수아즈 쇼에(Francoise Choay)의 구조주의적 에세이에 대해 다음과 같은 논평을 달았다.

> 그녀의 관점에서는 '순수한' 체계에서 '혼합된' 체계로의 진보가, 즉 감축된 의미와 의미론적 환원의 도래가 절대적으로 불가피한 일인 만큼 무엇이든 거리낌 없이 허용한다고 보였을 것이다. 그게 진정 사실이라면 (나는 사실이라고 생각하지 않지만), 기호학적 접근은 진정 '고양된 의식' 에 불과한 지점으로 귀결될 수밖에 없을 것이다. 그 '영원한, 계속해서 갈망하는' 것에 대해서는, 현실적으로 어떠한 시도도 해볼 수 없을 것이다.
>
> (Choay 1969: 36)

크리스티안 노르베르그-슐츠는 책 제목과 같은 "건축에서의 의미(Meaning in architecture)"라는 기고문에서 개인이 장소와 맺는 관계를 강조하면서 커뮤니케이션에서 경험적인 것으로 논의를 옮겨놓는다. 노르베르그-슐츠는 하이데거의 글들을 건축비평과 실천적 제안들에 모두 적용하려고 노력한다. 따라서 이 노르웨이인의 기획은 하이데거의 기획과 유사하게 건축에서의 주객통일을 하려는 시도로 특징될 수 있다. 하지만 노르베르그-슐츠의 근대건축 비판이 하이데거의 도구적 이성 비판과 여전히 유사함에도 불구하고, 두 사람의 접근은 분명 차이가 있다. 노르베르그-슐츠는 하이

23. 현상학자 메를로-퐁티는 사실 구조주의와 현상학의 관계를 이해했지만(Merleau-Ponty 1992: 114-25), 그의 입장은 통상적이지 않았다. 현상학이 언어에 매료되었음을 인정할 필요도 있다.

데거에 의존하여 반(反)-기능주의적 입장을 강화했는데, 이는 구체적인 이슈들을 희생하는 대가로 이상을 강화한 것이어서 서로 다른 두 이해들을 통일하는 수단으로서 '경험' 을 전개한다는 현상학적 의도와는 어긋난 것이었다. 노르베르그-슐츠는 실무자가 '의미 있는' 건축을 달성할 방법론을 제시했지만, 이때 극히 환원적인 입장들을 취하게 되면서 그가 기능주의 접근들의 특징으로 파악한 과잉결정과 단순화를 똑같이 반복하는 부담을 안게 되었다. 노르베르그-슐츠는 결국 통일성 대신 극단적인 파편화를 일으키는데 한편에는 그 이상을 뒷받침하는 지나친 비판이, 다른 한편에는 그의 '의미 있는' 건축이란 개념을 실천하기 위한 극히 환원적이고 거의 기능주의적인 관념이 자리하는 것이다. 결과적으로 크리스토퍼 알렉산더의 작업에서 명백히 드러난 바 있는, 객관적이고 결정론적인 기능주의와 시적인 것의 불편한 결합이 이 노르웨이인의 작업에서도 약점을 만든다.

예상대로 노르베르그-슐츠는 향수적이고 전원적인 반(反)도시적 건축의 대표자가 되었다. 그런 건물들은 북유럽과 영국, 독일의 시골지역에서 실현되고 있었지만, 대부분의 건축가들은 밀집한 도시와 교외, 그리고 대량주거라는 아주 다른 조건들에 대처해야 했다. 노르베르그-슐츠가 당시 건축담론에 가졌던 의미는 '의미' 의 논의를 격상시켰고, 모더니즘에 대한 비판의 윤곽을 그렸으며, 건축가들에게 하이데거의 글들을 소개한 데에 있었다. 당시 대부분의 건축가들은 하이데거의 "짓기, 거주하기, 생각하기(Building, dwelling, thinking)"라는 텍스트 하나만을 알고 있었는데, 이 텍스트는 1951년의 한 강연에서 처음 발표되었지만 1971년에야 영어로 출판되었다. 이 짧은 글에서 하이데거는 한때 통합되어 있었던 짓기-거주하기라는 행위가 현대사회에서 파편화되었음을 밝혀낸다. 그는 이러한 파편화를 언어를 통해 보여주는데, '거주하다' 란 뜻의 '바우엔(bauen)' 에 해당하는 고대 영어이자 고지 독일어인 '부안(buan)' 이 원래 짓기와 거주하기가 하나였음을 보여준다는 것이다. 하이데거에 따르면 이제는 짓기와 거주하기가 서로 분리되어 있다. '짓기' 는 그 합리적이고 표준적이며 대량생산적인 의미에서 더 이상 '거주하기' 를 통합하지도, 수용하지도 않는다. 따라서 하이데거는 거주하기와 짓기가 하나였던 본래의 순간을 재생함으로써 이 잃어버린 통일성을 회복하고자 한다. 하이데거에게서 '거주하기'란 세계 내에 존재하는 정통적인 방식이다. 잃어버린 통일성을 회복하고 싶어 하는 이 독일 철학자는 객체화가 늘어남에 따라 주변화되어 가는 주체의 수호자로서 등장한다.

건축가들은 '시적으로 거주(dwell poetically)'하려는 하이데거의 욕망을 채택하여 느슨한 '시적 건축유파'를 만들어냈다. 이들은 노르베르그-슐츠가 제시한 방식으로 하이데거의 개념들을 실천하려 하기보다 설계의 모든 측면을 공공연하게 합리화하고 설명할 필요성을 빗겨가기 위한 면죄부로서, 그리고 이 과정에서 하이데거의 의도와는 거리를 두어 창조적 자유를 성취하는 수단으로서 '시학(poetics)'이라는 용어를 사용했다. 젊은 시절의 스티븐 홀(Steven Holl)과 다니엘 리베스킨트 같은 건축가들은 '억압적인' 기능주의 교의들로부터 일단 자유로워지고 나자 금지되지 않은 건축의 극단을 탐구할 수 있었다. 따라서 하이데거의 글들은 건축담론에 흡수된 이후로 결국 이러한 담론적 이상에 대한 매혹을 뒷받침하게 되었다. 1970년대에 에섹스 대학교에서, 나중에는 캠브리지 대학교에서 재직한 달리보르 베셀리(Dalibor Vesely)와 알베르토 페레스-고메스(Alberto Pérez-Gomez) 같은 이론가들은 '건축 시학' 담론의 폭을 넓혀 노르베르그-슐츠의 향수적인 입장들 너머로까지 확장시키는 데 관여했다. 모리스 메를로-퐁티(Maurice Merleau-Ponty)와 가스통 바슐라르(Gaston Bachelard)의 현상학적 저술들에 의존하여 '몸'과 '지각'을 통해 매개되는 경험적인 것을 건축에 통합하게 되면서, '시적인 것'의 분야는 크게 확장되었다. 건축의 경험적 측면들에 대한 강조는 '시학'의 다양한 실천가들을 통합하는 주된 주제로 남아있었으나, 1990년대에 이르자 피터 솔터(Peter Salter)와 카루소 세인트 존(Caruso St. John), 서지슨 베이츠(Sergison Bates), 플로리안 베이겔(Florian Bagel)과 같은 건축가들로 이루어진 특정한 영국분파가 발달했다. 이 특정분파는 세심한 재료 적용을 통해 감각적이고 촉지적인 건축을 만들어내는 '시학'을 실현시켰다. 따라서 현상학은 공리주의와 기능주의의 수단으로서 건축에 통합되었다. 그것은 결국 다양한 커뮤니케이션 수준들에 대한 기호학적 해독으로부터 건축의 경험적이고 주체적인 측면들에 대한 강조로 '의미' 의 논의를 이동시켰다. 경험적인 것은 건축의 수용, 즉 공간과 건물에 대한 개인의 경험과 관련된 것으로 이해되지만, 이는 건축가들에 의해 종종 창조적이고 주관적인 자유, 즉 그들만의 자기표현에 대한 정당화를 위한 방편으로 활용되었다.

기호학적 접근과 현상학적 접근은 모두 역사와 진보의 관념들을 회피했다. '의미' 가 부르주아사회에 갖는 의의에 대해서는 이미 100년도 더 된 시점에 마르크스가 파악한 바 있었다. "생산물들을 상품들로 찍어내는 특성들은 인간이 (자기 눈에 불변하는 걸로 보이는 그것들의 역사적 특성이 아니라) 그것들의 의미를 해독할 방법을 찾기도 전에 이미 자연스럽고 자명한 사회생활 형식들의 안정성을 획득했다" (Marx 2003c: 476). 따라서 역사의 대체물로서 '의미' 가 부상한 것은 부르주아사회에 전형적인 발전양상으로 정의할 수 있으며, 이것은 이상으로, 기호와 상징과 표상의 세계로 후퇴하는 발전양상이다. 마르크스에게서 '의미' 란 하나의 베일이자 준-자율적인 상부구조에 위치하는 허위의식(false-consciousness)의 한 형태로서 환영적인 표상들과 관련된 것이다.[24] 이런 논리에 따르면, '의미' 에 대해 늘어나던 관심은 전후 서구에서 기하급수적으로 늘어나던 상품화의 예견된 결과였다.

---

24. 통상적으로 '의미' 를 뜻하는 영어단어 meaning과 어원적으로 같은 독일어는 Meinung인데, 이 말은 여기서 말하는 베일과 오류인식, 환영적 표상의 뜻이 더 잘 느껴지는 (개인적인) '의견' 이나 '사념', '의도' 등으로 번역된다. 이 말은 마르크스 이전에 이미 헤겔에게서 "의견(Meinung)을 물리치는 것이 철학의 출발점" 이라는 식으로 개념화된 철학 용어이며, 기호학적인 '의미' 로 번역되는 철학용어는 독일어로 Bedeutung, 영어로는 significance에 해당한다. 따라서 독일철학적인 관점을 빌려볼 때 meaning이란 영단어의 본래 뜻이 '의미' 보다는 '의견' 에 가깝다는 게 명확해지는 셈이다.

한편 '준-자율적인 상부구조(semi-autonomous superstructure)' 에 대해서는 마르크스의 토대(base)-상부구조(superstructure)라는 사회구성체 도식에 대한 루이 알튀세르의 해석을 참고하는 게 유용하다. 정통마르크스주의 이론은 상부구조의 이데올로기를 일종의 허위의식으로 보면서 경제적 토대의 중요성을 강조한 유물론적 결정론이었던 데 비해, 알튀세르는 최종적으로 경제적 토대가 주된 결정요인임을 인정하면서도 토대와 상부구조 사이의 지층이 중층화되어 상부구조의 이데올로기가 물적 토대로부터 '상대적 자율성' 을 확보하게 되는 중층결정(over-determination) 모델을 제시했다. 이러한 상대적 자율성을 프레드릭 제임슨은 '준-자율성(semi-autonomy)' 으로 칭한 바 있다. — 옮긴이

역사주의(Historicism)

1970년대에 유행했던 '역사주의'는 수많은 별개의 흐름으로 구체화되었다.[25] 한편에는 신고전주의라는 단일 시대의 건축을 맹렬하게 전파하고 변호한 레온 크리에(Leon Krier) 같은 건축가들이 있었다. 또 한편에는 다양한 시대를 절충적으로 인용하는 방식을 옹호한 젱크스나 벤추리 같은 건축가 및 비평가 들이 있었다. 또 다른 한편에는 기존의 학문체계에서 벗어나 전원적이고 풍토적인 건축을 제안한 크리스토퍼 알렉산더 같은 건축가 및 비평가 들이 있었다. 이 세 입장들은 모두 진보와 시대정신(zeitgeist)의 관념을 거부하고 영원성을 채택했다. 따라서 '역사주의'는 바로 그 역사라는 관념과 반대로 해석되었다. 건축양식을 만들어낸 특정한 역사적 환경들은 무시되었고 역사의 동력들은 회피되었다. 대신 역사는 건축가가 이용할 수 있는 영원한 건축유형들의 보고가 되었다. 이 모든 것에도 불구하고, '역사주의'의 형식들을 활용한 건축가들은 그들의 실천을 꽤나 다르게 이해했다.

알도 로시는 '도시적 인공물(urban artefact)'을 강조하면서 기억과 역사, 건축 간의 관계 구축을 시도했다. 로시는 도시와 그 건축이 역사를 통해 만들어짐을 인식했다. 하지만 로시에게서 역사란 여전히 기념비나 도시가 만들어진 후 그 속에 오랫동안 깃드는 것이었고, 그가 참조하는 역사는 마치 그것이 역설적으로 시간을 초월하기라도 하듯 선형적이기보다 초월적인 현상으로 보인다. 역사는 건축 형식의 특수성을 낳는 원인이며, 건물의 용도가 변경된 이후에도 건물의 형식 '속에' 상존한다. 건축 형식은 그것을 만든 역사의 흔적이 된다. 따라서 도시의 역사는 개발의 방향을 이끄는 모델이며, 어느 정도는 도시의 의미나 '의식'이다. "'도시의 영혼'은 도시의 역사가 된다. 도시의 벽체에 쓰인 기호가, 도시의 특색 있고 확정적인 특징이, 도시의 기억이 되는 것이다"(Rossi 1991: 130). 따라서

---

25. '역사주의'라는 용어는 포퍼부터 페브스너에 이르는 학자들에 의해 매우 다양하게 활용되어 왔다. 여기서 이 말은 역사와 선형적 시간, 진보의 부재 속에서 역사적 건축을 정의하기 위한 용법이다. 아도르노의 용어로 역사성(*Geschichtlichkeit*)은 변화 없는 시간을 뜻하는 동시성(*Gleichzeitigkeit*)이란 용어와 관련된다.

1.8 알도 로시, 〈죽음의 게임(Il gioco della morte)〉(1973).
개인소장. Fondazione Aldo Rossi 제공. © Eredi Aldo Rossi.

로시에게서 역사란 서서히 정지하여 하나의 초월적인 모델이 되고, 도시와 그 건축의 형식에 역사의 흔적들을 남기는 암묵적인 존재감을 이룬다. 로시는 설계를 하면서 다시 건축학 자체로 눈길을 돌리는데, 1971년의 〈모데나 공동묘지(Modena Cemetery)〉 프로젝트에서 그는 불레(Boullée)와 르두(Ledoux)의 순수 기하학을 부활시켰다(그림 1.8). 1973년의 〈갈라라테제(Gallaratese)〉 공동주거 프로젝트에서는 과거 '붉은 비엔나(red Vienna)' 26 단지와 구성주의 건축의 비례들을 뒤틂으로써 기둥 위의 슬래브를 작은 벽체들 쪽으로 확장시켰다. 로시는 이러한 역사적 인용들이 그 안에 암묵적으로 근원적이고 역사적인 의미를 담는다고 보았다. 타푸리는 이러한 인용들을 공허한 기호들로 보았는데, 말하자면 이러한 건축 형식들에서 그 역사적인 맥락을 잔인하게 제거하여 생겨난 공허함을 지향하는 기표들로 본 것이었다. 타푸리는 로시의 건축에 대해 "공허한 기호들과 프로

26. '붉은 비엔나'는 1918년에서 1934년까지 오스트리아 수도 빈에 붙었던 별명으로, 당시는 사회민주주의자들이 다수를 차지하여 노동자들을 위한 대량의 아파트단지가 지어졌던 시기다. — 옮긴이

그램화된 배제, 엄격한 제한의 구문을 보여주는 그것은 임의적인 것의 유연치 못한 성격을 드러낼뿐더러, 언어적 질서를 특징짓는 규준들과 자유 사이의 허위적인 변증법을 드러낸다" 고 기술했다(Tafuri 1998: 296).

역사주의는 벤추리의 『복합성과 대립성』에서도 나타나는데, 물론 여기서는 이론적으로 명료화되기보다는 암시적으로 드러난다. "나는 건축가로서 습관에 이끌리기보다 과거에 대한, 즉 사려 깊게 고려된 전례에 대한 의식적인 의미를 지침으로 삼고자 노력한다. 선별된 역사적 비교사례들은 나의 관심사와 연관된 연속적인 전통의 일부다" (Venturi 1977: 13). 결과적으로 『복합성과 대립성』은 전례들을 찾아 건축의 과거를 파고들 수 있는 구실을 제공한다.

『건축에서의 의미』라는 출판물에서 역사는 대체로 부재하지만 전통과 기억은 강조된다. 젱크스는 상대주의적인 역사관을 제시하면서 역사 서술을 하나의 구성물이자 인공물로 묘사한다.

> 어떤 경우든 역사가가 할 수 있는 일에서 제외되는 한 가지는 역사가가 '정말로 일어난 일' 에 대해 써야 한다는 랑케의 명제를 수행하는 일이다. 페브스너가 그의 유럽역사 서술의 말미에서 인용하는 이 명제는 역사적 의미가 고정되고 결정적인 사실이며 계속되는 역사가들의 관점은 그러한 사실의 갱신에 기여한다는, 위험한 가정으로만 귀결될 뿐이다. 건축가들은 건축을 만들고, 역사가들은 역사를 만들며, 그들이 만드는 건 모두 신화다.
>
> (Jencks 1969a: 265)

이 책은 건축적 커뮤니케이션의 형식들을 탐구하면서 커뮤니케이션을 하나의 문화적 코드로 가정하는 만큼, 그런 코드들이 집합적인 문화적 전통과 기억의 결과임을 함축한다. 전통과 기억의 금지는 정신분석적인 관점에서 억압의 형식으로, 현실과 화합하기보다 자신으로부터 도피하려는 시도로 기술된다. 따라서 역사주의는 향수와 과거를 불가피한 현실로, 인간적 작용인보다 더 강력한데다 인간 주체에 함축된 힘으로 가정함으로써(Jencks 1969c) 은밀하게 정당화된다. 예를 들어 크리스티안 노르베르그-슐츠는 '의미' 를 추출하는 수단으로서 시간을 축출했다. "공적 가치들은 [중략] 물리적 환경 내의 어떤 안정성을 전제한다. 혼돈스럽고 이동이 많은 세계에서 객체들 간의 관계는 해산되는 경향이 있고 의미들은 일시적이 된다”(Norberg-Schulz 1969: 228). 노르베르그-슐츠는 중세시대에 존재했지만 모더니티의 이성적 정향의 결과로 상실되었다고 그가 믿은 무언가를 추출하려는 향수적 욕망이 있었다. 그는 향수적이고 전원적인 거주형식으로 되돌아감으로써 주체와 객체의 잃어버린 통일성을 재생하고 역사의 효과들을 전복할 수 있으리라고 보았다.

역사주의 건축의 부상에서 중요한 한 사건은 뉴욕 현대미술관에서 아서 드렉슬러(Arthur Drexler)의 기획으로 열린 ≪에콜 데 보자르의 건축(The Architecture of the Ecole des Beaux-Arts)≫이란 전시회였다. 그 시점과 위치상, 이 전시회는 모더니즘과의 연관성과 거리를 두려던 미술관의 의도에 따른 하나의 도발적인 진술로서 널리 인식되었다. 1932년의 ≪현대건축: 국제전시회(Modern Architecture: International Exhibition)≫(‘국제양식 전시회’)를 통해 르 코르뷔지에와 그로피우스를 미국에 소개하며 모더니즘을 크게 후원했었던 이 미술관은 방향을 바꿔 역사주의를 포용하는 듯 보였다. 모더니즘 건축의 중요한 후원자로서 방향을 전환한 또 다른 미국인은 필립 존슨이었다. 그는 1932년의 뉴욕 현대미술관 전시회 조직에도 참여하고 미스 반 데어 로에와도 함께 일했었지만, 1950년대에 이미 모더니즘에 대한 피로를 표현했다. 결국 그는 모더니즘 건축의 사회적 야망들을 무시한 채 그것을 하나의 양식으로 이해했다. 일찍이 1954년에 이 미국 건축가는 모더니즘의 교의들을 비판했고 이 글은 5년 뒤 예일 대학교에서 전파되었다. 이 글에서 존슨은 ‘근대건축의 7가지 파행(‘the seven crutches of modern architecture)’을 설명하는데, 그의 비난은 모더니즘이 공리주의에 집착했다는 데에 집중된다. “주택이 잘 운영되게 하는 사업이 당신의 예술적 발명보다 우선시된다면 그 결과는 결코 건축이 아니라 그저 유용한 부품들의 집합에 불과할 것이다”(Johnson 1999: 209)라는 그의 진술은 19세기의 ‘예술을 위한 예술(art for art’ s sake)’ 운동을 주도한 인물 중 한 명인 테오필 고티에(Theophile Gautier)의 진술과 통하는 면이 있다.●27 행위를 말과 짝지은 존슨은 곧 ’ 건축적 고고학 ‘을 최초로 실천한 장본인 중 한 명이 되었다. 모더니즘이 쇠퇴하기 오래 전에 존슨은 다른 곳에서 영감을 찾으며 건축의 역사를 인용하고 있었는데, 예를 들어 〈네브라스카 미술관(Nebraska Art Gallery)〉에서 고전주의적인 기둥들을 사용했다거나 〈인디애나 노천교회(Roofless Church in Indiana)〉의 문들을 흡사 로마양식처럼 장식한 게 그렇다. 이 미국 건축가는 미국에서 건축의 후원자로서 자신이 구가하던 입지를 통해 결국 미국에서 포스트포더니즘 양식을 부상시키는 데 중심적인 역할을 했다.

존슨은 자신의 작품에 모든 새로운 건축양식을 흡수하여 표현하는 '카멜레온 건축가'가 되었다. 내적인 개발논리보다 현재의 유행을 끊임없이 추구했던 그의 작업이 언제나 유동성을 드러내면서 존슨은 이류 건축가로서의 명성을 얻었고, 그의 작업은 일시적이고 모방적인데다 엄격함이나 독창성, 혹은 진지함이 없다고 묘사되었다. 도덕을 의식하지 않은 그의 입장은 급기야 그의 입지를 깎아내렸다. 하지만 그런 특질들은 당시 건축적으로 합의되며 부상하던 정신에 완벽하게 부합한 것이었다.

1967년에 존슨은 존 버지(John Burgee)와의 파트너십을 결성하여 자신의 관심사들을 보다 대규모로 추구할 수 있게 되었고, 대기업들의 건축을 의뢰받기 시작했다. 1984년 뉴욕에 완공되어 그 독특한 유사(類似)-고전주의적 박공벽(quasi-classicist pediment)으로 각광받았던 그의 〈AT&T 본사 건물〉은 포스트모더니즘 건축과 기업적 아메리카주의가 간편하게 결합한 표현이었고, 이러한 표현은 이후 해외에서 모방되었다(그림 1.9). 뉴욕 중심가에서 극히 눈에 띄는데다 기억에 남을만한 건물인 〈AT&T 본사〉는 기업적 포스트모더니즘을 대표하게 되었다. 이 건물은 벤추리가 개관한 복합적이고 대립적인 건축의 원리들 가운데 하나인, 대립적인 요소들을 조정하여 하나의 종합을 이루는 실용적 수단으로 변경하는 원리를 표현한다. 그 유사-고전주의적인 박공벽은 핑크빛 화강석으로 마감된 흡사 20세기 초의 마천루 같은 형상을 장식하고, 유사-로마네스크적인 기둥들로 지지

27. 따라서 이는 건축을 사회로부터 자율적인 것으로 보는 입장이다. 자율성에 대해서는 본서의 제2부를 참조.

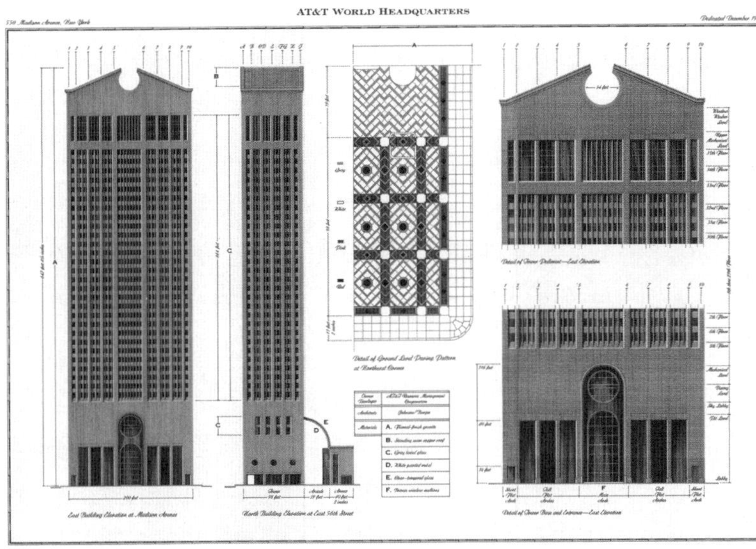

1.9 존슨 앤 버지 파트너십, 뉴욕 AT&T 본사 도면(1984).
Philip Johnson/Alan Ritchie Architects의 친절한 허락 하에 전재.

되며 유사-브루넬레스키적인 출입구를 자랑한다. 그 다양한 인용적 제스처들은 조정을 거쳐 하나의 통일된 종합을 이루며, 콜라주처럼 각 요소의 차이를 키우기보다는 하나의 통합된 건물을 만들어낸다. 이 시기에 존슨 앤 버지 파트너십이 설계한 건물들은 〈트랜스코 타워(Transco Tower)〉와 〈PPG 타워〉, 〈리퍼블릭 은행(Republic Bank)〉 등 다수가 눈에 띄는 건물이다. 존슨은 나중에 그런 인용적 제스처들을 종합하려던 시도가 실패했다고 말하게 되는데, 이는 〈AT&T〉와 같은 건물들이 여전히 일관되지 못하고 파편적이며 그가 “어울리지 않는 것들을 적용하려”(Lewis and O'Connor 1994: 159) 했었음을 인정한 것이었다.

역사주의 건축을 향한 한 가지 특별한 흐름은 브뤼셀을 거점으로 한 건축가이자 활동가였던 모리스 퀼롯(Maurice Culot)과 룩셈부르크 태생의 건축가였던 레온 크리에가 취한 노선이었다. 벤추리와 존슨이 건축의 역사적 선례들을 임의적으로 선택하는 방식으로 역사주의 건축을 만들었고 노르베르그-슐츠와 알렉산더는 기존 건축학으로부터의 이탈을 설파했지만, 크리에와 퀼롯은 신고전주의로 돌아가자는 입장을 옹호했다. 마르크스주의자였던 큘롯은 산업사회에 대한 극좌파들의 규탄에 동의했다. 그는 모더니즘의 계획과 건축, 대량개발, 그리고 자본주의를 산업사회라는 같은 현상의 핵심으로 보았다. 이런 흐름들의 최종 결과들은 언제나 권위적이고 관료적이며 소외되고 사회적으로 파편화된 것이었다. 큘롯은 전후의 유럽연합(당시에는 유럽경제공동체) 사무소 건물들과 상업적인 사무소 건물들을 비롯한 브뤼셀의 근대건축이 도시를 파편화시키고 지역공동체와 사회적 유대를 파괴함으로써, 물리적 파편화를 사회적 파편화와 연결하고 있다고 주장했다. 대안적인 길을 모색하고 싶어 했던 큘롯은 산업사회의 주된 원리들을 전복할 것을 설파했다. 19세기에 윌리엄 모리스와 미술공예운동이 외쳤던, 산업화와 모더니티에 대한 저항은 소외에 대한 비판을 사회적 열망과, 산업화에 대한 거부와 결합시켰다는 점에서 하나의 유용한 선례였다. 이때부터 큘롯은 모더니티와 자본주의가 일으킨 파괴를 뒤집으려던 욕망 속에서 모더니티를 비판하며 전(前)-산업적 대안을 추구하는 퇴행적인 길을 걸었다. 그는 모더니티에 반대하면서 건축가들로 하여금 전통적인 재료들로 관심을 돌리라고, 진보를 거부하고 산업시대 이전의 도시로 돌아감으로써 산업적 생산을 폐기하라고 요청했다. "건축가들이여, 전통적이지 않은 재료들로 건설하기를 거부하라!" (Culot 1999: 178). '권위주의적인' 하향식 계획의 대안으로서, 그리고 대중적 취향을 충족시키기 위해 상향식 계획(bottom-up planning)을 진흥하고 싶어 했던 그는 전통적이고 신고전주의적인 건축으로 눈길을 돌렸다. 그가 주목한 건 아마도 사회적 응집력과 공공 영역이 풍부했었을 계몽시대의 도시였겠지만, 어떤 의미로도 사회주의 도시는 아니었다. 그의 관심은 "사회적으로나 경제적으로나 정치적으로나, 오로지 전통적인 도시조직만이 도시의 사회적 · 물리적 해체에 대한 만족스런 대책으로 이어질 수 있음을 보여준 도시적 투쟁의 실천에 관여하는 이들" (Culot and Krier 2000: 352)에 있었다. 하지만 역사주의 건축은 곧 주요 개발업자들에 의해 매출액을 늘릴 수단으로서 채택되었는데, 이는 큘롯의 확신에 관해 상당한 의구심을 일으키는 것이었다.

1968년에 큘롯은 아라우(ARAU), 즉 도시행동연구아틀리에(Atelier de

Recherche d' Action Urbaine)라는 설계사무소를 설립했는데, 이 사무소는 애초에 도시재개발 계획들에 대한 대안들을 생산해냈다. 그는 아라우의 의도를 다음과 같이 공표했다.

> 도시계획 분야에서 의사결정의 민주화를 진척시키기 위함이다. [중략] 아라우의 구성원들에게 도시란 민주주의가 살 수 있을 장소다. 이들은 주민들을 도시로부터 내쫓는 어떠한 제안도 거부한다. 아라우는 도시의 미래를 위한 건축적 이미지들을 제안하지 않는다. 대신 도시의 미래 형식은 질서정연한 도시보다 민주주의의 혼돈을 선호하는 민주적인 의사결정 과정들의 산물이어야 한다.
>
> (Maxwell 1977: 191)

이 진술은 극좌파가 표현한 정서와 유사한 느낌을 준다. 하지만 건축비평가 헤이르트 베카에르트(Geert Bekaert)가 지적했듯이, 아라우는 일반적으로 대중의 직접적인 관여가 전혀 없이 대안적인 디자인들을 생산했고, 큘롯이 이미지들에 반대했다고 해서 아라우가 그 제안들을 재현할 풍부한 이미지들을 만들지 못한 건 아니었다(Bekaert 2005).

1976년에 피터 쿡이 조직한 런던의 한 컨퍼런스에서 큘롯은 레온 크리에를 만났다. 이후 그 둘은 몇몇 출판물과 관련하여 협업했고 모더니즘과 진보를 거부한다는 공통적인 입장을 확인했다. 큘롯은 『현대건축아카이브(Archives d' Architecture Moderne [AAM])』 저널에 크리에의 몇몇 프로젝트와 텍스트 들을 실었다. 레온 크리에와 그의 형인 롭 크리에는 큘롯보다 이탈리아 신합리주의자들과 더 가까웠다. 크리에 형제의 관점은 사회적이기보다 건축학 내부적인 성격이 짙었다. 1978년에 레온 크리에는 현대건축아카이브를 통해 유럽 도시에 관한 토론회를 조직했고, 비슷한 생각을 가진 건축가 및 비평가 들을 초청했다. 이어서 이 토론회는 전통적인 도시로의 복귀를 요청하는 '브뤼셀 선언'을 발표했다. 이 선언은 기능주의와 조닝을 비난하는 한편 역사주의를 위한 보다 큰 역할을 요청했다. 이어서 고전주의를 제외한 모든 것에 반대하는 크리에만의 수사법은 점차 독단적이고 격렬한 성격을 띠게 되었다.

> 건축은 고전적인 원리와 질서 속에서 가능한 최고의 형식에 도달한다. 수많은 천재들도 인간적인 형상이나 골격 구조를 향상하는 것 이상으로 그런 원리와 질서를 향상시킬 순 없다. [중략] 거기에는 자연과 우주 자체를 지배하는 원리들과 같은 고갈되지 않는 능력이 있다.
>
> (Krier 1999: 182)

큘롯과 힘을 합치기 전에 레온 크리에는 몇 년간 제임스 스털링(James Stirling)을 위해 일했다. 당시는 이전까지 모더니즘을 고수하던 스털링이 〈더비 시민회관(Derby Civic Centre)〉(1970)과 같은 프로젝트들에서 모더니즘을 포기하기 시작하던 때였다. 이때 모더니즘에 대한—그리고 스털링에 대한—크리에의 환멸이 늘고 있었는데, 데이비드 왓킨(David Watkin)이 『도덕과 건축(Morality and Architecture)』에서 보여준 모더니즘 비판론을 읽고 영국 신고전주의자 퀸란 테리(Quinlan Terry)의 작업을 접하면서 그런 환멸은 더 강화되었다(Krier 2005). 신고전주의에 이르게 되면서 크리에의 건축적 변화는 완성되었다. 1976년에 열린 〈제1회 라 빌레트 설계경기 출품작〉(그림 1.10)과 그의 〈아틀란티스 이상도시〉 같은 페이퍼건축 프로젝트들을 만드는 과정에서 그는 모더니즘적인 폭력과 응집적이고 통일된 총체성을 제거한, 교정된 전통적 도시의 개념들을 제시했다. 그의 실현되지 못한 〈새로운 라 빌레트 지구를 위한 설계안〉은 강력한 신고전주의적 축들이 지배적인 밀도 있고 일관된 도시조직을 제시했다. 그것은 기능적인 조닝을 자족적인 도시지구로 대체한 안이었다. 이 프로젝트는 병든 유럽 도시에 대한 이 건축가의 처방을 보여줬는데, 전통적인 주거와 업무, 광장 및 거리 지구들이 있는 압축적이고 응집된 보행도시가 그것이었다. 크리에에게 이 도시는 하나의 완결된 오브제여야 했다. 포스트모더니즘 건축의 역사주의적인 절충주의와 상대주의에 대한 거부 속에서 창조성과 개인주의, 작가정신이라는 개념들이 배격되었고, 모더니즘적 교의는 신고전주의적 교의로 대체되었다.

이 뒤로 크리에는 (전형적인 큘롯식 전략이었던) 산업사회에 대한 마르크스주의적 비판에서 영원성과 완전성, 아름다움을 활용하는 방향으로 옮겨갔다. 큘롯과 크리에가 구축한 입장의 정치적 토대는 소멸되었는

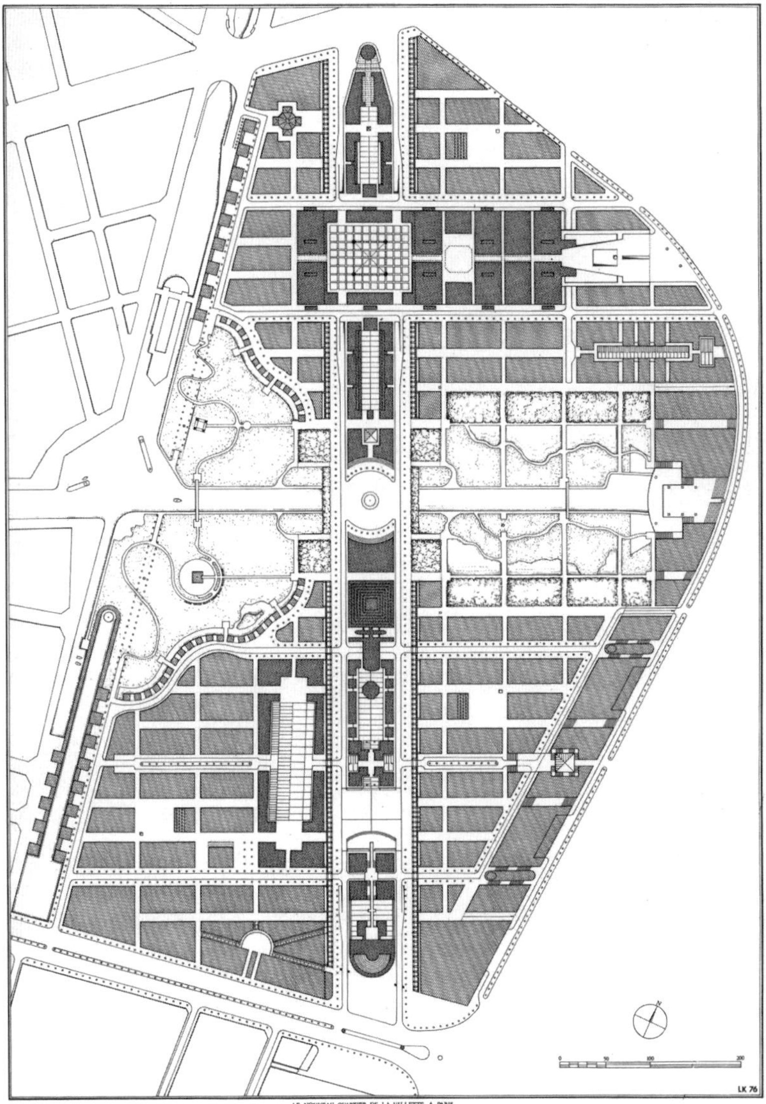

1.10 레온 크리에, 라 빌레트 설계경기 출품작 평면(1976).
Leon Krier 제공.

데, 퀼롯은 마르크스주의자이자 행동가였고 크리에는 '건축가' 였기 때문이다. 이런 차이들은 심지어 두 건축가들이 공동으로 기술하여 1978년에 출판된 에세이인 "건축에 이르는 유일한 길(The only path for architecture)" 에서도 찾아볼 수 있다. 다음의 진술은 일종의 사회적 투쟁 전략으로서 신고전주의의 활용을 강조한 퀼롯의 입장을 그대로 보여준다고 할 수 있다.

> 우리 나름대로 활용하기 위해 과거의 그림자들을 환기시키기엔 너무 늦었다. 역사적 차용은 오직 도시적 투쟁을 위한 정확한 전략들의 토대 속에서만 고려할 수 있으며, 그러한 차용 자체만으로는 하나의 응집된 언어를 재구성할 수 없다.
>
> (Culot and Krier 2000: 350)

반면 크리에는 점점 더 고전주의에 관심을 갖게 되었는데, 고전주의가 사회적 투쟁에 유용해서라기보다는 그것에서 건축적이고 도시적인 미덕을 인식했기 때문이다. "거리와 광장의 개념은 유행에서 도출되지 않고 오히려 유럽의 전통 내에 각인된 역사적 개념을 구성하며, 하나의 양식이 아닌 정확한 유형들로서 모방하는 문제이기 때문이다"(Culot and Krier 2000: 354). 유행과 그 대의들, 즉 진보와 역사라는 대의들은 폐기되고 영원성이 그것의 정당한 위치로 복원된다. 사실 크리에는 이렇게 주장했다. "건축은 정치적이지 않다. 그것은 정치의 수단에 불과하다"(Krier 1998: 411). 그는 신고전주의를 변호하기 위해 알베르트 슈페어(Albert Speer)의 건축에서 나치와의 연관성들을 제거했는데, 그의 주된 주장은 이러했다. "권위적이거나 민주적인 비엔나 돈가스가 없는 것만큼이나, 권위적이거나 민주적인 건축도 없다."(1998: 411).[28] 크리에의 결론은 극단적인 입장을 강조하는데, 건축은 사회정치적 사건들에 직접 관여하지도 않고 사회와 그 이데올로기들을 표상하지도 않는다는 게 그의 결론이다. 따라서 크리에의 작품에서 건축은 하나의 물자체(物自體, thing in itself)로서, 말하자면 시대와 사회로부터 완전히 분리된 채 오로지 아름다움과 형식과 구성에 관

28. 슈페어에 관심이 있던 크리에는 슈페어의 작품을 다룬 연구서를 출판하기에 이른다(Krier 1985 참조). — 지은이

* 크리에는 1978년 독일공작연맹에서의 한 토론에서 오스트리아 건축가 한스 홀라인이 한 말을 이렇게 인용한다. "다행히도 히틀러는 비엔나 돈가스에 대한 취향을 지나치게 표명하지 않았다. 그랬더라면 오늘날 독일에서는 비엔나 돈가스도 못 먹게 되었을 것이다." — Leon Krier (1981), "Vorwärts, Kameraden, wir mussen zurück (Forward, Comrades, we must go back)", in *Oppositions Reader*, ed. K. Michael Hays, New York: Princeton Architectural press, p. 402 참조. — 옮긴이

한 고유의 법칙들만을 고수하는 하나의 절대자로서 나타난다.

콜라주(Collage)

건축설계 기법으로서의 '콜라주' 개념은 이미 『복합성과 대립성』에서 나타나는데, 이 책에 따르면 콜라주는 결국 복합성과 대립성을 모두 제공하는 기법이다. 건축이 기하학적 순수성을 거부하고 절충적인 인용요소들을 허용하자, 단일한 건물이 때로는 그 나름의 역사적 · 문화적 맥락이 제거된 다양한 건축적 요소들을 폭력적으로 병치하는 자취가 되어버렸다. 즉 다양한 선례들을 파편화하여 새로운 디자인을 만들어내고 그런 파편들을 마치 임의적인 듯 반쯤 정렬된 방식으로 재구성함으로써, 각각의 요소는 부분적인 독립성을 보유한 채 새로운 전체에 속하게 되는 식이었다. 이러한 콜라주 용법은 건축가들에게서 (예를 들면 〈게리 주택〉에서) 대중화되어가고 있었고, 한편 콜린 로우와 롭 쾨터(Rob Koetter)는 이 개념을 건물에서 도시로, 건축학으로 확장하여 『콜라주 도시』를 출판하기에 이르렀다.

이 책은 모더니즘에 대한 비판으로 시작하는데, 근대건축을 이루는 근본적인 두 힘들의 모순에 주목한다. 그것은 과학 및 경험주의와 연관된 관리의 힘과 사회적 · 개인적 자유의 힘의 모순이다. 로우와 쾨터는 전통과 유토피아, 유토피아와 도시풍경, 도시풍경과 과학소설 등등 일련의 대비적인 관념 및 모델 들을 제시하며 주장을 펼친다. 『콜라주 도시』는 당시 대중적이었던 모더니즘 비판의 일부와도 상통하는 바가 있지만, 건축과 사회에서 사상과 관념들의 중요성을 강조함으로써 그와는 다른 길을 걷는다. 이 책의 저자들은 초기 모더니스트들의 '황홀경적'이고 '메시아적'인 정신 상태를 강조하고 헤겔의 진보 관념을 의문시하면서, 전통들의 연속이라는 버크의 개념을 대안적인 사상 모델로 상정한다. 이 텍스트는 변증법적으로 진행되는데, 유토피아와 전통이라는 두 개의 주된 대립 항들이 변증법적으로 다른 형식들과 관념들로 변화하면서 텍스트 전반에 걸쳐 분기하고, 변이하며, 변형되는 양대 계보를 만들어낸다. 로우와 쾨터는 과잉과 극단주의에 맞서 이렇게 주장한다. "어떤 주장도 (그리고 특히나 당파적인 주장은) 논리적인 극단으로까지 치달으면 자기 파괴적일 수밖에 없다"(Rowe and Koetter 1983: 47-8).

이들은 모더니즘적 도시를 연속된 공간으로 인해 차별화가 사라진, 즉 채움(infill)보다 공간을 강조한 나머지 공공영역이 사라져버린 도시로 묘사한다. 즉 『콜라주 도시』에 따르면 한정된 특정 공간들이 없고, 사적인 외부공간이 없으며, 공간을 정의하는 장벽과 경계, 구획, 분리가 없는 모더니즘적 도시는 하나의 비움(void)인 셈이다. 이들은 모더니스트들이 과거를 지운 것과 관련하여 "기억이 없이는 커뮤니케이션도 있을 수 없다"(1983: 49)고 말하면서 과거와 미래가 공존하는 도시를 제안한다. "이러한 이상도시가 예언의 극장인 동시에 기억의 극장으로서 꽤나 명쾌하게 작동할 순 없을까?"(같은 책). 『콜라주 도시』는 이렇게 균형을 맞추려는 시도다. 그것은 과잉을 비난하면서 관념들의 공리적 · 긍정적 · 합리적 측면들을 추출하려 하고, 참을 수 없이 위험하고 해로운 측면들은 폐기한다. 그럼에도 로우와 쾨터의 주장은 전통보다 모더니즘과 유토피아를 더 강하게 비판하는 걸로 보인다. 전통적인 도시를 치밀하고 압축적이며 공적 공간이 풍부한 곳으로 묘사하는 그들이 근대도시는 하나의 읽혀지지 않는 비움으로 묘사하기 때문이다.

> 그러한 위기는 우리의 지각을 뛰어넘는 최초의 위기다. 전통적인 도시는 사라져버리고, 근대건축의 도시에 대한 패러디마저도 확립되기를 거부한다. 공적영역은 죄지은 유령처럼 위축되었지만, 사적영역은 그다지 풍요로워지지 못했다. 역사적으로든 이상적으로든 참조할만한 대상들이 없으며, 이렇게 원자화된 사회에서는 전자적으로 공급되거나 마지못해 인쇄물로서 활용되는 걸 제외하고는 커뮤니케이션이 붕괴해버렸거나 그 어느 때보다 더 진부한 언어공식들만이 미약하게 교환되는 수준으로 축소되었다.
>
> (Rowe and Koetter 1983: 65)

로우와 쾨터의 비판은 레비스트로스에게서 차용한 브리콜뢰르(bricoleur)●29의 도식으로 이어진다. 브리콜뢰르의 도식이란 가용한 재료들을 그러모아 '사건(event)'을 통해 '구조(structure)'를 만들어내는 것이다. 이러한 브리콜뢰르는 '구조' 를 통해 '사건' 을 만들어내는 과학자의 도식과 반대되는 것으로 상정되며, 이 저자들은 건축에 이 두 도식들이 모두 필요하다고 주장한다. 포용적이고 관용적인 건축을 추구한 『콜라주 도시』는 칼 포퍼(Karl Popper)의 '열린사회(open society)' 개념에 의존한다. 이들은 포퍼의 유토피아 비판을 인용하지만, 전통에 대한 포퍼의 맹목적 지지에는 제한을 둔다. 이 단계에서는 로우와 쾨터가 추구한 기획이 도시와 그 학문을 논쟁과 토론, 갈등과 충돌의 장들로 정의하는 작업으로 이루어짐이 분명해진다. (물론 그 장들은 논쟁을 가능케 하는 민주적이고 포용적인 장들이면서도 건축에 대한 권위적이고 단일하며 총체적인 비전들의 과잉을 박탈하는 장들이기도 하다.) 이 저자들은 다음과 같이 단언한다.

> 이 작업은 많은 은유와 유비적 사고, 모호성을 주입하여 도시를 (고로 민주주의까지도) 안전하게 만드는 작업이며, 이런 활동들이야말로 득세하는 과학주의와 현저한 자유방임주의에 직면하여 진정한 '디자인을 통한 생존' 을 이룰 수 있을 것이다.
>
> (Rowe and Koetter 1983: 117)

사실 『콜라주 도시』는 그 자체로 은유와 유비의 활용을 풍부하게 보여주는 증거다.

자전거 안장과 운전대로 구성된 피카소의 〈황소머리(Bull' s Head)〉에 주목하는 이 저자들은 '콜라주' 를 자신들이 추구하는 해법으로서 발견하기에 이른다. 콜라주는 캔버스 위에 부착되는 오브제들의 형태로 실재와 관련되면서도 추상적이다. "콜라주에서는 종종 세계의 잔여물들에 주목하는, 그것들의 완전성을 보존하고 거기에 존엄성을 부여하는, 사실적 소재와 사변적 소재를 관습과 관습의 타파로서 혼합하는 방법이 필히 예기치 않게 작동했다"(1983: 142)고 로우와 쾨터는 기술한다. 따라서 『콜라주 도시』는 공동생활(co-habitation)과 관용, 다중성, 단편들의 집합을 위한

29. 브리콜뢰르의 사전적 의미는 브리콜라주(bricolage)를 하는 사람이고, 브리콜라주는 도구를 닥치는 대로 써서 만드는 것이다. 구조주의 인류학자 레비스트로스가 『야생의 사고(La Pensée Sauvage)』에서 사용한 이 말은 쉬운 말로 '손재주꾼' 을 뜻한다. — 옮긴이

수단이다. 그것은 조직화의 한 방식으로서, 하나의 관념이자 모델이면서도 물리적으로는 도시를 배열하고 조직하며 개발하는 수단으로도 기능한다. 이 저자들은 『콜라주 도시』를 하나의 상식적인 해법으로서, 실용적이고 실행가능하며 민주적인 대안으로서 제시한다. 이들은 거대한 약속과 유토피아적인 선언을 피하는 한편 그들이 제안하는 도시가 하나의 '열린 사회' 임을, 즉 전통과 유토피아의 균형을 맞추는 권위적이지 않은 사회임을 암시한다. 그럼에도 불구하고 이 텍스트의 논조는 유토피아와 헤겔의 진보관념에 특히나 가혹하게 비판적이다. 로우와 쾨터의 균형적인 시도는 포퍼의 의견들에 제한을 두려했음에도 텍스트 전반에서 편향을 드러내는 걸로 보이며, 그들이 드러내고 싶어 한 '중간지대' 는 유토피아보다 전통에 더 가까웠다. 『콜라주 도시』의 주장은 극히 설득력 있고 매력적인 방식으로 결론까지 이어지지만, 여전히 중요한 문젯거리가 남는다. 과잉들을 없애고자 하는 『콜라주 도시』의 전망이 다름이 아니라 그 책이 조화롭게 포괄하겠다는 관념들의 전제를 침해하기 때문이다.[30] 과잉이 없는 유토피아, 즉 총체성이 사라진 유토피아란 거의 유토피아라 하기 힘든 것이었다. 포퍼도 말했듯이, 그것은 유토피아로서의 동력과 기량을 상실할 것이었다.

맥락(Context)

전후 도시계획과 기존 도시풍경들의 맥 빠지는 백지화가 만들어낸 익명성과 균질성은 모더니즘에 대한 몇 가지 주된 반론들을 이끌어냈는데, 이는 '의미' 와 더불어 기억과 역사주의에 대한 관심이 상승하던 분위기와도 관련이 있었다. 그것은 대안적인 전략으로서 맥락주의가 출현했다는 뜻이기도 했다. '장소' 라는 관념은 1950년대의 모더니즘 논의에서 이미 다루어졌다. 이 관념은 하이데거가 전개한 인간과 땅의 정통적 관계를 추구하는 방식으로, 에르네스토 로제르스가 도입한 '암비엔테(ambiente)' 라

30. 아도르노는 이렇게 기술한 바 있다. "다원주의라는 단어는 마치 유토피아가 이미 현존하는 듯한 인상을 주면서 유토피아를 억압한다. 그 말은 위안을 주는 역할을 한다."

는 용어로, 합리적인 데카르트적 공간을 전유한다는 르페브르의 급진적인 관념들로, 『아키텍츄럴 리뷰』 지가 대중화한 보다 보수적인 '도시풍경(townscape)' 의 관념들로도 구체화되었다.

애드리언 포티에 따르면 영미권 담론에서 '맥락(context)' 이라는 용어가 처음 사용된 건 크리스토퍼 알렉산더가 1964년에 발표한 『형태의 종합에 관한 소고』였다. 포티는 알렉산더가 환경의 관념을 확장하여 '문화적 변인들' 을 포함시키려는 의도로 이 용어를 사용했다고 말한다(Forty 2000: 134). 이 용어는 콜린 로우가 가르치던 코넬 대학교의 스튜디오에서 보다 특수한 의미를 획득했는데, 당시 이 용어를 도입했던 이는 스튜어트 코헨(Stuart Cohen)이란 학생이었다(Ellis 1998; Schumacher 1971). 로우는 '맥락주의(contextualism)' 를 이상유형을 특수한 환경에 맞추는 지침과 같은 개념으로 사용케 했다. 로우에게서 맥락이란 그러한 이상유형들을 조정하는 주된 규칙이었고, 도시 속에서 이상모델이 실현될 때 나타나는 차이들을 설명해주는 것이었다. 로제르스의 '암비엔테' 개념에 희미하게 존재하던 '역사' 가 코넬 스튜디오의 '컨텍스트' 개념에는 존재하지 않으며, 그것은 채움(건물들)과 비움(건물들 사이의 공간)으로 대체된다. 따라서 로우의 맥락주의는 엄밀히 말해 형태적인 범주다. 로우와 쾨터의 『콜라주 도시』는 보다 엄밀한 용법의 '맥락' 에서 벗어남으로써 도시환경에 제약이 덜한 '첨가' 를 가능케 했지만, 맥락주의의 흔적들은 책 전반에 걸쳐 분명하게 나타난다. 텍스트를 수반한 도(圖, figure)-지(地, ground)(전경-배경)의 도면들과 모더니즘적 도시계획에 대한 비판으로 말이다. 각각의 설계가 안고 있는 문제와 건물의 외부가 내부를 재현해야 한다는 요구에 대한 특수한 해법을 찾으려던 모더니즘의 경향은 필연적으로 환경과 무관한 건축을 생산했다. 따라서 로우에게서 맥락주의란 규준적인 건축을 옹호하면서, 웃존(Utzon)의 〈시드니 오페라 하우스〉 같은 건물들처럼 색다른 스펙터클 디자인들로 표류하는 경향에 맞서 싸우는 수단이기도 했다. 결국 로우에게서 건강한 도시를 만드는 기본은 '일상적' 이지도 진부하지도 않되 기념비적 존재감에는 반대하는, 덜 인상적인 건축이다. 독특한 시대적 기념물들은 도시와의 모든 결속을 끊는 듯했지만, 맥락주의는 도시환경을 구성하는 대다수의 건물들에서부터 그러한 결속을 회복시키려 했다.

코넬 스튜디오는 여전히 초기 단계에 머물러 있었지만, 알도 로시의 『도시의 건축』은 로제르스의 '암비엔테' 개념을 다음과 같이 비판했다.

> 윤곽과 색상 등을 유지하는 식으로 고대의 입면들을 존속시키거나 재건함으로써 역사적인 도시들을 보존하는 척하는 이들이 맥락 개념을 옹호하며 적용하는 것은 거의 놀랄 일이 아니다. 하지만 이런 작업들이 현실적으로 실현된 후에 남는 건 무엇인가? 공허하고, 종종 불쾌하기도 한 무대다.
>
> (Rossi 1991: 123)

로시는 로제르스의 용어가 현실이 아닌 관찰자의 맘속에 존재하는 환영적인 개념이기에 너무 모호하다고 여겼다. 하지만 로시는 로제르스의 관념에서 멀리 벗어나지 않았다. 그는 '도시의식(city consciousness)'이 존재한다고 믿었고, 실현된 건물들, 즉 '도시적 사실들(urban facts)'의 형태는 도시와 도시의식을 구성하는 역사적인 힘들이 분명하게 표출된 것이라고 했다. 그런 의식은 로제르스의 주장처럼 조화로운 건물들 사이에 특정적으로나 필연적으로 존재하는 게 아니라 그러한 기념비 자체에 있다고 주장하는 것이다. 로시는 쾰른 대성당을 일례로 언급한다. 비록 그 환경은 제2차 세계대전 때 전부 파괴되었음에도, 성당 자체와 그것의 의미는 변하지 않았다. 도시와의 관계는 성당의 형태라는 건물의 한 속성에 삽입되었고, 성당의 기념비로서의 적절성은 주변 환경의 파괴에도 변경될 수 없었다(Rossi 1991: 124). 로시에게서는 '로쿠스(locus)'가 한 장소를 결정하는 다양한 측면들을 함께 모을 수 있는 용어로서, 지리학이나 형태론, 정치 혹은 경제를 포함하고 유형학의 보편성에 조건들의 특수성과 장소의 환경들을 병치하는 말이었다. 이 말은 하나의 파편적이고 유한한 도시를 하나의 전체라는 일반적이고 느슨한 개념으로만 표현했다.

설계규칙으로서의 맥락주의를 가장 엄격하게 적용한다면 모든 건물은 그 매스와 높이, 재료적용 및 양식을 기존 환경에 맞춰야할 것이다. 그런 규칙은 도시의 총체적인 파편화를 막는 걸로 보일 것이다. 하지만 젱크스의 상상처럼 완벽하게 숙련되어 광범위한 심미안들을 활용하는 절충적인 건축가라면 엄격한 맥락주의 규칙도 손쉽게 충족시킬 것이다. 사실 크리에처럼 단일한 건축양식에 결부된 건축가야말로 어떤 맥락들을 따르기가 어려울 것이다. 어떤 경우건 간에, 사전적인 결정론이 덜한 맥락주의 버전은 건축가에게 꼭 그 환경에 순응하기보다 그것을 어떻게든 직시할 것을 요하는 것이다.

맥락 개념의 중요성은 건물과 기존환경, 즉 역사적 도시와의 관계를 다루는 데 있다. 이 개념은 건물과 도시의 통일성을 복원하려고 하지만, 변화와 변형을 제한하고 새로운 것을 기존의 것에 결속시켜 역사적 아방가르드의 전략들로부터 멀어진다. 기존의 도시환경은 도시의 개발을 결정짓는 수준으로 승격된다. 과거는 미래를 통제하고 폭력적인 파열들을 막게 될 것이다. 하지만 맥락주의를 엄격하게 적용할수록 과거는 단순하게 반복될 뿐이다. '맥락' 은 로우의 형태적인 범주로서 발전되었기 때문에, 전체적인 작업은 현재—기존의 것—속에 존속하면서 미래를 현재의 끝없는 반복으로 제한하는 영원성을 띠게 된다. 맥락은 하나의 결정규칙으로서 시간을 포획하고 역사를 형태로 대체하기 때문에, 과잉과 파편화, 유토피아와 진보를 금지하기에 완벽한 수단이다.

자유(Freedom)

건축에서 자유에 대한 요구는 당대의 저항운동이 외쳤던 자유에 대한 일반적 요구와 상응했다. 당대가 바랐던 자유는 관료제와 공장 조립라인들로부터의 자유였고, 이는 국가와 사회의 억압으로부터 벗어난 개인적 · 집단적 자율성에 대한 요구였다. 이러한 요구는 모더니즘의 정론들과 편협함, 균질성, 기능주의를 비판하는 형태로 건축에 쉽게 전이되었다. 자유의 관념은 1960년대 말과 1970년대에 제시된 많은 주장들 속에서 암시된다. 급진적 건축가들의 작업에 나타난 자유 관념에 대해서는 본 1부에서 이미 다루었다. 건축 내부에서 자유의 이상이 부상한 원인은 합의를 뒤집을 필요성과, 주류 모더니즘을 제약적이고 권위적인 교의로 보는 인식에 있었다고 설명할 수 있다. 따라서 자유는 시대정신 속에서 건축을 만들라는 요구로부터의 해방을, 사회적으로 헌신하는 건축을 만들 필요성으로부터의 자유를, '재료에의 진실성' 같은 관념들과 '적을수록 좋다'나 '형태는 기능을 따른다'와 같은 언명들로부터의 자유를 의미했다. 그러한 자유의 언명이 『복합성과 대립성』에서 나타나며—빈센트 스컬리는 이 책을 '해방적인 도서(liberating book)'라고 부른다(1977: 12)—모더니즘의 비판자들이 외친 많은 발언들 속에도 나타난다.

또 다른 비판적 노선은 모더니즘이 모더니즘에 대한 위반을 방지하고 그것의 헤게모니를 보호하는 수단으로서 도덕 코드를 활용한다고 비난했다. 따라서 자유에 대한 일부 진술들은 모더니즘의 도덕적 입장에 반대하고, 순수주의와 청교도주의라고 인식되는 모더니즘 사상에 반대하며, 그것의 사회적 의제에도 반대하는 반역으로서 표현되었다. 1968년에 건축사가 데이비드 왓킨은 캠브리지 대학교에서 강연을 했는데, 이 내용은 1977년에 『도덕과 건축』이라는 책 한 권으로 출판되었다. 왓킨은 주로 시대정신과 진보의 관념들을 표적으로 삼으면서도 퓨진으로 시작하여 페브스너에게서 절정에 달하는 건축의 도덕론까지 비판했다. 그는 "르 코르뷔지에의 위생결벽증은 순수성에 대한 일반적 주장의 일부였고 전통을 본질적으로 '부자연스러운' 것으로 보는 증오를 다소 반영하는 듯하다"고 했고, 다음과 같이도 주장했다.

> 개인적인 것을 억누르고 자체적으로 영구적 정당성을 갖는 집단성을 선호하는 것은 물론 페브스너가 유년시절에 겪은 바이마르공화국의 사회주의적이고 공산주의적인 급진주의와 그것을 물려받은 나치즘의 정치적 수사법이 보여주는 특징이다.
>
> (Watkin 1977: 39, 97)

이에 대해 레이너 밴험은 1978년 『타임즈 문예특집(The Times Literary Supplement)』에서 "이제 학계는 근대건축과 그 모든 작품들, 그 모든 변명꾼들을 깎아내리기 위해 현 시대의 유행을 접수하려는 것처럼 보인다"(Banham 1999: 217)고 신랄하게 응수했다. 왓킨의 무도덕적(amoral) 입장은 필립 존슨이나 벤추리와 같은 다른 반모더니스트들이 공유한 입장이었는데, 존슨은 "나는 상대주의자요 허무주의자다"(Lewis and O' Connor

1994: 175)라고 스스럼없이 선언했고 벤추리는 "건축가들은 더 이상 정통 근대건축의 청교도적 도덕언어에 겁먹을 여력이 없다"(Venturi 1977: 16)고 진술했다.

모더니즘적 규칙들의 거부는 불가피하게 '아무거나 좋다'는 상대주의를 조장했다. 그러한 입장은 모더니스트들뿐만 아니라 그들에게 반대하는 많은 이들에게도 깊은 혼란을 주었다. 일단 그 '튼튼한 지평'이 제거되고 나니, 질적인 판단은 더 이상 이뤄질 수 없었다. 이제 모든 것은 주관적인 게 되어버렸다. '시적인' 건축가들은 주관성을 각자의 주된 지침으로 삼으며 건축실무를 계속해갈 수 있었지만, 대부분의 건축가들은 그럴 수 없었다. 설계경기를 심사할 때나 건축학교에서 교육할 때, 프로젝트를 위한 건축가를 선정할 때는 설계의 질과 역량을 판단해야 했다. 주관성의 지배는 합리적이고 객관적인 논쟁을 불가능하게 만들었을 것이다. 규칙들의 부재로 합리적 근거를 가질 수 없음은 제도적인 혼란을 의미했고, 건축학의 전반에 걸쳐 응집성과 신뢰성을 없애는 것이었다. 말하자면 근심을 동반한 자유였던 셈이다. 모더니즘의 열렬한 지지자였던 에이다 루이스 헉스터블(Ada Louise Huxtable)은 1981년에 다음과 같은 말로 이러한 근심들을 표현했다. "오늘날에는 더 이상 아무것도 확실하지 않다. 더 이상 고수할만한 인정된 진리도, 안전하고 보편적으로 적용할만한 판단척도나 이상도 없다"(1981: 9). 건축학의 해체를 막기 위해 다양한 건축가들과 비평가들이 다른 규칙체계의 추론을 시도했다. 찰스 젱크스는 포용성과 대중주의와 관용을 내세우면서, 다음처럼 불만을 표했다.

> 한 유형의 건물과 신화를 절대적으로 우월하다고 여기는 [중략] 경향이 있다. 결국 모든 역사가는 저마다 어떤 건축가들을 배제하고, 자신이 포용하는 건축가들에 대해서는 도덕성의 고려를 제한한다. [중략] 아마도 이념을 뛰어넘는 가치 이론을 채택하지 않는 한 이러한 모순에서 벗어날 길은 없어 보인다.
>
> (Jencks 1969a: 265)

콜린 로우와 프레드 쾨터는 『콜라주 도시』에서 '도시'와 '건축'에 대한 민주적 모델을 제시하여 이러한 포용성과 관용의 관념들을 확장시켰다.

젱크스와 로우와 쾨터는 상대적으로 느슨한 질서를 제시했지만, 다른 이들은 반대편의 모더니스트들 못지않게 교조적이었다. 신고전주의를 채택한 크리에가 다른 모든 건축에 반대한 것이나 노르베르그-슐츠와 전통건축에 대한 그의 지지가 그 예인데, 둘은 모두 자유의 관념을 퇴폐적이고 방종하고 자기중심적인 관념으로 취급하며 배격했다. 노르베르그-슐츠는 도구적 이성과 지나친 개인주의를 모두 반대하면서 경고하기를, "비서술적 상징체계들의 해체는 문화의 기반을 파괴하고 인간적 무정부주의 상태로 귀결된다"(1969: 223)고 했다. 그는 정치적 건축의 관념을 비웃으면서 "최근 유사과학과 유사종교로서 의심스러운 역할을 수행해온 정치는 배경으로 더 밀려날 것"(pp. 223-4)이라고 주장했고, 기능주의를 조롱하면서 진술하기를 "우린 더 이상 건물들을 기능적으로 만드는 데 만족하지 않고 그것들이 '의미 있는' 건물이기를 원한다"고 했다(p. 223). 노르베르그-슐츠는 지나친 개인주의에 대한 케네스 프램튼의 비판에도 합류했는데, 프램튼은 이렇게 진술했다. "문화는 응집력 있는 언어의 발전에 의존한다. 과정이 지배적인 상황에서 의도적으로 사용되는 임의적인 개별어휘는 상대적으로 효과적이지 못하다"(1969: 163).

포스트모더니즘 건축(Postmodernist architecture)

모더니즘에 대한 비판이 세를 얻어가는 동안, 1977년에 완공된 퐁피두센터에서는 기술을 통한 해방의 관념이 최후의 장대한 형식으로 실현되었다. 리처드 로저스(Richard Rogers)와 렌조 피아노(Renzo Piano)가 1968년의 설계경기를 위해 설계한 이 획기적인 작품은 다양한 선례들에 의존하고 있었는데, 그중 다수는 일본의 메타볼리즘(Metabolism)과 1960년대에 전반적으로 유행한 유연성 및 '개방형(open-end)' 설계, 아키그램의 기술미학, 요나 프리드만(Yona Friedman)의 상부구조들과 같은 모더니즘적 선례들이었다. 〈퐁피두센터〉는 1960년대의 기술적 유토피아와 1980년대의 하이테크건축 사이의 어디쯤엔가 위치하는데, 후자의 하이테크건축은 초창기 급진주의의 쇠퇴와 더불어, 진보와 정밀성, 노하우를 재현하지만 아무런 사회적 대안의 비전도, 사회에 미치는 건축의 직접적 영향력에 대한 믿음도 제공하지 않는 건축의 출현을 표현하는 것이었다. 로저스나 포스터(Foster), 그림쇼(Grimshaw), 혹은 홉킨스(Hopkins)의 하이테크건축은 '진보'의 메시지를 전달하는 교통건물들로 유명해졌고, 정밀성과 노하우의 이미지를 원한 로이드나 홍콩 상하이은행 같은 거대기업들의 의뢰를 받았다. 밴험과 같은 모더니스트들은 이러한 하이테크가 모더니즘 정신의 무언가를 구제하는 데 성공했다고 보았다. 하지만 하이테크는 대개 교통구조물에 국한된 상태로 남았고 기껏해야 경미한 건축적 함의가 가미되었을 뿐이었는데, 1986년에 독특한 랜드마크로서 세워진 런던 〈로이드〉 건물이 이를 효과적으로 보여주는 주된 사례다.

한편 벤추리와 로시 같은 건축가들의 작품은 당시의 사회적 · 정치적 무대에서 떠오르던 많은 입장들과 관심들을 표현한 논쟁의 중심에 서 있었다. 1970년대 말에 이르러 신좌파와 극좌파가 제도권에 정착하기 시작했는데, 독일에서 녹색당과 같은 새로운 조직들이 안정적으로 자리 잡았고 1960년대에 학생운동을 했던 이들은 점차 기존의 정치적 · 사회적 제도들에 참여하게 되었다. 진보와 유토피아와 보편성을 의심하는 형태로 구세대의 신념을 의문시하게 되면서 정체성에 기초한 정치가 부상했고, 새로운 이론들을 실천하기 위한 새로운 수단들을 추구하기 시작했다. 건축분야에서는 당시 떠오르던 좌파운동의 일부 일원들이 벤추리나 로시의 작품에서 모더니즘 건축이 할 수 없는 기회들을 파악했는데, 이를테면 그것은 모더니즘과 결부된 무생명성과 자발성 결여, 엘리트주의를 배격하고 전통과 대중주의를 포용하여 생명성과 관계성을 회복할 수 있는 기회들이었다(Jameson 1985; Welsch 1988).

그럼에도 불구하고 젱크스와 로시, 벤추리, 크리에, 노르베르그-슐츠, 로우가 행한 모더니즘 비판은 정치와 건축의 연계를 부정하거나, 그러한 양자의 연계를 모더니즘의 실패요인으로 간주하고 책망하는 경향이 있었다. 당시 이런 건축가들과 비평가들이 진보관념을 혐오하던 경향은 구좌파의 입장에서 그들의 작업이 보수정치와 결부된다고 보기에 충분한 이유가 되었다. 벤추리는 미국에서 상품화를 조장하는 장본인으로 희화화되었고, 크리에와 로시는 '파시스트'까지는 아닐지언정 보수적이라고

단정적으로 묘사되었다.[31]

어떤 경우건 모더니즘과 정치의 연계를 거부하던 시도는 어려움에 직면했는데, 그러한 정치적 연계에 대해 널리 수용된 이론이 없어 전복적인 시도도 어려웠던 것이다. 오히려 모더니즘의 주역들은 이런 관계를 다양하게 이해하는 입장들을 제시했고, 이는 엄격한 이론이기보다 대개는 모호한 진술로 표현되었다. 결국 젱크스를 비롯한 이들은 모더니즘과 정치의 연계를 깨기 위해 한네스 마이어(Hannes Meyer)와 에른스트 마이(Ernst May) 같은 좌파 건축가들의 급진적 진술 및 이론뿐만 아니라 르 코르뷔지에의 모호한 진술들, 그리고 미스 반 데어 로에의 비정치적 입장까지도 다뤄야 했다. 젱크스(1973)의 입장은 다음과 같은 몇 가지로 요약할 수 있다.

1 근대건축은 사회주의와 자본주의 모두의 건축주들을 위해 설계되었다. 에른스트 마이의 〈프랑크푸르트 집합주거〉와 미스의 뉴욕 시 〈시그램 빌딩〉이 그 예이고, 테라니는 파시즘 체제하에서 근대건축을 지었다. 이것은 모더니즘이 순응적이며 다양한 정부 형태들에 어울릴 수 있음을 말해준다.

2 미스 반 데어 로에와 르 코르뷔지에 같은 건축가들은 퇴행적인 체제들이 자신들의 작품을 실현시키게끔 설득을 시도했다. 이것은 모더니즘의 주역들이 자신들의 작업을 꼭 진보정치와 제휴하는 것으로 이해하지 않았음을 말해준다.

3 르 코르뷔지에 같은 건축가들과 근대건축국제회의 같은 조직들은 결코 사회혁명에 헌신한 적이 없다. 그들의 작품과 진술들에 대한 그런 식의 해석은 잘못된 것이다.

31. 로시가 1930년대의 합리주의 건축으로 선회하고 크리에가 슈페어를 변호하자, 이로부터 파시즘을 연상하는 발언들이 늘어났다. 조셉 리퀴트(Joseph Rykwert)의 "제15회 트리엔날레(XV Triennale)" (1974)가 한 예다. 한편 타푸리는 그의 "규방의 건축(L' Architecture dans le boudoir)" 에서 "만약 파시즘을 '몰염치한(scandalous)' 예술의 자율성에 헌신하는 걸로 본다면 모던운동의 운명에 직접적인 영향을 주는 그러한 모호하고도 동맥경화적인 판단들과 결별할 용기를 가져야 한다" 고 선언하면서, 로시를 단순히 말해 파시스트로 묘사할 수 있다고 기술했다 (Tafuri 1998: 314).

4 건축은 국가에 직접적으로 의존한다. 이것은 건축이 어떤 종류의 정치든 지배적인 정치와 항상 제휴하며 건축은 그것에 대항할 수 없음을 말해준다.

젱크스가 직면한 어려움들은 건축과 정치의 관계에 대한 그의 다른 비판들에서도 나타났다. 모더니즘과 결별한 건축가들은 수많은 경로를 선택할 수 있었다. 한편에는 벤추리와 찰스 무어(Charles Moore)가 밟은 경로, 즉 사회를 있는 그대로 수용하기에 상업세계에서 수용되고 각광받는 '신사실주의(네오리얼리즘) 건축'의 경로가 있었지만, 다른 한편에서 크리에와 노르베르그-슐츠, 로우와 로시는 현대적인 상품화와 대중문화에 불만이었다. 하지만 노르베르그-슐츠가 건축의 바깥에서 해법을 모색한 반면, 크리에와 로우와 로시는 건축학 내부의 작업에 노력을 집중했다. 그들은 사회적이거나 정치적인 모든 연관성으로부터 건축 자체를 떼어내어 회복시키려고 했다. 따라서 '포스트모던 건축'이라는 용어는 이러한 중요한 차이와 대항작용 들을 감추고 다양한 반-모더니즘들을 단일한 기치 하에 통합시키는 수단이었다.

미국의 로버트 스턴(Robert Stern)과 영국의 찰스 젱크스는 '포스트모더니즘'이란 용어를 건축에 도입한 장본인들이었다. 젱크스는 1975년에 이미 "포스트모던 건축의 부상(The rise of postmodern architecture)"이란 제목의 논설을 발표했다. 2년 뒤에 젱크스는 『포스트모던 건축의 언어(The Language of Post-Modern Architecture)』에서 자신의 생각들을 명료하게 제시했는데, 그 제목부터가 모더니즘과의 결별을 표명한 것이었다. 서문에서 그는 자신의 맘이 변화했음을 다음과 같이 설명한다.

> 내가 근대건축을 부분적으로 변호한 책들을 몇 권 썼기 때문에, 일부 비평가들은 이 책이 이전의 책들과 모순된다고 여길 것이다. 나의 입장이 변했음에는 의심의 여지가 없고 그것은 제인 제이콥스와 같은 비평가들의 영향과 근대건축 일반에 대해 점증해 온 환멸, 그리고 암울한 증거를 직접 맞닥뜨린 데에도 기인하지만, 나의 태도가 전적으로 변화한 건 아니다.
>
> (Jencks 1977: 7)

이 책의 제1부인 "근대건축의 죽음(The death of modern architecture)"은 다음과 같은 극적인 진술로 시작한다.

> 다행히도 우리는 근대건축의 죽음이 일어난 시대적 순간을 정확히 회상해볼 수 있다. [중략] 근대건축은 '쾅' 하는 폭발음을 내면서 죽었다. 많은 사람들이 몰랐고 애도하는 이 하나 보이지 않았다고 해서 그렇게 갑작스레 멸종했다는 사실이 미심쩍어지는 건 아니다. 많은 디자이너들이 여전히 인공호흡을 시도 중이라고 해서 근대건축이 기적적으로 소생한 것도 아니다. [중략] 근대건축은 1972년 7월 15일 오후 3시 32분에 (혹은 그쯤에) 미주리의 세인트루이스에서 죽었다. 그 악명 높은 프루이트-아이고(Pruitt-Igoe)[32] 계획에, 혹은 정확히 말해 그 몇 개의 슬래브 블록들에 다이너마이트가 최후의 일격을 가한 순간에 말이다.
>
> (Jencks 1977: 9)

"근대건축의 죽음"에서 모더니즘에 가해진 공격은 대개 『건축에서의 모던운동』에서 이미 표출된 미스 반 데어 로에와 르 코르뷔지에, 라이트, 그로피우스에 대한 비판들에 기초한다. 이러한 비판들은 모더니즘 건축에 가독성과 커뮤니케이션이 결여되었음을 강조했다. 젱크스에 따르면 최악의 모더니즘 건축은 건물의 의사소통능력을 제거하는, 순수주의적이고 플라톤적이며 '일면적(univalent)'인 환원과 추상의 결과다.

젱크스는 계속해서 건물들을 직설적으로 독해하고 건축가들을 조롱하는 은유들을 써가면서 모더니즘 건축을 비난한다. 헤르만 헤르츠버거

---

32. 1956년에 일본계 미국 건축가 미노루 야마사키의 설계로 지어져 미국 세인트루이스에 지어진 공공임대아파트로, 건립 당시에는 주거환경의 질을 높이려는 명목으로 야심차게 출발한 프로젝트였으나 이후 대규모의 교외주택 개발과 함께 도시의 중산층이 빠져나가고 사회복지정책의 실패로 정부지원이 줄어드는 등 각종의 요인들이 맞물려 빈곤한 흑인계층의 게토로 전락하고 만다. 미국사회의 인종분열 문제를 여실히 드러낸 이 공공주택은 60년대 중반부터 각종 방화와 기물파손, 마약 등 범죄의 온상이 되어버리고 임대료를 감당할 수 없던 주민들은 1969년에 파업을 하기에 이르지만, 결국 1972년에 몇 개의 블록이 다이너마이트 폭파로 철거된 이후 1976년에는 단지가 완전히 사라지게 된다. 대규모 아파트의 폭파라는 이 극적인 사건은 이후 모더니즘의 실패를 상징하는 일종의 신화로 남게 되는데, 이를 다룬 차드 프리드리히 감독의 영화 〈프루이트-아이고 신화(The Pruitt-Igoe Myth)〉(2011)는 단순한 모더니즘의 실패로만 치부하기엔 복잡했던 당시의 사회적 맥락과 실제 거주자들의 목소리를 조명하기도 했다(2011년 제3회 서울국제건축영화제 개막작이기도 하다). 한편 이 단지를 설계한 건축가 미노루 야마사키는 공교롭게도 2001년에 9/11사건으로 붕괴한 세계무역센터의 설계자이기도 해서 불운의 건축가라는 오명을 안게 되었다. — 옮긴이

가 암스테르담에 설계한 〈양로원〉(1975)은 흰색 십자가들로 쌓아올린 관들이라고 냉소적으로 읽히는 반면, 미스의 〈일리노이공과대학교(IIT) 보일러공장〉(1947)은 하나의 성당으로 읽힌다. 젱크스는 제2부인 "건축 커뮤니케이션의 방식들(The modes of architectural communication)" 에서 논점을 분명히 하는데, 여기서 그는 "기호학과 건축" 에서 이미 정식화한 바 있고 추후 『기호, 상징, 건축(Signs, Symbols and Architecture)』에서 더욱 발전시키게 될 관념들에 기초하여 건축 커뮤니케이션의 필요성을 정초한다. 젱크스에 따르면 건축을 궁극적으로 시험하는 기준은 대중이 거리에서 건물을 만났을 때 무엇들을 연상하는가이다. 그런 연상들이 풍부할수록 더 좋은 건축이다. 모호성도 가능하고, 의미의 다양성은 권고되는 바다. 건물의 기능은 상징적으로 전달되어야 한다. 따라서 젱크스는 건축에서 공간 · 기능 · 동선의 관념들을 제거한다. 이런 관념들은 모두 모더니즘에서 핵심적인 관념들이었다. 젱크스처럼 대중적 가독성에 의지하는 것은 건축을 하나의 문화적 해석자로 만든다. 그것은 이미 보급되고 수용된 문화적 은유와 상징 들을 건축이 따라야한다는 주장이고, 이로써 모더니티와 연관된 '새로움의 문화' 를 약화시킨다. 건축가는 건물이 일으키는 연상들을 책임지는 입장이어서 그런 의미들을 제어하고 조작하기 위해 품위나 적절성의 관념을 따른다. 이어지는 제3부인 "포스트모던 건축(Post-modern architecture)" 에서 젱크스는 이렇게 기술한다. "건축가는 어떤 대도시에도 존속하는 하위문화들 중에서 지배적인 특정 건축코드들을 학습하고 활용할 수 있는 인류학자로서, 혹은 적어도 좋은 저널리스트로서 훈련되어야 할 것이다" (1977: 97).

프랑스 사회학자 피에르 부르디외(Pierre Bourdieu)가 취향을 계급에 결부시킨 연구서를 출판하기 2년 전에 젱크스는 계급을 부적절한 요인으로 치부한다. 그는 "계급에 근거한 취향문화들보다 기호학적 집합들에 대해 말하는 게 더 정확하다고 보는데, 의미적 성향을 공유하는 그런 집합들에는 사회경제적 배경의 가벼운 윤색만을 받는 그 고유의 생명과 연속성이 있기 때문이다" (1977: 63). 젱크스는 자신이 선전하는 건축과 관련하여 충분히 분명한 입장을 취하는데, 그것은 다양한 양식이나 시기, 혹은 추함과 진부함, 금욕성과 같은 주제들을 포함한다는 점에서 포용적이고, 의사전달능력의 풍부함을 말한다는 점에서 다면적이며, 그런 건축이 형성되는 다양한 요소들을 어느 정도 통합한다는 점에서 종합적인 입장이다. 그 중의 일부는 벤추리의 범주들과도 유사하다. 물론 젱크스는 이런 범주들의 확장을 시도하지만 말이다.

젱크스가 추구하는 건축은 일상적 경험에서 일어나는 대중주의적 건축임에 틀림없지만, 그가 건축을 사회적 상부구조의 일부로 이해한다는 게 곧 명백해진다(그리고 이 지점에서 건축학을 '있는 그대로' 보는 그의 독해와 그가 내세우는 새로운 건축이 일치한다). 그러니까 건축은 사회로부터 유리된 채 사회를 반영하고 문화적 코드를 통해 사회를 재현하므로 준-자율적(semi-autonomous)이라고 보는 것이다. 그러한 정식화가 '의미'에 대한 젱크스의 집착을 설명해준다. 따라서 그는 미스와 여타 모더니스트들의 이상주의와 플라톤주의를 비난하면서 또 다른 이상적 구성으로 나아가는데, 그것은 건축이 사회변혁에 능동적인 역할을 하기보다 수동적인 표현수단이자 재현적인 예술이 되는, 모더니즘 이전의 양상이다.

'포스트모던'이란 용어의 선택은 효과적인 결과를 낳았고 널리 채택되었다. 이 용어는 모더니즘과의 분명한 결별을 선포하면서 건축을 당시의 다른 문화영역들에서 일어나던 변화들과 관련지었다. 게다가 이 말은 제한된 의미의 포괄적인 용어로서 젱크스가 선전한 건축만큼이나 다면적이고 포용적일 수 있었다. 일단 '포스트모던 건축'은 '시적'이든, 콜라주적이든, 전통적이든, 역사주의적이든 그 모든 다양한 반-모더니즘적 입장들을 포괄했기에 다른 분야들에서 쓰는 용법을 모사하는 수단으로서 유용했다. 포스트모더니즘 운동은 한 번 더 대중성과 신뢰성을 누리고 싶었던 건축학의 욕망을 대변했다. 존슨은 이런 욕망을 이렇게 표현했다. "포스트모더니즘은 그 어떤 모던한 것보다도 더 대중적일 것이다. 가야할 길은 이 길일 것이다"(Lewis and O'Connor 1994: 159). 로버트 스턴 역시 모더니즘의 쇠퇴가 일어난 핵심에는 대중성에 대한 욕망이 있다고 말했다.

> 이 떠오르는 포스트모던의 입장에는 50년이 넘는 모더니즘 운동의 역사에서 발전된 설계어휘에 대해 대중적인 영향이 눈에 띄게 늘지 못했다는 인식이 내재한다.
>
> (Stern 2000: 242)

모더니즘이 해체되고 기반을 상실함에 따라, '포스트모더니즘' 이란 용어의 유용성도 시들해졌고 많은 건축가들은 포스트모더니즘으로부터 거리를 두고 싶어 했다. 마치 그렇게 크고 차별화되지 않은 집단적 용어와 결부되면 그들 자신의 정체성이 위협받을까봐 우려하는 모양새였다. 젱크스는 포스트모던 건축의 내부에 다양한 양식들이 공존할 거라고 생각했지만, 10년 남짓 지나서 '포스트모더니즘 건축' 은 그 자체가 하나의 양식으로 이해되었고, 콜라주적이고 대중주의적이며 재치 있고 역사주의적인 건축이거나 시시하고 냉소적이며 상품화된 퇴행적인 건축을 뜻하게 되었다.

포스트모더니즘과 결부된 대부분의 건축가들은 모더니즘이든, 신사실주의든, 신합리주의든, 신고전주의든, 전통주의든 간에 다른 운동들과 동시에 연관되어 있거나 앞서 연관된 적이 있었다. 포스트모더니스트들의 목록에는 어느 순간 마리오 보타(Mario Botta)나 테리 파렐(Terry Farrell), 로버트 스턴, 찰스 무어, 퀸란 테리, 마티아스 웅거스(Mathias Ungers), 조르지오 그라시와 같은 건축가들도 포함될 수 있었다. 분명컨대 포스트모더니즘의 얼굴마담이 된 건축가는 원래 '백색파' 로 불린 뉴욕 5인조의 일원인 미국의 마이클 그레이브스(Michael Graves)였다.

하지만 포스트모더니즘 운동의 걸작으로 여겨질 수 있을 건물인 〈슈투트가르트 주립미술관 신관〉은 되레 손꼽히던 모더니즘 건축가 중 한 명이었던 제임스 스털링이 그의 파트너 마이클 윌포드(Michael Wilford)와 함께 지은 것이었다. 1984년에 완공된 이 건물은 앞서 쾰른과 뒤셀도르프의 박물관들의 설계경기에 스털링이 제출했었던 출품작들과 유사하다. 그것은 싱켈(Schinkel)이 설계한 신고전주의 건물인 베를린 〈알테스 미술관(Altes Museum)〉을 번안한 작품이다. 싱켈을 인용한 증거는 주로 평면상에서 파악할 수 있는데(그림 1.11), 하나의 원형 홀(rotunda)이 두 건물 모두의 중심 공간 역할을 하는 구성이 그것이다. 스털링은 미술관의 유형을 추론

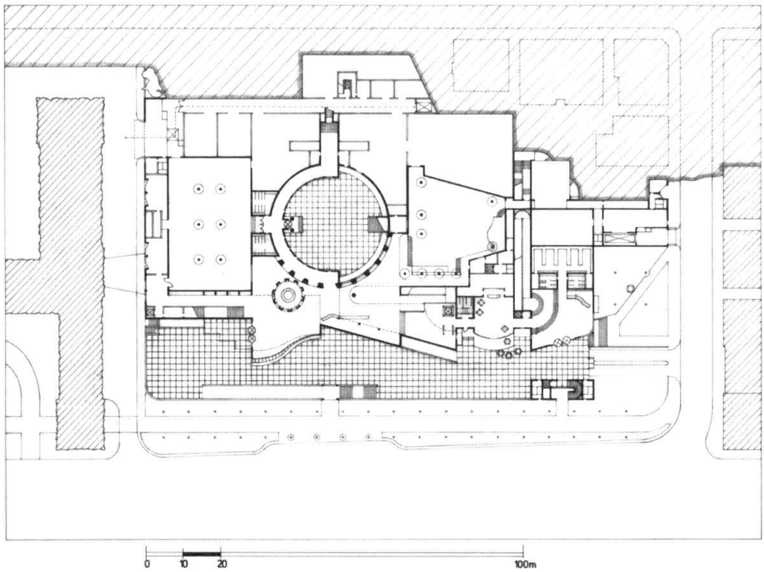

1.11 제임스 스털링와 마이클 윌포드 및 동료들, 슈투트가르트 주립미술관 평면도(1977년에서 1984년 사이). 몬트리올 소재 캐나다건축센터의 James Stirling/Michael Wilford 컬렉션 제공.

하기 위해 〈알테스 미술관〉을 참조했는데, 이런 유형이 더욱 폭넓은 대중과 쉽게 소통할 거라는 의도에서였다(Stirling 1990: 17). 하지만 〈알테스 미술관〉이 근엄한 데 반해 〈주립미술관 신관〉은 콜라주적인 작품으로 쉽게 묘사된다. 스털링은 그의 앞선 일부 디자인들에서 이미 착수했었던 동선 연구를 이 프로젝트에서도 이어나갔다. 미술관으로 가는 경로와 그 내부의 경로는 산책로라는 하나의 중심테마를 이룬다(그림 1.12). 이 미술관은 비정형적인 것과 기념비적인 것의 결합을 시도한다. 건물은 그 맥락에 맞게 조정되고, 삼면에 '채워지는' 거리 입면들은 미술관을 도시조직 속으로 삽입시킨다. 네 번째 면에 위치하는 주 출입구의 입면은 파편화된 형태들의 조합으로 분산되면서 건물의 단일체적 외관을 깨뜨린다. 가장 비정형적인 지상 층은 원형의 조각마당(로툰다)을 중심으로 배열되고 산업적인 연녹색 고무바닥이 시각적으로 두드러진다. 갤러리 층은 고전주의와 유사한 창틀의 개구부들이 있는 일련의 대형 실들로 구성된다. 이 미술관은 포스트모더니즘 건물의 모든 기준들에 '응답' 했는데, 말하자면

1.12 슈투트가르트 주립미술관 입구.

하나의 의미를 표현했고, 맥락과 관계 맺었으며, 건축의 역사를 인용한데다, 다양한 파편들을 함께 콜라주한 건물인 셈이다.

〈슈투트가르트 주립미술관 신관〉은 단순한 또 하나의 건물 이상이었다. 이 건물의 설계는 건축의 난관에 대한 해법과 더불어 미술관에 대한 해법도 제시한 것이었다. 1960년대 말에 슈투트가르트 미술관은 '엘리트주의' 라고 가장 비난받는 공공기관이 되어 상아탑으로 희화화되고 있었다. 이에 대해 스털링의 디자인은 유희성과 재치 있는 인용, 위협적이지 않은 기념비성, 그리고 사회에서 미술관의 장소가 문제시되지 않았던 시기의 '미술관 유형' 을 연상시키는 대중건물을 만듦으로써 미술관과 건축 모두의 신뢰성을 부활시키고자 했다. 이 미술관의 한 방문객 가이드는 유쾌한 목소리로 이렇게 주장한다. "이 건물은 알쏭달쏭한 요소들을 흥미롭게 설정하고 메시지들을 코드화하여 지적인 선수들을 위한 게임을 벌인다. 하지만 이 미술관이 지식인 계층의 우월한 입장에서 그런 메시지들을 강연하고 교육하는 건 아니다. 그 게임은 지금도 마찬가지다"(Holl 2005: 18). 스털링 자신도 "오늘날의 미술관들은 대중오락의 장소들"(1990: 17)

이라고 말하는데, 이로써 그의 건물이 고급예술과 대중문화의 수준 맞추기에 적극적으로 참여하고 있음을 알 수 있다.

당시에는 이 건물에 대한 의견이 열렬한 지지와 가혹한 거부로 양분되었다. 권터 베니쉬(Gunther Behnisch) 같은 건축가들은 이 디자인이 경망스럽고 역사적 인용들을 담은 게 문제라고 비판했지만, 좌파 성향의 비평가 볼프강 벨쉬(Wolfgang Welsch)와 같은 이들은 이 건물이 '성공적인' 포스트모더니즘의 사례라고 주장했다. 벨쉬에 따르면 이 건물은 대중적이고 소외를 일으키지 않으며, 문화적 연상 작용이 풍부한데다, 교조적이지 않고 바람직한 다원주의를 표상하는, 새로운 건축을 만들어 '전진적인 활로'를 제시한다(Welsch 1988: 117.8). 그가 보기에 〈슈투트가르트 주립미술관 신관〉은 근대성을 저버리지 않은 건축 유형으로서, 모더니즘의 엄격한 규칙들이 허용하던 제한된 범위의 폭을 넓혔다. 확실히 당시에는 이 건물이 대중주의와 아카데미즘을 엮는 방식으로 건축과 미술관 모두가 겪던 교착상태에 해법을 제공했다.

이러한 발전과 병행하여 건축학은 자체적인 제도들을 강화하고 갱신하여 학문적 위치를 복원하고자 시도했다. 1979년에 시작된 프리츠커상은 마땅하게도 필립 존슨을 최초 수상자로 선정했다(그림 1.13). 그 이듬해에는 ≪제1회 베네치아 건축비엔날레≫가 열렸는데 총감독은 파올로 포르토게시(Paolo Portoghesi)였고, 보조감독은 찰스 젱크스와 크리스티안 노르베르그-슐츠, 빈센트 스컬리였으며, 자문위원회에는 로버트 스턴이 있었다. 일단 케네스 프램튼이 불참하게 되자 위원회는 확실히 포스트모더니스트들의 장이 되었다. 하지만 그 주제는 '과거의 현전'이라는 특히나 역사적인 주제였다. 하버마스는 이 비엔날레의 참가자들을 '역전된 전선의 아방가르드'라고 적절히 명명했다(Habermas 1998: 1). 포르토게시는 전시 카탈로그에서 이 비엔날레의 건축을 새로운 상황의 표현으로 특징지으며 이를 두 가지 부류로 설명했는데, 하나는 로시와 텐덴차(Tendenza)●33의 목소리를 반영하며 건축가와 건축학에 중심을 두는 부류였고 다른 하나는 벤추리의 대중주의를 표현하는 부류였다. 이 텍스트는 "금지주의의 종언(The end of prohibitionism)"이란 제목의 해방선언문으로서,

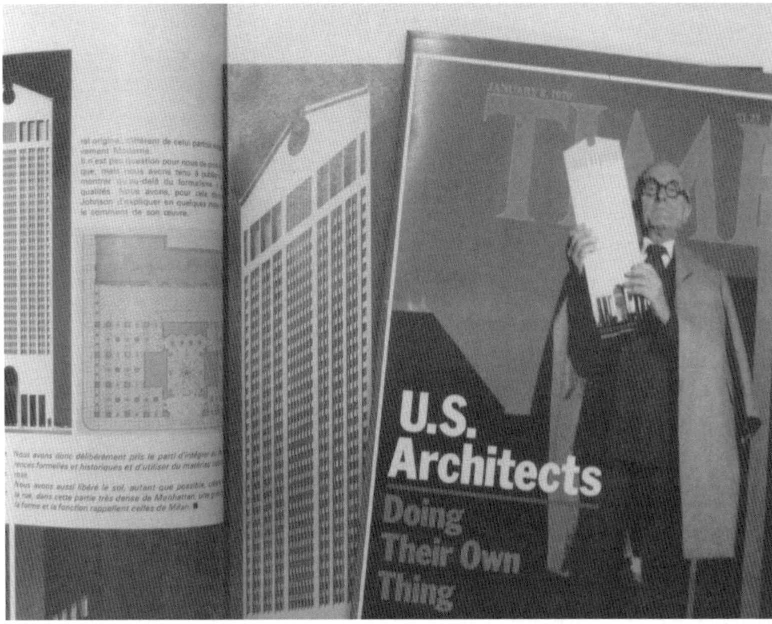

1.13 1979년 1월 8일 자 『타임』 표지에서 AT&T 사옥 모형을 들고 있는 필립 존슨과 한 전문저널에 수록된 AT&T 사옥.

이 전시회를 다음처럼 모더니즘의 '억압' 으로부터 벗어나는 자유의 선언이자 건축학의 신뢰성과 대중성을 복원하려는 시도로 표현한다.

> 말하기보단 듣는다는 전략적 차원에서, '과거의 현전' 이라는 이 전시회는 건축에서조차 몇 가지 중요한 것들이 변했고 더 이상 건축가들만 건축의 '주체' 가 아니라는 사실을 가능한 한 많은 사람들이 더 잘 이해하도록 도와줄 것이다. 이 전시는 '금지주의' 의 종언을 알리는 역할을 할 것이다. (그리고 여기서 직접 말하는 주체는 이탈리아의 문화다.) [이하 생략]
>
> (Portoghesi 1980: 9-10)

33. 이탈리아어로 '경향' 을 뜻하는 '텐덴차' 는 1960년대부터 이탈리아를 중심으로 스위스 티치노 지방과 연계하여 일어난 신합리주의 운동으로, 알도 로시와 카를로 아이모니노, 조르지오 그라시, 브루노 라이힐린, 비토리오 그레고티, 프랑코 푸리니 등의 작업경향을 아우르는 말이다. 1973년에 '합리적 건축' 의 기치 하에 열린 ≪제15회 밀라노 트리엔날레≫를 통해 마시모 스콜라리가 이러한 경향을 '텐덴차' 로 총칭하면서 두각을 드러내게 되었다. 기능주의와 하이테크, 대중주의, 상업화를 반대하고 카트르메르 드퀸시 등이 주장했던 이론으로 돌아가기를 제안하면서 기존 도시 조직의 사회문화적 의의와 역사적 · 초월적 유형학에 관심을 둔 경향이었다. 제2부의 "페이퍼 건축과 자율성" 부분과 『1968년 이후의 건축이론』(K. 마이클 헤이스 엮음, 봉일범 옮김, 스페이스타임, 2003)에 실린 마시모 스콜라리의 "새로운 건축과 아방가르드" 참조. — 옮긴이

이 전시회의 중심에는 20개의 건축사무소들이 설계한 으리으리한 일단의 입면들인 '스트라다 노비시마(Strada Novissima)'[34]가 있었다. 이 프로젝트는 이탈리아 영화세트 설치전문회사인 치네치타(주)가 시공했다. 그 '종이' 입면들은 포스트모더니즘 건축이 표상하게 된 모든 것을, 말하자면 피상성과 가식적인 장식, 내용보다 이미지를 선호하는 경향, 공동성 등을 상징했다. 포스트모던적인 조건이 연상시키는 기표와 기의의 분리는 입면을 건물로부터, 인테리어로부터, 프로그램으로부터, 사회적 내용으로부터 말 그대로 분리시키는 식으로 강조되었다.

보이지 않는 지평(The invisible horizon)

모더니즘은 포디즘의 논리와 요구들을 따라 주객통일의 달성을 시도했다. 하지만 모더니즘의 수사법에서 주체는 실재하는 사람이기보다 '전형적인 사용자'로 추상화되면서 일탈적인 의미를 획득했다.

대신 중산층 사회의 기본 가족단위를 대표하는 단독주택이 주체를 표상하게 되었다. 그것은 그 크기나 형태, 장식, 혹은 도시 속의 위치를 통해 추상적인 격자 내의 주체를 표상한다고 여겨지는 단독적인 건물이자 파빌리온이었다. 따라서 주객통일의 달성은 단독 유닛의 자율성을 침해하는 일이었고, 개별단위를 복제하여 건물과 도시의 연속체를 만드는 식으로 도시 전체를 설계한다는 의미였다. 이런 방식은 힐버자이머의 〈고층도시〉 프로젝트와 르 코르뷔지에의 〈플랑 오뷔(Plan Obus)〉[34]에서 매우 다르게 표현되었다. 하지만 이 전략들은 예기치 않은 모순도 만들어냈는데, 조립라인의 논리를 극단으로 추구하여 달성한 통일성이 문제였다. 건물과 도시의 관계에서 단독주택은 자율성과 개별성을 완전히 잃어버렸다. 주체는 객체에 분쇄되었다. 따라서 최소한의 삶의 질과 평등성의 감각 등 산업사회의 목적들을 디자인에 실현했음에도 모더니즘의 주객통일

34. 이탈리아어로 '최신거리(the newest street)'라는 뜻이다. — 옮긴이
35. 1933년에 르 코르뷔지에가 알제리의 수도 알제에 계획한 안으로, '플랑 오뷔'라는 불어명은 '폭발한 껍질 파편(Obus)' 형태의 매스들로 이루어진 계획(Plan)임을 암시한다. — 옮긴이

은 이후 세대의 눈에 객체의 총체적 승리에 더 가까워보였다. 뒤이어 이런 상황을 고쳐보려던 팀 텐의 노력들은 극적으로 실패했고, 객체화되어 활기를 잃어버린 소외된 환경의 느낌을 늘려놓았을 뿐이었다.

모더니즘의 실패가 인식된 것은 산업사회에서 탈산업사회로 이동하면서 포디즘이 쇠퇴한 결과였다. 건축학을 산업생산의 개념과 현실에 맞추려 하면서 모더니즘이 내화한 대량생산 논리가 만들어낸 사회적 질서가 포스트포디즘의 논리에서는 공공연하고도 지나치게 객체화된 질서로서 거부되었던 것이다. 예술적인 사회비평을 수용하고 사회비판으로부터는 뒷걸음질하며 점증하던 자유와 개인주의, 창조성에 대한 요구는 주체를 강조하며 객체화에 반대하려던 의도였으나, 결과적으로는 인간적 작용인을 교정하지 않은 채 개인주의를 강화하는 효과를 낳았다. 공리주의적인 외관 속에서 통일성과 평등성을 강조한 건축 모더니즘은 더 이상 사회의 요구들을 충족시키지 못했다.

반세기 동안 건축을 추동한 교의가 지지를 잃어 모더니즘이 쇠락하자, 건축은 앞으로의 향방이나 회생할 수 있는 튼튼한 기반을 분명히 가늠할 수 없는 교착상태에 빠졌음을 자각했다. 이에 대해 서로 연관된 두 계보인 역사주의와 콜라주가 해법들로 제시되었다. 콜라주적 계보는 아무거나 허용되어버린 상황에서 최소한의 질서를 유지하는 방법이었다. 즉 콜라주의 구성규칙들은 '전체성' 을 보장하면서도 절충적이고 자율적인 다양한 단편들을 함께 붙여 넣을 수 있는 만큼, 모더니즘의 단단한 기반이 무너진 상황, 즉 기존의 규칙들이 더 이상 수용되지 않는 상황에서 건축학의 붕괴를 피하는 수단이었다. 콜라주 기법은 기본적으로 대중문화의 영향을 통합하여 당대에 어울릴 이질적인 건축을 만들고자 했던 신사실주의적 욕망과 연관되어 있었다. 젱크스는 콜라주에 포함되는 요소들의 다양성이 포용적이라고 해석했지만, 그 요소들의 파편화는 사회의 파편화를 나타낸다고도 볼 수 있을 것이다. 부르주아사회의 기본단위가 가족이었고 건축에서는 가족주택과 교외주택이었지만, 부속건물들의 콜라주적 파편화는 가족단위의 해체를 말해주는 것일 수 있다. 전체로부터 독립되어 저마다 다른 양식으로 표현되는 실들이 탈산업사회에서 일어나는 개인주의의 증가와 가족단위의 쇠퇴를 반영한다고 볼 수 있는 것이다.

역사주의적 계보는 역사를 회피했다. 역사주의는 다양한 시대의 건축을 양식들의 백과사전을 이루는 일부처럼 다루면서 영원성을 제시했고, 이로써 각각의 형식이나 양식은 그것을 만들어낸 역사적 · 문화적 · 사회적 맥락에서 분리되었다. 따라서 역사주의 건축은 선형적인 시간 및 진보 관념들과의 결별을 표현했다. 변혁과 변화를 일으키는 힘으로서의 역사는 부인되었다. 역사의 거부는 진보에 관한 의심들, 일어나는 변화들에 대한 두려움, 이 당시 일어나던 사회적 · 학문적 변화들에 의한 불안정성과 의심의 결과였다. 하지만 영원한 건축이라면 극단적으로 불안정한 순간에도 안정성과 도피처를 제공할 수 있을 것이었다. 현세에 대한 불만은 신고전주의처럼 건축이 경외의 대상이 되고 힘이 있던 순간으로 회귀하게끔 인도했다. 따라서 1970년대의 역사주의 건축은 일종의 저항형식으로서, 비록 퇴보적인 저항형식인 도피주의이긴 해도 포디즘과 포스트포디즘을 모두 거부하는 형식이라 말할 수 있을 것이다. 건축의 역사는 당대 현실의 불안정성으로부터 벗어나는 피난의 장이 되었다. 벤추리는 건축이 당대의 사회와 문화를 재현해야 한다고 믿었지만 역사주의 건축은 '더 좋았던 시대들' 을 기억하기를 더 좋아했고, 잃어버린 과거의 회복을 시도하는 한편 사회문제를 풀어 사회를 변화시키거나 재현하는 것은 모두 거부함으로써 그 어느 때보다도 더 사회로부터의 자유를 주장하고 싶어 했다. 건축가는 다양한 건축요소들을 선택하고 재조직하여 건축적인 가치를 선보이는 큐레이터가 되었다. 그 결과는 아마도 교훈적인 건축이었겠지만, 이러한 건축가-큐레이터에게는 의제가 없었던 만큼 '놀이를 위한 놀이' 라는 공허한 결과이기도 했다. 대신 놀이는 게임의 규칙들을 선호하며 사회적 규칙들은 일시적으로 유보시킬 수가 있다. 즉 놀이는 사회적 규준들과 제약들로부터의 자유를 허용한다. 이는 일상생활로부터 분리된 놀이의 승패가 어떤 외적인 판단기준보다도 그 게임의 규칙들에 근거하여 가늠된다는 뜻이기도 하다.

포스트모더니즘에 대해 하버마스가 보다 폭넓은 의미로 지적했듯이, 이 운동의 핵심적 전제는 문화가 사회로부터 완전히 분리된다는 것이었다(Habermas 1998). 이와 같은 분리는 1970~80년대의 신보수주의자들로 하여금 주로 젊음과 반(反)문화를 뜻하던 당대 문화의 '퇴폐'를 비난하는 구실을 주었다. 한편 그러한 포스트모던운동은 당시 떠오르던 '역전적' 신자유주의에 의한 구조적 변화들도 포용했는데, 말하자면 변화의 한 측면을 지지하면서도 다른 측면에는 반대한 것이었다. 양자 간의 관계가 신보수주의자들에게는 여전히 가시적이지 않았지만, 그 결과로 포스트모더니즘 건축은 실제생활로부터 유리되었을 문화영역 내에서 개인적인 욕망들을 실현할 수 있었다. 즉 '문화'가 '사회'의 대체제가 되었던 것이다.

포스트모더니즘 건축은 건축에 '아무거나 좋다'는 식의 자유를 가져왔는데, 이러한 자유는 건축학의 기본 전제와 기능을 침해할 뿐만 아니라 제약 없는 실험도 가능케 했다. 건축을 이상적인 방향으로 이끈 이러한 자유는 페이퍼 건축 세대를 출현시켰고, 이 세대는 1990년대 중반에 이르러 건축학을 전면적으로 부흥시키게 된다. 포스트모더니즘 건축은 건축학의 잃어버린 대중성과 신뢰성 같은 걸 회복하는 데서만 부분적으로 성공했을 뿐이고, 몇 년 동안 주로 상업적으로 포용되었다. 그 대중주의와 양식적인 재치가 상업적 이익에 잘 부합할 걸로 여겨졌기 때문이었다. 대중을 위한 생산품에 흔한 전략으로서 대중성을 얻기 위한 최소한의 공통분모를 겨냥했던 포스트모더니즘 양식은 결국 로코코양식의 궁전이나 신고전주의 주택 등의 사치와 허영을 값싸게 모조하는 양식으로 인식되었다. 그것은 숙련된 건축가의 눈에나 점증하던 대중들의 눈에나 저속한 키치(kitsch)로 보일 수밖에 없었다. 탈산업사회는 고급스럽고, 화려하고, 색다르고, 특별한 것을 욕망했다. 포스트모더니즘 양식은 이 모든 것들을 모방했지만, 그것들을 제대로 전달하지 못했다. 따라서 포스트모더니즘이 자신했던 성공은 단기간에 그친 제한된 성공이었다. 욕망하는 실재의 대상을 복제하고 모방한 데 그쳤다고 여겨진 이 양식은 실재에 대한 복제성이 떨어지는 대량생산의 양식으로 드러나면서 정당성을 상실했다.

제2부

자율성과 건축학의 부흥

(Autonomy and the resuscitation of the discipline)

자율성의 탄생(The birth of autonomy)

1970년대 중반에 건축은 대단히 심각한 상황에 처했다. 인기가 식었고, 시대에 뒤떨어졌으며, 변화하는 사회로부터 소외되었던 것이다. 하지만 이십년이 채 안되어 건축학의 지위는 극적으로 개선되었다. 건축은 문화를 선도하는 리더가 되었고, 언론매체의 기념적인 찬사를 받았으며, 지역 정치인들과 개발업자들의 구애가 이어졌다. 건축학의 운명을 바꾼 이러한 변화는 건축이 이상을 포용하면서, 특히 자율성으로 관심을 전환하면서 이루어졌는데, 이러한 전환은 모더니즘이 쇠락하던 와중에 이미 시작되고 있었다. 자율성은 건축의 예기치 않은 동맹인 걸로 판명되었고, 건축학이 당시 서구에서 떠오르던 포스트포디즘의 질서에 대응하는 데 도움을 주었다.

자율성은 1960년대 말 전까지 대부분의 건축담론에서 이론적인 용어로서 다뤄지지 않았다. 하지만 미학담론에서는 자율성이 상당한 역사를 갖고 있는데, 이러한 역사는 예술생산방식에 일어난 변화들과 얽혀있다. 르네상스 시대에 들어 회화와 조각, 건축 등의 시각예술이 공예에서 인문학으로 이행하게 되면서 그러한 예술의 사회적인 기능방식에 변화가 생겼다. 시각예술은 노동과 생산에 관여하던 종래의 성격에서 벗어나, 윤리와 성취, 사회적 위계 등을 재현하는 상부구조의 영역으로 이동했다. 이러한 변화는 예술적 자율성의 관념을 확립하기 위한 전제조건이었다. 그것은 시각예술을 일상생활로부터 어느 정도 이격시켜 거의 정신의 능력으로 만들었다. 따라서 마르크스가 묘사한 구조주의적 사회모델에 따르면, 시각예술은 이미 준-자율적으로 기능하면서 사회를 재현했다. 18세기 들어 귀족정이 점차 소멸되어간 결과, 예술은 자율성이 늘어나게 되었다. 예술가는 더 이상 후원자의 직접적인 지원을 받지 않았고, 귀족의 초상화나 사회적 미덕의 표상을 그려달라는 의뢰도 받지 않게 되었다.

예술은 여전히 경제적 체제와 사회적 체제를 통해 사회와 결부되어 있었다. 경제적 체제는 시장 자본주의였고, 당시 새롭게 얻은 사회적 지위를 상징하기 위해 예술품을 수집하려 한 일단의 점증하던 신진 부자상인들에게 예술가들이 자신의 생산물들을 파는 예술시장이 형성되어 있었다. 따라서 예술가들은 자신들의 작품수요에 대해 모호한 관념만을 지닌 채 작품을 생산했다. 사회적 체제는 동료 예술가 집단이었는데, 여기에는 주로 다른 예술가들뿐만 아니라 예술학계와 같은 기관들이 점차 가세했고 시간이 좀 더 지나서는 예술비평가들과 미술관들이 가세했다. 동료집단은 작품과 예술가에 대해 예술적 정당성을 추론하는 책임이 있었는데, 이러한 정당성은 점차 예술적 특질과 동의어가 되었다. 초기에는 이 두 가지 체제가 서로 거의 관련이 없었다. 최초의 예술시장은 17세기의 네덜란드에서 탄생했다. 새로운 중산층 수집가들은 주로 풍경화에 관심이 있었던 반면, 예술적 환경은 풍경화 장르를 학술적인 역사적 회화들보다 열등한 장르로 인식했다(Pevsner 1973). 따라서 예술가는 그 두 가지 체제의 모순적인 압력에 놓인 셈이었다. 한편으로는 팔릴 수 있을 작품들을 생산해야 했고, 다른 한편으로는 질적으로 인정받을 매우 다른 작품들을 만들어야 했던 것이다. 경제적 체제와 정당화의 체제—품질체제—를 분리하는 간극은 20세기에 들어서야 좁혀지기 시작했는데, 그것이 총체적으로 좁혀든 것은 1960년대 말에 들어서야 교환가치와 예술적 특질이 일치하게 되면서 이루어졌다. 어떤 경우든 상기한 18세기의 변화들은 예술생산의 자율적인 측면들을 증대시켰고, 자율성은 이제 예술가의 영역으로까지 확대되었다. 말하자면 예술가가 귀족 후원자의 영향력으로부터 자유로워진 것이었다.

계몽시대에 태어난 이론적 · 철학적 개념으로서의 자율성 관념은 볼테르와 루소의 저술에서 드러나는 당대의 자유에 대한 이상과 결부되어 있다. 자율성이란 관념은 미학이 예술에서 독립적인 철학으로 확립되던 시기에 최초로 출현했다. 미학과 자율성은 서로 얽혀있었는데, 그러한 구성은 예술생산이 일상생활로부터 멀어지면서 필연적으로 일어난 것이었다. 더 이상 종교적인 의식들에 이바지하지 않고 더 이상 사회의 도덕과 위계를 재현하지도 않게 된 실천의 형식들로서, 시각예술은 전통적인 사회적 역할을 상실했다. 결과적으로 예술의 목적과 기능을 설명할 수단으로서 미학이 필요했고, 자율성이 예술의 역할을 정당화할 수 있었다.

애초에 미학은 예술과 자연의 경험을 다루었다. 미학(aesthetics)이란 용어를 근대적인 의미로 처음 사용한 사례는 1735년의 알렉산더 바움가르텐이었다. 예술작품의 본질적인 미적 특징들로서 '무관심성(disinterestedness)'과 공리주의적 가치의 결여를 꼽는 관념은 영국의 앤소니 애슐리 쿠퍼(Anthony Ashley Cooper)의 미학과 독일의 카를 필립 모리츠(Karl Philipp Moritz)의 미학에서 일찍이 암묵적으로 드러난 바 있었다. 하지만 미학을 철학의 특정부류로 확립한 것은 1790년에 칸트가 발표한 중요한 저작인 『판단력 비판(Critique of Judgement)』이었다. 칸트는 윤리에 관한 그의 저작들에서 이미 '자율성'이란 용어를 사용했는데, 칸트의 주장에 따르면 인간 의지의 자율성은 도덕적 판단의 기초다. 각각의 인간 자체가 수단이 아닌 목적이라는 생각을 보편법칙의 관념과 결합함으로써 인간의지의 자율성은 칸트의 도덕형이상학에서 필수적인 요소가 되었고, 합리적 작용인들이 그 고유의 결정들을 책임지는 요인으로서 확립되었다. "그렇다면 의지의 자유란 자율성이 아니고서야, 즉 스스로에게 하나의 법칙으로서 존재하는 의지의 속성이 아니고서야 무엇일 수 있겠는가?" (Kant 1964: 114).

칸트는 그의 미학 관련 저작들에서 말하기를, 인간이 자연적이고 문화적인 대상들의 아름다움에서 느끼는 쾌감(pleasure)을 일상적인 욕망과 경험적인 판단이 제거된 사심 없고('무관심적'이고) 자유로운 초월적이고 목적 없는 상태로, 즉 목적 없는 목적성(purposiveness without purpose)으로 묘사했다. 칸트의 저작들에서 미적 판단이란 도덕적 감각에 관련된 게 아니라, 정신이 갖는 별개의 능력이다. 그는 서로 다른 능력이 관여하는 예술수용의 두 수준을 구분했는데, 하나는 보다 '낮은' 일상적이고 경험적인 수준이고 다른 하나는 보다 '높은' 초월적이고 자율적인 수준이다. 그의 관심은 주로 초월적이고 감성적인 예술수용능력에 있었다. 하지만 칸트가 예술에 절대적인 자유를 부여한 건 아니었다. 그는 미적 취향에서 자율성을 파악했음에도 불구하고 미적 가치들을 도덕적 의지에 종속시키면서 고급문화가 도덕성을 증진한다고 주장했다(Kant 2008).

19세기 초에 헤겔은 미학에서 자연에 대한 관심을 제거한 채 미학을 순수예술의 철학으로 정의했다. 모방과 재현의 관념에서 벗어나 표현과 자기표현의 개념으로 이행해가던 예술은 예술가가 완전한 통제권을 쥐고 있던 예술적 측면들, 예를 들어 선과 색, 구성, 기술적 진보, 자기표현과 같은 측면들을 강조하기 시작했다(Bourdieu 2003; Bürger 1996). 예술은 늘어나던 소외와 표준화와 일상생활의 사회악이 제거된 것으로 이해되었고, 따라서 구원과 치유를 제공하는 것으로 여겨졌다. 낭만주의 시대에는 이 모든 게 '예술을 위한 예술(l'art pour l'art)' 이라는 예술운동으로 이어졌는데, 이런 흐름에는 구스타브 플로베르, 존 키츠, 오스카 와일드, 테오필 고티에와 같은 다양한 인물들이 포함되어 있었다. 이 중에서 시인이자 극작가였던 고티에는 1834년에 다음처럼 공리주의적 대상을 조롱한 걸로 유명하다.

> 오로지 무용한 것만이 진정으로 아름답다. 유용한 것은 모두 추하다. 왜냐면 유용한 것이란 어떤 욕구(need)의 표현이고, 인간의 욕구들이란 인간의 가엾고 불안정한 성격처럼 저열하고 역겹기 때문이다. 집에서 가장 유용한 장소는 변소다.
>
> (Gautier 1987: 99)

중산층의 도덕과 공리주의, 전통적 관념들에 대한 '예술을 위한 예술'의 반란은 예술의 사회비판적 태도를 형성했다. 이렇게 되자 미적 판단은 더 이상 도덕에 종속된 것으로 이해되지 않고 어떤 절대적인 자유를 보여주게 되었는데, 그러한 자유는 칸트의 '사심 없는 예술 수용' 이라는 관념보다 그의 '인간 의지의 자율성' 이란 관념에 더 빚진 것이었다.

실무건축가들은 예술가 개인의 자율성을 강조하는 경향이 있었지만, 19세기 미학은 예술적 판단의 자율성을 과학적으로 이해하는 법을 발전시키려 했고 예술비평가는 작품 자체의 자율성을 강조했다. 이러한 불일치의 예로는 극작가 테오필 고티에와 철학자 콘라트 피들러(Conrad Fiedler), 미술사가 하인리히 뵐플린(Heinrich Wolfflin)이 표현한 인식들이 모두 달랐던 것을 들 수 있다. 한 세기가 지난 1939년에 미술비평가 클레멘트 그린버그(Clement Greenberg)는 "아방가르드와 키치(Avant-garde and kitsch)"라는 영향력 있는 에세이를 썼는데, 이 글에서 그는 자율적인 계보를 극단으로 추구하며 모던예술을 이렇게 설명했다.

> 아방가르드 시인이나 예술가는 자연 자체가 유효한 방식으로, (풍경화가 아니라) 풍경이 미적으로 유효한 방식으로, 오로지 자체적으로 유효한 무언가를, 즉 유사품이냐 진품이냐 따위의 의미들로부터 독립된 고유의 주어진 무언가를 만듦으로써 결국 신을 모방하려 한다. 내용이 형식으로 완전히 녹아들어가는 만큼 예술이나 문학 작품은 전체적으로든 부분적으로든 그 자체가 아닌 무엇으로도 환원될 수 없다.
>
> (Greenberg 1989: 6)

그린버그는 급기야 예술가의 무의식도 예술의 '외부(outside)'라고 기술하면서 초현실주의를 거부했다(Greenberg 1989: 7, 주2). 이 미국인 비평가는 자율성을 하나의 비판으로 이해했고, 예술의 사회비판을 다음과 같은 말로 표현했다.

> 알렉산드리아니즘[1]을 넘어서고자 한 서구 부르주아사회의 일부는 여태껏 들어보지 못한 무언가를 만들어냈는데, 아방가르드 문화가 그것이었다. 이를 가능케 한 것은 어떤 우월한 역사의식, 보다 정확히 말하자면 새로운 종류의 사회비판인 역사비판의 출현이었다. 이러한 비판은 시대를 초월한 유토피아들로 현 사회에 대항한 게 아니라, 역사적이고 인과적인 관점에서 모든 사회의 핵심에 놓여있는 선례와 명분, 기능 들을 진드근하게 탐구했다. 따라서 현존하는 우리의 부르주아 사회질서는 어떤 내적인 '자연스러운' 생활조건이 아니라 일련의 사회질서들 속에서 가장 최근에 속한 관점으로 제시되었다.
>
> (Greenberg 1989: 4)

1. 기원전 325-30년경 알렉산드리아의 그리스 문인들이 선보인 양식 및 이론으로, 미사여구가 많고 모호하며 추도가와 풍자시, 서정시, 짧은 서사시 등 개인적인 주관을 강조하던 작풍이었다. 초기 라틴 문학에 많은 영향을 주었으나 이에 대한 맹목적인 모방이 잇따르면서 이를 뛰어넘으려는 반성과 비판이 일어났다. — 옮긴이

그린버그는 초연한 듯 고상한 척 하는 태도 때문에, 또한 학술적인 회화와 대량생산된 오브제들처럼 별개의 문화적 산물들을 '키치'[2]라는 용어로 묘사한다는 이유로 널리 비판받았다(Carrier 2002). 이 에세이는 대중문화와 파시즘의 부상에 대한 두려움이 모두 반영된 글로 이해되었다. 키치에 대한 그린버그의 혹평에는 확실히 거의 편집증적인 구석이 있는데, 그는 분명 '고급예술'을 구제하는 방향을 취하면서 사회질서의 임박한 붕괴를 두려워한 듯하다. 즉 '고급문화'를 만들어내고 계속해서 그것을 '키치'와 분리시켜온 계급체계가 붕괴될까봐 두려워한 그린버그에게는 결국 고급문화의 생존만이 아닌 부르주아사회 자체의 생존이 중요했던 것이다.

모더니즘과 예술적 자율성을 지지한 또 한 사람은 테오도르 아도르노였다. 아도르노의 미학이론에서 예술적 자율성의 부분적 자율성은 헤겔적인 대립(opposition)의 의미로 강조되었다. "예술은 사회에 대립하지만, 그렇다고 사회를 초월한 위치를 점유할 순 없다. 예술은 오로지 그것이 대립하는 것과 동일시함으로써만 대립을 달성한다"(Adorno 2002: 133). 사회에 대립함으로써, 사회와 다르게 존재함으로써, 모던예술은 사회를 비판했다. 하지만 예술은 비판의 대상과도 필연적으로 관련되었다. 아도르노에 따르면 자율적인 예술은 (낭만주의에서처럼) 모더니티 자체에 저항한 게 아니라 모더니티와 자본주의의 과잉들에 저항했다. 그린버그와 아도르노는 모두 모던예술을 진보의 일부로 이해했지만, 진보에 대한 그들의 인식은 서로 달랐다. 그린버그의 진보관념은 비열한 상품화에 직면하여 '좋은 취향'을 보존하는 수단으로서 문화, 특히 예술언어를 발전시킨다는 모호한 자기-진화적 개념이었다(Greenberg 1989). 반대로 아도르노의 예술적 진보 관념은 모던 예술이 사회를 부정함으로써 양자를 포괄한 전체적인 진보에 참여하는 변증법적 진보를 묘사했다.

'아방가르드'라는 용어는 아도르노의 미학이론에서 거의 나타나지

2. '키치(kitsch)'는 본래 독일어로서 '저속(저급)한 것'을 의미하며, 19세기 예술에 대한 반응으로 대중적 취향에 호소하고자 문화적인 유행을 모사하거나 값싼 장식을 사용하고 유머와 아이러니가 곧잘 결합하여 제작되곤 하던 작품들에 적용된 말이었다. 원본이 아닌 가짜 복제품의 지위로 취급됨으로써 고급문화와 대별되는 경멸적 어조가 담겨있다고 할 수 있다. — 옮긴이

않는다. 그는 모더니즘을 폭넓게 통합된 운동으로 이해했다. 한편 그린버그에게는 아방가르드가 모더니즘의 최전선이었고, 인상주의와 입체주의, 추상표현주의 등이 이에 속했다. 1960년대에는 어빙 하우(Irving Howe)(1971)와 존 웨이트먼(John Weightman)(1973), 레나토 포지올리(Renato Poggioli)(1968) 같은 문학 비평가들이 제한된 수준으로나마 모더니즘과 아방가르드의 차이를 개괄했다. 아방가르드는 모더니즘의 주류에 반대하는 운동들(미래주의, 구성주의, 다다, 초현실주의)로 구성된다는 인식이 1960년대에 발달했지만, 그러한 인식은 1974년에 페터 뷔르거가 발표한 『아방가르드 이론(Theory of Avant-Garde)』에 이르러서야 명료하게 나타났다. 이 용어들의 차이가 결국 이론화되기 전까지, 예술적 자율성은 사회의 악과 진부성, 상업화로부터의 자유로 묘사되면서 상기했듯 사회비판과 저항을 암시했다. 절대적 자유로 이해된 자율성은 계속해서 대부분의 실무 건축가들과 비평가들에게 활력을 주었다.

자율성을 사회비판으로 보는 관념은 1960년대 말에 이르자 더 이상 지속이 불가해졌다. 모더니즘의 '목적 없는' 걸작들은 이성적으로 납득하기 힘든 고가에 판매되고 있었고, 자율적인 예술은 다른 것과 같은 하나의 상품이 되어가고 있었다. 경제적 체제와 예술의 품질체계가 하나로 합쳐졌다. 따라서 페터 뷔르거의 『아방가르드 이론』은 이렇게 현실과 어긋나 보이던 이론을 재구성하려 한 시의적절한 시도였던 셈이다. 이 독일인 문학 비평가는 18세기 예술생산의 구조적 변화가 낳은 예술의 자율성과, 그 뒤를 이어 예술의 무관심성을 정당화한 미학적 자율성 이론들을 다음처럼 간명하게 구분했다.

> 따라서 부르주아사회에서 예술작품이 상대적으로 삶의 실천으로부터 유리되는 현상은 예술작품이 사회와 전적으로 무관하다는 (잘못된) 관념으로 변하게 된다. 그러므로 그 용어의 엄밀한 의미를 따져볼 때, '자율성' 은 진실(예술이 삶의 실천으로부터 유리되는 것)의 요소와 허위(예술의 '본질' 을 추리는 역사적 발전이 낳은, 이런 사실의 실체화)의 요소를 결합하는 이데올로기적 범주다.
>
> (Bürger 1996: 46)

예술의 사회적 위치를 이데올로기의 형식으로 표상한 '예술을 위한 예술' 같은 예술적 자율성의 이론들은 예술이 일상생활로부터 멀어지는 구조적 거리를 드러냈고, 따라서 역사적 아방가르드는 예술의 사회적 무관심성을 직접적으로 비판할 수 있었다. 뷔르거가 보기에 자율적인 예술은 더 이상 비판적이라고 볼 수 없었다. 뷔르거의 이론이 인정한 쪽은 예술적 자율성을 비판하기 위해 주류 모더니즘과 거리를 둔 운동들이었다. 하지만 예술적 자율성을 약화시키려던 아방가르드의 전략과 전술은 예술이 일상생활로부터 구조적으로 유리되면서 실패로 끝났다. "자율성 상태는 결코 예술가가 정치적 입장을 취하는 것을 배제하지 않는다. 하지만 자율성 상태가 제한하는 것은 영향(효과)의 가능성이다"(1996: 26).[3]

건축의 자율성(Architectural Autonomy)

예술에서 자율성의 관념이 발달한 과정을 간략히 살펴보면 이 관념의 모순과 이데올로기로서의 지위가 드러나지만, 건축의 자율성이 갖는 지위는 훨씬 더 불분명하다. 건축은 19세기에 '예술을 위한 예술' 운동을 겪어본 적도 없고, 건축만의 자율성 이론을 발전시키지도 않았다. 순수예술의 자율성에 대한 심취는 예술생산에 관한 매우 현실적인 변화들이 합리화된 걸로 이해할 수 있지만, 건축은 18세기에 그와 유사한 구조적 변화를 겪지 않았고 건축주의 저변이 당시 늘어나던 중산층으로 확대되었을 뿐이었다. 건축과 일상생활 간의 거리에 대한 구체적인 관념이 있었다고 한다면 그저 도면과 건물 사이에 내재하는 거리 정도만을 들 수 있을 텐데, 이러한 거리는 이미 르네상스시대에 건축이 공예에서 인문학으로 변화하며 생겨난 것이었다.

건축이 자연스럽게 예술의 하나로 여겨지면서 미학의 영역으로 포섭되던 시기인 18세기와 19세기에는 에콜 데 보자르에서 발달한 이론들이 건축 교육 및 사상을 지배했다. 건축을 예술로 인식하면서 건축을 예

3. 『아방가르드의 이론』(페터 뷔르거 지음, 최성만 옮김, 지식을만드는지식, 2013) 60쪽의 번역문 준용. — 옮긴이

술의 자율성과 은연중에 연관 짓고, 신고전주의와 건축학의 규칙들을 전파하며, 건축 설계경기들을 통해 도면 제작을 강조함으로써, 건축의 자율성이라는 관념이 암묵적으로 발달하게 되었는데 이는 이론적인 형태로 명료하게 표현되기보다 내포된 형태의 관념이었다. 이러한 암묵적 관념은 벨기에의 앙리 반 데 벨데(Henry van de Velde) 같은 건축가들에게서 찾아볼 수 있는데, 그들은 작품과 진술 들을 통해 건축을 '자율적인 예술'로 이해하는 태도를 드러냈다.[4] 토목공학이 별개의 학문으로 발달하면서 건축을 예술형식으로 보는 인식은 더욱 굳어졌다. 19세기가 진행되는 동안 에콜 데 보자르에 도전한 것은 실재를 선호하던 세계관이었는데, 예를 들어 미술공예운동과 집합주거의 필요, 산업화가 건축생산에 미친 영향들(새로운 재료와 엔지니어링 실무들), 마지막으로 모더니즘 그 자체가 그랬다.

빈의 예술사가 에밀 카우프만(Emil Kaufmann)은 1933년에 발표한 『르두부터 르 코르뷔지에까지(Von Ledoux bis Le Corbusier)』에서 예술로부터 자율성 관념을 수입해온 장본인이었다. 당혹스럽게도 건축적 자율성의 이론이 건축학에서 부상했던 때는 공리주의와 기능주의, 생산주의의 관념들이 중심을 차지해가던 순간과 정확히 일치했다. 여기서 카우프만은 모순을 직시하지 못했다. 그가 자신의 논거로써 지지하고자 했던 건축가들이야말로 이러한 공리주의와 생산주의를 옹호한 이들이었는데도 말이다.[5] 카우프만의 자율성 개념은 예술적 자율성과 동일하지 않았지만, 두 관념들은 모두 칸트에서 비롯되었고 카우프만은 실무건축가의 개별성과 자기표현을 예술적인 해방으로서 강조한 것이었다.[6] "건축가 르두의 도시(Die Stadt des Architekten Ledoux)"(1933)라는 논설에서 그는 다음과 같

4. 반 데 벨데와 그의 일부 동료들은 니체적 허무주의의 영향을 받았다. 그들이 중산층의 이상들을 거부한 것은 '예술을 위한 예술' 운동의 주창자들이 표현한 관념과 유사하다.

5. 카우프만은 모순을 보지 못했다. 예를 들어 그는 로돌리(Lodoli)의 18세기 기능주의 이론이 "여전히 이론에 국한되어 있었음에도 불구하고 건축적 개인주의를 향한 투쟁에서 영향력 있는 우군이었다"(Kaufmann 1968: 181)고 주장했다.

6. 앤소니 비들러(Anthony Vidler)는 카우프만의 건축적 자율성 개념이 신고전주의를 연구하고 정의하는 과정에서 발전된 방식을 기술한다. '자율적 건축술'을 뜻하는 '아우토노멘 바우쿤스트(autonomen baukunst)'라는 용어가 『르두부터 르 코르뷔지에까지』보다 훨씬 전에 카우프만이 쓴 논설들에서 나타났다(Vidler 2008).

이 역설하며 이미 르두의 작품을 칸트의 관념들과 상관지은 바 있다.

> 칸트가 과거의 모든 도덕철학들을 거부하고 '최고의 윤리원칙으로서 의지의 자율성'을 선포하는 순간, 건축에서 이와 유사한 변화가 일어난다. 르두의 스케치들 속에서 이러한 새로운 목표들이 처음으로 한껏 명료하게 등장한다. 그의 작품은 자율적인 건축의 탄생을 나타낸다.
>
> (Teyssot 1981: 28)

르두의 『건축(L'Architecture)』이라는 논문서는 루소를 인용하면서 건축가를 자유의 이상과 관련짓는 태도를 수용했다. 카우프만은 칸트의 '의지의 자율성' 개념에 의지하여 자유의 관념을 확장시켰다. 르두를 칸트와 관련지음으로써 카우프만은 프랑스혁명기 이전의 고전주의(클라시크[*Klassik*])와 신고전주의(클라시지스무스[*Klassizismus*])를 구분할 수 있었을 뿐만 아니라, 신고전주의를 혁명시대의 정신과도 엮을 수 있었다. 카우프만의 건축적 자율성 개념은 대체로 형식적이고 은유적이었으며, 기하학적 순수성과 엄격함, 환경에서 독립된 19세기 교외주택의 자율성(파빌리온 시스템), 건축적 선례로부터의 자율성에 기초했다. 19세기 예술은 재현에서 자기표현으로 결정적으로 이동했지만, 카우프만의 이론에서 재현은 자기표현과 나란한 지위를 유지했다. 카우프만은 건축학의 진보를 그 전통과 교의들이 부과하는 구속으로부터 결별할 수 있게 해주는 개인의 의지와 천재성 및 창조성의 결과로 묘사했다. 따라서 그의 입장은 개인주의와 차이를 강조하는데, 이러한 입장은 자율성에 대한 많은 예술가들의 인식과도 유사하다. 건축가의 개인적 성격에 대한 카우프만의 강조는 존 소온(John Soane)과 르두에 관한 논의에서 "그들의 성격과 지적 배경을 이해하는 것이 그들의 작품을 과거의 작품과 비교하는 것보다 더 중요하다"(Kaufmann 1952: 474)고 말할 때 분명히 드러난다. 따라서 카우프만이 르두를 주목한 것은 그의 개인주의와 독창성, 타협하지 않는 성격, 건축학적 교의의 위반, 작품의 기하학적 형태가 갖는 순수성 때문이었다. 그의 디자인들이 보여주는 상징적 측면들과 재현적인 가치는 카우프만에게 덜 중요한 것이었다.

카우프만의 자율성 관념은 건축역사의 편협한 영역을 넘어서는 데 성공했다. 이 관념은 미국을 통해 건축실무에 침투했는데, 필립 존슨은 1942년에 캠브리지의 미국건축사가협회에서 있었던 카우프만의 발표를 통해 『르두부터 르 코르뷔지에까지(Von Ledoux bis Le Corbusier)』의 개념들을 접했다(Mertins 1997). 개인주의와 창조성, 독창성에 대한 강조는 모더니즘에 대한 존슨의 시각에서 매력적으로 느껴졌고, 그가 나중에 뉴 캐넌에 〈유리주택(Glass House)〉을 지을 때 르두의 작품을 참조한 것은 이러한 카우프만의 영향이 담긴 것이었다. 그리고 1950년에 존슨은 『아키텍츄럴 리뷰』 지의 한 논설에서 자신이 설계한 〈유리주택〉의 형태가 르두의 순수한 기하학을 계승한 거라고 기술했다(같은 책). 결국 카우프만의 건축적 자율성 관념은 미국식 모더니즘이 세계대전 이전의 유럽 건축담론에 중심적이었던 사회적 관심들로부터 멀어지게 하는 데 중요한 역할을 했다.

하지만 미국에서 애초에 모더니즘을 사회적 책무를 비워낸 양식으로서 받아들인 것은 그보다 이른 시점이었는데, 그때는 뉴욕현대미술관에서 ≪국제양식(International Style)≫ 전시회가 열린 1932년이었다. 이 전시회와 그 카탈로그의 영향은 헨리-러셀 히치콕(Henry-Russel Hitchcock)과 알프레드 바(Alfred Barr), 필립 존슨의 상당한 권위가 더불어 결합하면서 미국에서의 모더니즘을 미학적인 관점으로 단단히 특징짓게 되었다. 수년이 지난 후에 존슨은 이렇게 덧붙였다. "나는 여전히 [모더니즘의] 기능주의적인 부분과 마르크스주의적인 부분에 냉담한 상태였는데, 내게 건축이란 순수예술이고 예술이야말로 내 관심을 끌기 때문이다"(Lewis and O'Conner 1994: 174). 건축사가 레이너 밴험은 히치콕과 존슨이 모더니즘을 양식화함으로써 미국에서 모더니즘 건축을 진전시키는 데 성공했지만, "유토피아주의와 사회개혁의 열망, 유럽에서 모더니즘 양식을 이끌었던 메시아적 주장들을 제쳐두었고, 그런 게 없이는 우리들 대부분이 모던운동의 실상을 이해하는 데 큰 어려움을 겪을 것"(1999: 285)[7] 이기에 모

7. 콜린 로우는 이렇게 논평했다. "따라서 실수였든 계획이었든 간에 1930년대에 유럽 근대건축은 미국에 침투하게 되었고, 그저 건물에 대한 새로운 접근법을 크게 넘지 않는 정도로만 도입되었을 뿐이다. 즉, 그것은 대개 그 이데올로기적이거나 사회적인 내용이 제거된 상태로 도입되었다 [이하 생략]" (Rowe 1975: 4).

더니즘에 해를 끼쳤다고 주장했다. 히치콕과 바, 그리고 존슨은 아방가르드를 '새로움'으로, 급진적인 미학으로, 창조성과 독창성, 전통과의 결별로 이해했다. 존슨은 훗날 이렇게 시인했다. "사실 우리는 아방가르드가 무엇이었는지에 대해 조금의 생각도 없었다. 뉴욕현대미술관에서 우리는 예술의 정치적 차원에 무지했었다. 우리에게 그것은 혁명적이었지만, 오로지 미학적인 차원에서만이었다"(Kipnis and Johnson 1997: 42). 자율성과 쉽게 관련지어지는 이러한 아방가르드의 관념은 오늘날까지도 계속해서 미국의 담론을 지배해오고 있는데, 그러한 정의가 페터 뷔르거의 아방가르드 이론만큼 결론과 종결에 이르지 않고 있기 때문이다.[8] 따라서 미국은 카우프만의 자율성 관념에 민감했으며, 그것은 그 토대가, 즉 모더니즘에 대한 그러한 인식의 기초가 이미 십년 전 뉴욕현대미술관에서 마련되었을 뿐 아니라 그것이 이 시대의 미국을 이루는 매우 다양한 상황들의 결과여서이기도 하다.[9] 카우프만은 그저 이런 개념들을 뒷받침하는 잘 논증된 이론을 제공했을 뿐이었다.

건축 모더니즘에서 자율성이 차지하는 위치와 관련하여 혼란이 커진 것은 그 운동의 폭이 반세기에 걸쳐 다양한 건축형식들을 포괄해왔기 때문이다. 모더니즘을 (카우프만과 존슨, 히치콕처럼) 자율적인 실천으로나 (서머슨과 밴험처럼) 사회적으로 주도되는 실천으로 이해하려던 시도들은 반대쪽 면을 제쳐두고 한쪽 면만을 강조하면서 자율성 운동에 대한 제한된 인식들을 생산해냈다. 이런 입장들이 간과한 것은 주류 모더니즘과 모더니즘 아방가르드를 구분해야 한다는 점이었는데, 페터 뷔르거는

8. 페터 뷔르거는 모더니즘 아방가르드를 예술제도와 예술적 자율성에 대한 비판으로 묘사했고, 아방가르드가 예술적 자율성으로 흡수되면서 그러한 비판은 끝이 났다고 했다. "제도로서의 예술에 맞선 역사적 아방가르드의 저항이 이제 '예술'로서 수용되므로, 네오아방가르드의 저항적 제스처는 진정하지 않은 게 된다. 바로잡을 수 없다고 판명된 이상, 더 이상 저항을 표방하는 주장을 유지할 순 없는 노릇이다"(1996: 53).

9. 콜린 로우는 미국의 경우 기본적으로 혁명이 이미 1776년에 일어났기 때문에 미국의 사회운동은 유럽에서의 운동들이 누렸던 폭넓은 지지를 전혀 받지 못했다고 했다. "따라서 유럽과 관련해서는 근대건축이 사회주의의 부속물로 간주되었고 아마도 마르크스주의와 대략 동일한 이데올로기적 연원들에서 비롯했을 것이라고, 미국에서는 토착적인 근대건축이 그러한 암묵적인 사회적 프로그램이나 정치적으로 비판적인 계보를 취하지 않는 경향이 현저했다고 주장할 수 있다"(1975: 3). 찰스 젱크스는 "미국적 전통의 대부분은 유럽인들처럼 사회적으로 의식적이지도 유토피아적이지도 않았으며, 오히려 그 관심들은 좀 더 철저하게 미학적이었다"(1969a: 250)고 지적했다.

이를 구분함으로써 예술적 모더니즘에서 자율성의 지위를 설명해낼 수 있었다. 그러한 구분은 조지 베어드가 1969년에 발표한 "건축에서의 '애정의 차원' ('La dimension amourese' in architecture)"이란 논설에서 암시되고 있는데, 그는 이 글에서 에로 사리넨의 〈CBS 건물〉이 취하는 자율성을 세드릭 프라이스의 〈포터리스 씽크벨트〉가 취하는 (사회적) 개입성과 대비시킨 바 있다. 하지만 건축 아방가르드에 관해 정밀한 이론을 제시한 이는 이탈리아의 건축사가 만프레도 타푸리였으며, 그가 1969년에 발표한 "건축 이데올로기 비판을 향하여(Towards a critique of architectural ideology)"와 1973년에 출판된 『건축과 유토피아(Architecture and Utopia)』를 통해서였다.

타푸리는 19세기의 미국 신도시들에서 추상적인 격자가 사용된 것을 두고, 건물을 도시로부터, 건축을 도시계획으로부터 분리시켜 그 환경으로부터 떼어놓는 자율성, 말하자면 건축이 자체적인 형태를 실험할 수 있는 자율성을 가능케 하는 메커니즘이라고 일컬었다.

> (워싱턴에서, 필라델피아에서, 그리고 나중에는 뉴욕에서) 도시계획의 기하학적 설계는 개별 건축의 형태면에서도 그와 유사한 설계를 추구하진 않는다. 상트페테르부르크나 베를린에서 일어난 일과는 달리, 이곳의 건축은 가장 다양하게 분리된 커뮤니케이션의 영역들을 자유롭게 탐구했다.
>
> (Tafuri 2000: 13)

교외의 단독주택(파빌리온)은 건축주의 표현이든 건축가의 표현이든 간에, 주체의 영역이 되었다. 도시는 데카르트적인 직각격자를 통해서든 바롱 오스망 남작이 설계한 파리의 웅장한 대로들을 통해서든, 객관화된 합리적 영역이 스스로를 구체화하는 장이었다. 따라서 타푸리가 기술한 건물과 도시의 분리는 현대사회의 원자화와 노동 분업의 결과로 일상생활에서 일어나는 주체와 객체의 분열이 표현된 것이었다. 주류 모더니즘은 건축을 자율적인 학문분야로서 접근하면서, 건축의 진보를 형태적인 자기발전으로 이해했다. 따라서 모더니즘의 자기이해는, 상징주의와 장식 같은 재현적이고 피상적인 요소들을 배격하는 자기-진화적 발전이라는 클레멘트 그린버그식의 자율성과 유사했다. 반면 모더니즘 아방가르드는 모든 도시들을 단일요소와 기본단위의 증식 및 조작을 통해 개발하고 이로써 단일 건물의 자율성을 약화시켜 주체와 객체를 다시 통일시키는 방식으로, 건물과 도시의 연속체를 만들고 건축과 도시계획을 다시 연결하고 싶어 했다. 따라서 모이세이 긴즈부르크(Moisei Ginzburg)의 작업과 힐버자이머의 합리적 도시, 에른스트 마이의 〈새로운 프랑크푸르트를 위한 집합주거(Neue Frankfurt)〉는 모두 건축 아방가르드의 사례들이다.

하지만 이러한 범주화는 그리 쉽게 이뤄지지 않는다. 주로 건축적 대상의 완벽함에 관심을 둔 건축가인 미스 반 데어 로에를 모더니즘의 자율성과 쉽게 연관시킬 순 있을지 몰라도, 르 코르뷔지에 같은 건축가는 그렇게 쉽게 범주화되지 않는다. 르 코르뷔지에의 주택들은 "건축은 머릿속에서 만들어진다"(Le Corbusier 1991: 230)던 그의 말마따나 자율성의 관념에 잘 들어맞는다. 그가 『건축을 향하여』에서 파르테논신전을 언급한 것은 건축이 선례들에 의존한다는 건축적 연속성의 관념을 보여준다. 하지만 〈플랑 부아쟁(Plan Voisin)〉과 특히 알제를 위한 〈플랑 오뷔〉 같은 르 코르뷔지에의 도시계획들은 건물과 도시의 통합을 보여준다. 그의 '건축이냐 혁명이냐'는 외침은 비록 개혁주의냐 보수주의냐의 문제라 하더라도 건축에 사회-정치적 효능이 있음을 암시하는 반면, 그가 푸리에(Fourier)의 〈팔랑스테르(Phalanstere)〉[10]를 차용한 것은 19세기의 급진적 유토피아주의와도 연결되는 그의 특징이다.

게다가 모더니즘의 형성은 건설부문에 일어난 특수한 변화들과 연결되어 있었는데, 예를 들어 엔지니어링과 기술이 부상했을 뿐만 아니라 19세기 후반에는 집합주택이 탄생하는 중요한 변화도 있었던 것이다. 건축가들이 집합주택 설계에 참여하면서 건축학의 관심은 공공건물의 상징적인 사회표상에서 사람들이 사는 방식의 결정으로 옮겨갔다. 1957년에 존 서머슨(John Summerson)은 모더니즘 건축을 다음처럼 묘사했다.

---

10. 19세기 초에 프랑스 사회주의자 샤를 푸리에(Charles Fourier)(1772~1837)가 주창했던 사회주의 유토피아적 공동체주거로, 중앙부와 양 측면의 날개부로 구성된다. 약 500명에서 2,000명을 대상으로 한 자족적인 생활공동체로서 개인주거단위와 공동의 사회적 공간들을 조합했으며, 20세기에 르 코르뷔지에는 〈마르세유 집합주거(Unité d' Habitation Marseille)〉를 설계하면서 이러한 자족적 공동체의 개념을 적용했다. — 옮긴이

> 사회적 요인들 자체에 관심을 집중하고 건축가의 프로그램을 [모더니즘의] 통합의 원천으로 여기는 것. [중략] 통합의 원천으로서의 프로그램은 내가 이해하는 한 모던건축에 관여하는 한 가지 새로운 원리다.
>
> (Summerson 1993: 233)

따라서 모더니즘이 상정하는 세계관은 유물론과 관념론의 혼합으로 묘사할 수 있다. 미국에서의 모더니즘은 주로 스스로를 자율적인 운동으로 이해했고, 유럽에서는 유물론적 입장과 생산주의적 입장이 담론을 지배하면서 많은 실무건축가들의 자율적 경향들을 감추었다.

하지만 1960년대 말에 이르자 자율성 이론은 모더니즘의 그림자에서 벗어나면서 부상했고, 점차 건축학의 전면에 떠오르면서 모더니즘이 쇠퇴하던 순간에 건축의 구원투수가 되어갔다. 자율성은 건축을 부흥시키면서 건축학이 1990년대 들어 다시 문화적으로 두각을 보이게 하는 데 핵심적 역할을 수행하고, 당시 떠오르던 탈산업사회의 변화한 사회문화적 정세에 건축이 적응할 수 있는 수단을 제공하게 되었다. 자유와 창조성, 개인주의의 중요성이 떠오르면서 모더니즘의 몰락이 일어났지만, 이를 회복하기 위해 건축학은 이런 이슈들을 다루며 새로운 사회정세에 적합한 건축을 만들 필요가 있었다. 자율성으로의 선회는 이상(理想)이 건축학의 중심적인 토대를 이루었기에, 도면과 건물을 가르는 실존적 간극이 존속했기에 가능한 일이었다. 건축의 부흥으로 이어진 과정을 설명하려면, 먼저 상품의 지위와 예술적 자율성의 통합[11]을 살펴본 후에 건축으로 돌아갈 필요가 있다.

상품(The commodity)

계몽시대부터 현재에 이르는 계보는 사회를 윤리와 지식과 경제의 자율적인 영역들로 점차 파편화해왔다. 경제는 더 이상 자체적인 정당화를 위해 외부적인 윤리 영역을 언급할 필요가 없었다. 오히려 경제의 정당화는

11. 본서의 제2부에서 말하는 자율성의 '통합(integration)' 이란 타 분야로부터의 독립성과 사회비판을 표방하던 자율성이 그 사회나 문화 속으로 흡수·통합되어 버리는 현상을 말한다. — 옮긴이

그 자체적으로, 말하자면 부를 만들어내는 능력을 근거로 이루어졌다. 이러한 사회가 가시적으로 파편화되어갈 때 별개 분야들의 통합을 향해가는 정반대의 과정도 병행하여 강화되고 있었는데, 삶의 다양한 영역들에서 초과이윤의 논리가 공통분모로서 작동하게 된 것이다. 사회의 미학화(美學化, aestheticization) 과정에 대해서는 1920년대에 이미 게오르크 루카치(Georg Lukács)가 주목한 바 있는데, 그는 실러의 미학을 비판하면서 그런 미학의 가능한 결과들을 경고했을 뿐만 아니라 미학적 자율성으로의 대안적인 탈출도 효과적이지 못하다고 경고했다.

> 인간이 '오로지 놀이할 때에만' 완연히 인간적이라면, 우리는 실로 이런 관점에서 삶의 모든 내용들을 이해할 수 있게 된다. 그리고 가능한 한 폭넓게 생각해볼 때 미학적 양상에서는 그런 내용들이 사물화(事物化, reification)의 메커니즘이 일으키는 치명적인 효과들로부터 구제될 수도 있을 것이다. 하지만 오로지 이런 내용들이 미학화된다는 한에서다. 말하자면 한 가지 방편은 세계가 미학화되어야만 한다는 것인데, 이것은 실재하는 문제를 회피하는 것이자 주체를 순수하게 사변적으로 만들어 '행동'을 말소해버리는 또 다른 방법이다. 다른 방편은, 미학적 원리가 객관적 현실의 형성원리로 고양되어야 한다는 것이다. 하지만 그것은 직관적인 이해의 발견을 신화화하는 일이 될 것이다.
>
> (Lukács 1971: 139-40)

이러한 예언적인 말들이 기술된 이후로 수십 년이 지나자, 두 예언은 모두 구체화되었다. 1990년대에 일어난 건축적 자율성의 통합은 (형식적으로나 연대기적으로나) 예술적 자율성의 통합과정을 따랐고, 예술적 자율성의 통합은 상품의 지위변화를 따라 일어났다. 서구에서 나타난 산업사회에서 탈산업사회로의 이행은 유물론적 속성들을 강조하던 형태에서 사회와 문화의 모든 수준에서 이상을 강조하는 형태로의 변화를 부추겼다. 이러한 변화들은 상품들의 특수한 성격들을 통해 가시화되는 상품 지위변화의 초기단계에서 명백해진다. 건축에서는 이런 변화가 종종 은폐되고 불분명하게 가려지지만, 상품에서는 명백하게 드러나고 쉽게 분간이 가능하다. 건물과 상품의 현실적 관계는 다양한 형식들로 이해할 수 있다. 상품이나 건물이나 모두 같은 사회적 · 경제적 동력들을 통해 결정될 뿐만 아니라, 중산층 주거와 일반 사무소 건물들은 공공건물과 개인주택, 사회적 주거, 혹은 기업본사들과는 반대로 종종 상품으로 제시되어 시장을 통해 판매된다. 따라서 그런 별개의 생산물들 속에서 똑같은 관심과 논리의 흔적들을 찾을 수 있으리라고 합리적으로 기대해볼 수 있다.

여기서 논의하는 변화들은 세계대전 이후에 일어났지만, 그런 변화들은 오래 전 상품 속에 존재했던 어떤 특징들을 통해 가능해진 것이었다. 이미 19세기에 상품과 상품가치의 설명을 시도했던 마르크스는 다음처럼 상품의 물신(物神, fetish)적인 특징들에 주목했다.

> 물리적인 사물들 간에는 물리적인 관계가 존재한다. 하지만 상품들의 경우는 다르다. 이 경우 상품으로서의 사물들은, 그리고 그것들을 상품으로 찍어내는 노동의 생산물들 간에 존재하는 가치의 관계는 사물들의 물리적 속성과 아무런 관계도 없으며 그로부터 출현하는 물질적 관계들과도 아무런 관계가 없다. 이 경우에는 인간들 사이의 확정적인 사회적 관계가 사물들 사이에 환상적인 관계의 형식을 주관적으로 덧씌운다. 따라서 이를 비교하려면, 안개 속에 덮인 종교적 세계의 영역들에 의지할 수밖에 없다. 그런 세계에서 인간 두뇌의 산물들은 생명을 지닌 독립된 존재들로 보이며, 또 다른 상품과 인류 모두와의 관계에 돌입한다. 따라서 상품들의 세계에는 인간의 손으로 만든 생산물들과 함께 존재하는 것이 있다. 바로 이것을 나는 물신주의(Fetishism)라고 부르며, 이것은 노동의 생산물들이 상품으로서 생산되는 순간에 바로 들러붙기 때문에 상품들의 생산에서 떼어낼 수 없는 것이다.
>
> (Marx 2003b: 473-4)

반세기가 지나 게오르크 지멜(Georg Simmel)은 그의 『돈의 철학(The Philosophy of Money)』에서 인간이 사물(객체)들을 인지하는 두 가지 범주를 파악했는데, 하나는 현실과 연결된 지각(perception)에 관한 범주였고 다른 하나는 객관적 현실과 거리가 있는 가치(value)에 관한 범주였다. "우리의 정신이 단순히 현실을 수동적으로 비추는 거울이 아니라면—객관적인 지각조차 가치평가를 통해서만 일어날 수 있으니 아마도 절대 그런 거울일 리 없겠지만—언제나 우리는 현실의 내용들을 자율적인 질서 속에 배열하는 가치들의 세계에 사는 것이다"(Simmel 2003: 60). 따라서 지멜은 사물들에 할당되는 사회문화적 가치에서 현실로부터 독립하는 자율성을 파악한 것이며, 더 나아가 사물들의 가치-질서를 결정하는 근본적인 특질로서의 '차이'에 대해 약술했다.

지멜의 통찰들은 20세기 중반에 미디어와 광고가 급증하기 전에 이뤄졌다. 이어서 대량상품과 대중매체가 범람한 이후로 프랑스 사회학자 장 보드리야르는 1968년에 발표한 『사물의 체계(The System of Objects)』에서 상품들의 사회문화적 기능에 대해 기술했다. 이 저작에서 보드리야르는 '모델(the model)'과 '시리즈(the series)'의 관계를 약술했는데, 그가 말하는 모델은 사치품과 수제품, 일회용품, 한정판과 같은 실체적 사물로서 지멜이 기술한 사물들의 사회문화적 위계에서 가장 높은 층위를 차지하는 생산물들이다. 하지만 그 모델은 신플라톤주의적인 추상적 대상 관념을 뜻하는 대문자 M의 모델, 즉 원본(Model)이기도 하다. 상품들의 세계에서 시리즈는 대량생산된 일상적인 사물들로 구성되는데, 여기에는 그것들의 생산수단으로 말미암아 독특함과 독창성이 없다. 이런 생산물들은 사물들의 사회문화적 위계에서 가장 낮은 층위를 차지한다. 그것들은 모델을 모방함으로써 모델의 지위에 이르려고 하고, 한편 모델은 그것의 대량화 버전들로서 생산된 사물들에 모종의 지위를 부여한다. 상품들의 위계를 올라서려고 하는 시리즈, 즉 대량생산된 사물들은 천천히 모델에 더 근접해가지만 결코 모델에는 도달하지 못한다. 왜냐면 시리즈와 모델은 구조적으로 별개인, 다른 생산수단의 최종 생산물들이기 때문이다. 모델은 그런 차이로 말미암아 경건한 지위를 확보하며, 이러한 지위는 그 모델의 소유주나 사용자에게로 투사된다. 이때부터 모델은 그것의 소유주에게 개별성을 전해주는 개인화된 대상이 된다.

따라서 시리즈를 통해 더 높은 지위를 얻으려면 대량생산된 상품 속에서 개인화된 대상의 관념을 만들어내야 하고, 그것은 시리즈 내부의 차이들을 강조함으로써 이루어진다. 시리즈 상품에 대한 개인화는 그 사물의 공리적 가치와 무관한, 따라서 객관적으로는 중요하게 지각되지 않는 차이들을 강조하는데, 예를 들면 색상이나 모양을 다양화하곤 하는 것이다. 이러한 주변적 차이들은 대량생산된 사물의 가장 중요한 특징이 되면서 그러한 사물의 소유자에게 허구적인 독특함과 개별성을 선사하고 전체적인 체계를 중요하지 않은 것을 강조하는 방향으로, 즉 이 경우에는 문화적 코드를 강조하는 방향으로 변화시킨다.

이어서 보드리야르는 다음처럼 결론을 내리게 되었다.

> 모든 사물이 하나의 선택을 거쳐 우리에게 도달한다는 사실의 필연적인 결과는 기본적으로 어떤 사물이든 간에 시리즈적인 사물로서 제공되지는 않는다는 사실, 즉 모든 개개의 사물마다 모델의 지위를 내세운다는 사실이다. 가장 대수롭지 않은 사물은 색상이나 액세서리, 이러저러한 종류의 디테일 등 다소 눈에 띄는 특질로 차별화되어야 한다. [중략] 사실 산업적인 사물은 일관된 기술적 수준에 있으므로 개인화에 대한 요구는 오로지 비본질적인 것들로만 충족될 수 있다.
>
> (Baudrillard 2005: 152)

소비자는 기본적으로 같지만 다르게 제시되는 상품들 사이에서 선택을 제안 받는다. 보드리야르는 이렇게 결론을 내렸다. "그러한 모든 상대적 차이들은 다른 모든 것들을 참조하며, 집합적으로는 절대적 차이를 이루게 된다. 말하자면 그것들은 그 자체가 기본적으로 절대적 차이의 관념이며, 이는 바로 그 모델의 관념이다" (2005: 154-5).

에드워드 H. 챔벌린(Edward H. Chamberlin)이란 이름의 경제학자는 1927년에 쓰고 1933년에 발표한 그의 박사논문에서 이런 현상의 경제적 타당성을 예견했다. 그의 주장에 따르면, 동일한 제품들의 시장에서 생산자는 '실제적인' 유용한 속성들보다 광고로 차별화할 수 있는 제품을 통해 유사-독점적 우위를 누릴 수가 있다. 그런 독점적 우위는 신고전적 경제이론의 관점에서 시장을 교란시키는데, 그것이 가격이 아닌 차별화를 통한 경쟁으로 이어지기 때문이다. 게다가 이런 현상의 한 가지 부수효과는 생산을 늘릴 필요성과 늘리고픈 욕망도 문제시되고 경쟁하는 회사들은 이런 차별화된 상품들을 덜 생산하는 경향이 생긴다는 점이다(Bell 1981: 61).

여기서 약술한 과정은 인간관계의 객관화가 아닌 사물들의 주관화에 초점을 맞추는 만큼, 루카치가 기술한 사물화와는 다르다. 시리즈와 모델의 관계는 '생산' 에서 '소비' 로의 이동을 표현하는데, 이는 제품 자체에 관한 현실주의적-유물론적 관심들(생산과 내구성, 유용성, 품질 등)이 사라지는 대신 '문화적인 것' 이 사회를 지배하면서 이상의 영역 내에 있는 모든 것들(광고나 마케팅, 라이프스타일 혹은 브랜딩 등)이 강조되어 온 변화를 말한다. 대량생산된 사물들의 주변적 차이들이 강조되면서 전해지는 독특함과 독창성, 개인화라는 허구가 사물을 둘러싼 신비로움을 만들어내고, 상품의 물신적인 매력과 그것의 사용가치를 초월한 부가적인 교환가치로 이어진다.

인공물(The artefact)

보드리야르가 주목한 것 중 하나는 모델이 그것의 지위 중 무언가를 개인화된 시리즈 상품으로 넘겨줌에도 불구하고 결코 그런 시리즈로 완전히 흡수되진 않는다는 점이었다. 여기서 그 모델이 시리즈와의 관계에서 보이는 탄력성은 자율적인 예술이 역사적 아방가르드의 시도들(예술을 일상적 삶으로 통합시키려는 시도들)과의 관계에서 보이는 탄력성에 비견할만하다. 역사적 아방가르드의 야심찬 공격은 대량생산된 사물을 평등성을 반영한 민주적이고 비위계적인 제품으로서 제시함으로써, 자율성의 정당성을 해체하고 그것을 하나의 부르주아적 이상으로 묘사했다. 예를 들어 생산주의 관념들을 옹호한 구성주의적 수사라든가, 고급예술의 무관심성에 대한 비판적 기능을 수행하는 사물을 의도한 다다의 기성품(레디메이드) 활용이 그런 공격이었다. 하지만 바라던 바와 반대되는 역효과가 일어났는데, 그러한 아방가르드가 자율적인 예술로 통합된 것이다. 하지만 세계대전 이후의 시기에는 또 다른 유형의 통합이 일어나고 있었다. 가장 광의적인 의미로 문화 영역에서 '고급예술' 이 '모델' 로 기능하기 시작했고 대중문화는 '시리즈' 로 기능하기 시작했던 것이다. 이러한 새로운 상태에서 자율적인 예술은 일상생활로부터 유리된 상태를 유지했다. 사실 바로 이렇게 거리를 유지했기에 비로소 자율적인 예술은 모델이라는, 욕망의 대상이 될 수 있었다.

세계대전 이후로 성장한 중산층은 예술을 향유하는 관객 및 수집가층을 공급했다. 동시에 이 기간에는 새로운 컬러잡지와 타블로이드 신문,

텔레비전 등으로 미디어가 확장되면서, 언제나 새로운 소재거리와 분노, 별난 것들이 필요했던 미디어의 주목을 끈 예술이 당시 성장하던 문화시장에서 중심적인 위치를 차지하게 되었다. 예술은 차이와 천재성, 독창성, 개인주의와 결합하면서 미디어의 관심에 효과적으로 부응했고, 이는 탈산업사회의 자기인식 및 요구와도 일치된 것이었다. 사회학적인 사회비판이 점차 사그라지고 예술적 비판이 떠오르기 시작한 것은 그 어느 때보다 더 많은 대중이 자유와 개인주의를 요구했다는 뜻이었다. 예술은 이런 요구들을 만족시키기에 완벽한 수단이었고, 어쨌거나 그와 같은 사회비판은 본래 예술계 내에서 독창적으로 명료화된 것이었다. 그것은 낭만주의 이후로 예술 스스로가 줄기차게 제기해온 사회적 요구였던 것이다.

당시 생산되던 대중문화는 마치 시리즈가 모델을 모방하듯 점차 자율적인 예술을 모방하기 시작했는데, 이로써 그 스스로를 구별하려 했고 주변적 차이들을 중요하게 강조하려 했다. 이런 시도는 가장 광의적인 의미에서 볼 때, 대량생산품들의 차별화와 개인화를 위한 산업디자인의 활용에서부터 광고에서의 고급예술 활용에까지 이르렀다. 따라서 뭔가 예술과 연관된 독특함과 개인주의, 독창성이 있던 것은 고급예술을 모방한 대중문화와 같은 것이라 할 수 있었다. 예술의 대중성은 대표적인 현대예술가들이 만든 작품의 교환가치를 증대시켰을 뿐만 아니라, 높은 천장고의 다락 공간을 요하거나 (앤디 워홀에서 시작하여 줄리안 슈나벨을 거쳐 데미언 허스트에 이르는) 일부 예술가들이 유명인의 지위를 구가하는 현상도 일으켰다.[12] 예술은 모델이 되었고, 예술가들은 차이를 제공하는 생활양식의 가능성들을 그리는 작업에 (종종 비자발적으로) 관여하게 되었다. 따라서 자율적인 예술은 소비주기의 주변부에서 그 중심부를 향해 과감하게 이동했다. 여기서 특수한 점은 이런 변화들이 현실과 일정한 거리를 둔 채 허구적으로 만들어진 지각과 믿음들과 관련하여 일어났다는 점, 따라서 이상의 영역 속에 자리하고 있었단 점이다. 여기에 관여된 허

12. 예술가 바바라 크루거(Barbara Kruger)는 이렇게 말했다. "다락방 주거와 '보헤미안'의 개념들은 부동산 개발에 유리한 판매요인이 되었다. [중략] 근린지구를 멋지게 만드는 게 그들(예술가들)의 작업이다"(Pogrebin 2008: 쪽수 없음). Zukin(1988)도 참조.

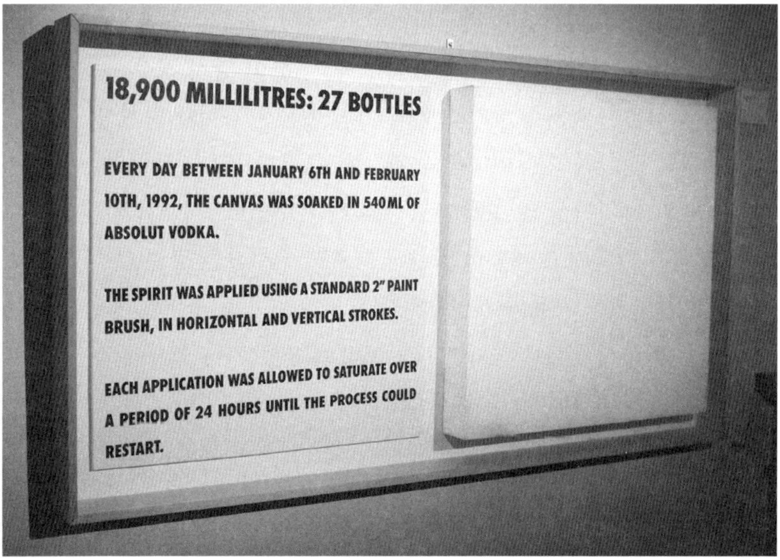

2.1 더글러스 고든, 〈앱솔루트 고든(ABSOLUT GORDEN)〉(1992).
앱솔루트 아트 컬렉션 의뢰 작품. Peter Rutherhagen/ⓒ KNOCK.

구는 바로 그 자율성이라는 관념이었다. 앞서 간략히 약술했듯이 페터 뷔르거는 절대적 자율성의 관념이 예술과 일상생활 간의 구조적인 (그리고 부분적인) 거리와 대비되는 하나의 이데올로기적 구성물이라고 주장한 바 있다. 따라서 예술은 하나의 관념으로서, 즉 잉여이윤을 생산하기 위한 상업적 수단에 자율성의 이상을 활용하는 고유의 모델로서 통합된 것이었다(그림 2.1).

이미 지멜은 『돈의 철학』에서 이상적인 내용인 사회문화적 가치가 객관적인 현실로 오해받게 된다고 언급했다. "주체와 객체는 똑같은 행위 속에서 태어난다. 논리적으로 볼 때, 개념적인 이상적 내용을 처음에는 표상의 내용으로, 다음에는 객관적 현실의 내용으로 제시함으로써 태어나는 것이다"(2003: 65). 보드리야르는 사물의 체계에서 물적 현실이 거의 완전히 사라지는 수준으로 이상의 의미를 강조한다. 아마도 여기서 더 유용한 것은 이데올로기에 대한 알튀세르의 기술일 텐데, 그는 다음처럼 실재와 이상의 균형을 맞추며 이데올로기를 설명한다.

> 따라서 이데올로기는 인간들과 세계 사이에서 *체험되는(lived)* 관계의 문제다. 이런 관계는 '의식적' 인 것처럼 보이지만 실상은 *무의식적* 조건에서만 그렇게 보일 뿐이며, 마찬가지로 단순해보이지만 실상은 복잡한 조건에서만 단순해보일 뿐이다. 그것은 단순한 관계가 아니라 관계들 간의 관계, 즉 이차적인 관계다. 인간이 이데올로기 속에서 표현하는 것은 그들과 그들의 실존조건이 이루는 실재적 관계가 아니라, 그러한 관계를 체험하는 *방식(way)*이다. 여기에는 실재적(real) 관계와 *'상상적(imaginary)' 으로 '체험되는(lived)'* 관계가 모두 전제된다.[13]
>
> (Althusser 1969: 233-4)

마찬가지로 자율성 관념은 예술과 삶 간의 관계를 표현하는 게 아니라, 사람들이 '자기들이 소비하는 문화나 예술과의 관계' 를 체험하는 '방식' 을 표현한다. 상품과 인공물의 물신주의적 측면은 무엇이든 실재를 대체하는 것이다. 즉 그것은 독특하고 차별화된 자기이미지를 만들어 개인화되는 사물의 가치로서, 이렇게 상상된 가치를 그 소유자나 사용자에게 투사한다. 개인들이 상상하기에 사물들은 자신만의 정체성에 이바지하는 의미가 있는 만큼 자신들과 다를 바 없게 된다. 예술의 자율성으로 여겨지던 것은 결국 이렇게 경제적인 방식으로 통합되었다.

페이퍼 건축과 자율성(Paper architecture and autonomy)

건축의 자율성으로의 전회는 즉각적으로 이루어지지 않았고, 자유의 이상이 부상하던 흐름과 관련되어 있었다. 자유에 대한 열망은 이미 1966년부터 72년까지의 급진적 건축을 통해 표현되었고, 이에 대해서는 본서의 제1부에서 약술한 바 있다. 급진적 건축그룹들의 작업에 내재해 있던 자유의 이상은 외적으로 당대의 극좌파와 학생운동이 내걸었던 요구와, 더 폭넓게는 자율성에 대한 사회정치적 요구들과 관련되어 있었다. 그리고

13. 정치철학자 알튀세르는 정신분석학자 라캉과 지적으로 교류했는데 그가 사용하는 '상상적(imaginary)' 과 '실재적(real)' 이라는 단어가 그러한 영향을 보여주는 말이다. 라캉은 인간의 정신적 질서를 '상상적-상징적-실재적' 이라는 삼원단계로 설명했는데, 이중 '상상적' 인 단계는 거울에 비친 어린아이가 자신의 이미지를 인식하듯이 타자(他者, Other)의 실상을 알지 못한 채 타자의 환영적인 이미지들로 이상적 자아를 구성하는 착각의 단계로서, 사회적 주체로서의 성숙이 이뤄지지 않은 상태에 해당한다. 이처럼 알튀세르도 '실재인 듯 착각하지만 실상은 실재와 다르게 체험되는' 관계를 '상상적으로 체험되는' 관계로 표현하고 있는 것이다. — 옮긴이

내적으로는 건축에만 특수한 결과들이 있었는데, 그것은 1970년경 급진적 건축그룹 중의 일부가 70년대 말에 이르러 자율적 건축으로 옮겨가게 된 계기였다.

급진적 건축은 건축 저널을 겨냥한 페이퍼 건축을 통해 건축학계의 관심을 사로잡았다.[14] 그것은 미디어를 특출한 표현수단으로 삼았으며, 인쇄매체가 가능케 하고 영화와 슬라이드 쇼, 전시회 같은 시청각자료로 뒷받침되는 가능성들을 한껏 활용했다. 슈퍼스튜디오의 〈연속적 기념비〉에서 암시되었던 자유에 대한 요구는 페이퍼 건축의 전형적인 특징이었다.[15] 보다 중요한 점은 페이퍼 건축이 건축적 자율성의 가장 명시적인 표현으로서 건축을 그 고유의 매체인 도면으로 환원시키고 설계의 최종 산물인 건설의 문제를 우회한다는 것인데, 건설은 건축가의 작업뿐만 아니라 투자와 엔지니어링, 법규, 노동에도 좌우되기 때문이다. 사실 페이퍼 건축이 존재한다는 것만으로도 건축은 건설 자체에 있다기보다 그 관념 속에, 즉 그 디자인 속에 자리한다는 '증거'가 된다.[16] 로빈 에반스(Robin Evans)는 점증하던 후기구조주의의 영향과 관련하여 이렇게 기술했다. "만약 이제 건물이 그것의 표상보다 더 실제적이지도 정통적이지도 못하다고 여겨진다면," 도면에 특권이 부여된다. "건축의 경우 그것은 이미 정착한 플라톤주의를 강화한다"(2000a: 86). 그는 페이퍼 건축을 구조의 제약들로부터 디자인을 자유롭게 하려는 시도로 묘사했다(2000a). 하지만 페이퍼 건축에 내재된 그러한 자유는 에반스가 제시한 것보다 훨씬 더 광범위하면서도, 그런 상상적 디자인들의 많은 창조자들이 그리는 사

14. 실현되지 않은 디자인들의 생산은 물론 건축에서도 예외가 아니며, 의뢰 건들이 없는 젊은 디자이너들에게서 전형적으로 나타나는 생산물이다. 불레나 급진적 건축가들의 작업을 특별하게 만드는 건 그들이 도면이란 매체를 유리하게 활용하는 방식과 특히 건축학이 이런 도면들에 보인 관심, 즉 현실의 불확실성을 '회피'하고픈 건축학의 욕망과 관련된 관심이다. 반면에 산텔리아 같은 초기 모더니스트들의 상상적 도면들은 많은 경우 당시 건축학의 주목을 제한적으로만 받았다가 나중에 들어 모더니즘의 기원으로서 '재발견'되었다. 여기서 더 중요한 건 아키그램인데, 건축학이 페이퍼 건축을 관심의 중심에 두기 시작하며 급진적 건축운동을 예견한 20세기의 첫 순간이었기 때문이다.

15. 예를 들어 레베우스 우즈(Lebbeus Woods)는 그의 〈언더그라운드 베를린(Underground Berlin)〉 프로젝트에서 "지하실험실들"에 대해 기술하는데, 그에 따르면 이곳에서 "[중략] 사람들의 유일한 목적은 가능한 한 완전히 현재의 순간 속에 사는 것, 그들의 감각과 마음을 여는 것이다"(Papadakis 1993: 393).

16. 이런 주장에는 제한을 두어야 한다. 그것은 근대건축학만을 일컫는다.

회적 자유보다는 훨씬 더 제한적이다. 페이퍼 건축은 구조뿐만 아니라 사회적 제약과 규준까지 포함하는 실재로부터의 일반적 자유를 암시한다. 하지만 그것은 상상적인 사용자들을 위해서라기보다는 기본적으로 설계자를 위한 자유를 표현한다. 페이퍼 건축은 경제적 제약이나 사회적 관습, 혹은 건축규제로써 프로젝트의 실현을 제한하고 가로막는 기존 사회질서의 해체를 미리 전제한다. 기존 사회질서에 대해 상상된 해체나 개혁은 프로젝트를 실현키 위한 선결조건인 만큼, 공공연히 표출되건 암암리에 표출되건 간에 페이퍼 건축을 통해 암시된다. 따라서 페이퍼 건축과 건축적 자율성은 모두 일상생활의 제약들로부터 자유로워지고픈 욕망을 공유한다. 하지만 그것들과 일상생활의 간극, 그리고 그것들이 오로지 간접적으로만 현실에 개입할 수 있는 능력은 제한된 효력만을 제공할 수 있을 뿐이다. 페이퍼 건축은 본질적으로 그것의 실현을 막는 힘들에 대한 비판이다.

페이퍼 건축으로 전회함으로써, 급진그룹들은 그들의 자유에 대한 요구에 부합하면서 건축학의 범속함과 타협성에 대한 비판을 촉발하여 건축의 이데올로기적 역할을 드러낼 표현수단을 찾았다. 페이퍼 건축이 건설의 현실로부터 유지한 거리는 건축도면과 건물 간의 '구조적' 거리를 강조하며 하나의 비판적 거리를 형성할 수 있게 했다. 하지만 그러한 거리는 급진적 건축이 자율적 건축으로 빠져나갈 수 있는 조건들도 만들어냈다. 따라서 페이퍼 건축은 하나의 비판적 장소로서 출발했지만 건축적인 망명지로 변화하게 되면서 건축학이 변화하는 사회정세에 개입하던 종래의 경향에서 후퇴할 수 있게 만들었다. 자율적 건축의 부상은 적어도 처음에는 현실로부터의 후퇴를 장려하는 매체(페이퍼 건축)와 그런 후퇴를 정당화하는 이데올로기가 직접적으로 연계됨을 의미했다.

건축적 자율성의 관념은 알도 로시를 통해 담론의 전면에 등장했다. 로시는 1950년대 말과 1960년대 초에 에르네스토 로제르스가 편집자로 있던 이탈리아 잡지 『카사벨라 콘티누이타』에 논설과 서평을 기고했다. 그때 로시가 서평을 쓴 도서들 중에는 에밀 카우프만의 『르두부터 르 코르뷔지에까지』와 『3인의 혁명적 건축가들(Three Revolutionary Architects)』, 『이성 시대의 건축(Architecture in the Age of Reason)』이 있었는데, 이는 로시의 건축적 자율성 관념이 카우프만의 관념들로부터 발전되었음을 암시한다. 로시와 카우프만에게서 공통되었던 점은 계몽시대 건축에 매료되었던 것인데, 특히 불레의 작업에 확고부동한 관심을 보였다. 로시는 르 코르뷔지에의 디자인보다 로스의 작업에 더 큰 관심을 보였으면서도, 카우프만처럼 건축의 형태를 건축학의 중심적인 측면으로 인식했다.

『도시의 건축』에 선구적 역할을 한 중요한 텍스트는 1963년에 독일 건축가 오스발트 마티아스 웅거스(Oswald Mathias Ungers)가 발표한 "예술작품으로서의 도시"라는 논설이었는데, 이 글에서 웅거스는 도시가 하나의 유한한 객체이자 인공물이며 그 형태와 건축이 만들어내는 하나의 전체라는 관념을 명료화했다. 그는 건축과 도시계획을 그 고유의 형태적 전통에 기초한 실무들로서 특징지었다.

> 건축과 그에 직결된 도시계획학은 형태의 본질에 근거한 고유의 형태적 법칙들을 포함한다. 이러한 본질은 모든 기능적 결정으로부터 독립되어 있으며 그 고유의 구성적 힘의 강도 위에서 모든 시대와 문화에 영구적인 원리로서 존재한다. 건물과 도시는 많은 외적 고려사항들에 근거하는 문화적 산물이 아니다.
>
> (Ungers 1993: 362-4)

이 논설은 웅거스가 팀 텐의 언저리에서 신합리주의자 그룹으로 이동하기 시작했음을 증거하고 알도 로시의 입장들과의 유사성도 보여준다. 로시가 『도시의 건축』에서 착수한 임무는 모더니즘 아방가르드의 사례를 추적하며 건물과 도시의 관계를 새롭게 정식화하고 재정의하려던 것이었다. 로시는 도시에 대해 한편으로 전체적인 관점에서, 다른 한편으로는 단일 건물들로 구성된 도시라는 관점에서 접근함으로써 건축에 역사와 장소, 건물을 관계시키는 수단을 제공했다. 로시는 이런 이분법을 해소하려하기보다 변증법으로 전환하여 그 텍스트를 구조화한다. 독특한 건축적 기념비와 유한한 객체로서의 도시는 역사와 기억이 만들어내는 (그리고 포함되어있는) '도시의 의식(the consciousness of the city)' 으로 함께 묶였다.

'실재적(real)' 과 '구체적(concrete)' 같은 단어들을 자주 사용했음에도, 도시의 생성에 정치적인 것과 집단적인 것이 갖는 중요성을 표방했음에도 불구하고 로시의 프로젝트는 분명 이상주의적인 특징들을 보여준다. 그는 '건축' 과 '도시적 사실(*fatto urbano*)' (이 말은 문제 있는 번역어인 'urban artifact[도시적 인공물]' 라는 말로 영역된다)을 구분한다. 도시적 사실을 예술작품과 비교하면서 그러한 건물과 인공물을 모두 인공적인 문화적 산물이라고 보고, 양자 모두 독특함과 특질, 상상과 직관이라는 일부 속성들을 공유하며 경험을 수반한다고 말한다. 그의 분석에서는 미학의 장소가 중심을 이룬다. 로시는 건축의 "심오한 가치는 미학적 개념에 따라 현실을 형성하고 재료를 조정하는 인간적인 가치" (1991: 35)라고 설명한다. 그는 베네치아 건축학교(IUAV)에서 접한 사베리노 무라토리(Saverio Muratori)의 가르침에서 이상적 유형학의 이론을 도출하는데, 무라토리의 가르침이란 건축이나 추상기하학보다도 도시와 도시적 통일성의 관점으로부터 건축적 '유형(type)' 을 인식한 것이었다(Aureli 2007). 로시는 유형을 "건축의 본질에 가장 가까운, 건축의 관념 자체" (1991: 41)로 정의한다. 이상유형은 초월적인 플라톤적 모델이자, 역사적 변화에도 살아남는 기본적이고 본질적인 원리다. 따라서 이상유형은 건축의 고정되고 안정적인 원리이지만, 그것을 다양한 시대와 맥락에 적용하려면 기법과 기능, 양식, 집단적 성격, 개인적인 계기가 요하는 변경사항들에 맞춰 조정할 필요가 있다. 유형은 형태(form)에 선행하며, 형태를 결정하는 데 참여한다.

이탈리아에서 이 책이 출판된 이후로 로시의 두 가지 프로젝트가 널리 알려지면서 상당한 영향력을 구가하게 되었는데, 〈모데나 공동묘지〉와 〈갈라라테제 공동주거〉 프로젝트가 그것이다. 그가 1971년에 설계한 〈모데나 산 카탈도 공동묘지〉는 어느 정도 르두와 불레에게 경의를 표하는 작품이다(그림 2.2와 그림 2.3). 이 공동묘지는 기본적인 건축요소들과 순수기하학적 형태들, 즉 입방체와 원뿔, 직사각형, 삼각형 등으로 구성된다. 그것은 많은 측면에서 계몽적인 명확성과 명료함을 보여주는 공상적인 디자인이다. 로시는 "그 입방체는 버려지거나 미완성된 주택이다"라고 기술하면서 그 요소를 1750년대에 유행한 폐허의 도면들과 연관 짓는

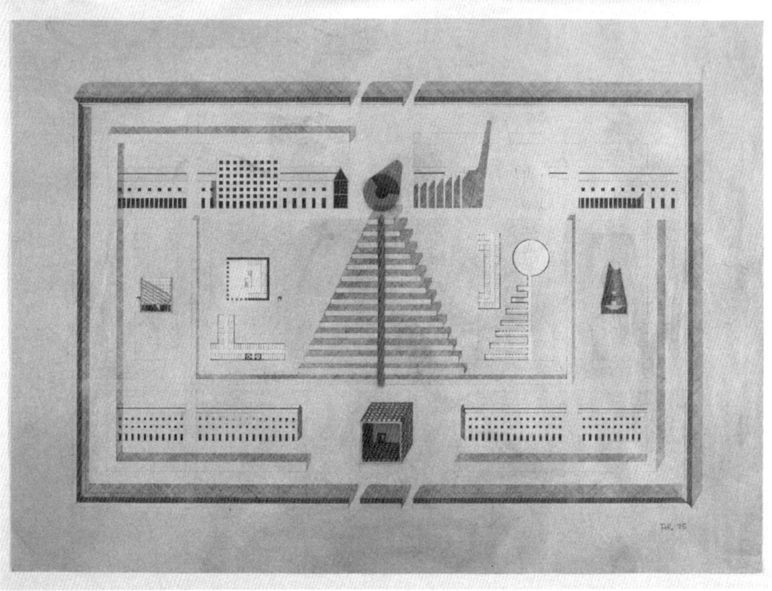

2.2 알도 로시, 〈무제(Untitled)〉(1975).
개인 컬렉션. 알도 로시 재단 제공. ⓒ Eredi Aldo Rossi.

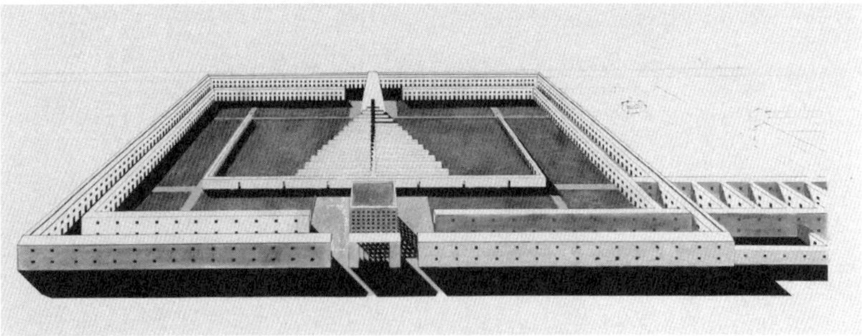

2.3 알도 로시와 쟌니 브라기에리, 〈모데나 산 카탈도 공동묘지〉의 조감투시도.
몬트리올 소재 캐나다건축센터 알도 로시 컬렉션.

다(2000: 69). 하지만 그 도면들에서 묘사되는 완결성이 이러한 폐허의 느낌을 가려버리면서 전체성과 평온함을 암시하고, 그 속에서 피라네지의 폐허는 거의 느껴지지가 않는다. 끝이 잘린 원뿔 모양의 중심에 위치한 빈 공간은 불레의 작품을 연상시키지만, 힘과 숭고함을 표현하는 과잉은 덜하다. 오히려 지배적인 느낌은 어떤 기묘함과 불편함이고, 데 키리코의 회화와 유사한 연상들을 일으키는 불안한 평온함이다. 계몽시대 기하학

2.4, 2.5, 2.6 알도 로시의 〈갈라라테제 공동주거〉 블록. 도시환경 속에서 부유하는 파편처럼 보인다.
사진: Mario Marinetti, Simone Macchia.

의 완결성과 질서를 상기시키는 이 공동묘지는 시간을 초월한 듯한 모습이다. 로시 스스로 말하길, "이 공동묘지에서 시간은 다른 차원을 갖는다" (2000: 68). 이 죽은 자들의 도시는 정녕 초월적이며, 시간의 바깥에 서있는 것이다.

밀라노의 〈갈라라테제〉(1973) 프로젝트에서 로시는 자신의 관심이 계몽시대 건축에만 국한되지는 않음을 보여줬다(그림 2.4와 그림 2.5). 이 프로젝트는 로시가 20세기 도시주거의 슬래브들, 즉 소련의 사회적 사실주의에서나 1920년대 빈에서 실현되곤 했던 슬래브들에 매료되어 있었음을 보여준다. 로시는 그 슬래브 유형을 뒤틀어 '몸체'와 '다리들'의 비례를 조정하고, 건물을 수평으로 확장하여 요소들을 과도하게 반복시킨다. 그 결과는 좀 기괴하게도, 뒤틀리고 결함이 있어 보이는 친숙한 형상이다. 하지만 그 효과가 강력한 데 반해, 로시의 프로젝트를 보다 폭넓은 맥락에 두고 보면 건물의 도시적인 위치는 더욱 문제적이다. 갈라라테제 근린지구의 주요 단지는 카를로 아이모니노가 설계한 거대한 기계 같은 건물들로 구성되어 있었다. 각각의 건물 요소를 저마다의 다양한 형태로 표현하여 프로젝트의 기계적인 특질들이 부각되고, 고가형의 가로들은 그곳이 일종의 '도시 속의 도시'를 이루고 있음을 암시한다. 반면 로시의 건물은 그 도시를 모방하지 않고 한 거리 속에서 단독적으로 위치하도록 설계되었다. 갈라라테제는 인근의 근린지구들과 담장을 통해 분리되어 있고 어떤 전통적인 도시 가로들도 없다는 맥락을 고려해볼 때, 로시의 건물은 마치 그가 아주 매혹되었던 고대 로마의 폐허들만큼이나 장소를 잃고 부유하는 하나의 파편으로 보인다(그림 2.6).

1973년에 열린 ≪제15회 밀라노 트리엔날레≫에서 이 행사의 조직위원 및 전시기획자 중 한 명이었던 로시는 '합리적 건축(Rational Architecture)'이라는 기치 하에 건축적 자율성의 관념들을 명료화했다. 이 전시회는 로시와 뉴욕 5인조, 제임스 스털링, 로브 크리에와 레온 크리에 형제, 브루노 라이힐린과 파비오 라인하르트, 카를로 아이모니노, 오스발트 마티아스 웅거스의 작품뿐만 아니라, 테라니의 〈파시스트 당사(Casa del Fascio)〉와 〈노보코뭄(Novocomum)〉 같은 모더니즘 작품도 선보였다. 이러한 신합리주의 운동의 중심에는 로시와 그의 이탈리아 동료들, 즉 '텐덴차(Tendenza)'로 알려진 이들이 있었는데, 신합리주의의 계보는 계몽시대 건축에서부터 시작하여 1930년대의 이탈리아 합리주의자들을 거쳐 로시와 그라시(Grassi), 라이힐린과 그 동료들의 당대 작업에서 절정을 이루었다. 텐덴차의 일원들은 피지니(Figini)와 프레테(Frette), 라르코(Larco), 리베라(Libera), 폴리니(Pollini), 라바(Rava), 그리고 테라니로 이루어졌던 그루포 7(Gruppo 7)의 합리주의 건축에 다시 주목했는데, 이는 그들을 비판하는 쪽에서 신합리주의 건축을 파시즘과 연관시키게 하는 빌미가 되었다.[17] 로시와 그의 동료들은 그 1930년대의 합리주의자들이 했던 일부 진술들을 쉽게 전용할 수 있었다. 이미 1927년에 그루포 7은 다음과 같이 기술했다.

> 우리는 유형들이, 즉 몇 가지의 근본적인 유형들이 만들어져야 한다고 확신해야 한다. [중략] 건축은 개별적일 수 없으며, 건축을 구하려는 조율된 노력 속에서 우리 시대의 요구로부터 일어나는 보다 견고한 논리로 그 방향을 재정립하려면 바로 우리의 개인성들을 희생해야 한다.
>
> (Zevi 1981: 41)

이 전시회는 로시와 텐덴차를 널리 알리며 건축계와 이탈리아 대중에게 '합리주의 건축'과 건축적 자율성의 원리들을 선보였다. 텐덴차의 건축가들은 분명하게 자율적인 건축의 추구를 표방했는데, 그것은 외부 세계와 분리된 채 그 고유의 발전과 선례들에 관심을 갖는 건축이었다. 그러한 실천의 목적과 논리는 위기에서 시름하던 건축학을 부흥시키게 된다. 마시모 스콜라리(Massimo Scolari)는 텐덴차에 대해 이렇게 기술했다.

> 텐덴차에게 건축이란 자체적으로 건축만의 자율성을 인정하며 현대 건축학의 재정립을 요하고 있는 인식과정이다. 그것은 건축만의 위기에 대한 학제적 해법들을 거부하

17. "합리주의자 선언(Rationalist manifesto)"(1931)은 "무솔리니는 우리 시대의 예술인 파시즘 예술을 원한다"는 진술로 시작하여 다음과 같은 주장으로 발전한다. "우리는 개인적인 이득을 추구하기보다 파시즘적 관념을 표현하고자 한다." Gruppo 7 (1981: 43) 참조.

> 며, 단지 건축 자체의 창조적이고 형식적인 빈약함을 은폐하기 위해 정치적 · 경제적 · 사회적 · 기술적 사건들을 추구하거나 그 속에 빠져들지 않는다. 오히려 그것들을 이해함으로써 명료하게 개입할 수 있기를 바라며, 이는 곧 그것들을 결정하지도 거기에 종속되지도 않으려는 것이다.
>
> (Scolari 2000: 131-2)

텐덴차에게 자율성이란 초월적인 건축유형학으로 선회하여 건축학 자체에 집중하면서 건축을 '새로운 것'과 상품의 문화로부터 떨어뜨리고 관료적인 계획에 종속되지 않도록 거리를 둔다는 뜻이었다. 그럼에도 텐덴차는 카우프만의 자율성 관념, 즉 개인주의를 표현하면서 건축의 전통 및 교의들을 위반하는 자율성 관념과 다른 길을 걸었다. 텐덴차가 만들어낸 건축은 일련의 역사적 건축유형들을 참조하면서 계몽주의와 비정통적인(non-canonical) 모더니즘 건축을 강조했다. 그 결과는 예전 양식들을 본래의 맥락에서 분리시켜 애초의 의미를 벗겨내고 인용한, 시간이 멈춘 건축이었다. 건축적 기표들은 더 이상 어떤 특정한 기의를 '지향'하지 않았다. 이러한 건축의 자율적 전회는 기본적으로 페이퍼 건축과 그것이 제공한 안전성으로의 전회를 의미한 것이기도 했다. 알도 로시에서 출발한 이러한 계보는 주로 로시와 푸리니(Purini), 그레고티(Gregotti), 그라시(Grassi)의 도면들로 특징되었다. 이런 건축의 출발점은 건축과 도시의 관계였지만, 결국 유한한 대상의 형성에 미치는 규범적 건축의 중요성으로 말미암아 텐덴차는 건축적인 특례에 해당하는 단독 기념물에 집중하는 경향을 키웠고 이 와중에 도시적인 관심은 점점 희미해졌다. 따라서 로시의 〈갈라라테제 공동주거〉는 '도시'에서 따로 분리된 하나의 도시적 파편으로서, 도시적인 관심을 폐기한 채 단독 건물을 향해가는 신합리주의의 표류를 예후한 것이었다.

한편 '학문 내적' 관심을 둔 건축학으로서의 건축적 자율성 관념을 미국에 퍼뜨린 책임은 분명컨대 다른 어떤 역사가보다도 콜린 로우에게 있었다. 그는 자율성의 이론을 만들지 않았지만, 1940년대 말에 대부분 르 코르뷔지에의 작품을 다룬 일련의 논설들을 발표하며 초월적 유형들에 관심을 보였다. 로우는 1947년에 쓴 "이상주택의 수학(The mathematics of the ideal villa)"에서 형태분석을 통해 르 코르뷔지에의 〈사부아 주택〉과 〈슈타인 주택〉을 팔라디오의 〈로톤다 주택〉과 〈말콘텐타 주택〉에 비교한다(Rowe 1987). 이 비평가는 르 코르뷔지에와 팔라디오의 작품이 보이는 기하학적 유사성들을 파악함으로써, 플라톤적 모델이라 할 수 있는 이상유형이 하나의 기하학적 추상임을 암시했다. 따라서 팔라디오와 르 코르뷔지에의 작품은 똑같은 이상유형을 성공적으로 적용한 건축으로서 칭송되었다. "이상주택의 수학"에서는 비록 이상유형의 적용을 결정하는 규칙들이 모호한 채로 남아있지만, 이후에 나온 『콜라주 도시』 같은 저서에서는 이상유형이 기본적으로 그것이 위치한 도시적 맥락의 특수성에 따라 적용사례별로 조정되는 게 분명해진다. 로우는 그의 이상유형 이론을 카트르메르 드퀸시(Quatremere de Quincy)의 작업에서 도출했고, 로시와는 형태적인 관심을 공유했다. 하지만 로우에게는 건축형태가 단연코 추상기하학의 파생물인 듯하다.

이 영국인 역사가의 작업은 카트르메르에서 시작하여 뵐플린과 더불어 로우의 스승 루돌프 비트코버로 이어졌던 건축해석이라는 특수미학 분야가 발전하는 한 단계라고 할 수 있다.[18] 건축유형(카트르메르)과 시대양식(뵐플린)과 기하학(비트코버)을 건축 및 건축해석의 기초로 파악함으로써, 건축사는 예술사의 발전을 모방하여 자체적인 건축미학에 국한된 분야로 취급되고 있었다. 건축사가 애드리언 포티가 지적하기를, 로우는 자신의 작업에서 건물이나 건물도면의 묘사를 삼감으로써 건물을 방문하거나 도면들을 보는 식의 다른 수단들로 더 잘 이뤄질 수 있는 일탈적 경험들을 방지하려 한다. 대신 로우의 작업은 "본다는 행위 자체에 대한, 시각적 감각과 정신적 지각 사이의 공간에 대한"(Forty 2000: 27) 것이라고 한다. 결과적으로 로우의 건축비평에 대한 접근은 그가 건축실무에 대해 동의하는 바와 같은 논리를 따른다. 따라서 로우의 글들은 그 자체로 하나의 자율적 실천의 형식이다.

로우의 글에서는 카우프만이 건축적 자율성과 결부지은 개인적 자

18. 앤소니 비들러는 비트코버와 로우의 작업을 엄밀하게 분석한 바 있다(Vidler 2008).

유가 사라지는 대신 건축이 초월적 유형의 규칙들에 종속되었고, 그는 이러한 건축학적 규칙들을 위반했다는 이유로 르두를 칭송했다. 이런 논리로 인해 로우는 모더니즘을, 특히 아방가르드를 비판하게 되었는데, 그것이 시대정신과 진보, 사회변화, 전통과의 단절을 강조한다는 이유에서였다. 더욱이 로우는 모더니즘이 각 문제에 대한 독창적 해법을 찾는 데에, 건물의 외관이 실내 해법을 반영하는 위계를 만드는 데에 집착한다고 비난했다. 이러한 모더니즘적 절차는 규범적인 모든 도시건축을 침해하며, 로우가 반대한 단독적 해법들로 도시를 파편화했다.

『콜라주 도시』와 『5인의 건축가들』 서문에서 가장 명백히 진술된, 아방가르드의 사회정치적 수사에 대한 로우의 비난은 예술적 자율성에 대한 확고한 변호이자 건축적 자율성을 위한 하나의 암묵적 구실이 된다. 그는 예술의 '무목적성(purposelessness)' 에 대한 도덕적 비판을 비난하면서 다음과 같은 '실재' 의 양상을 거론한다. 즉 실재는

> '예술' 에 대한 수많은 공격들(사적인 관심을 공적인 집착으로 까닭 없이 전환하는 일)과 아주 쉽게 결합하게 되며, 설령 '예술' 을 구매하고 소비한 다음 파괴할지언정 그것은 전형적으로 괘씸한 활동으로 여겨진다. 이와 마찬가지로 건축가가 자행하는 '건축' 에 대한 공격들은 언제나 기존 제도의 존속에 대한 짜증과 그런 항목이 아직도 가용함을 알고서 느끼는 당황스러움을 표현해왔다.
>
> (Rowe 1975: 5)

따라서 1970년대 초에 이르러 텐덴차와 로우는 모두 건축적 자율성의 개념을 더 이상 카우프만의 개인주의 및 전통과의 결별이란 개념이 아닌, 이상적인 초월적 유형들에 기초한 어떤 건축학적 연속체의 관념으로 변화시켰다. 이상유형은 현실과 분리된 것으로서, 경제적이거나 사회적인 동력들 너머에 있는 건축학의 한 속성이다. 하지만 로시의 유형들에는 언제나 역사적 의미가 스며들어 있다. 반면 로우의 추상기하학적 형태론에는 역사가 전적으로 부재하며, 그의 초월적 유형들은 본래의 상징적 특징들이나 역사적 기원들의 모든 흔적이 벗겨진 채로 완전한 영원성 속에 맴돈다.●19 로우와 텐덴차가 건축형태를 강조한 것처럼, '백색파' 의 뉴욕 5인

조 건축가들, 즉 아이젠만과 헤이덕(John Hejduk), 그레이브스(Michael Graves), 마이어(Richard Meier), 과스메이(Charles Gwathmey)도 건축형태를 강조했다. 애초에 지어지지 않은 설계안으로 선보였다가 나중에 지어진 '백색파' 의 작품은 기본적으로 그 고유의 표현 형태들, 특히 건축형태의 어휘개발을 중심으로 한 건축을 선보인다.

네오아방가르드(The neo-avant-garde)

1972년에 출판된 『5인의 건축가들(Five Architects)』을 통해 뉴욕 5인조의 작업은 폭넓은 관심을 일으키며 세계 건축매체들에 소개되었다. 이 책에서 묘사된 11개의 주택은 모두 도시적인 맥락에서 자유롭게 독립되어 있다. 이 주택들은 단독적인 오브제들로 계획되었는데, 프로그램이나 실용적인 목적은 희미한 느낌이고 주변 환경이 제시되지 않은 경우가 매우 잦았다. 영역계획이 경로 이상의 무언가를 드러냈던 경우는 언덕과 분산된 수목들의 추상적인 지형을 제시했던 리처드 마이어의 〈스미스 주택(Smith House)〉 뿐이었다. 로시가 계몽시대 건축으로 돌아갔던 데 반해, 이 뉴욕 5인조와 그 동료들, 소위 '네오아방가르드' 라 불리는 이 건축가들은 자신들의 설계안에서 테라니와 미스의 초기 모더니즘을, 그리고 특히 르코르뷔지에가 그의 '백색' 시대인 1920년대에 설계한 주택들을 인용했다.[20] 르 코르뷔지에의 인용은 1960년대 전반의 미국 건축교육에서 르 코르뷔지에의 작품이 차지한 중요한 지위를 반영한 것이었지만, 그러한 초기 모더니즘 어휘로의 특정한 회귀는 기존의 건축계를 당황케 했다. 콜린 로우는 『5인의 건축가들』 서문에서 이렇게 기술했다.

> 여기서 우리는 정통 근대건축 이론의 관점에서 볼 때 이단적인 것을 목격하고 있다.

---

19. 도시유형들의 역사적 측면들에 대한 로시 고유의 주장을 거부하고 그런 유형들을 '부유하는 기호들' 로 보는 타푸리의 인식을 수용한다 하더라도, 로시와 로우의 유형들 사이에 이렇게 기본적인 차이가 없어지진 않는다. 로우의 유형은 기본적으로 순수기하학적 본질에 관한 것인 반면, 로시의 유형은 유형의 역사적인 상징적 가치나 가치결여를 기준으로 정의된다.
20. '네오아방가르드' 는 문제적인 용어다. 뷔르거와 타푸리를 따르자면, 네오아방가르드는 역사적 아방가르드의 어떤 절차 및 실천 들을 모방할 수 있을지라도 그러한 아방가르드로 여겨질 순 없다.

> 우리는 시대착오와 향수, 그리고 아마도 경박함을 목격하고 있는 것이다. 1930년경에 근대건축이 이렇게 보였다면, 오늘날 그것은 이런 식으로 보여선 안 된다.
>
> (Rowe 1975: 4)

이 작업은 비록 모더니즘의 사회적 목적들을 무시하고 있긴 해도, 초기 모더니즘의 급진적 정신은 되살리고자 시도하는 듯했다. 타푸리의 관점에서 보면 네오아방가르드의 작업은 '공허한 기표들'인 텐덴차의 작업과 똑같이 의미가 공허한 형태들이었고, 결국 그런 작업은 모더니즘의 혁명적 프로그램이나 사회적 열망들을 소환코자 시도한 게 아니라 그것의 자율성을 뽐낸 것이었다. 따라서 이러한 초기 모더니즘으로의 회귀는 향수를 비방했던 작업으로의 향수적 회귀였고, 진보적이었던 작업의 보수적 소환이었으며, 자율성을 거부했던 건축을 참조하여 건축의 자율성을 찬미했단 점에서 모순적이었다. 되레 그들이 르 코르뷔지에의 주택들을 특정한 출발점으로 삼았다는 사실은, 건물과 도시가 하나의 연속체를 이룬다는 보다 명백한 사회적 의제가 있었던 역사적 아방가르드보다 미학적인 차원에서 자신들의 차이를 구체화하는 단독 건물들로 읽힐 수 있을 모더니즘을 선호했음을 강조한다. 이러한 반-모더니즘 정서의 시대에 구제될 수 있었던 모더니즘의 단독적 형식은 사회적이기보다 미학적인 모더니즘이었고, 그렇게 〈마르세유 집합주거〉가 아닌 〈사부아 주택〉이, 〈플랑 오뷔〉가 아닌 〈슈타인 주택〉이 구제되었다.

피터 아이젠만은 찰스 젱크스와의 인터뷰에서 자신의 르 코르뷔지에와 테라니로의 회귀를 젱크스가 옹호한 포스트모더니스트들의 역사주의로부터 구분코자 했다. "당신이 상상하는 역사적 이미지는 건축을 그 자체로 되돌려놓는 거지요. 저의 역사적 이미지는 건축을 그 자체로부터 이탈시키려는 것, 말하자면 그 과거와의 이접(離接, disjunction)을 시도하는 겁니다"(Jencks 1988: 54)라고 주장한 아이젠만은 '진보(progression)'가 아닌 '위반(transgression)'을 되살리고 있었다. 뉴욕 5인조의 작업은 당대의 예술적 관심과 생산을 반영한 하나의 반성적(reflective) 건축이었는데, 당시 솔 르윗(Sol LeWitt)과 다니엘 뷔랑(Daniel Buren), 애드리언 파이퍼(Adrian Piper), 온 카와라(On Kawara), 한스 하케(Hans Haacke) 같은 예술가들은 작품을 통해 관객과 스튜디오, 갤러리 공간, 인공물의 지위 및 예술 제도가 예술가와 맺는 관계를 재고했었다. 네오아방가르드는 (아이젠만의) '과정(process)' 과 '색인(index)' , 혹은 (헤이덕의) '신화(myth)' 와 '서사(narrative)' 등의 개념들을 건축에 도입함으로써 건축을 재생하고 새로운 표현방식들을 발견하며 건축학의 방법론들을 재구성하려고 했다. 네오아방가르드가 추구한 해법들은 내향의 형식을 의미했는데, 말하자면 건축가가 최대의 통제권을 쥔 측면들을 강조하면서 건축의 즉각적인 영향권에서 벗어나는 건 모두 배제하는 관점을 취한 것이었다.

아이젠만은 1970년 『디자인 쿼털리(Design Quarterly)』에 기고한 "개념건축에 관한 소고(Notes on conceptual architecture)" 에서 솔 르윗의 개념미술 정의와 노암 촘스키의 '표층(surface)' 및 '심층(deep)' 구조에 대한 언어학적 기술을 하나의 출발점으로 삼는다. 그는 다양한 개념미술 유형과 개념건축의 특수성들에 대한 다소 난해한 언어학적 분석을 진행하면서 로우가 했던 〈슈타인 주택〉과 〈말콘텐타 주택〉의 비교를 상세히 개진한다 (Eisenman 1971: 54). 여기서 아이젠만의 주장을 구체적으로 들여다보고 싶은 맘은 거의 없으나, 라스베이거스의 교훈보다 '예술의 교훈' 을 얻으려던, 특히 미술을 정신의 산물로서 강조한 개념미술의 교훈을 얻으려던 그의 시도만큼은 강조해야 한다. 아이젠만은 여기서 기능주의에 대한 대안을 그리는데, 개념적인 것의 보편적 측면을 촘스키의 심층구조와 연관지으며 이렇게 언급한다. "심층구조는 건축에서 의도적으로 (예를 들어 공간적 연쇄구조의 형식으로) 사용될 때 기능요건들에 기초적인 개념적 측면을 부여할 수 있고, 더 나아가 새로운 의미를 위한 가능성을 부여할 수도 있다" (1971: 55).[21]

1967년에 설립된 뉴욕 건축도시연구소(Institute for Architecture and Urban Studies)의 디렉터 중 한 명이자 이 연구소의 저널 『반론(Oppositions)』 지의

---

21. 아이젠만은 '의미(meaning)' 라는 용어를 대부분의 건축이론가들과 다르게 사용한다. 그는 대개 건축에 함축된 '의미' 유형을 지칭하기 위해 논설에서 '내용(content)' 이란 용어를 사용하는데, 이는 말하자면 제재(subject matter)다. 이는 한 작품의 의미가 꼭 그 내용이나 의미론에서 도출되는 게 아니라 예를 들어 형태와 구문론의 결과일 수도 있음을 내포한다.

편집자였던 아이젠만은 뉴욕 5인조의 대변인이 되었다. 그는 이런 기반 위에서 신합리주의자들을 미국의 건축담론에 끌어들였고, 고도로 지적인 건축담론을 도입하면서 자신의 건축적 자율성 관념을 하나의 비판형식으로 발전시켰다. 아이젠만의 기획—그리고 그것과 로시의 연관성—에 숨은 이상적 의미는 "보금자리(shelter)는 맘속에서도 하나의 관념으로서 존재할 수 있다"(Eisenman 1987: 168)는 그의 진술에서 분명하게 드러난다. "고전적인 것의 종언: 시작의 끝, 종결의 끝(The end of the classical: the end of the beginning, the end of the end)"에서부터 "자율성과 아방가르드(Autonomy and the avant-garde)"에 이르는 논설들을 통해 아이젠만은 타푸리와 뷔르거보다는 카우프만과 그린버그적인 요소들을 결합한 자율성 이론을 만들어냈다. 그는 『카드로 만든 집(Houses of Cards)』이라는 출판물에서 이렇게 주장했다. "이 책의 집들은 자율성의 기획을 최초로 흡수하고 이로써 그러한 전통적 모더니즘의 상징을 해체한다는 의미에서, 자율성의 기획을 새롭게 흡수한다"(1987: 171). 아이젠만은 자율적 건축을 일련의 전치(轉置, dislocation)들을 통해 그것의 과거와 결별하는 비선형적 진보와 결부된 건축으로 묘사했는데, 그것인즉 건축만의 형태개발에 관심을 둔 채 공리주의와 대중문화, 사회적 관심사 등 건축학의 '외부' 요소들은 모두 거부하는 건축이었다. 아이젠만은 소비사회라는 타협된 사회를 거부함으로써 자율적 건축이 비판의 형식이요 저항의 형식이라고 주장할 수 있었다. 이 미국인 건축가는 이렇게 역설했다. "우리는 하나의 서비스이자 수용적인 전문직으로서의 건축 개념을 전치시킬 필요가 있다. 일단 그런 습관을 문제시하게 된다면 [중략] 그러한 균형을 뒤엎고 교란을 일으키는 것이다"(1993: 52-3).

아이젠만이 1987년에 쓴 "오독(Misreading)"이라는 논설은 아돌프 로스가 1910년에 쓴 "건축(Architecture)"이란 에세이를 인용하며 시작한다.

> 예술작품은 인간의 편안한 자기만족을 분쇄하는 걸 목표로 한다. 집은 누군가의 편안함에 이바지해야 한다. 예술작품은 혁명적이고, 집은 보수적이다. 예술작품은 인간을 새로운 길로 인도하며 미래를 향해 생각한다. 집은 현재에 대해 생각한다. 인간은 그

> 의 편안함에 이바지하는 것이라면 모두 사랑한다. 그는 그의 확고하고 안전한 위치에서 자신을 떼어놓고 싶어 하는 부담스러운 것이라면 모두 싫어한다. 따라서 그는 집을 사랑하고 예술은 싫어한다.
>
> (Eisenman 1987: 168)

아이젠만이 "오독"에서 쓴 텍스트는 이 인용문을 그대로 참조하는 게 아니라, 암묵적으로 로스의 주장들을 전복시킴으로써 인간의 편안함을 분쇄하는 건축을, 즉 인간을 새로운 길로 인도하고 미래를 향해 생각하는 혁명적 건축을 요청하는 주장을 펼친다. 인간이 "집을 사랑하고 예술은 싫어한다"던 로스의 주장이 뒤집혀버린 시대에, 아이젠만은 그런 공식의 나머지를 전복함으로써, 즉 달리 말하자면 예술을 모방하는 건축을 만들어냄으로써 건축에 대한 해법을 추구했다. 아이젠만의 자율성 개념은 미학과 예술이론에 빚지고 있음이 드러난다. 그의 자율성 이론은 모더니즘 예술에 대한 이해, 특히 클레멘트 그린버그의 관념들과 닮았는데, 그린버그는 아이젠만처럼 자율성을 사회에 대한 비판으로 묘사했고 예술적 진보를 형식적 발전에 강조점을 둔 예술의 학문적 자기-진화로 약술했기 때문이다. 아이젠만이 그린버그와 다른 점은 매끄럽게 진화하는 진보보다 급작스러운 '전치들'을 선호했다는 정도뿐이다.

추후 1997년에 아이젠만은 자신의 이론을 명료화하고 모순과 비일관성에 대해 논박하고자 자율성 관념으로 다시 돌아갔는데, 그는 아방가르드를 자율성과 동일시하면서 이렇게 주장했다. "이러한 자율성 관념이야말로 비로소 모더니즘을 아방가르드와 구분하고 건축 아방가르드를 다른 학문들의 아방가르드와 구분하기 시작한다는 게 나의 생각이다"(1997: 72). 아이젠만은 다양한 개념들을 포괄하여 자율성의 관념을 확장하는데, 예를 들면 건축을 '그것의 역사적 담론으로' 되돌리기 위한 벤추리의 전제라든가 로시의 역사주의, '새로운 언어형식들'을 발명하고 싶어 했던 미켈란젤로의 욕망, 기존 언어에 대한 세를리오의 변이 등을 포함시킨다. 요약컨대 아이젠만은 이렇게 매우 다양하고 심지어 서로 대립적이기까지 한 개념들이 모두 자율성을 구현한 것들이라고 주장함으로써, 카우프만과 그린버그의 독창성 및 개인주의에 대한 강조와 더불어 그 용어에 대한 역사주의적이고 자기생성적인 이해도 나란히 포함하는 광의의 개념을 만들어낸다. 즉, 그 개념에 이상유형들과 초월주의의 건축뿐만 아니라 시대정신과 진보의 건축까지도 모두 포함시킨 것이다. 더 나아가 벤추리와 로시의 자율성도 "선형적 시간의 바깥에 서서 건축역사로부터 독립된 자율언어 관념의 일부가 되고, 즉자적 자율성(autonomy in itself)[22]이 되는" (Eisenman 1997: 73) 건축으로 새롭게 묘사하기까지 한다. 아이젠만은 자율성 및 아방가르드에 관한 로우와 타푸리 모두의 입장들에 맞서 자신의 개념을 하나의 도전으로, 심지어 반란(rebellion)으로까지 가정하며 이렇게 말한다. "건축의 자율성도, 이런 자율성이 특히 건축과 관련하여 아방가르드의 영구적 조건을 구성한다는 관념도, 모두 단순히 유언처럼 처분될 수 있는 게 아니다" (1997: 78).

자율성 관념뿐만 아니라, 아이젠만은 건축의 설계와 담론에 과정과 색인, 다이어그램에 대한 관심을 도입했다. 과정과 다이어그램에 관심을 둔다는 건 저자의 정체(authorship)를 부인하고 주체보다 객체를 선호한다는 뜻인데, 이것은 아이젠만이 구조주의 언어학을 활용하여 의미론보다 구문론을 강조한 것과 같은 입장이라 할 수 있다. 그가 자주 활용한 축측투영도법은 투시적인 시점을 제거하고 객체를 강조함으로써 인간적 주체를 해소시켰다. 아이젠만이 묘사하는 과정은 건축가라는 창조자를 보이지 않게 만들고, 그 과정에 대한 기계적 묘사는 주관성보다 객관성을 제시한다.

> 저자의 정체가 더 이상 '시작'과 '끝'을 갖는 선형적 발전을 책임지지도 못하고 (따라서 무시간성이 부상하고) 형태의 발명을 책임지지도 못하는 (따라서 기존의 기호체계들을 중재하는 추상이 일어나는), 이러한 전치(displacement)의 조건에서 설계가 일어난다.
>
> (Eisenman 2000a: 238)

22. 헤겔의 변증법에서 즉자(卽自, in itself)적 상태란 대자(對自, for itself)적 자기의식으로 나아가기 전의 상태, 즉 타자에 비추어 자기를 대면하는 반성적 의식을 갖추지 못한 상태로서, '자기 동일적인 절대자'로서의 상태에 해당한다. — 옮긴이

그럼에도 불구하고 이런 과정에 대한 관심은 건축가가 주인인 창조적 연쇄과정을 강조한다. 그것은 최종도면과 건물 모두를 그러한 창조과정에 종속시킨다. 가시적인 과정은 문학에서의 '보이지 않는' 이야기꾼과 유사한 어떤 창조자의 존재를 증언하는 하나의 흔적이 된다. 아이젠만은 촘스키의 구조주의에 의지함으로써 자신의 주장과 (구조주의자 바르트와 푸코가 얘기한) '저자의 죽음(death of the author)' 의 상관관계를 끊어버린다. 촘스키의 심층구조는 주체의 내적인 언어능력으로 정의된다. 인간의 본유적인 언어능력 및 도덕적 판단능력에 대한 촘스키의 믿음(Wennerberg 2000)은 전통적인 인본주의와 어지간히 일치하진 않지만 인간주체를, 말하자면 저자를 부활시킨다.

그의 '흔적' 은 '색인' 처럼 현실과의 직접적인 연계를, 즉 현실이 만들어내는 자국을 표현하고 재현과 현실의 약한 관계를 대비시킨다. 하지만 색인과 흔적은 저마다의 방식으로 현실과 이루는 '약한' 연계들이기도 하다. 그것들은 지침 같은 역할을 하며 인과성을 제시하지만, 결코 현실을 부분적으로 엿보게 하는 것 이상의 역할은 하지 못한단 점에서 플라톤의 동굴에 드리운 그림자들과 유사하다. 이로 인한 결과는 찰스 샌더스 퍼스(Charles Sanders Peirce)가 인식했듯이 다이어그램 속에서 실재와 그 복제물 간의 구분이 사라진다는 것이다(Vidler 2006). 아이젠만은 다이어그램을 통해 완전히 '즉자적인(in itself)' 무언가를, 즉 일단 완료되면 자체적인 공간 바깥에 있는 그 무엇에도 의지할 필요가 없는 하나의 절대자(absolute)를 만들어냄으로써 그린버그가 플라톤적으로 이해한 자율성 관념을 성취했다.

건축 역사가이자 비평가인 K. 마이클 헤이스(K. Michael Hays)는 아이젠만의 주장을 개량하여 자율성을 이해했다. 1984년의 "비판적 건축: 문화와 형태 사이(Critical architecture: between culture and form)" 와 같은 논설들에서 헤이스는 타푸리가 멈춘 지점에서부터 논의를 이어가는데, 타푸리의 요점은 모더니즘 아방가르드가 실패한 이후 가능했던 두 가지의 건축적 범주가 '실재를 향해 파열하는' (벤추리) 건축과 침묵하는 자율적 건축(로시와 아이젠만)이라는 것이다. 이 두 범주에 헤이스는 또 하나를 덧붙이는

데, 그것은 '실재'와 자율성 사이에 위치하는 '비판적' 건축이다. 이러한 이해는 아도르노에게 빚지고 있는데, 그렇게 '사이에 낀(in between)' 관념이 이분법과 이원론을 허물어뜨리는 모양새이면서도 헤겔적으로 양분된 대립 항들 속에 위치하기 때문이다. 즉 이러한 '비판적' 건축의 개념은 '문화적인 것'과 대립하는 동시에, 그것과 총체적으로 분리된 게 아니라 '문화적인 것'의 일부를 포함하면서 거기에 의존한다. '비판적인 것'과 자율성의 관계도 마찬가지다. 그것은 절대적 자율성과 대립하는 동시에, 자율성의 일부를 포함하고 거기에 의존한다. 따라서 헤이스는 비판적 건축이 실재와 자율성 모두에 변증법적으로 결부되는 이중적인 변증법 구조를 구축하는 것이다.

헤이스의 '사이에 낀' 것으로서의 '비판적' 건축은 '자율성'이란 용어의 과잉을 벗겨내어 그것을 '실재'와 '절대적 자율성' 사이에 위치시키고자 시도하는 범주이며, 여기서 '절대적 자율성'이라는 범주는 자율성이란 말이 본디 제한된 자유를 내포함에도 불구하고 완전한 절대적 자유를 의미하게 되었다는 인식을 표현한다. 헤이스는 이렇게 문제적인 자율성의 범주를 교정하지 않고 새로운 범주를 구축한다. 그 '비판적' 범주는 아도르노와 유사한 관점에서의 자율성에 대한 이해를 반영하는데, 말하자면 자율성을 부분적이고 제한된 자유로서, 헤겔적인 대립 항들의 상호의존상태로 보는 것이다.*23 헤이스가 '비판적' 건축의 일례로 든 바르셀로나 파빌리온을 "세계 속에 있지만 그와 이접(離接)하는 참여자"로

23. '대립들의 통일(unity of opposites)', 즉 헤겔은 서로를 포함하면서 서로에 의존하는 대립 쌍들 간의 관계를 묘사했다. 아도르노의 입장은 그의 『미학이론(Aesthetic Theory)』(2002: 7-12)에 나오는 예술과 개인과 세계 간의 관계, 그리고 예술과 사회의 관계(pp. 133-5)에 대한 연구에서 분명히 나타난다. — 지은이

* 쉽게 말해 헤이스의 입장은, 종래에 수용된 타푸리의 이론이 자율성을 절대적 자율성으로 취급하면서 로시와 아이젠만 등의 자율적 건축에 비판적 시각을 보였지만 실상 자율성은 그러한 절대적 자율성과 '비판성' 간의 변증법으로 이루어진다고 봄으로써 자율성에 덧씌워지던 '과잉'을 벗겨내려는 시도였다는 얘기다. 헤이스의 자율성 개념은 아도르노의 그것과도 유사하지만, 알튀세르의 상대적 자율성 혹은 제임슨의 준-자율성 개념을 아울러 경유한 것이다. 헤이스의 이러한 자율성 개념은 그의 『건축의 욕망(Architecture's Desire)』(2010)(옮긴이의 번역서[스페이스타임, 2011] 참조)에서 로시와 아이젠만, 헤이덕, 츄미로 이어지는 자율적 계보와 츄미에서 콜하스로 이어지는 실재적 계보에 대한 라캉주의 분석으로 발전하는데, 그에 따르면 이 다섯 건축가들은 라캉의 '욕망의 변증법'과도 같은 '상상계(로시, 헤이덕)-상징계(아이젠만, 츄미)-실재(헤이덕, 츄미, 콜하스)'라는 삼원구조 속에 적절히 위치시킬 수 있다. — 옮긴이

묘사할 때, 그것은 제한적이고 보다 정확한 관점에서 자율성을 묘사하는 것이다. 페터 뷔르거가 지적했듯이 절대적 자율성이란 하나의 허구이며, 현실에 대한 오류적인 해석, 즉 하나의 이데올로기다.

아이젠만은 건축을 기능주의로부터, 경제학과 사회로부터 '해방' 시켰지만, 건축의 외부에서 생산되는 지식에도 적극적으로 의존했다. 초기에 그가 촘스키에 의존했던 것은 건축을 형태적으로 분석하고 해석하기 위해서였다. 초기 모더니즘의 형태분석에 관한 박사논문을 썼던 아이젠만은 이어서 촘스키의 언어형식 및 구문 연구를 활용한 〈주택 I〉부터 〈주택 X〉까지의 연작을 선보였다. 여기서 르 코르뷔지에와 테라니의 초기작품을 참조사례로 활용한 그는 일련의 변형작업들을 수행하면서 이를 모두 축측도영도법으로 표현했는데, 마치 손수 제작용 매뉴얼처럼 단순한 형태에서 복잡한 형태로 나아가는 순차적인 표현방식이었다(그림 2.7). 그런 변형작업들은 자르기와 썰기, 더하기, 빼기, 반전, 연장 등 모두 형태적인 것들이었다. 그렇게 변형을 수학적이고 체계적으로 표현한 이 작업은 전적으로 상상적인 것이었음에도 과학적으로 정밀하고 정확하다는 인상을 주었다. 아이젠만은 〈주택 X〉의 설계과정을 그린 순차적 다이어그램에서 나타나듯이 하나의 입체를 결코 다른 무언가를 통해 끌어내는 법이 없었다. 로우가 이상적인 유형과 형태를 기하학적 추상으로 이해했듯이 아이젠만 역시 건축의 문법을 기하학적 추상에 결부시켰다. 그 결과적인 형태는 추상적이고 이상화된 사고과정의 흔적이 된다.

아이젠만의 작품이력에서 중요했던 한 순간은 그의 1978년 작인 〈카나레지오(Cannaregio)〉 프로젝트다. 이 프로젝트의 설계과정은 르 코르뷔지에의 병원작품에서 계획된 (하지만 실현되지는 못한) 격자를 인접대지 쪽으로 연장하면서 시작했다. 아이젠만은 이 격자를 따라 그가 예전에 설계한 〈주택 11a〉를 다양하게 발전시킨 오브제 시리즈(그림 2.8)를 배치했다. 르 코르뷔지에의 격자에 대한 이러한 전유는 그가 미리 상상한 영역 속에 남아있지만, 그럼에도 이 〈카나레지오〉 프로젝트는 아이젠만이 맥락을 고려하기 시작한 첫 번째 사례였다. 그 영역 위로 격자가 임의적이고 폭력적으로 중첩되는 방식은 '맥락주의' 건축의 요구들을 무시했으

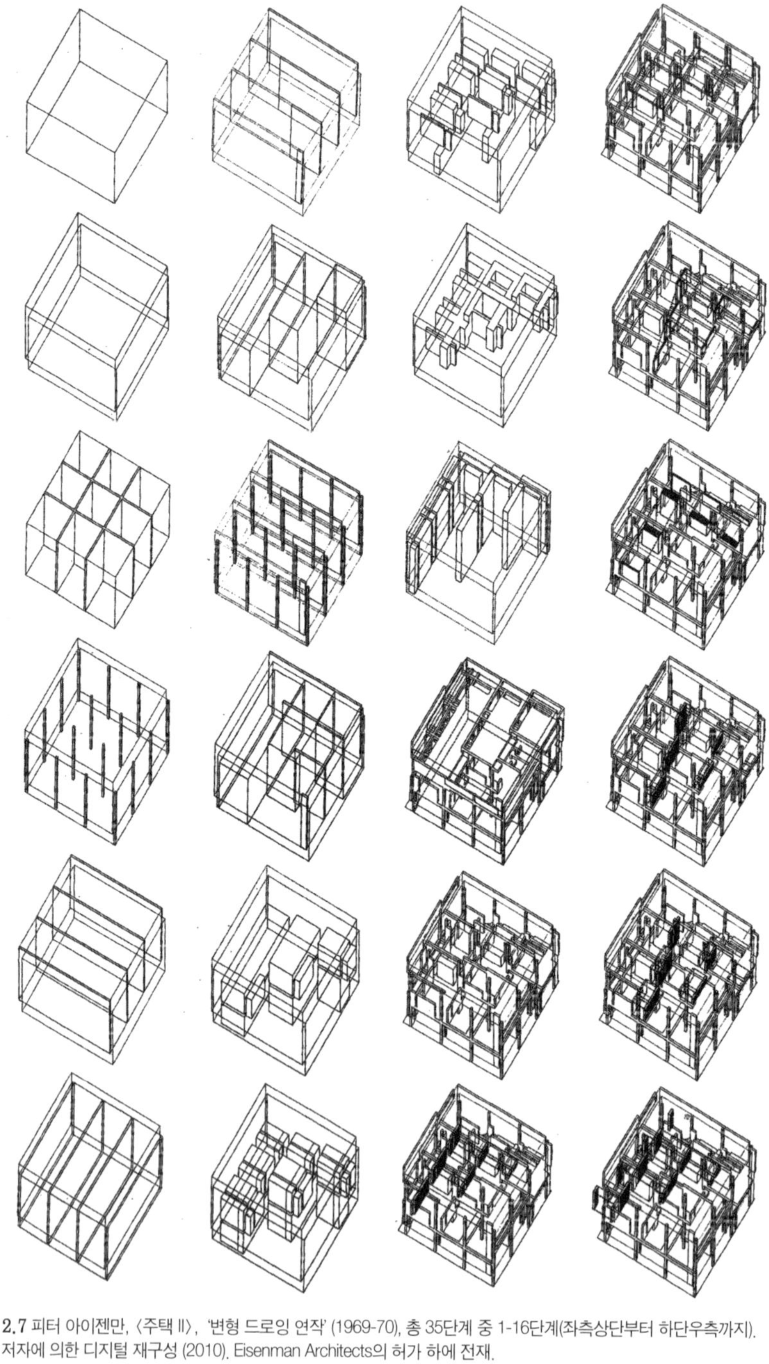

2.7 피터 아이젠만, 〈주택 II〉, '변형 드로잉 연작' (1969-70), 총 35단계 중 1-16단계(좌측상단부터 하단우측까지). 저자에 의한 디지털 재구성 (2010). Eisenman Architects의 허가 하에 전재.

므로 맥락적이기보다는 대지-특정적(site-specific)이라 부를 수 있을 것이다. 여기서 도시환경은 병원 디자인에 대한 '기억'을 통과하며, 그것은 아이젠만이 기획한 잃어버린 건축의 흔적 속에 잠재적으로 재현된 건축적 '유령'에 대한 기억인 셈이다.

아이젠만의 이전 디자인들과 달리 이 〈카나레지오〉 프로젝트에만 나타나는 특징들은 다른 네오아방가르드 건축가들이 했던 작업과의 유사성을 보여준다. 아이젠만은 이렇게 기술한다. "〈카나레지오〉의 모형에는 금색을 칠했다. 그것은 베네치아의 금색으로 연금술사의 신비주의를 상징한다. 그 오브제들은 적분홍색이다. 이 색은 베네치아 레드로서 [조르다노] 브루노의 순교를 상징한다"(Eisenman 2006: 100). 이와 비슷하게 다니엘 리베스킨트도 잠재적 상징(눈에 보이진 않지만 설계관련 결정들을 결정하는 데 중요한 상징)을 활용한 적이 있는데, 특히 〈카나레지오〉보다 10년 후에 작업된 그의 〈베를린 유태인박물관(Jewish Museum in Berlin)〉 설계경기 당선작(1988)이 대표적이다. 〈카나레지오〉를 가로지르던 대각

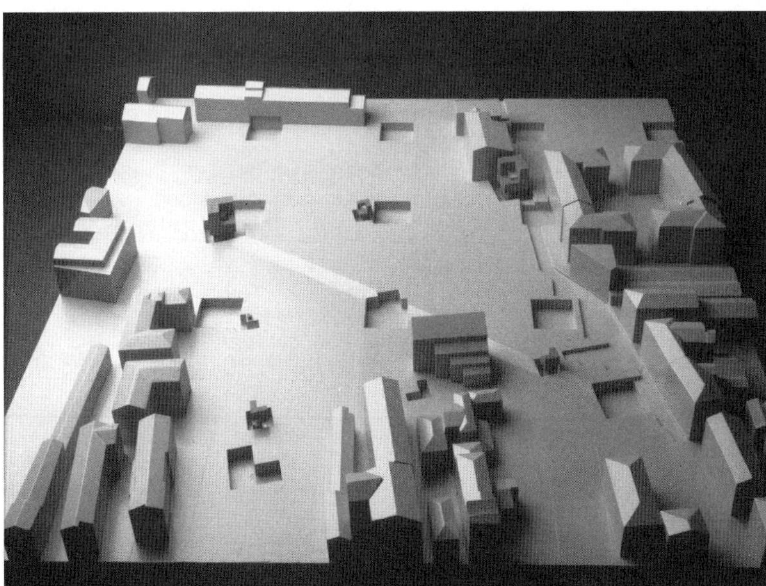

2.8 피터 아이젠만, 〈카나레지오〉 프로젝트 모형(1978).
Eisenman Architects 제공.

선은 리베스킨트의 작품에서도 대지-특정성을 나타내는 또 하나의 특징을 이루는데, 그렇게 리베스킨트는 베를린 지도상에 기억을 반영하는 선들을 그리며 〈유태인박물관〉을 설계했다. 베르나르 츄미(Bernard Tschumi)는 〈조이스의 정원(Joyce′s Garden)〉(1977)부터 〈라 빌레트 공원(Parc de la Villette)〉(1983)에 이르는 프로젝트들을 통해 카나레지오의 격자체계와 유사한 점-격자 체계를 공간적인 조직체계로서 채택했다.

아이젠만의 작업은 일련의 부정(否定, negation)들이라고 볼 수 있다. 의미론을 제거하고 구문론에 초점을 맞춤으로써, 아이젠만은 '의미' 진영 및 그에 동조하는 '문화주의자' 들과 거리를 두었다. 자신의 역사주의적 영향들을 모더니즘으로만 국한시킴으로써, 그는 모더니즘을 여러 양식 중 하나에 불과한 것으로 취급하던 역사주의적 요구에 동조하기를 거부했다. 기능을 주변으로 몰아냄으로써, 모더니즘의 기능주의를 비난했다. 건물을 하나의 인공물로 취급하고 도시를 고려사항에서 제외함으로써, 건축을 사회적이고 정치적인 수단으로 보던 관념을 거부했다. 상상적인 형태적 절차들을 강조한 그의 형태주의는 실재하는 대상을 부정하거나 적어도 주변화하는 정신적 과정으로 보인다.

자율적 해체(Autonomous Deconstruction)

이 단계에서 네오아방가르드의 일반적인 충동은 중심의 상실을 '해결' 하려 하기보다 잔해를 폭파시키는 과정 속에서 건축의 정의를 확장하려던 것이었다.[24] 이런 계보와 관련해서는 뭔가 대단히 작위적인 흐름이 있다. 이런 흐름은 1960년대 예술을 모방하는 것인데, 플럭서스(Fluxus)와 더불어 시작했던 1960년대의 예술은 네오다다적인 제스처들로 역사적 아방가르드의 진술들을 반복하면서 고급예술의 경계를 위반하는 모양새를 취했지만 그 결과는 대개 예술의 관념을 무너뜨린 게 아니라 확장한 것이었다. 1960년대 말에 이르러 분명해진 것은 사실 아무거나 예술일 수 있다

24. 예를 들어 아이젠만의 『아이젠만의 재-작업(Re: working Eisenman)』에 나오는 "한계의 표상들: '비-건축' 의 글쓰기(Representations of the limit: writing a 'not-architecture')" (1993: 34-6)를 참조.

는 점이었다. 1970년대와 80년대에 생산된 많은 건축 작업들은 건축학과 그 교의들의 한계를 문제시하는 유사한 효과를 보여줬다. 아이젠만의 자율성 이론이 예술이론에 빚지고 있었다면, 그와 그의 동료들은 다양한 예술가들의 방법론에 의존하면서 건축적 실천을 되살려냈다. 당시 많은 건축가들이 문학에 의존했는데, 리베스킨트의 읽기-쓰기 기계들[25]이라든가, 츄미가 자신의 〈조이스의 정원〉 프로젝트에 활용한 『피네간의 경야(Finnegan' s Wake)』, 트리스탕 차라(Tristan Tzara)의 정원 프로젝트에서 영향 받은 쿱 힘멜블라우의 방법론들, 혹은 츄미가 조르쥬 바타이유(Georges Bataille)에게서 받은 영향 등이 그 예다. 이러한 문학 및 텍스트로의 전회는 후기구조주의의 부상을 나타낸 징표였다. 아이젠만의 관심은 촘스키의 언어학에서 자크 데리다의 해체(Deconstruction)로 발전하면서 언어 및 텍스트와의 점증하는 친연성을 드러냈다.[26] 하지만 네오아방가르드는 문학적인 영향만 받은 게 아니다. 시각예술이 또 하나의 영감의 원천이 되었다. 아이젠만의 작업에서 과정과 구조 및 반복이 강조되는 것은 솔 르윗의 개념미술을 떠올리게 하고, 쿱 힘멜블라우의 창작과정은 잭슨 폴록의 '액션 페인팅' 과 관련이 있다. 츄미는 초현실주의 문학뿐만 아니라 상황주의자들, 그리고 현대 미술가들로부터 영감을 받았다. "개념미술에 관한 문장들(Sentences on conceptual art)" 에서 솔 르윗은 아이젠만의 자기인식에 영향을 미쳤으리라고 쉽게 짐작할 수 있는 개념들을 표출했다.

- 미술가의 의지는 아이디어에서 완성에 이르는 과정보다 부차적이다. 그의 의도는 자아에 불과할 수 있다. [이하 생략]
- 어떤 형식도 본질적으로 다른 형식보다 우월하지 않으므로, 미술가는 단어(구어 혹은 문어)들의 표현부터 물리적 현실에 이르기까지 어떤 형식이든 동등하게 사용할 수 있다. [이하 생략]

---

25. '읽기 기계들' 이라는 관념은 후기구조주의적인 '텔 켈(Tel Quel)' 그룹의 작업과, 특히 필리프 솔레르(Philippe Sollers)의 작업과 관련이 있다.

26. 언어의 새로운 영역으로의 확장은 롤랑 바르트의 저서에서 다음과 같이 제시되었다. "우리는 따라서 모든 기호체계들을 포용하는 언어/말소리(language/speech)라는 일반범주가 존재한다고 가정해야 한다. 더 나은 용어는 없으니, 언어와 말소리라는 용어를 유지해야 한다. 설령 그것들이 비발화적 의사소통에 적용될 때라도 말이다" (Barthes 1967: 25).

- 미술의 관습은 미술 작품을 통해 변경된다. [이하 생략]
- 작품의 아이디어가 미술가의 맘속에서 확립되고 최종적인 형식이 결정되고 나면, 그 과정은 맹목적으로 수행된다. 미술가가 상상하지 못하는 많은 부수효과들이 있다. 이런 효과들을 새로운 작품을 위한 아이디어로 활용할 수 있다.

(LeWitt 2000: 106-7)

이러한 페이퍼 건축의 시대에 생산된 가장 극단적인 작품은 다니엘 리베스킨트의 1983년 작 〈실내악곡(Chamber Works)〉이었다(그림 2.9). 에반스(Evans 2000b)가 간명하게 요약했듯이 이 작품의 추상적인 선들에는 어떠한 재현적인 의미도 없다. 그것들은 어떤 건물이나 구조, 기하학적 형태를 재현하지도 않을뿐더러 파편화 같은 추상적인 관념을 표현하는 것도 아니다. 리베스킨트는 지면 바깥세계와의 모든 연관성을 끊어내면서 그린버그가 요구했던 무언가를 성취했는데, 그것은 오로지 지면상에만 존재하는 총체성으로서의 평면성(flatness)이다. 그린버그는 추상회화가 3차원 공간을 회화적으로 재현하던 관습과 결별하는 데에 성공했다고 말했다. 그린버그의 주장에 따르면 추상회화는 회화적이고 2차원적인 공간을, 즉 그 이미지 자체의 '즉물적(literal)' 공간을 만들어냈다(Greenberg 1989). 이와 유사하게 리베스킨트는 '실재' 공간을 재현하려는 게 아니라 도면들이 존재하는 하나의 이상공간을, 즉 어떤 절대적 건축의 이상공간을 창조하려 하는 일련의 '평면적인' 도면들을 만들어냈다. 〈실내악곡〉에서 '실재'의 경험적인 3차원 공간을 지워낸 것은 모더니즘이 매우 큰 가치를 두었던 이슈를 위반한 것이다. 그럼에도 그 도면들은 한 명의 전문건축가에 의해 만들어져 건축의 제도권 속에서 전시되었으므로, 또한 일차적으로는 이 프로젝트가 그 도면이라는 매체와 제도판, 종이, 제도용 펜이라는 도구들을 통해 건축을 표현했으므로, 이 작품은 '건축'으로 여겨진다. 〈실내악곡〉은 어떤 건물을 위한 디자인이라기보다 건축가의 전문적 표현수단인 건축도면에 대한 연구다. 따라서 리베스킨트는 '외부'의 모든 것에 대한 의무와 의존에서 '자유로운' 학문으로서의 건축이라는 절대적 자율성을 표현하는 작품을 만든 것이고, 이를 통해 건축적 생산물인 도면과 건축적 대상인 건물의 이접을 강조한다. 그러한 극단적 진술

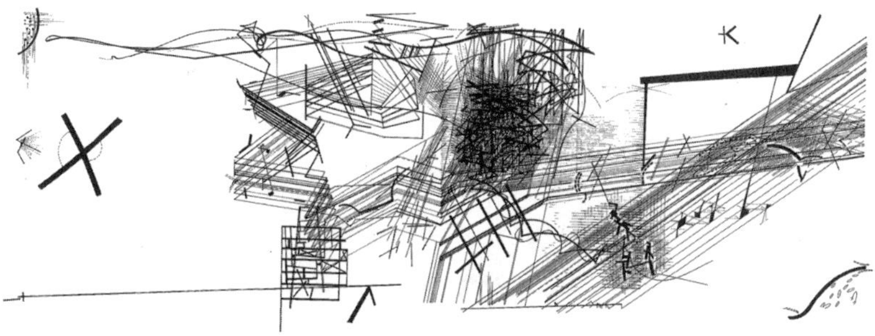

2.9 다니엘 리베스킨트, 〈실내악곡〉, 3번째 도판(1983).
Studio Daniel Libeskind 제공.

은 오로지 페이퍼 건축을 통해서만, 즉 건축도면을 그 외부세계와 결부 짓는 모든 걸 제거하는 방식으로만 성취될 수 있을 것이다.

〈실내악곡〉은 자율적 건축의 가장 극단적인 사례로 여겨질 수 있지만, 리베스킨트의 전형적인 프로젝트는 아니었고 여러 실험 중의 하나였을 뿐이다. 리베스킨트보다는 다른 두 건축가가 일상생활과 거의 총체적으로 이접하는 극단성을 대표하는데, 뉴욕 5인조의 일원이었던 존 헤이덕, 그리고 텐덴차와 연관된 마시모 스콜라리가 그들이다. 헤이덕은 1970년대에 회전된 르 코르뷔지에 평면에 대한 실험에서 벗어나 사적이고 허구적인 신화와 시학의 영역으로 옮겨갔는데, 생물 같은 오브제들과 마술적 리얼리즘 같은 상징적 서사들을 삽입하는 방식으로 도시에 개입했다. 스콜라리는 매혹적인 회화들을 통해 고전적 신화에 기억과 허구를 결합시켰다. 두 건축가들 모두 실제로 지은 작품은 거의 없다. 헤이덕은 뉴욕의 쿠퍼유니온을 개축했고 베를린의 한 주거건물을 설계했으며, 스콜라리는 자택의 설계와 시공에 관여했다. 그들의 작업은 다른 건축가들이 따라하지 못할 만큼 지나치게 독특하고 개인적이었으며, 그렇게 페이퍼 건축의 성역 안에 '갇혀' 있었음에도 교육자들로서 건축에 영향을 미쳤다. 헤이덕은 쿠퍼유니온 학장 시절에 학생들로 하여금 헤이덕 고유의 사적인 건축언어들을 발전시키도록 장려하는 교육과정을 만들었다. 베네치아 건축학교를 비롯하여 추후에는 다른 대학교들에서도 교편을 잡은 스콜라리는 한 세대의 예비 건축가들에게 기억과 내면적 돌아봄을 통한 암시적이고 시적인 건축을 교육했다.

1970년대의 실험적 건축가들이 보여준 자율적 건축과 1990년대에 일어난 실재의 귀환 사이를 매개한 인물은 베르나르 츄미였다. 이 스위스 건축가는 자율적 건축가 집단 중에서도 '특이사례' 였는데, 그의 형태적 게임들은 실재를 다루는 텍스트들을 동반하면서 건축에 현실의 요소들을 통합하려했기 때문이다. 그 현실의 요소들이란 적어도 전통적으로는 건축학과 무관하다고 이해되는 사건(event)과 유희(play), 부패(decay 혹은 rot) 등이었는데, 이런 이슈들은 달리말해 지속(duration)에 관한 것으로서 앙리 르페브르와 상황주의자들, 조르쥬 바타이유, 롤랑 바르트의 영향을 받은 것이었다. 네오아방가르드와 그 동료들이 했던 실천을 또 다른 방식으로 빈전시킨 츄미는 프로그램에 대한 관심을 건축담론에 다시 끌어왔다. 하지만 그의 형태유희와 구성주의 건축의 암시는 1970년대 자율적 페이퍼 건축의 모습과 잘 맞아떨어지면서 아이젠만과 헤이덕, 하디드(Zaha Hadid), 리베스킨트처럼 초기 모더니즘에 대한 관심을 반영했다. 그럼에도 츄미는 계획과 기능주의의 고압적인 경직성을 피하되 개별적 · 집단적 자율성을 가능케 하고 자발적 사건들을 장려하는 프로그램 이슈들에 대한 접근법을 고안하려했다. 공리주의적 부담에 맞선 건축가들의 반란으로 주변적인 문제로 치부되고 있던 프로그램은 츄미 덕분에 담론적인 존재감을 유지하게 되었다.

〈맨해튼 트랜스크립트(Manhattan Transcripts)〉[27] 프로젝트(1977-81)에서 츄미는 프로그램을 대신할 영화적 서사인 살인의 플롯을 삽입하여 맨해튼을 분석했다. 그는 이렇게 기술했다. "사건 없는 건축, 프로그램 없는 건축, 폭력 없는 건축은 없다고 주장함으로써, 〈트랜스크립트〉는 건축

27 transcript는 '변화' 와 '전환' 의 상태를 뜻하는 'trans(넘어서, 가로질러서)' 라는 접두어와 '기록' 과 '필적' 을 뜻하는 'script(손으로 쓰기)' 의 합성어로, 쉽게 말해 '전환적인 기록' 이라고 말할 수 있다. 즉 '맨해튼 트랜스크립트' 란 맨해튼에서 벌어진다고 가정된 한 살인 사건의 플롯을 영화적인 다이어그램들로 전환하여 순차적으로 기록한 일련의 환유적 기호들이며, 츄미는 이를 '건축적 표기들(architectural notations)' 이란 말로 표현한다. (Bernard Tschumi and Enrique Walker, *Tschumi on Architecture: Conversations with Enrique Walker* [New York: Monacelli Press, 2006], p. 34 참조.) 한편 음악에서도 transcription은 악보를 전환적으로 새롭게 기록하는 '편곡' 의 의미로, notation은 악보를 기록하는 방법을 뜻하는 '기보법' 의 의미로 쓰이는 만큼, 〈맨해튼 스크립트〉는 영화처럼 춤추는 건축적 다이어그램을 위한 음악적 기보법의 은유로도 이해할 만하다. — 옮긴이

의 담론과 그 재현 모두에 특정한 프로그램적 · 형태적 관심들을 삽입하여 건축의 한계를 시험코자 한다"(Tschumi 1994: XX). 그의 〈라 빌레트 공원〉 디자인(1983)은 프로그램이 있거나 없는 '폴리들(*folies*)' 의 설계에 세심한 균형을 가하면서 (이 경우 프로그램적인) 내용이 비워진 기호를 '쾌락(pleasure)' 으로 보는 시각을 반영했다(Martin 1990). K. 마이클 헤이스는 츄미와 루이스 마틴(Louis Martin)을 따라 쾌락(*plaisir*)의 텍스트와 향락(*jouissance*)의 텍스트라는 바르트의 개념을 언급하면서 츄미의 정신분열적 위치를 설명했다. 즉 츄미의 건축으로 이식된 '쾌락' 의 개념은 자율적인 것을 지칭하는 반면, '향락' 은 부패라는 자기 파괴적 개념들의 형태로 실재를 지칭한다는 것이었다(Hays 2003).[28] 1983년 파리 라 빌레트 공원 설계경기에서 베르나르 츄미의 응모작이 당선되면서 네오아방가르드와 그 분파들이 부상하기 시작했는데, 이것은 그들이 장대한 규모의 작업을 실현시킬 수 있는 최초의 기회였다. 이런 건축가들이 운을 거머쥔 이 순간은 흥미롭게도 리베스킨트의 〈실내악곡〉과 거의 동시에 일어났고, 이 순간 자율성은 가장 극단적인 표현형식을 찾으며 그 정점에 이르렀다. 츄미의 〈라 빌레트 공원〉 디자인은 페이퍼 건축가 세대 전체를 대표하는 탁월한 작품이었다. 이 작품은 격자체계(grid system)와 조율선 체계(coordinate-line system), 표면체계(surface system)라는 세 가지의 층위들을 중첩시켰다. 격자체계에서는 그 점들(교차점들)마다 가로 · 세로 · 높이가 모두 10미터인 입방체에 기초한 일련의 폴리들이 배치된다.[29] 보행자 이동의 조율선

28. 바르트의 개념은 '쾌락(*plaisir*)' 과 '향락(*jouissance*)' 에 대한 라캉의 구분을 텍스트적으로 발전시킨 것인데, 정신분석학자 라캉의 이러한 구분은 코제브와 헤겔이 구분했던 '쾌락(*Lust*)' 과 '향락(*Genuß*)' 의 차이를 암시한다. 양자의 차이는 쾌락이 사회체계의 금지적인 원칙 속에서 '보다 안전하게 즐기는' 것인 데 반해 향락은 그러한 금지의 원칙을 위반하는, '고통을 수반하는 쾌락' 이라는 데에 있다. 라캉에게서 전자는 사회적 초자아(Superego)가 지배하는 '상징계' 에 속하지만, 후자는 그 너머의 충동적 이드(Id)가 지배하는 '실재' 를 향한다고 볼 수 있다. 이런 의미에서 츄미의 '쾌락' 은 자율적이지만, '향락' 은 사회적 법칙을 위반하며 고통을 수반하는 자기 파괴적 쾌락이다. 또한 츄미가 사용하는 '폭력(violence)' 이라는 용어도 이러한 '위반(transgression)' 의 의미를 함축하는 말이다. 그가 맨해튼에서의 '살인' 을 소재로 삼은 이유도 이러한 '위반으로서의 폭력(violation)' 이란 의미에서 이해해볼 수 있을 것이다. 이렇게 쾌락의 '자율' 과 향락의 '실재' 를 매개한 츄미의 시도를 헤이스는 '절대적 자율성' 과 구분하여 '자율성' 에 포섭시켰지만, 츄미의 입장을 보다 일반적인 시각에 맞춰보자면 '상대적 자율성(relative autonomy)' (알튀세르)이나 '준-자율성(semi-autonomy)' (제임슨)의 개념에 해당한다고 볼 수 있다. — 옮긴이

29. 구조를 수용하기 위해 실제 폴리들은 10.8㎥의 입방체로 지어졌다.

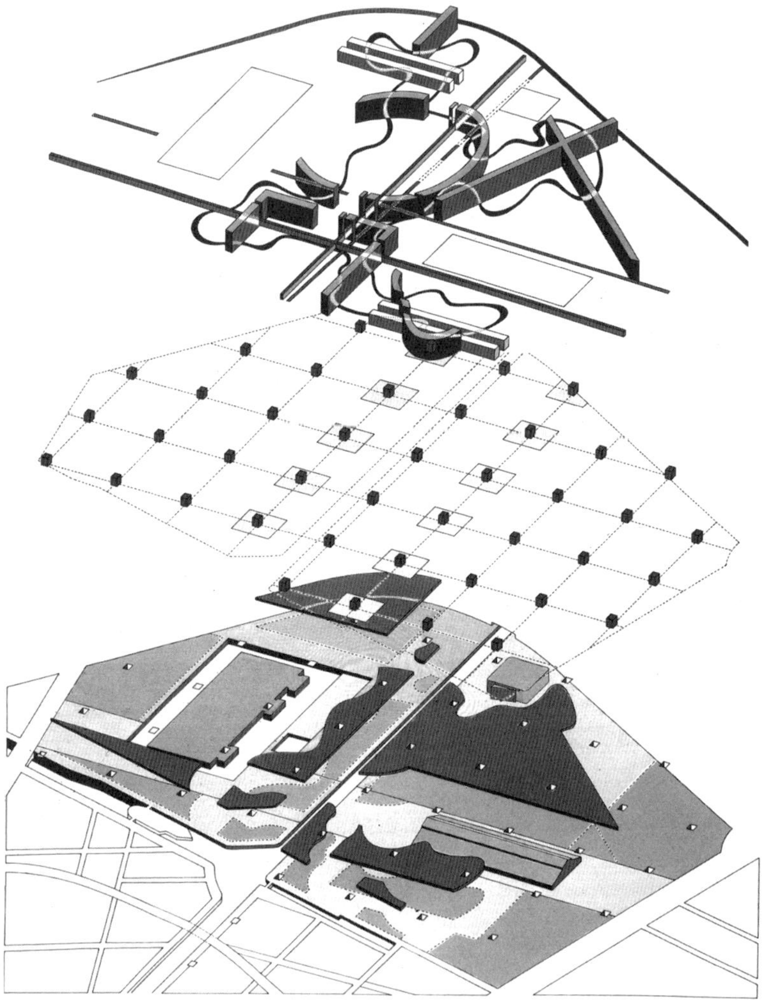

2.10 베르나르 츄미, 〈라 빌레트 공원〉(1983).
Bernard Tschumi Architects 제공.

체계는 그 격자를 위반한다. 표면체계는 공원 내의 다양한 구역들에 경계를 짓는다(그림 2.10). 이 체계적이고 엄밀한 접근법은 격자의 엄격함과 그것이 가능케 하는 자유 사이에 긴장을 만들어냈고, 포스트모던 콜라주 기법들에 호소하지 않고도 중첩을 통한 복잡성을 가능케 했다.

츄미는 아이젠만을 끌어들여 〈라 빌레트 공원〉의 일부 작업과 관련하여 프랑스 철학자 자크 데리다와 협업토록 요청했다. 아이젠만의 디자인은 그의 이전 작품인 〈카나레지오〉 프로젝트에 기초하여 이루어졌다. 아이젠만은 공교로움과 연속성이 이루는 서사 속에서 그 격자가 주인공이 되는 기획이 이뤄지게 된 일련의 과정을 다음과 같이 묘사했다.

> 그 모든 게 이러한 저자의 부재(no authority)라는 개념이었음을 깨달아야 한다. 말하자면 두 군데의 대지가 있었는데, 하나는 도살장이었던 그 파리의 부지고 다른 하나는 역시 또 공교롭게도 도살장이었던 베네치아의 부지다. 파리의 건축가였던 르 코르뷔지에가 베네치아에 와서 격자를 놓고, 미국인 건축가(아이젠만)가 그 격자를 그 도살장 부지에서 카나레지오로 연장했다. 그 다음엔 또 다른 스위스출신 프랑스 건축가(츄미)가 파리에 오더니 도살장 부지 위에 르 코르뷔지에의 격자처럼 또 하나의 추상적인 격자를 놓는다. 그리고는 아까의 그 미국인 건축가를 초빙하여 자신의 격자 위에 또 하나의 격자를 올려놓으라고 한다. 따라서 자연스럽게 나는 나의 〈카나레지오〉 격자를 〈라 빌레트〉 위에 올려놓았다.
>
> (Jencks 1988: 56)

데리다와 해체주의를 수용한 아이젠만은 자신의 건축을 새로운 단계로 진입시켰는데, 이게 아마도 그를 예전의 자율적 선언들로부터 멀어지게 했을 것이다. 뉴욕현대미술관은 1988년의 ≪해체주의 건축(Deconstructivist Architecture)≫ 전을 통해 이러한 해체주의의 수용을 조명하면서 현대철학적인 관점에서 네오아방가르드 건축을 재정의하고자 시도했다. 이 전시회는 극좌파의 봉기가 소멸된 지 10년이 더 지난 시점에 이뤄졌는데, 이 시점은 극좌파적 수사법과 프랑크푸르트학파의 비판이론이 모두 그 매력을 잃어버리고 후기구조주의로, 특히 푸코와 데리다, 들뢰즈의 작업으로 대체된 때였다. 당시는 이 세 철학자들의 작업이 프랑스 외부에서 번역되며 보급되던 중이었다. 권력에 대한 푸코의 어두운 묘사와 새로운 비판형식들을 구축하려던 데리다와 들뢰즈의 시도들은 현상에 맞선 직접적 반항이 무익해보이던 순간에 어울리던 것이었다. 한계와 경계에 도전하는 수단으로서의 '위반'은 중심화된 권력에 직접 맞서지 않고도 증대된 자유를 성취하는 실용적인 전술로 보였다. 중심의 허황되고 상대적인 성격을 드러냄으로써 '내부로부터' 중심을 허물어뜨리는 데 전념하는 '해체'

는 전능하다고 여겨지던 현상에 맞서 싸우는 기발한 전략으로 보였다.

필립 존슨과 마크 위글리(Mark Wigley)가 기획한 이 전시회는 네오아방가르드의 성과와 더불어, 그들의 작업이 페이퍼 건축에서 실재화로 나아가던 진화를 기념했다. 츄미의 〈라 빌레트 공원〉은 이미 실현의 초기단계에 있었고, 쿱 힘멜블라우는 빈에서 한 지붕을 리모델링하고 있었다. 리베스킨트는 이듬해 〈베를린 유태인 박물관〉 설계경기에서 우승하게 되고, 아이젠만은 이미 몇 채의 건물을 완공한 상태였으며 〈웩스너 센터(Wexner Center)〉 프로젝트를 통해 그에게 들어오는 의뢰 건들의 규모도 커져가고 있었다. 머지않아 쿱 힘멜블라우와 자하 하디드, 프랭크 게리는 대규모 작업을 실현하기 시작한다. 전시 카탈로그에서 위글리는 페이퍼 건축으로부터의 이탈을 강조하며 이렇게 언급했다. 이러한 "프로젝트들은 무엇보다도 도면이나 이론, 혹은 조각의 성역들 속에서 유희하지 않는다는 점에서 급진적이다. 그것들은 건물의 영역 속에 있다"(Wigley 1988: 18).

전시된 작업들이 형태나 미학에 관한 게 아니라던 위글리의 주장에도 불구하고, 정작 그 자신은 그 작업들을 형태와 자율성에 기초하여 정의했다. 위글리는 해체가 '결함'과 '왜곡'에 의한 순수 기하학적 형태의 '불순화(contamination)'에 있다고 보았다. 하지만 이러한 '불순화'는 형태로만, 특히 순수형태의 관념으로만 국한되었다. 따라서 위글리의 정의에서 해체는 건축의 이상유형 및 기하학을 위반하고 건축 고유의 전통을 위반하는 모습이지, 일상생활이라는 '외부'를 통해 건축적 순수성을 '불순화'하는 모습은 아니다. 논의되는 형태들이 실재하는 건물들의 형태일 가능성은 아주 높을 수 있지만, '순수형태'와 '불순화' 및 그로 인한 '불순형태'라는 전체적인 순차과정은 미학적이고 언어형식적인 수준에서, 즉 이상적인 수준에서 일어난다. 그것은 아이젠만의 〈주택 X〉 설계과정과 마찬가지로, 결코 현실 속에서 일어나는 순차과정이 아니다. 이러한 상상적 순차과정은 그저 지어진 형태로 재현될 뿐이며, 그 위반은 결코 위글리의 표현처럼 '구조적(structural)'이지 않다. 그 결과는 음악에 '발견된 음들(found sounds)'을 도입한 존 케이지(John Cage)나 구체음악(music concrete)보다도, 작곡에서 안정된 조성을 부정하는 아르놀트 쇤베르크(Arnold Schonberg)의 무조음악과 유사하다. 건축적인 해체는 심지어 그 규칙들을 위반하거나 그 형태들을 왜곡하는 동안에도 여전히 미학적 체계 속에 남아있는, 이상주의적 실천이요 경미한 전복이다.

위글리는 기본적으로 해체주의 건축에 담긴 비판을 건축적 전통에 대한, 즉 이 경우에는 모더니즘 전통에 대한 위반으로 이해한다. 그러한 작업의 효과는 다음처럼 특징화된다.

> 그것은 우리가 순수형태와 연관 짓는 안정적이고 응집적인 정체성의 감각에 도전하므로, 불편과 불안의 느낌이다. 마치 완벽함이 언제나 결함을 품어왔듯이, 그것은 진단되지 않았다가 겨우 이제야 가시화되고 있는 어떤 선천적 결함들을 언제나 품어왔다. 완벽함은 은밀하게 기괴하다. 내부적으로 고통에 시달리는, 그 일견 완벽해 보이는 형태가 그것의 범죄와 결함을 고백한다.
>
> (Wigley 1988: 17)

그러한 효과는 포스트모더니즘 건축이 친숙한 건축요소들을 콜라주하여 만들어내는 기괴하고 '불순한' 결과들과도 연관될 수 있을 것이다. 하지만 위글리의 주장이 이 전시회에 참가한 일곱 건축가들의 작업과 관련이 적다는 것보다도, 위글리가 생각한 비판의 범위가 제한적이라는 게 더 문제다. 모더니즘이 쇠퇴한지 오랜 시간이 흘러 어떤 유령적인 중심을 허물어뜨린다는 것은 폴 드 만(Paul de Man)이 예일 대학교에서 끝없는 해체의 언어게임들을 벌이던 것처럼 무의미한 실천으로 보인다.

이 ≪해체주의 건축≫ 전은 대부분 아이젠만이 이해하던 자율성의 틀 속에서 작업하던 일군의 페이퍼 세대 건축가들을 모아놓았는데, 피터 아이젠만과 자하 하디드, 렘 콜하스, 쿱 힘멜블라우, 베르나르 츄미, 프랭크 게리, 다니엘 리베스킨트가 그들이었다. 당시에는 이 집단에 콜하스와 츄미를 포함시킨 게 합당해보였지만(두 건축가들의 작업은 초기 모더니즘의 선례들에 기초하고 있었다), 머지않아 그 둘은 스스로 이 네오아방가르드 집단과 그 자율적 실천들로부터 거리두기에 열성을 보이게 된다. 데리다의 철학적 텍스트들과 해체주의 건축가들의 디자인은 기껏해야 미약한 관계였지만, 그럼에도 양자의 상관관계는 하나의 효과를 냈다. 말하자면 피터 아이젠만을 중심으로 한 집단이 성장하면서 그들의 공통기반과 무게중심이 불분명해졌음에도, 초기 모더니즘 건축에 대한 형태적 의존이라는 유일한 연결고리가 보였다. 이제 이 집단의 응집성을 정의할 하나의 이론이 네오아방가르드적인 내용을 제공하면서, 작업에 맞춰 형태의 의미를 축소시킬 필요가 없어졌다. 더욱이 사회적 의제의 거부와 기능주의에 대한 비판, 형태어휘에 대한 의존, 기하학적 순수성으로부터의 이탈이라는 관념들을 포스트모더니스트들과 공유하던 네오아방가르드 건축가들에게, 해체는 자신들의 작업을 그들의 작업과 차별화하는 수단이었다.

위글리의 주장에도 불구하고[30] 결국 그 건축가들의 디자인에서 명백히 드러났던 해체는 기본적으로 철학적 관념들의 상징적 재현으로서, 외견상 무너질 듯하고 불안정해 보이는 건물들의 재현이었다. 이 건축가들은 도면에서 디자인의 불안정성을 환상처럼 나타낼 수 있었다. 그렇게 암시된 붕괴의 환상이 실현되었을 때, 그것은 하나의 볼거리(스펙터클)이자 단순한 눈속임 그림(트롱프뢰유)이 되었다. 페이퍼 건축에서 실재화로 옮겨가는 과정에서 이런 디자인들을 이루던 보다 극단적인 측면들이 일부 사라지면서 하나의 환상으로 남았고, 실현된 프로젝트와 일상생활 사이에는 여전히 거리가 상존했다. 뒤늦은 1988년에도 아이젠만은 여전히 '해체' 의 상업적 호소력에 대해 회의감을 표하며 이렇게 말했다. "나는 어떤 다국적기업도 다른 이데올로기를 구축하지 않는 만큼 그런 기업들이 '해체' 를 구축한다고도 생각지 않는다" (Jencks 1988: 60).

위반에 대한 관심은 건축의 위기에만 국한되지 않았다. 1960년대 말의 반문화는 상업화된 문화를 대안문화로 대체하려던 의도였지만, 1970

30. 전시 카탈로그에서 마크 위글리는 해체주의 건축이 철학적 관념들의 상징화에 관한 게 아니라 '실재적' 위험과 불안을 포함함을 강조했다. 그 과정에서 그는 '구조적(structural)' 이라는 형용사를 활용하여 해체주의 건축을 '장식적' 이고 '치장적' 인 — 달리 말해 피상적인 — 건축과 구분했다. 하지만 전시 카탈로그를 준비하던 당시로서는 위글리가 증거로 삼을 수 있는 건축가들의 완공작이 거의 없었다. 그의 가정들은 하디드와 쿱힘멜블라우 등의 건물보다 그들의 도면에 기초하고 있다.

년대 말에 이르러 대중문화에서나 고급문화에서나 모두 어떤 실행 가능한 대안을 제공하기보다는 타협된 문화를 위반하려던 극단적 표현방식들이 발전했는데, 스로빙 그리슬(Throbbing Gristle)의 인더스트리얼 뮤직 실험들이나 무용극단 디브이에잇(DV8)의 작품 〈데드 드림스 오브 모노크롬 멘(Dead Dreams of Monochrome Men)〉, 혹은 퍼포먼스극단 라 푸라 델 바우스(La Fura dels Baus)가 보여준 파격 등이 그 예다. 하지만 1990년대 초에 이르러 이러한 위반문화 중 다수가 점차 볼거리를 향해 기울어지면서, 라 푸라 델 바우스는 1992년 바르셀로나 올림픽 개막식을 연출했고 추후에는 메르세데스 벤츠와 텔레콤 이탈리아 같은 회사들을 위한 프로모션 작품도 제작했다. 1980년대의 위반적 건축에도 이와 비슷한 일이 일어났다. 이 새로운 건축은 점차 인정과 의뢰를 받아 건물로 실현되기 시작하면서 더욱 자신감을 얻어간 듯했다. 그러한 자신감은 그 디자인들의 실제적 테마인 불안정성과 붕괴, 폭발, 파편화, 소외, 불안 등과 완벽히 대조되는 것이었다. 이런 주제들은 1970년대의 격동과 1980년대의 낙담을 반영했지만, 그즈음 이런 프로젝트들이 실현되면서 나타낸 효과의 힘이란 한 편의 공포영화를 감상하는 것에 지나지 않아보였다. 말하자면 이는 현실(reality)보다 실재(the real)의 시뮬레이션이었던 셈이다. 아마도 이런 프로젝트들은 위기가 퇴조하고 난 후에야 비로소 실현될 수 있었을 것이다. 에른스트 블로흐(Ernst Bloch)는 그러한 일상생활에서의 불안들을 접하지 않은 채 편안하고 안락한 소파의 안전함에 기댈 때에야 비로소 탐정이야기를 즐길 수 있을 거라고 말했다(Bloch 1988). 마찬가지로 이런 건축가들이 설계한 건물들에는 이미 어떠한 실제적 위협도 벗겨져 있었다. 대신 그들은 그 위협을 모의실험하고 재현했으며, 그것은 유원지에서의 경험, 즉 하나의 볼거리와 다를 바 없는 호러 쇼가 되었다. 이미 1988년에 찰스 젱크스는 이를 인정하듯 〈라 빌레트 공원〉이 "아방가르드 디즈니월드의 한 유형"(Jencks 1988: 54)이라고 말했다. 실로 〈빌바오 미술관〉의 번쩍이는 티타늄과 〈라 빌레트〉의 붉은 폴리들은 어떤 의미에서 건축적이거나 미학적인 디즈니월드다.

자율성의 회복(The recuperation of autonomy)

예술적 자율성의 통합이 1960년대에 일어난 이유는 앞서 약술했듯 생산에서 소비로의 총체적 이동이었으며, 이러한 소비는 (분명 광고를 통해) 상품의 실용적 가치보다 그것의 물신적 매력과 이상적 내용을 강조했다. 이 모든 건 (예술의 독특함이 주는 매력이 낳은 결과인) 자율적 예술이 욕망의 대상이 되면서 그것의 통합이 일어났음을 뜻했다. 반면에 모더니즘 건축은 당대 예술적 모더니즘의 붕괴와는 꽤 다른 붕괴를 겪었는데, 말하자면 인기가 시들해지고 대중으로부터의 거부가 늘어나면서 신뢰를 잃어버린 것이었다. 이러한 위기에 대한 공공연한 반응은 포스트모던 양식의 대중주의와 키치였다. 하지만 포스트모더니즘 건축은 모델의 지위를 얻지 못하고 시리즈와 연관되었다. 키치는 대량생산의 한 부수효과이자, 고급스럽고 단독적인 사물들을 가장한 시리즈 제품의 초기사례였다. 포스트모더니즘 건축은 키치를 모방함으로써 아마도 위트를 선보였겠지만, 모델에 대한 대중적 요구를 충족시키는 데는 실패했다. 건축학의 부흥은 자율적 건축이라는 또 하나의 길을 개척했고, 그 길은 특히 피터 아이젠만이 주창한 자율성 유형과 예술의 관념 및 방법에 대한 전유를 통해 개척되었다.

건축이 예술적으로 전회하게 된 동기는 시리즈가 모델을 모방하는 이유와 흡사했다. 모더니스트들의 대량주거나 사무소 건물에는 차이와 개인주의, 독창성이 부족하다고 여겨졌을 뿐만 아니라 공리주의와 표준화가 지나쳤다. 반면 예술은 해결책을 제공할 수 있을 걸로 보였다. 이러한 예술로의 전회는 모더니즘의 유용성과 평등성, 생산에 대한 강조에서 개인적 자율성에 대한 강조로 옮겨간 변화를 의미했고, 사회에 대한 예술적 비평이 사회비판을 대체했다. 이 모든 건 실재보다 이상을 점차 선호해가던 사회, 즉 문화예술에서 그것의 욕망어린 자기상을 찾은 사회 속에서 일어났다. 사회적 · 경제적 변화의 결과로, 현대문화는 서구국가들에 상당한 소득증가를 일으켰고 더 이상 시장경제의 주변부에 국한되지 않았다.[31] 문화와 예술과 건축은 1990년대 말에 이르러 도시재생과 고급주택화(gentrification)의 핵심이 되었다. 문화예술과 건축이 이런 과정에 참여한다는 것은 성공(부동산가치의 상승을 의미하는 성공)을 보장하기 위한 필수조치로 이해되었다.[32] 그런 정책들은 예술의 용도를 미화의 수단으로 제한하던 관습에서 이탈하여 서구 중산층의 관심들을 더 잘 이해하게 되었을 뿐만 아니라, 문화의 일반적 기량을 인식하게 되었다는 표현이었다. 리처드 플로리다(Richard Florida)의 2002년 저서『창조계급의 부상(The Rise of the Creative Class)』[33]은 이러한 문화적 기량에 이데올로기적 형식을 부여했다. 따라서 플로리다의 이 대중적인 저서는 문화산업을 구성하는 매우 이질적인 요소들 사이에 있는 '계급의식' 같은 것들을 병합하려던 시도였다고 볼 수 있다.

아이젠만을 중심으로 한 건축가들이 1990년대 초 · 중반에 대규모 작업을 실현시키기 시작하자 건축의 지위에 변화가 일어나기 시작했다. 네오아방가르드 건축가들이 만들어낸 건물들은 독특성과 독창성과 개인주의를 강조했고, 그런 건축 건들의 의뢰는 대부분 공공건물이었으며 특히 미술관이나 박물관이 많았다. 그 특이하고 장관적인 랜드마크 건물들의 현상적 기원은 자율적 건축가들이 부상하기 전부터 있었지만, '차이'에 대한 그들의 전문성은 그들이 그러한 의뢰에 완벽히 들어맞는 건축가였음을 의미했다. 건축학이 새로 발견한 이러한 인기는 미디어에서 폭넓게 반영되었는데,『월페이퍼(Wallpaper)』같은 잡지들에 실렸을 뿐만 아니라 광고와 영화, 비디오영상 들을 위한 배경으로 (혹은 그 중심테마로) 활

31. 1997년부터 2006년까지, 영국에서 전체적인 경제성장률은 6퍼센트 미만이었던 데 비해 창조산업들의 성과는 연간 20퍼센트까지 증가했다. 2001년 영국 창조부문의 거래액은 1,564억 3천만 유로였고 이는 전국 국내총생산(GDP)에 6.8퍼센트를 추가했다. 2002년 유럽과 미국의 예술시장 거래액은 246억 유로였고, 이 가운데 영국에서의 거래액만 67억 6,339만 유로였다. 이러한 수치들은 문화산업의 경제적 효과를 가늠할 수 있게 해준다(KEA 2006).

32. 학생들과 유행에 민감한 이들, 그리고 예술가들이 저비용의 노후근린지구로 이동하면서 그곳의 '문제적' 주민들(이민자, 도시빈민, 경범죄자, 실업자, 마약중독자 등)을 몰아내고 중산층 인구의 유입과 불가피한 부동산가치 상승에 대비하는 과정은 고급주택화의 핵심이 되었다. 이러한 과정은 부동산시장 호황이 만들어내는 압력, 즉 '부동산 잠재력'을 투입하여 노후지역들을 재생하려는 압력만 제외한다면 시 의회나 다른 여타의 가시적 손길에 의한 영향이 주변적인 만큼 '자연스러운' 현상으로 보인다(Deutsche and Ryan 1984). 하지만 개발업자들과 시 의원들은 부동산잠재력이 있는 지역의 고급주택화를 촉진하는 수단으로서 문화 활동을 비롯하여 국고 보조를 받거나 저렴한 창조부문 아틀리에 및 예술가와 학생을 위한 저비용주거를 진흥하는 데 정통해온 만큼 문화의 경제적 가치를 인정해왔다(Smith 2008). 이펜뷔르흐와 에이뷔르흐 같은 신시가지에서 네덜란드 예술가 쟌느 판 헤이스베이크(Jeanne van Heeswijk)의 프로젝트들을 지원한 게 그러한 예다.

33. 국내 번역서의 제목은『창조적 변화를 주도하는 사람들: Creative Class』(이길태 옮김, 전자신문사, 2002)이다. — 옮긴이

용되기도 했다. 1990년대 말이 되어 지역 정치인들과 개발업자들은 대규모 공공프로젝트든, 고급주택이든, 심지어 대량주택 및 사무소 건물이든 간에 차이를 전달할 건축을 의뢰하는 데 혈안이 되었다. 이런 건축의 인기는 많은 경우 그것의 자율적인 특징들에 의한 결과였으며, 이런 특징들이 그것에 모델의 지위를 부여했다. 이렇게 존중받게 된 건축의 지위는 스티븐 홀(Steven Holl)이 베이징에 설계한 복합용도단지의 시공에 참여한 중국 개발회사의 최고경영자 한 펑궈(Han Fengguo)가 한 다음 발언으로 예증된다. "나는 시장에서 아방가르드의 가치를 알아줄 거라고 생각한다. 한때 아방가르드였다가 지금은 매우 가치 있는 피카소의 그림들처럼 말이다"(Lubow 2006: 쪽수 없음). '아방가르드'란 말을 통해 한 펑궈는 자율적인 건축을 지칭하고 있었다.

1990년대에 이러한 차이에 대한 요구는 네오아방가르드 집단에 그치지 않고 그 너머로 퍼져나갔다. 본래 어느 정도 기술주의적이고 하이테크적인 건축에 관련되어 있었던 윌 알솝(Will Alsop)이나 퓨처 시스템즈(Future Systems)처럼 사상과 디자인이 매우 다른 유파 출신의 건축가들이 〈페컴 도서관(Pekham Library)〉(2000)이라든가 버밍엄의 현혹적인 〈셀프리지 매장〉(2003) 등으로 그들의 창조적 자유를 선보이게 되었다. 이 시기에 성취된 건축의 이러한 존중받는 지위는 마이어가 로스앤젤레스에 설계한 〈게티 센터(Getty Center)〉나 리베스킨트의 〈베를린 유태인 박물관〉, 혹은 게리의 〈빌바오 미술관〉 같은 1990년대의 랜드마크 건물들에서 명백해진다.

리처드 마이어의 〈게티 센터〉는 이 '백색파' 건축가가 소규모의 입방형 개인주택들로부터 인디애나의 〈아테네움(Atheneum)〉 같은 공공건물들을 거쳐 로스앤젤레스 근처의 게티 '아크로폴리스'로 이어가던 과정의 정점이었다. 마이어의 건축에 바탕이 되는 코르뷔지에적 기초들이 그러한 규모의 성장을 뒷받침하면서 미학적으로 읽힐 수 있을 르 코르뷔지에의 건물들을 모방했다. 반면에 리베스킨트가 〈유태인 박물관〉을 설계하기까지의 과정은 읽기-쓰기 기계들의 구성에서 시작하여 구성주의의 영향을 받은 〈마이크로메가스(Micromegas)〉의 파편화와 〈실내악곡〉의 비재

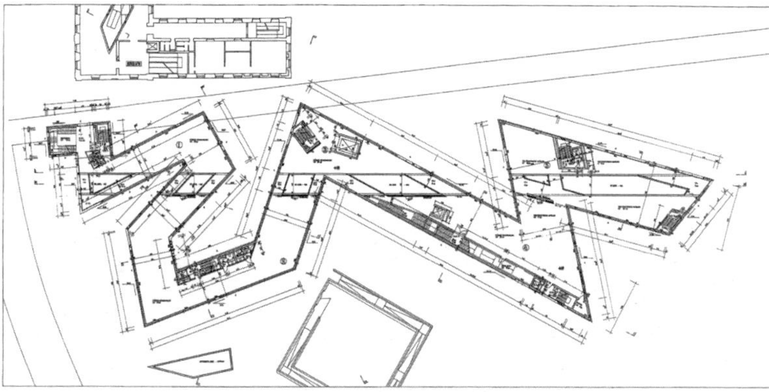

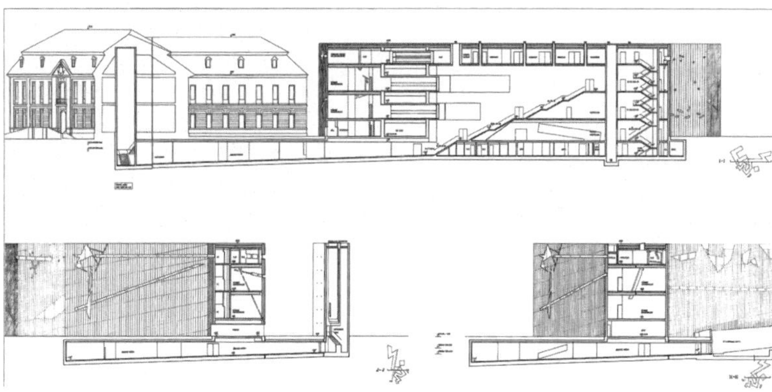

2.11, 2.12 다니엘 리베스킨트, 〈베를린 유태인 박물관〉 평면도와 단면도(1988-99).
Studio Daniel Libeskind 제공.

현적 극단성을 거쳐 〈유태인 박물관〉의 잠재적 상징으로 나아가던 다양한 실험들 가운데 하나였다(그림 2.11 및 그림 2.12). 시학적이고 현상학적인 건축유파에 속했던 그의 뿌리는 이 건물의 강력한 경험적 측면들 속에서, 즉 그 정원의 기울어진 표면과 박물관 중심에 놓인 빈 공간, 황량한 실내 콘크리트 벽체들 속에서 분명히 드러났고, 디자인의 잠재적 상징이 그러한 경험적 측면들을 보충해줬다. 그러한 잠재적 상징은 〈유태인 박물관〉의 경우 베를린의 문화와 기억에 관한 일련의 선들을 베를린 지도상에서 연장하는 것이었다. 이런 선들은 2차원적인 지면상에서 건물을 '형태' 지은 설계과정의 결정적 요소로서, 완공된 건물에 여전히 암시되고 있다. 이러한 전략의 의미는 건축을 도시의 기억과 맥락에 종속시키면서도

2.13 리베스킨트의 〈베를린 유태인 박물관〉 전경.
사진: Bitter Bredt. 제공: Studio Daniel Libeskind.

설계과정을 특화하는 것이었다. 〈게티 센터〉는 전례 없는 비용으로 주목받았지만, 〈유태인 박물관〉은 첫 전시회를 열기 오래 전부터 건물 자체에 매료된 방문객들이 상당수였다(그림 2.13).

〈게티 센터〉와 같은 해인 1997년에 완공된 프랭크 게리의 〈빌바오 미술관〉은 표현적인 곡면 형태를 선보였다. 이러한 곡면 형태는 게리의 전작 〈비트라 미술관(Vitra Museum)〉과 여전히 유사했지만, 〈비트라 미술관〉에서 백색 치장벽토를 사용했던 것과 대조적으로 티타늄으로 마감함으로써 '백색파' 모더니즘과의 연관성을 제거시켰다(그림 4.1 참조). 게리의 설계과정은 스케치로 시작한 다음 일련의 매스모형들로 발전되었다. 캐나다 태생의 이 건축가는 아이젠만처럼 철학이나 언어학 같은 분야에서 생겨난 이론들에 의지하지 않았다. 그는 현대예술가들의 방법론을 모방하지도 않았다. 그의 작품은 여전히 19세기와 20세기 초에 나타난 미적·예술적 자율성의 영역 내에 있었고, 독립된 인공물로서의 건물에 초점을 맞춰 건축가의 통제력과 창조성을, 그리고 각 디자인의 차이와 독특함을 강조하고 있었다. 게리는 이렇게 주장했다. "나는 언제나 스마트한 예술을 생각한다. 나는 자신의 시각적 지성으로 초기 예술부터 현대 예술까지 관여하는 이들이 그렇지 않은 이들보다 작품 속에서 다양한 결정들을 할 거라고 생각한다" (Colomina 2003: 18).

〈베를린 유태인 박물관〉이 그 건물만으로 놀라운 방문객 수를 자랑했다면, 〈빌바오 구겐하임 미술관〉의 효과는 그보다 훨씬 더 컸다. 스페인 변방의 작은 산업도시였던 빌바오는 거의 관광명소가 아니었었지만, 이 건물을 통해 지역 관광산업이 탄생하면서 새로운 직업들이 형성되고 가장 중요하게는 빌바오 시 주민들이 새로운 자부심을 찾게 되는 상당한 변화를 겪었다. 이러한 '빌바오 효과(Bilbao effect)' 에 대한 반응으로, 자율적 건축과 소비사회 사이의 암묵적 관계를 표현하는 '도시 브랜딩(city branding)' 이란 용어가 생겨났다. 이 용어는 건축의 이미지를 강조하고 이를 도시에 결부시킴으로써, 개인과 상품의 관계와 유사한 관계를 만들어낸다. 즉 그것은 랜드마크 건물의 사회문화적 가치와 그에 따른 독특성과 독창성, 차이가 도시에 다시 투사되어 도시의 정체성을 융합하고 변경하는 걸 말한다.

브랜딩은 상품들의 이상적인 상상적 가치에 관심을 두는 수단으로서 사물들의 유용성과 생산에서 벗어나 그것들의 소비와 주관적 가치를 강조하는 변화를 나타낸다. '도시 브랜딩' 은 건축과 같은 일을 한다. 하지만 그 영향은 랜드마크 건물과 도시의 관계에만 미치지 않는다. 모델이 된 자율적 건축은 대중문화라는 시리즈에 의해, 즉 광고와 비디오영상, 영화 속에서 모방적으로 활용된다. 그러한 모델은 건축 내에서도 대량주거를 통해 모방된다. 중산층 중에서도 중하위계층을 겨냥한 저비용주거가 상업적인 목적으로 지어져 시장에서 거래되는데, 이러한 주거는 사전 제작된 일련의 요소들에 의존하면서도 고유성과 단독성을 보여주는 주변적 차이들에도 의존함으로써 일종의 자율적 지위 같은 걸 확보하려 한다. 따라서 자율적 건축은 결국 단독적인 랜드마크 건물을 넘어 훨씬 더 큰 영역에 영향을 미치게 되었다.

네오아방가르드가 이상의 성역과 페이퍼 건축에 대한 매혹으로 후퇴한 것을 아이젠만은 소비사회에 저항하는 수단으로 제시하였다. 사회와 맞선 자율적 입장의 채택은 포디즘을 거부한 것이었음에도 탈산업사회가 자율성에 관한 관념들을 추앙함으로써 건축학을 부흥시키는 데 유용한 결과를 낳았다. 이러한 자율성으로의 전회는 결국 저항의 형식이 아니라 오히려 새로운 사회적 · 경제적 정세, 즉 포스트포디즘의 의식이나 '논리'를 수용하는 수단으로 판명되었다. 이렇게 건축이 정세에 '적응'하고 1990년대 중반이 되자 건축학은 더 이상 사회적 요구에 부응치 못하는 천덕꾸러기가 아니게 되었다. 건축학은 학문적 쇠퇴를 뒤집고 신뢰와 인기를 회복하는 데 성공했다. 건축은 그것의 '무관심성'을, 사회적 현안들로부터의 거리를, 도시로부터의 자율성을 자랑하면서 아이러니하게도 시장의 중심으로 이동했다. 즉 그것은 건물이 아니라 디자인 자체를 의미하는 건축이었다. 따라서 창조성과 개별성을 표현하는 디자인들이 빌바오의 관광산업이나 런던의 부동산 같은 아주 현실적인 경제적 관심들을 떠맡게 되었다.

건축적 자율성의 지위변화를 완전히 이해하기 위해서는, 페터 뷔르거가 구분한 '구조적 자율성(structural autonomy)'과 '자율성의 이데올로기(ideology of autonomy)'로 되돌아가는 게 유용하다. 뷔르거에 따르면 전자는 '예술이 삶의 실천으로부터 외따로 분리'되는 것이고, 후자는 '현상을 정당화하기 위해 절대적 자유를 상정'하는 것이다. 건축에서 현재 '구조적' 자율성을 내세우기란 불가능하다. 오히려 절대적 자율성이야말로 차이와 연합함으로써 현대건축을 욕망의 대상으로 부추겨왔다. 이러한 '욕망의 대상성(desirability)'은 다시 특이한 랜드마크 건물들과 외적으로 개성적인 대량주거의 의뢰에 영향을 주었다. 자율성 관념은 결국 모든 실재적 자율성을 침식해가며 건축을 실질적인 경제적 관심보다 우위에 올려놓았고, 이로써 건축은 사회를 수동적으로 재현하기보다 그것을 결정하는 데 참여하는 주도적 위치에 올라서게 되었다. 자율성은 더 이상 현상을 정당화하지 않는다. 오히려 현상에 베일을 덧씌운다. 이렇게 내향적으로 후퇴하는 건축을 통해 결국 사회형성에 관여하려는 건축의 억압된 꿈—모더니스트들의 꿈—이 보증되지 않은 예기치 못한 방식으로 태어나게 되었다.

제3부

실재 (The Real)

일상생활의 혁명(The revolution of everyday life)

낭만주의를 지배하며 예술의 자율적 계보를 일으킨 예술적 사회비판은 점차 예술적 자율성과 반대되어가는 파생적 관념을 낳았는데, 그것은 '일상생활의 실천(the practice of everyday life)' 이었다. 이런 개념의 발전에는 두 가지의 중요한 선례가 토대로 작용했는데, 하나는 실러(Schiller)가 1795년에 쓴 『인간의 미적 교육에 관하여(On the Aesthetic Education of Man)』이고 또 하나는 바그너(Wagner)의 종합예술 개념이다. 칸트의 저작들, 그 중에서도 특히 『판단력 비판』의 영향을 크게 받은 실러는 『인간의 미적 교육에 관하여』를 이루는 서한들을 두고 칸트의 '목적 자체로서의 인간(Man as an end in itself)' 에 대한 인본주의적 관심을 정교화하고 확장한 것이라고 했다. 하지만 이 저작은 관념론적 철학의 영역에 속하면서도 칸트와는 다른 미학을 개시했다. 이 저작은 '정치적 예술가(political artist)' 를 장인과 예술가에 대한 대안으로 언급했을 뿐만 아니라, 현대생활의 원자화된 요소들을 종합함으로써 사회의 파편화에 대한 해법을 전하는 미학의 역할도 그려냈다. 이러한 해법은 예술의 역할이 중심적인 교육과정으로 묘사되었다.

실러는 이러한 종합을 인간이 발달하는 3단계의 과정으로 생각했다. 그 과정은 물질세계 속에 몸담는 '감각적 인간(sensuous Man)' 으로 시작한다. 예술(Art)과 취향(Taste)의 역할은 미(Beauty)를 인식할 수 있는 '미학적 인간(aesthetic Man)' 을 만드는 것이다. 그리고 이러한 미학적 인간이야말로 갇힌 이성(confined Reason)의 포로가 아닌 진정한 인간 본성(Nature)의 계시로서 고양된 '도덕적 인간(moral Man)' 의 형성을 가능케 하는데, 그러한 인간 본성이란 모든 세 국면들을 종합하여 인간 존재에 하나의 새로운 통일성과 총체성을 일으키는 것이다. 실러는 다양한 예술가 유형 속에서도 이러한 3단계를 파악한다. 자기 작품의 물성에 사로잡힌 '자연적' 예술가로서의 장인, 미학적 양상을 표현하는 순수 예술가, 그리고 도덕적 인간과 그의 추상적인 이성 영역을 표현하는 정치적 예술가가 그것이다. 따라서 실러에게서 근대사회의 문제들에 대한 해법은 하나의 발달과정이자 선형적인 교육과정으로서 이해되며, 이러한 과정이 현대사회를 부담지우는 다양한 분열들, 말하자면 개인과 사회, 주관과 객관, 구체와 추상, 물질과 이상 등의 관계에 대한 해법을 제시한다. 그는 이렇게 기술했다. "순응성의 법칙은 이미 지배적인 위약함 및 물리적 한계와 결합할 때 개인을 향한 압제가 되며, 그렇게 마지막으로 명멸하는 자발성과 개별성의 불꽃들을 꺼버린다" (Schiller 2004: 47).

반세기가 지난 1849년에 바그너는 다양한 예술 분야 및 매체 들을 통합하여 '총체성(totality)'을 만들어내는 예술작품들을 일컫고자 '종합예술작품(*Gesamtkunstwerk*)'이란 용어를 도입했다. 이 용어는 점차 '예술을 위한 예술'이 상상한 자율성과 반대되는 의미를 띠게 되었다. 자율적 예술이 예술로 하여금 타협된 삶을 초월할 것을 요했던 당시로서는, 총체적인 예술작품이 파편화된 삶의 모순에 대한 해법으로 여겨질 수 있었다. 예술과 삶을 통합함으로써, 예술은 아마도 삶을 고양하고 삶이 그것의 타협된 현실을 초월하도록 도울 수 있었을 것이다.

'일상생활의 예술' 운동은 20세기 후반에 들어서야 비로소 예술생산의 지배적인 위치로 올라섰고, 1990년대에는 건축적 '실재'의 범주로 진화했다. 이러한 느슨한 움직임은 대표적으로 다음에 이어 약술하게 될 실러의 관념론과 바그너의 종합예술 개념, 마르크스주의, 현상학 등의 다양한 파편적 흐름들이 점차 합쳐지면서 이루어졌다. 일상생활의 관념에서 유도되는 연관성들은 많고 종종 모순적이기도 하다. 흔히 일상은 가장 즉물적인 형태로 이해되지만, 이론적 용어로서는 특수한 의미들과 고유의 역사를 지닌다. '일상적인 것(the everyday)'이란 용어의 탄생은 마르크스의 소외에 관한 초기 저술들과 관련이 있다. 마르크스에게서 당대의 일상생활이란 단순한 실존적 사실이 아니라 역사 자체가 만들어낸 것이자 자본주의 생산방식의 결과로서 생겨난 것이었다.

소련에서의 볼셰비키 혁명 이후로, 트로츠키(Trotsky)와 기타 공산주의 지도자들은 일상적인 것을 혁명의 진앙으로 보고 일상생활의 변화를 추구했다(Trotsky 1973). 그들이 시도한 문화주의와 테일러주의의 혼합은 이후 몇 십 년간 형성될 일상적인 것에 대한 주류이론과 상당히 다른 것이었지만, 일상생활이란 화두를 논의의 중심으로 이끄는 데 일조했다. 한편 일반적이고 추상적인 언어가 아닌 특수하고 구체적인 일상어를 추구하던 하이데거는 1924년 마르부르크(Marburg)에서의 연속강연을 통해 수사(rhetoric)와 발화(speech)의 이슈들을 다루면서 일상적인 것의 개념을 확장했다. [1] 현상학, 특히 실존주의 현상학의 일상적인 것에 대한 관심은 무엇보다도 언어의 추상화에 도전함으로써 소외를 완화하려는 욕망으로부터 발전했다.

현상학이 일상생활에 매혹되었듯이, 게오르크 루카치(Georg Lukács)와 카를 코르쉬(Karl Korsch), 안토니오 그람시(Antonio Gramsci), 그리고 좀 정도가 약하긴 하지만 발터 벤야민(Walter Benjamin) 같은 학자들도 1920년대 들어 정통마르크스주의와 그것의 실증주의적이고 유물론적인 과잉결정론에 도전하는 작업에 관여했다. 그들은 정통마르크스주의가 정치와 의식, 이데올로기, 문화 같은 준-자율적 상부구조를 완전히 경시한 게 실수였다고 보았다. 그들의 이론에 따르면, 진정한 혁명은 물적 토대의 변화가 상부구조의 시종일관한 혁명적 변화를 일으킬 거라는 단순한 결정론적 인과관계를 기대할 수 없는 것이었다. 이런 학자들의 작업은 토대에 상부구조를 재통합하려는 시도였고, 그 결과 일상적인 것은 머지않아 사회의 모든 수준에 영향을 미치게 될 혁명의 장소가 되었다. 이런 개념들을 코르쉬는 다음과 같이 표현했다.

> 지적인 삶은 사회적 · 정치적 삶과 함께 고려되어야 하며, 사회적 존재(being)와 생성(becoming)(가장 폭넓은 의미에서, 경제와 정치와 법)은 사회의식의 다양한 발현사례들

1. 예를 들어 '테이블(table)'이라는 단어는 일반적인 데 반해 그 대상 자체는 언제나 특수한데, 이는 언어가 경험적인 구체적 현실과 특수성을 표현할 수 없음을 드러내는 것이다. 여기서 거론하는 마르부르크에서의 강의들은 Heidegger, M. (2002) *Grundbegriffe der aristotelischen Philosophie*, Frankfurt: Klostermann에서 찾아볼 수 있다. 본 지은이는 델프트공과대학교에서 하이데거와 현상학에 관한 통찰력 있는 세미나를 열어준 패트릭 힐리(Patrick Healy)에게 감사를 전한다.

> 과 더불어, 역사과정 일반의 실재적이면서도 이상적(혹은 '이데올로기적')인 요소로서 연구되어야 한다.
>
> (Korsch 2008: 71)

헝가리의 비평가이자 철학자였던 게오르크 루카치는 주객분열에 대한 자신만의 해법을 제시했는데, 이 작업은 일차적으로 그의 영향력 있는 저서 『역사와 계급의식(History and Class Consciousness)』(1923)에서 행해졌다. 그는 '일상성(*Alltäglichkeit*, everydayness)'이란 용어를 초기에 사용한 부류에 속했는데, 이 용어는 그의 1911년 저서 『영혼과 형식(Soul and Form)』에서 이미 등장한 바 있다. 루카치는 부르주아사회가 만든 산물로서의 일상생활과, 일상생활의 혁명적 실천에 직접 관여하게 될 떠오르는 혁명의식의 장소로서의 일상생활을 구분했다. 그가 일상생활을 이러한 혁명적 실천으로서 그려낸 것은 노동계급이 일상생활의 본성을 변화시키고 고립된 추상적 이론화에 맞서 실천의식을 만들어낼 역사의 주체이자 객체로서의 역할을 자임한다는 조건에서였다. 루카치의 입장에서 새로운 점은 의식을 중요하게 다뤘다는 것인데, 이는 자본주의 이데올로기가 야기하는 물신주의와 허위의식(즉 루카치의 주장에 따르면, 주객분열의 핵심에 있는 물신주의와 환영주의)과는 달리 현실에 대한 자각으로서의 의식이었다.

앙리 르페브르(Henri Lefebvre)의 선구적 연구들은 1960년대에 이르러 이러한 일상생활의 이슈를 지적 담론과 예술적 실천의 전면으로 급부상시켰다. 이 주제에 관한 그의 주저인 『일상생활 비판(The Critique of Everyday Life)』 3부작(1947, 1961, 1981년에 출판)과 『현대세계의 일상생활(Everyday Life in the Modern World)』(1968)*[2]에서, 르페브르는 이 화두에 관한 중요한 철학적·사회학적 작업을 생산했다. 이 프랑스 사회학자는 일상생활을 단순한 역사의 산물보다 폭넓은 개념으로 이해했으며, 이러한 일상적인 것의 기획에 대해 다음처럼 기술했다.

---

2. 이 출판년도는 불어원본의 출판년도이며, 영문판은 많은 해가 지나서야 출판되었다. — 지은이

* 국내 번역서는 『현대세계의 일상성』(박정자 옮김, 2005; 국내 첫 출판년도는 1990)이란 제목으로 출판되었다. — 옮긴이

> 일상생활처럼 체험되는 경험(lived experience)의 혼란스러운 성격이 그들의 빈곤이 아닌 부유함의 징표임을 보여주고자 했다. [중략] 이러한 [일상의] 기획의 목표는 경험적인 것과 철학적인 것, 정치적인 것(좀 더 나중에 실존주의가 열망했으나 부족했던 무언가)의 통일성과 총체성을 되살리는 것이었다.
>
> (Lefebvre 2005: 17)

르페브르가 새롭게 시도한 마르크스주의와 현상학의 혼합은 그가 보기에 근대사회를 허물어뜨려가며 그것을 연구하기 힘들게 만드는 다양한 파편화와 분열을 해소하기 위한 수단이었다. 일상생활은 이미 그 속에 상부구조와 토대를, 실재와 이상을 모두 포함하고 있었다. 현상학은 경험의 즉시성을 통해 개인과 세계의 관계에 접근할 수 있게 해줬던 반면, 마르크스주의는 '더 큰 그림'—집단조직과 사회, 그리고 그것들이 탄생하게 된 방식—을 다루기 쉽게 해주었다. 이렇게 두 사조를 결합함으로써 르페브르는 주체의 장소를 축소하지 않은 채 총체성을 이야기할 수 있었다.

르페브르는 일상생활을 이해하는 수많은 관점들을 다음처럼 제시하면서, 이 용어의 광범위한 폭을 예증했다.

1 "일상적인 것은 자연적인 시공간과 구분되는 시공간에서뿐만 아니라 정신적인 시공간에서도 전개되고 구성된다." (2005: 10)
2 경험적인 것과 개념적인 것이, 이론과 실천이 관계 맺는 장소로서의 일상생활
3 거주하기와 옷 입기 같은 특화되고 파편화된 다양한 활동들의 산물이자 잔여물로서의 일상생활
4 주기적이면서도 선형적인 시간 및 과정들의 결과로서의 일상생활
5 사용가치와 교환가치가 대결하는 장소로서의 일상생활
6 욕구와 욕망, 쾌락 간의 관계가 만들어지는 현장으로서의 일상생활
7 한 개인이 한 집단이나 일반적인 죽음 혹은 자신의 죽음과 맺는 관계, 혹은 일반적으로 육체성과 시공간의 관계를 포함하는, 거리

의 관계들이 이루는 장소로서의 일상생활

8 놀이와 축제, 여가가 평일과, '진중한 생활 비즈니스' 와 맺는 관계가 명료해지는 장소로서의 일상생활

르페브르는 '일상성(*la quotidienneté* / everydayness)' 과 '일상적인 것(*le quotidian* / the everyday)' 을 구분했는데, 전자는 부르주아사회에서 타협된 일상생활을, 즉 도구적 이성의 장소를 일컫는 데 반해 후자는 자본주의 부르주아사회로부터의 어떤 자유가 발현되는 장소이자 떠오르는 혁명적 실천의 장소를 말한다. 즉 그에 따르면 '일상적인 것' 은 '일상성' 이라는 제한된 영역 속에서는 불가능할 경험들로부터 자기의식이 출현함으로써 주체와 객체의 이원론이 해소되는 장소다.[3] 따라서 현상에 저항하는 일상적 실천으로부터 일어나는 이러한 자기의식은 계급의식으로 이어지게 된다. 르페브르의 입장은 일상생활과 분리된다는 이유로 자율적 예술을 거부하던 입장에서 점차 일상적 실천에서 그러한 무관심적 예술이 행하는 역할로, 말하자면 일상생활과 유지하는 거리로써 정의되고 규정되는 예술의 역할로 기울어갔다. 결국 그는 자율적 예술을 타협된 일상성으로 통합할 것을 요구하진 않았지만, 결과적으로 예술적인 사회비판을 수용한 것이었다(Lefebvre 2002; Roberts 2006).

'예술을 위한 예술' 운동에 동기를 부여하는 관념들이 지배하던 19세기에는 시간이 갈수록 다양한 예술적 입장들이 부상했다. 예를 들어 영국의 '바지저고리(coat and trousers)' 유파는 실재를 선호한 초기 사례였는데, 이들은 노동자들의 고통을 자각하도록 중산층의 의식을 자극할 수단으로

3. 국내에 출판된 르페브르 관련 번역서들은 '일상적인 것' 과 '일상성' 을 구분하지 않고 양자를 '일상' 이나 '일상성' 으로 뭉뚱그려 번역하고 있다. 따라서 일상성에 부정적인 면과 긍정적인 면이 다 있다는 식으로 논의가 되고 있지만, 본서의 저자는 르페브르가 분명 '일상성' 이라는 현상에 대한 저항적 실천의 의미로서 '일상적인 것' 이란 말을 썼음을 구분하여 언급하고 있다. 이러한 '일상적인 것(*le quotidian / the everyday*)' 이라는 '정관사 + 형용사' 의 용법은 고착화된 명사적 용법과 대비되는 비결정적이고 동태적인 개념이나 혁명적 사유를 암시하는 것으로서 서구학문에서 흔히들 사용되는 용법이다. 유사한 예로 '도시(*la ville / city*)' 와 '도시적인 것(*l' urbaine* / the urban)' 을 구분하곤 하며, 프랑스의 정신분석학자 자크 라캉은 '현실(*la réalité* / reality)' 로부터 '실재(*le réel* / the real)' 를 (직역하자면 '실재성' 으로부터 '실재적인 것' 을), 독일의 정치학자 카를 슈미트는 '정치(*Politik* / politics)' 로부터 '정치적인 것(*des Politischen* / the political)' 을 구분한 바 있다. — 옮긴이

서 비(非)-자율적이고, 비(非)-추상적이며, 반(反)-모더니즘적인 재현예술로 되돌아갔다. 이렇게 멈칫하던 시작에도 불구하고 이러한 입장들은 1920년대에 주류 모더니즘의 추상화와 자율성에 맞선 예술 아방가르드의 유물론적 집착으로 이어지기엔 부족한 것이었다. 존 하트필드(John Heartfield)와 라울 하우스만(Raoul Haussmann)의 다다(Dada)적 콜라주들은 '일상적' 광고의 기법들을 전유하면서도 재현적인 수단으로 사회병폐에 대한 비판을 이어갔다.

발터 벤야민은 그의 "생산자로서의 작가(The author as producer)" (1934)라는 에세이에서 정치적 예술과 미학의 양립불가능성, 즉 정치적 예술이 '헌신' 을 제시하는 데 반해 미학은 예술적 질을 위한 조건으로서 '무관심성' 을 요한다는 문제를 해결하고자 했다. 예술이 헌신과 무관심성을 모두 제시하길 원한 벤야민은 이 글에서 다음과 같이 요구한다. "한 작품이 그 시대의 생산관계들을 '마주하며(vis-à-vis)' 어디에 위치하느냐고 묻기 전에 이렇게 물어야 한다. 그것은 그 생산관계들 '속에서(within)' 어디에 위치하는가?" 이러한 언명을 통해 벤야민은 예술작품의 내용(작품이 말하는 것)으로부터 예술작품의 사회적 기능(작품이 행하는 것)으로 관심을 옮겼다. 한편으로 그러한 요구는 자율적 예술이 재현을 거부하고 '물자체(a thing in itself)' [4]로서의 인공물을 만들려던 욕망과도 유사했지만, 다른 한편으로 벤야민은 이 글에서 예술이 현실로부터 멀어지지 않고 그것에 개입해야 한다고도 했다. 말하자면 예술로 하여금 준-자율적 상부구조 속에서 무력하게 남아있지 말고 물적 토대에 비판적으로 개입하기를 독려한 것이었다.

벤야민의 말은 1920년대 초에 형성되었던 예술의 생산주의 관념과 관련이 있었다. 구성주의는 생산주의 예술을 만들려는 시도가 특히 엄격

---

4. '물자체(物自體, *Das Ding an sich* / the Thing-in-itself)' 는 칸트철학의 중심개념으로서, 인간의 주관적인 인식으로서 해명할 수 없고 재현이 불가한, 따라서 영원히 미지의 영역으로 남을 수밖에 없는 절대적 영역이다. 이렇게 상대적인 개념화가 불가능한 물자체는 영원히 그 자체적인 고유성을 확보하게 되는 개념인데, '예술을 위한 예술' 이란 말로 특징되는 자율적 예술은 어떤 면에서 이런 절대자로서의 물자체적 위치를 욕망하는 예술일 뿐 엄밀히 말해 칸트적인 물자체가 될 순 없다. 따라서 본서의 지은이가 이를 고유명사가 아닌 가산명사로서의 'a thing in itself' 로 칭한 것은 적절한 표현이다. — 옮긴이

했던 예술운동으로서, 재현적인 시도보다 구조적인 시도를 선보임으로써 사회적으로 활력적인 예술을 만들고자 했다. 테일러주의에 매료된 구성주의자들이 유물론적이고 생산적인 관심을 명백히 드러냈을 뿐더러, 알렉세이 간(Aleksei Gan)과 오십 브릭(Osip Brik), 보리스 아르바토프(Boris Arvatov) 같은 이론가들은 마르크스의 소외에 관한 초기 저술들에도 관심을 보였다. 거의 일상생활의 이론을 개발할 뻔했던 아르바토프는 위에서 인용한 벤야민의 언명과 유사한 입장들을 표현했다. 그는 "노동자들의 '일상적인' 것들을 무대에서 묘사하는 게 아니라, 바로 그 생활 속에서 연극 활동이 펼쳐져야 한다"고 말하면서 사회적 사실주의의 재현형식들을 폄하했다(Roberts 2006: 52). 아르바토프는 다양한 생활영역들의 파편화를 대체할 새로운 통일성을, 즉 예술과 삶이 서로 아주 잘 얽혀드는 나머지 미학적 의미에서의 '예술'과 당대 부르주아적 의미에서의 '일상성'은 모두 완전히 사라져버릴 통일성을 상상했다. 구조적 토대에 개입하고 상부구조에 속하지 않는 예술을 만든다는 관념은 생산주의 예술에만 국한되지 않았고, 나중에는 일상생활의 예술에서 주된 관심사가 된다. 즉 이는 예술의 자율성을 허물어뜨리고 예술을 일상생활 속에 주입하여 사회적 소외를 완화한다는 생각이었다. 예술적인 사회비판 속에서 일상적인 것에 대한 마르크스의 시각을 활용하면서 일상예술(the art of everyday)로 나아가던 이러한 계보는 곧 근대사회의 소외를 극복하고자 시도했던 자율적 계보와 동맹관계에 있음을 깨달았다. 하지만 두 운동은 그러한 소외의 문제에 대해 매우 다른 해법들을 제공했다. 전자는 일상생활 속에 예술을 주입하려고 했던 반면, 후자는 일상생활의 타협과 범속함으로부터 예술을 자유롭게 하려고 했던 것이다.

마르셀 뒤샹(Marcel Duchamp)의 소변기는 '일상생활의 예술' 운동을 구성한 작품이었다. 미술관 속에 쉽게 처분하거나 무시할 수 없는 일상적 기능의 오브제를 두는 시도로써, 뒤샹은 예술계가 일상생활의 실천과 유지하던 거리와 그에 대한 무관심성을 드러냈다. 이 소변기는 예술적 자율성에 대한 비판이자, 재현수단을 통해서가 아니라 이 경우 비속한 일상생활을 예술계에 주입하여 자율성을 허물어뜨리려던 시도였다. 이 프로젝트의 야심들에도 불구하고, 그것의 취약함은 일찍이 파악될 수 있었다. 뒤샹은 예술계를 조롱하고 부르주아지에게 충격을 주려던 의도였을지 몰라도, 미술 비평가들은 그런 충격을 인정으로 탈바꿈하는 데 긴요한 역할을 했는데 그들은 이러한 뒤샹의 행위를 두고 일상적 사물을 공공의 시야 속에 두어 누구든 실제로 소변기를 처음 보았을 때 그것을 명상적인—미학적인—방식으로 관찰할 수 있게 하는 것이라고 묘사했기 때문이다. 또한 그것은 일상의 사물을 순수예술로 격상시킨다는 의미이기도 했다. 전형적인 비평가의 발언은 그레이엄 콜리어(Graham Collier)에게서 나왔는데, 그는 뒤샹의 "유명한 '기성품들(readymades)' (그 중에서도 〈샘(the fountain)〉이 좋은 사례다)은 그가 의도적이고도 임의적으로 예술작품의 수준으로 격상시킨 대량생산 물품들에 불과하다"거나 "우리는 비판적인 시각으로 [중략] 이 설비물품을 바라볼 수밖에 없으며 심지어는 순수하게 조각적인 관점에서 그 곡면의 흐름과 전반적인 비례들을 평가할 수밖에 없다"고도 했다(Collier 1972: 201-2). 더 나아가 콜리어는 이 소변기를 예술의 진보와 상관지음으로써 이러한 제스처의 반(反)-예술적 측면을 격하시켰는데, 예를 들어 다음과 같은 말로 이를 콜라주 제작과 관련지은 것이다. "뒤샹이 기성품 소변기를 사용하는 건 피카소가 기성품 유포조각을 사용하는 것에서 한 걸음 더 나아간 것뿐이다"(1972: 197).

이러한 비평가들 덕분에 일상예술은 예술을 일상생활로 주입하기보다 결국 자율적인 예술로 통합되어버린다. 일상예술은 뒤샹의 작업에 대한 비평가들의 표현(통상 사람들의 주목을 받지 못하는 일상생활의 행위들과 물건들에 대한 주의환기)을 인용하면서도 그 대의를 진전시키기 위한 전술로서 충격요법을 활용하는 경향으로 발전했다. 따라서 충격은 목적이기보다 수단이 되었고, 예술계를 직접적으로 허물어뜨리려던 시도는 일상생활의 시학에 대한 인식과 자각을 확장하여 변혁적 경험들을 만든다는 중심관념으로 대체되었다. 이러한 몇 가지 차이들을 요셉 보이스(Joseph Beuys)가 표현한 바 있는데, 그는 자신의 자전거 바퀴 작품 "그건 자전거에 대한 것인가?(Is it about a bicycle?)" (그림 3.1)와 뒤샹의 작품(그림 3.2)을 비교하면서 자신의 바퀴에는 뒤샹의 바퀴와 달리 "받침대(pedestal)가 없

3.1 〈그건 자전거에 대한 것인가?(Is it about a bicycle?)〉를 작업 중인 요셉 보이스(1982).
Siegfried Sander/MULTIPLE BOX 제공.

다"(De Domizio Durini 1997: 73)고 말했다. 뒤샹은 중산층에 대항하는 무기로 도발하는 데에 관심이 있었으므로, 일상적 사물과 예술의 유사성을 높이려면 자전거 바퀴를 받침대 위에 둘 필요가 있었다. 반면에 일상예술은 배제된 외부세계를 예술계로 끌어들이기—따라서 부르주아지의 요새를 정복하기—보다 예술의 창조적이고 해방적인 실천들을 전 세계적으로 퍼뜨리는 데 관심이 있었다. 따라서 일상예술의 최초 관념과 그것이 만들어낸 운동은 거의 모순적이며, 전자가 예술계를 내부적으로 파열(implode)시키고 싶어 했다면 후자는 그것을 외부적으로 폭파(explode)하고 싶어 했다.

'일상생활의 예술'은 1920년대의 다다를 모방한 플럭서스(Fluxus) 같은 운동들을 통해 1960년대에 본격적인 예술범주가 되었는데, 앨런 캐프로(Allan Kaprow)와 요셉 보이스 등의 작업은 계속해서 자율적 예술을 공격하면서 예술을 통해 일상생활을 되살리려고 노력했다. 플럭서스의 창시자였던 조지 마키우나스(George Maciunas)는 예술에서의 인공적 추상과 환영주의를, 실생활과 보통사람들로부터 먼 예술을, 특히 추상표현주의(Abstract Expressionism)를 비난했다. 그는 '구체' 예술과 반-예술, 그리고 실생활에 대한 관심을 장려했다. 마키우나스는 사회적 참여와 더불어, 고급예술과 일상적 경험을 분리하는 간극의 해소를 독려했다. 이러한 느슨한 운동의 옹호자들 중에서 목소리가 컸던 한 사람은 미국 예술가였던 앨런 캐프로였다.

> 삶을 닮은 예술(lifelike art)은 단순히 삶에 예술이라 이름붙인 게 아니었다. 그것은 삶을 굴절시키고, 조사하고, 시험하고, 심지어는 참아내면서도 언제나 조심스럽게, 그러한 삶과 연속을 이루었다. [중략] 삶을 닮은 예술의 목적은 치유적인 것으로서, 우리가 당연시하는 파편적 현실을 다시 통합하는 것이었다. 단지 지적으로만이 아니라 직접적으로도, 경험으로서, 이 순간에, 이 집에서, 이 주방싱크에서 말이다. [이하 생략]
>
> (Kaprow 1996: 206)

이러한 계보는 예술이 갤러리와 미술관이라는 좁은 범위를 벗어나 거리로 진출하도록 이끌었고, 회화와 조각을 퍼포먼스와 해프닝, 설치작업 및

3.2 마르셀 뒤샹, 〈자전거 바퀴〉(레디메이드). 1964년 재구성작. 필라델피아 미술관: 1964년 밀라노 슈바르츠 미술관 기증. Graydon Wood 제공.

아상블라주로, 나중에는 개입과 전유와 행동으로 대체했다. 캐프로는 의미 있는 실존과 자기실현을 이룰 수단으로서 일상생활에서 예술을 실현하는 방향을 선호하면서, 예술 제도를 완전히 해산할 것을 제안했다(Kaprow 1996).

사회학자 피에르 부르디외(Pierre Bourdieu)는 일상예술의 몇 가지 기초가정들을 문제시했다. 그는 예술을 수용하는 과정에서 미적 취향이 차지하는 중요성을 논하면서, 미적 지각(aesthetic perception)이 계급과 교육의 산물이라고 주장했다. 배경과 교육 및 직업의 기준에 합당한 위치를 획득한 이들이 일상적 사물들을 예술로서 식별할 권위를 갖는다는 것이다.

> 진부하거나 심지어 '보통' 사물들('보통' 사람들이 특히 미적인 목적으로 만드는 자기 것들)에 미적 지위를 부여하는 능력, 혹은 요리나 의상, 장식 등 일상생활에서 일어나는 대부분의 일상적 선택들에 '순수' 미학의 원리들을 적용하고 대중취향을 완전히 뒤집어 윤리에 미학을 부가하는 능력보다 더 특출하고 눈에 띄는 건 없다.
>
> (Bourdieu 2003: 5)

부르디외는 일상예술이 자율적 예술만큼이나 일상생활로부터 떨어져 있다고 보았다. 일상예술이 가능한 건 자율적 예술이 확립한 위계와 분리, 즉 일상예술(뿐만 아니라 모든 반-예술 운동)이 타파하고 싶어 하는 바로 그 위계와 분리를 통해서다. 페터 뷔르거는 (일상예술을 비롯한) 1960년대의 모든 네오아방가르드들이 준-자율적이라고 보았고 네오아방가르드의 반항은 효과적이지 않다고 말한다.

> 삶의 실천을 마주볼 수 있는 예술의 (상대적) 자유는 현실에 대한 비판적 인식이 존재하기 위해 충족되어야 할 조건이기도 하다. 예술이 더 이상 삶의 실천과 분리되지 않고 그것에 완전히 흡수된다면 그 거리의 소멸과 함께 현실에 대한 비판능력을 잃어버릴 것이다.
>
> (Bürger 1996: 50)

이에 따르면 '예술을 위한 예술'과 '일상예술'은 서로 다른 운동임에도 구조적으로는 공히 일상적 삶의 실천과 떨어진 예술에 속한다(Bürger 1996). 이러한 '구조적 거리', 즉 예술과 삶의 실천 간의 거리는 자율성의 이데올로기를 반대하건 지지하건 상관없이 모든 예술적 실천에 공히 나타난다.

20세기는 문화적으로 다양한 현실주의 형식들에 매료되었는데, 이러한 매혹은 유토피아적 이상주의를 제거하고 유토피아의 가능성에 한층 더 가까이 다가감으로써 유토피아를 실현하려던 욕망으로, 혹은 미디어가 일상생활을 잠식하던 경향에 대한 반동으로서 점증하던 이미지와 정보의 비실체적 세계 속에서 구체적 현실을 재확립하려던 시도로도 볼 수 있다. 사회적 사실주의(social-realism)와 신사실주의(neorealism), 그리고 좀 더 후발운동인 마술적 사실주의(magical realism) 등 다양한 현실주의 형식들의 점증하던 영향력은 종종 '일상생활' 이란 범주와 다른 현실주의들 간의 구분을 모호하게 만들었다. 게다가 1950년대 이후로 '일상생활' 과 대중문화(mass-culture)는 종종 서로 직접적으로 엮인 관련분야들로 여겨지곤 했다.[5] 이러한 연관성은 1950년대의 대중문화가 사회에 개입하여 초기 추종자들을 모은 데 기인한 결과였다. 정부당국과 중산층은 '중간층(middle-brow)' 문화, 즉 교육적인 성격의 '민중을 위한 고급문화(high culture for the people)' 를 지지했지만, 종종 중하위계층이거나 노동계층 출신이곤 했던 보다 젊은 세대는 선배세대에 맞서 대항했다. 정부당국과 부모들에겐 당황스럽게도, 젊은이들은 제도적 지원이 박탈되고 상업적 이익을 통해 발전되면서 상대적으로 자유롭고 설교적이지도 않으며 허무주의적으로까지 보인 대중문화의 편에 섰다. 대중문화는 일상생활 및 그 바탕을 이루는 민초들과 얽혀 팝(pop)을 일상생활과 결합시켰다.[6] 정부 당국과 나이 든 세대는 '부패하는' 영향들을 일으킨다는 이유로 새로운 대중문화를 기피하며 그것의 성장을 막으려했지만 소용이 없었다. 그들이 더 저항할수록, 대중문화는 청년문화이자 대안문화로서 더 큰 영향력을 획득해갔

---

5. 대중문화와 광고는 이미 19세기에 산업사회의 산물로서 태어났다. 하지만 대중문화가 '폭발' 한 시기는 1950년대였으며, 이는 대개 뉴미디어와 관련하여 미국에서 종종 수입되며 일어난 현상이었다.

6. '대중문화' 라는 번역어에 쓰인 '대중(大衆)' 이란 말은 본래 'mass-' 라는 접두어에 상응하는 번역어다. 하지만 대중문화라는 번역어에 해당하는 영어는 mass-culture와 pop(ular) culture 두 가지다. 이 글에 따르자면 '민중(民衆, people)' 문화를 중시하던 종래의 복지사회가 뉴미디어의 발달과 함께 본격적인 소비사회로 접어들면서 확립된 것이 현재의 pop culture라고 할 수 있겠는데, pop의 어원은 '민중' 과 '서민' 을 뜻하는 populace이고, populace는 ('사람들', '민중', '인민' 등으로 번역되는) people과 함께 공히 라틴어 populus에 기인하는 말이다. 한편 mass-culture의 mass는 불특정다수를 덩어리로 묶어 통칭하는 양적 개념으로 추상적 차원의 말이라고 할 수 있다. 따라서 popular culture를 어원에 가깝게 번역하자면 '민중문화' 가 되고 본서에서 추후 거론되는 벤추리나 콜하스 식의 '포퓰리즘(populism)' 을 이런 시각으로 바라볼 여지도 있다. 하지만 '포퓰리즘' 이란 말이 '민중주의' 라는 뜻 외에도 '인기영합주의' 라는 부정적 의미로도 쓰이는데다 소비사회에서의 상업주의와도 결합하는 뉘앙스를 담는 말이기에, 본서에서 populism은 대체로 이런 측면들을 포괄하는 '대중주의' 로 번역했다. — 옮긴이

다.•7 대중문화는 미적 취향을 사전에 요하지 않았기 때문에 '민주적'이고 '민중적'으로 이해되었다. 대중문화는 고급문화뿐만 아니라 민속문화에도 반대했다. 민속예술은 보수적으로 여겨졌고 전통적인 전근대생활을 연상시켰던 반면, 대중문화는 현재에, 특히 젊은이들에게 속해 있었다. 인디펜던트 그룹(Independent Group)의 부류에 속했던 영국 비평가 로렌스 앨러웨이(Lawrence Alloway)는 런던의 젊은 지성인 세대 사이에서 대중문화가 기존의 위계에 반항하고 일상생활을 포용하는 의미로서 퍼져가던 양상에 주목하며 이렇게 말했다. "우리는 대부분의 지성인들이 상업문화 일반을 싫어하지 않을 뿐더러 그것을 하나의 사실로서 인정하고는 상세히 논하며 열정적으로 소비한다고 느꼈다[이하 생략]" (Jencks 1973: 271-2).

대중문화는 일차적으로 록음악 레코드판이나 컬러잡지, 광고, 영화, 텔레비전 등을 통해 매체와 관련을 맺고 있었다. 대중매체는 르페브르의 용어로 말하자면 매개와 재현을 강조하는 '개념화된 공간(conceived space)'인데 반해, '일상적인 것'이란 관념은 경험적이고 구체적인 '체험되는 공간(lived space)'에 관한 것이다. 대중문화와 일상적인 것의 융합은 일차적으로 대중문화가 일상생활에 스며든 결과이자, 양자 모두가 정부당국이나 기관들이 주도하는 과정보다 풀뿌리적인 자기-진화적 과정들과 연합한 결과였다. 이러한 융합은 양자 공통의 적들, 즉 중심화된 정부당국 및 국가권력이라는 분명한 적과 산업사회 및 포디즘이라는 암묵적인 적이 부추긴 결과이기도 했다. 일상생활과 대중문화가 연합하는 현상은 영미권에 그치지 않고 점차 프랑스와 독일, 이탈리아 등지의 새로운 청년문화로도 퍼져갔다. 따라서 자율적 예술을 비판하던 '일상예술'은 예술계 내에서 자율성을 대중문화와 상업에 통합시키는 과정을 일상생활로의 통합으로, 민주사회와 위계해체의 표현으로 오해하면서 그것을 정당화하는 데

7. 주류매체는 청년문화의 비행이라고 느껴지던 것에 대해 도덕적으로 어쩔 줄 모르는 반응을 보였는데, 예를 들어 1950년대의 영국에서는 '테디 보이(teddy boy: *1950년대 초에 런던에 등장한 영국 청소년들의 하위문화로, 에드워드 양식의 댄디한 패션에 로큰롤을 좋아하던 반항적 청소년들 — 옮긴이)'에 대해, 1960년대에는 '로커'나 '최신유행복'에 대해, 혹은 1960년경 네덜란드에서의 '노젬(nozem: *영국의 테디 보이와 미국의 폭주족에게서 영향을 받은 네덜란드의 하위문화로 청바지와 가죽재킷을 입고 로큰롤을 들으며, 오토바이를 타고 간이식당 근처에서 모이곤 하던 젊은이들 — 옮긴이)'에 대해 보였던 매체들의 반응이 그랬다.

이바지했다고 말할 수 있다. 이러한 대중문화와 일상생활의 결합은 보다 급진적인 르페브르나 루카치의 일상생활 비판 개념에서 벗어나 실재 관념의 중심을 이루는 일상성의 수용으로 옮겨가게 된 시작이었다. 달리 말하면 일상생활의 혁명을 향한 욕망으로부터 일상적인 상업과 매체를 포함하는 타협된 일상생활의 찬미로 옮겨가는 시초였던 것이다.

따라서 일상예술만큼 급진적이진 않았어도 상업적인 문화와 매체의 산물들에 매료되어 예술을 상업에, 상업을 예술에 직접 주입했던 팝아트는 탈산업사회에 저항하지 않고 수용하는 태도를 보여준 예언적인 운동이었다고 볼 수 있을 것이다. 앤디 워홀(Andy Warhol)부터 제프 쿤스(Jeff Koons)에 이르기까지 다양한 폭에 걸쳐있던 팝아트는 대중매체와 상업을 한껏 즐겼다. "비즈니스에 능한 것이 가장 매력적인 종류의 예술이다" (Hewison 1990: 33)는 워홀의 도발적인 진술을 통해 예술과 상업은 하나가 되었다. 하지만 팝아트는 현실에 관심이 없었고, 대중매체와 문화의 비실체적 세계인 매개된 현실(mediated reality)에 사로잡혔다. 마찬가지로 1970년대에 척 클로스(Chuck Close) 같은 예술가들이 주도했던 극사실주의(hyper-realism)도 현실보다 사진의 사실적 복제에 노력을 집중하면서, 대중매체와 복제의 가상세계를 마치 현실인 양 다루던 팝아트와 유사한 태도를 보였다.

앨러웨이와 그의 동료들이 대중문화에 분명한 관심을 보인 것은 대중문화의 진정성과 자유를 믿은 결과였다. 이와 유사하게 평범하고 저속한(kitsch) 것이 제도적인 고급문화로부터 추방당함에 따라 관심의 초점이 되었다. 이 과정에서 대중문화뿐만 아니라 진부하고 저속한 것이 상업에 뿌리내렸다는 사실은 거의 의미가 없었다. 결국 산업사회와 탈산업사회의 상업적 산물들은 공공 문화기관들, 즉 대부분 계몽시대와 19세기 초에 형성되었던 기관들에 맞선 반항과 엮이게 되었다. 이런 기관들은 상품화에 저항했고, 현재 수세에 몰려있는 고급문화의 수호자들이 되었다. 이런 이유로 미술비평가 클레멘트 그린버그는 그런 기관들을 해체하기보다 강화하고자 노력했다. 대중문화와 일상생활이 연합한 결과, 지배권력 구조들에 대한 공격은 자본주의나 상품화에 대한 반항이 아니라 미술관과 학회 같은 공공기관들에 대한 반항이 되었다. 일상적인 것이라는 혁명적 개념에서 기존의 타협된 일상성에 대한 찬미로 미끄러져가던 흐름은 위계를 전복하고 해방을 성취한다는 일견 똑같아 보이는 위장에 가려 거의 감지되지 않은 채 일어났다.

일상생활이라는 범주는 '놀이(play)'의 관념과도 연관되어왔다. 이미 세계대전 직후에 코브라(Cobra) 운동의 예술가들은 사회적 교화로부터의 탈피를 시도하면서 아이들의 그림에 담긴 자유와 요한 하위징아(Johan Huizinga)의 『호모 루덴스(Home Ludens)』에 주목했고, 이 책은 모든 세대의 예술가들로 하여금 '놀이'를 해방의 양식으로 이해하게끔 유도했다. 하지만 '놀이'는 이미 실러의 미학 관련 저술들 속에서 거론된 바 있었고, 이는 예술과 놀이와 삶을 상관지은 초기 사례였다. 극작가이자 철학자였던 실러는 영향력 있는 한 서한에서 이렇게 기술했다. "인간은 오로지 완전한 의미에서 인간일 때에만 놀이하며, 오로지 놀이하고 있을 때에만 전적으로 인간이다"(Schiller 2004: 80). 실러와 하위징아, 그리고 코브라 및 상황주의 인터내셔널의 구성원들은 예술과 놀이를 쉽게 연관시킬 수 있었는데, 이는 두 시스템이 모두 사회 속에서 준-자율적으로 기능했기에, 즉 사회의 규칙들과 요구들을 일시적으로 중단시킨 채 즉시성과 자발성 및 직관을 강조할 수 있는 시스템들이었기에 가능했다. 기 드보르와 콘스탄트, 그리고 그들의 동료들은 놀이와 같은 준-자율적 활동을 일상생활에 투입함으로써, 즉 제한된 자유를 제약적인 사회질서 속에 주입함으로써 타협된 일상성을 허물어뜨리고자 했다.

1970년대에 이르러 이러한 일상생활에 대한 관심은 예술을 넘어 다른 분야들로 확산되었고, 앙리 르페브르를 비롯하여 추후에는 미셸 드 세르토(Michel de Certeau)의 저작까지 대학과 급진적인 진영 내에서 폭넓게 읽혔다. 벤야민과 르페브르는 타협된 일상성 속에서 저항과 진정성과 자유의 단편들을, 즉 '환원불가한 잔여물(irreducible remainder)'로서의 혁명적 일상이 출현하는 단편들을 발견할 수 있다고 믿었다. 연구자들과 활동가들은 사회적 주변부에 자리하는 그러한 단편들, 즉 노숙자와 이민자, 게이, 여성, 테디 보이(teddy boy), 추후의 펑크족, 스케이트보더 등 주류매체에서 배제되거나 주변화된 사회집단들이 말할 수 있게 하는 단편들을 발견하는 데로 관심을 돌렸다. 새롭게 등장한 이 문화연구 분야는 하위문화에 초점을 맞춤으로써, 분야 간 경계들을 타파함으로써, 특히 이전까지 학계에서 기피했던 주제인 대중문화를 연구함으로써 이러한 관심들을 확장했다. 문화연구 분야는 스튜어트 홀(Stuart Hall)과 리처드 호가트(Richard Hoggart)가 1960년대 말에 버밍엄대학교 비교문학과에서 나와 현대문화연구센터(Center for Contemporary Culture Studies: CCCS)를 만들면서 형성되었다. 문화연구는 사회분석을 문화분석과 엮어내며 미학을 가로지른 글들을 써낸 전후의 영국 비평가 레이몬드 윌리엄스(Raymond Williams)에게서 크게 영향 받았다. 이 분야는 문화와 사회를 둘러싼 현안들로 관점의 폭을 넓혀, 폭넓은 호소력과 즉시성으로 일상생활 속에 등장하는 대중문화가 고급문화보다 현대사회를 더 잘 표현하며 대변한다고 주장했다.

흥미롭게도 1920년대의 생산주의 미학은 자율적 실천들에 반대하는 테제로서 발전했던 데 반해, 르페브르와 문화연구센터의 작업은 모두 어느 정도 실러의 관념론과 특히 '전인성(wholeness)', 즉 인간경험의 '총체성(totality)'을 유도하고 인간의 완전한 잠재력에 대한 자기실현을 독려하려던 그의 시도에서 발전한 것이었다. 하지만 일단 푸코와 알튀세르의 구조주의와 융합하게 되자(Hall 1980 참조), 현대문화연구센터의 작업은 '무관심한' 미적 대상을 완전히 해체하여 사회적 · 경제적 동력들 속에 정착시키려는 경향이 있었다. 르페브르의 주적들은 구조주의와 경험주의, 그리고 정통마르크스주의였던 데 반해, 현대문화연구센터는 문화와 예술 속에서 미적 취향에 맞서고 있었다. 이러한 대립은 결국 많은 미학적 관념들의 기원이 소실(되거나 감축)되는 결과로 이어졌다.

1973년에 불어로 출판된 미셸 드 세르토의 『일상생활의 실천(The Practice of Everyday Life)』은 일상생활 속에서 자유의 순간들을, 즉 주체가 타협된 환경의 구조 및 제약 들을 위반하는 순간들을 파악했다. 드 세르토는 그런 자유들이 대부분의 평범한 환경 속에—도시에서의 걷기, 요리, 이야기하기 속에—존재함을 강조했다. 혁명의 절박함은 사라지고, 자유는 이미 존재하지만 발견될 필요가 있다. 드 세르토는 인간이 일상적 실천들의 결정에 개입함을 강조하면서 인간적 작용인(human agency)을 재확립하지만, 이것은 어떤 집단적인 것의 관념을 희생하여 이루어지는 대가다. 즉 자유를 성취할 가능성은 모든 개인에게서 미리 존재하며, 개인 고유의 활동적 실천과 인식에 좌우된다. 그것은 능동적인 독자가 텍스트를 '만드는' 데 참여한다는 바르트의 개념을 반영하여 도시의 산책자가 도시환경을 재해석한다는 인식이다(Roberts 2006). 따라서 문화연구와 드 세르토는 일상적인 것이란 관념의 변화를 완성했다. 즉 일상생활은 더 이상 혁명적 일상으로써 타협된 일상성을 대체할 떠오르는 계급의식의 자취가 아니라, 그 속에서 작은 개인적 저항의 형식으로 소외와 싸울 열쇠를 쥐게 된 것이다. 결국 보다 폭넓은 혁명적 지평이 없는 상태로 그런 저항의 사례들을 찾아 기존현상을 분석하는 작업이 일상생활 연구의 주된 계보가 되었다.

다음에는 실재의 범주가 건축에서 일상적인 것의 확장개념으로서 발전하는 양상을 개괄할 것이다. 벤추리와 스콧 브라운의 저서에서 모더니즘에 대한 비판수단으로 나타난 바 있던 실재는 1990년대에 렘 콜하스를 위시하여 건축의 전면으로 떠올랐다. 자율적 건축이 당시 떠오르던 탈산업사회의 요구에 맞춰 건축설계를 합리화하는 데 이바지했었다면, 실재는 이러한 새로운 현실을 수용하고 숭앙하는 태도를 표현함으로써 그러한 변화를 완성했다. 그것은 위기를 끝내는 신호였으며, 비판을 우회하고 기존현상을 포용하는 해법으로 1970년대의 사회경제적 변화와 건축 모더니즘의 붕괴로 시작된 주기의 최종단계를 마무리한 것이었다.

일상생활의 건축(The architecture of everyday life)

실재는 1972년에 출판된 로버트 벤추리와 데니스 스콧 브라운, 스티븐 이즈나워의 『라스베이거스의 교훈(Learning from Las Vegas)』을 통해 건축적인 범주로 발전하기 시작했다. 1972년 전까지는 일상생활에 대한 명백한 건축적 관심의 흔적만 탐지할 수 있을 뿐이다. 그런 관심들의 최초 징후는 팀텐의 구성원들에게서 나타났다. 코브라 예술가이자 상황주의자였던 콘스탄트의 친구 알도 판 아이크(Aldo van Eyck)는 요한 하위징아의 『호모 루덴스』에 친숙했고, 당대 예술가들에게 인기 있던 놀이 및 비결정성 관념들의 영향을 받았다. 스미슨 부부는 1952년부터 56년까지 런던 기반의 인디펜던트 그룹에 속해있었다. (이 그룹에는 사진가 나이젤 헨더슨[Nigel Henderson]과 조각가 에두아르도 파올로치[Eduardo Paolozzi], 예술사가 메리 밴험[Mary Banham], 건축사가 레이너 밴험[Reyner Banham], 예술가 리처드 해밀턴과 테리 해밀턴[Richard and Terry Hamilton]도 소속되어 있었다.) 현대미술연구소(Institute of Contemporary Art) 내에서 활동하던 인디펜던트 그룹은 일상적인 것이란 관념과 유사한 '평범한 것(the ordinary)' 이란 관념을 도입하여 예술과 삶의 연속을 도모하고자 했다. 스미슨 부부는 1956년에 발표한 다음의 시를 통해 근대건축에서 나타나는 평범한 것의 특수한 역사를 약술했다.

> 그로피우스는 곡물창고에 관해 책을 썼다,
> 르 코르뷔지에는 비행기에 관해 책을 썼고,
> 샬로트 페리앙은 사무소에 새로운 오브제를 갖다놓았다,
> 매일 아침마다.
> 하지만 오늘 우리는 광고를 모은다.
>
> (Smithson and Smithson 1956: 49)[8]

이 영국인 부부는 '평범한 것' 이란 관념에 이중적으로 관여했다. 한편으로 앨리슨 스미슨은 십대시절 당대의 컬러잡지에 매혹되어 사진들을 스크랩하곤 했었음을 인정했는데, 이런 습관은 리처드 해밀턴과 파올로치의 콜라주에서도 분명히 드러난다. 스미슨 부부는 광고와 시트로엥 DS에 대한 동경을 표현하기도 했다(Smithson 2001; Smithson and Smithson 1956). 다른 한편으로 스미슨 부부는 파올로치 및 헨더슨과 함께 런던의 이스트엔드 거리를 거닐면서 일상생활의 기호들을 수집하고 기록했는데, 이런 실천은 다다이즘의 '발견된 오브제' 와 유사한 성격을 보여준 것이었다.[9] 일상생활에서 발견된 오브제들을 사진으로 촬영하거나 그대로

8. Foster (2003), "On the first pop age" 참조.

수집하는 형태로 보여준 실재에 대한 관심과 대중매체에 대한 관심을 모두 볼 수 있었던 사례는 현대미술연구소의 ≪삶과 예술의 평행(Parallel of Life and Art)≫(1953) 전에 출품된 스미슨 부부의 전시작품들과 화이트채플 아트갤러리(Whitechapel Art Gallery)에서 열린 ≪이것이 내일이다(This is Tomorrow)≫(1956) 전의 내부전시 〈파티오와 파빌리온(Patio and Pavilion)〉이었다. 이러한 관심들은 그들의 저술과 강연, 교육을 통해서도 나타났다.

팀 텐의 일원들이 일상적인 것에 느꼈던 매력은 그들이 1953년에 액상프로방스에서 열린 근대건축국제회의(CIAM) 제9차 대회에서 발표한 '격자들' 로 표현되었다. 1947년 브리지워터에서 열린 근대건축국제회의 제6차 대회에서 르 코르뷔지에가 발표한 합리주의적 도시계획격자를 수정한 스미슨 부부의 '그릴(grille)' 은 나이젤 헨더슨이 베스널 그린(Bethnal Green)에서 찍은 일상생활의 사진들을 통해 주택에서 도시로 스케일이 점차 커지는 변화를 표현했다. 조르주 캉딜리(Georges Candilis)와 샤드라치 우즈(Shadrach Woods)의 '감마(GAMMA)' 격자는 북아프리카 도시들과 토착주거지들을 연구했다. 두 격자들은 공히 영향력 있는 학문이 되어가던 인류학에 빚지고 있었다.[10] 스미슨 부부는 투시도에서 일상적인 것도 표현했는데, 예를 들어 〈골든 레인 주거단지계획〉의 투시도에서 거리에서 본 '일상적' 시야를 구성했다. 그들의 뉴 브루털리즘(New Brutalism)은 건축을 산업사회의 현실에 적응시키면서도 공예적인 재료활용과 연관된 모종의 촉감을 회복하려던, 그리고 산업생산의 효율성을 전(前)-산업적 생산의 시학과 미가공성으로 해소하려던 시도였다.

> 브루털리즘이 '현실' 에 대해 객관적이고자 하는 시도—사회의 문화적 목표들, 그것의 충동, 그것의 기법 등—를 고려하지 않는다면 그것에 대한 어떤 논의도 요점을 놓치게 될 것이다. 브루털리즘은 대량생산사회를 직시하여 작동 중인 혼란스럽고 강력

---

9. "예술이 ...와 발견되는 것들을 집어 들고, 숙고하여, 활용하는, 예술이 그 과정과 주의 깊은 관점 속에서 ... '발견된 그대로(as found)' 의 것" (A. and P. Smithson, 언급된 출처는 van den Heuvel 2002: 60).

10. 당시에는 클로드 레비스트로스가 국제적으로 명성을 얻고 있었다. 그럼에도 스미슨 부부와 감마 그룹의 격자들은 인디펜던트 그룹의 일원 나이젤 헨더슨의 부인이었던 인류학자 주디스 헨더슨(Judith Henderson)과 그가 북아프리카를 돌아다니며 했던 공방에 대한 인류학적 연구들로부터 영향을 받았다고 하는 게 합리적이다 (Avermaete 2005; Welter 2003).

한 힘들로부터 거친 시학을 이끌어내고자 시도한다.

(Smithson and Smithson 1957: 113)

판 아이크와 스미슨 부부, 그리고 팀 텐의 다른 일원들이 평범한 것에, '거리의 인간'을 위한 주거지를 만드는 데에, 근대건축국제회의의 권위적인 하향식 전략을 뒤집는 데에 얼마나 명백한 관심을 두었다 한들, 그들의 건축과 도시계획에서 그런 관심을 파악할 수 있는 여지는 거의 없었다. 그들은 팀 텐의 건물에 거친 형태의 재료들을 사용했지만, 팀 텐의 교육에 영향 받은 계획가들이 개발한 근린지구들은 1970년대의 가장 악명 높은 모더니즘 건축에 속했다.[11] 팀 텐의 작업은 근대건축국제회의의 견고한 계획 및 합리주의 선례들과 결별하거나 일상생활의 시학을 만들어내기보다도, 오히려 1970년대의 젊은 건축가들과 대중이 보기에 인간 주체를 소멸시킨 책임이 있어보였으며 비인간적인 하향식 기술관료주도 계획에 집착하던 모더니즘의 과잉형식으로 보였다.

팀 텐의 일상생활에 대한 관심은 기존 환경들에 대한 분석을 통해 뚜렷이 나타났다. 팀 텐의 전후(戰後) 작업이 이뤄지기 수십 년 전인 1929년에는 프랑크푸르트에서 근대건축국제회의 모임이 있었고, 당해에 열린 ≪최소주거단위(Minimum Dwelling Unit)≫ 전시회에서는 기존의 주거평면들이 입방미터와 평방미터, 창문, 바닥면적의 측면에서 실증적으로 비교 분석되었다. 이렇게 실증주의적이고 과학적인 접근은 근대건축국제회의의 건축을 학술적인 미학과 분리하고 사회적 가치를 실증적으로 계산할 수단을 제공하려던 시도였다. 팀 텐은 근대건축국제회의의 과도한 실증주의를 비판했지만, 기존환경에 대한 분석은 여전히 그들의 주된 방법론 중 하나였다(Avermaete 2005). 일상생활의 변화를 시도하기보다 기존의 것에서 배운다는 관념은 점차 건축의 일상적인 것에 대한 주된 관심이 되었고, 건축적 실재를 보다 급진적인 관념인 일상적인 것으로부터 분리시켰다.

11. 팀 텐의 의도와 그들의 작업이 수용된 방식 간에 나타나는 분명한 간극은 모더니즘을 되살리기가 어려운 과제였음을, 즉 모더니즘적인 프로젝트를 자발성과 자유의 관념들과 조화시키기가 어려웠음을 증언한다. 본서의 제1부를 더 참조할 것.

이후 수십 년 동안 기존 환경에 대한 수많은 건축 및 도시 연구들이 생산되었다. 그 중에는 1960년에 출판된 케빈 린치(Kevin Lynch)의 영향력 있는 저서 『도시의 이미지(The Image of the City)』가 있었다. 이 책은 도시적인 관계와 형태, 구성 들을 도해하는 다이어그램들을 활용하여 모더니즘의 도시설계를 문제시하면서 도시환경을 분석했다. 이 책은 도시 계획가들과 건축가들에게서 널리 읽히면서 기존의 것에 대한 관찰에 기초한 모종의 설계교본이 되었다. 이보다 덜 유명하지만 아마도 일상생활의 분석에 더 중요했었을 책은 애플야드(Donald Appleyard)와 린치, 마이어(John. R. Myer)의 『길에서 본 광경(The View from the Road)』이었다. 1964년에 출판된 이 책은 미국의 고속도로와 (대중문화가 욕망하는 대상을 대표하는) 자동차를 찬미했는데, 미국인들의 도로애호와 일상적 관점을 포용하면서 자동차의 속도와 이동성을 탐닉했다.

1966년에는 로버트 벤추리의 『건축의 복합성과 대립성』이 출판되면서 많은 이들에게 건축 포스트모더니즘의 첫 신호를 알렸다. 이 책의 접근법은 평범한 것과 진부한 것, 일상적인 것에 대한 관심을 보여준다. "우리 건축이 도시 계획적인 전체가 되기에 유효하고 핵심적인 복합적이고 대립적인 질서를 끌어낼 수 있는 것은 아마도 저속하고 하찮게 여겨지는 일상적 풍경에서부터일 것이다"고 벤추리는 주장했다(Venturi 1977: 104). 그럼에도 이러한 그의 주장은 건축학의 체계 속에서 건축의 역사에 기초하여 구축된 것이었다. 건축의 실재에 대한 관심을 본격적으로 촉발하고 건축의 일상적인 것에 대한 관심영역을 정초했던 건 오히려 벤추리와 스콧 브라운, 이즈나워가 1972년에 출판한 『라스베이거스의 교훈』이었다.

1968년에 대부분 수행된 분석 프로젝트인 『라스베이거스의 교훈』은 라스베이거스 대로변을 따라 줄지은 풍토적인 상업건축을 탐구했다. 이 저자들의 관심대상은 대로변을 따라 배치된 타냐(Tanya) 광고판이나 헛간 및 임시구조물처럼 건축적이지 않다고 여겨지던, 즉 건축학의 외부에 속했던 구조물들이었다(그림 3.3). 저자들의 입장은 당시 건축에서의 '의미'에 관해 일어났던 논쟁의 맥락에서 일상성의 요소들을 통합하고 현대

3.3 『라스베이거스의 교훈』에 나오는 타냐 광고판.
Venturi, Scott Brown and Associates, Inc. 제공.

적인 간판과 삼류상점에 집중함으로써 건축학에 새로운 상징어휘를 도입하려던 시도로 이해되었다. 이러한 입장의 틀을 지은 이 저자들은 이미 이 책의 첫 부분에서 이렇게 천명하고 있다. "라스베이거스는 여기서 오로지 건축적 커뮤니케이션의 현상으로만 분석된다"(1977: 3, 6).

하지만 그들의 분석은 상업적이고 풍토적인 것에서 영향 받은 새로운 상징주의의 도입에 그치지 않았고, 그들이 연구한 비건축적 요소들이 건축 자체보다 당대의 도시환경에 더 중요함을 암시했다. 이들은 자신들의 연구를 모더니즘에 대한 대안이자 모더니즘 건축에 대한 비판으로서 제시했다. 『라스베이거스의 교훈』은 모더니즘의 추상과 반(反)-상징주의를 비판하면서, 모더니즘이 사실은 구식적인 것을 배제하는 (산업사회의) 상징적 의미를 지니고 있었다고 말했다. 말하자면 모더니즘의 도덕주의적 정당화를 조롱한 것이었다. 이런 입장은 결코 이들만의 독보적인 입장이 아니었으며, 모더니즘에 대한 당대의 환멸에 속한 일부였다. 따라서 건축학 내부에서 모더니즘을 비판하기 시작했던 당대의 많은 포스트모던 비판론들처럼, 벤추리 일파 역시 다음처럼 반혁명적인 목소리를 냈다.

> 상가대로변, 특히 (무엇보다 대표적인 사례인) 라스베이거스 대로변은 건축가에게 실증적이고 비적대적인 관점을 취하도록 요청한다. 건축가들은 판단을 곁들이지 않은 채 환경을 바라보는 습관에서 벗어나있다. 왜냐면 정통 모던건축은 혁명적이진 않을지라도 진보적이고, 유토피아적이며 순수주의적이기 때문이다. 모던건축은 '기존' 조건들에 만족하지 못한다.
>
> (Venturi, Scott Brown, and Izenour 1977: 3)

모더니즘과 근대성에 대한 비판이 일차적으로는 극좌파로부터 나왔던 시기였지만, 건축에서 이러한 비판은 많은 경우 잃어버린 과거로의 '회귀'를 설파하는 보수적 태도를 보였다. 하지만 벤추리 일파가 제안한 현상의 수용은 근본적으로 다른 입장을 제시했다. 『라스베이거스의 교훈』에서는 현실이 그 자체를 정당화한다.

> 기존의 경관으로부터 배운다는 것은 건축가에게 혁명적일 수 있는 방법이다. 르 코르뷔지에가 1920년대에 했던 주장처럼 파리를 처음부터 다시 뜯어고치는 명백한 방식이 아니라 보다 관용적인 또 다른 방식으로, 즉 우리가 사물을 바라보는 방식을 문제시하는 방법 말이다.
>
> (Venturi *et al.* 1977: 3)

예술의 일상 생활적 실천과 마찬가지로, 여기서도 실재에 대한 관심은 문화의 민주적이고 반위계적인 '평준화'로 이해된다. "미국의 기존 도시계획에 대한 분석은 우리 건축가들이 시내의 재개발 및 신개발 계획을 할 때 더 많이 이해하고 권위는 덜 부리라는 교훈을 주는 만큼, 사회적으로 바람직한 활동이다"(Venturi *et al.* 1977: 6).

한편 미술비평가인 피터 풀러(Peter Fuller)는 문화연구학과들이 생산하던 작업에 격분하면서 "그들은 마치 회화에 대해 광고를 대하듯 이야기한다"(Hewison 1995: 207)고 역설했는데, 이는 벤추리와 스콧 브라운에게 적용할 수도 있을 비난이었다. 종래의 고급문화에 대한 변호는 보수적인 경향으로 취급되었고, 위계들을 전복하고 문화를 '평준화하는' 기획은 좌·우파가 모두 공유했던 것이다. 하지만 양 진영의 목적은 서로 달랐다. 좌파는 급진적 변화를 생산하고자 했지만 우파는 떠오르던 신자유주의적 질서를 수용하고자 했던, 저항이냐 수용이냐의 대립구도였다. 앙리 르페브르는 실증주의적인 일상생활 연구와 그것의 반비판적 함의들이 갖는 위험을 다음과 같이 지적했다. "이러한 연구들에서는 대부분 비판적인 (따라서 정치적인) 차원이 모호해져 소실되어 버린다. 과학적이기를 목표로 하며 주장하는 실용적이고 실증주의적인 접근은 승인을 수반한다"(2005: 4). 벤추리와 스콧 브라운의 작업에 나타난 현실 수용에 대한 옹호가 전혀 감지되지 않은 건 아니었다. 1974년에 저널 『반론(Oppositions)』 지에 실린 한 서평에서 프레드 쾨터(Fred Koetter)가 이를 강조하며 문제시했다.

> 저자들이 이 라스베이거스 연구서의 한계와 관련하여 언급한 제약들 말고도 그 언저리에 그다지 잘 감춰지지 않은 채 드리우고 있는 관념이 있는데, 그것은 있는 그대로의 발견된 세계가 실제로 진리의 궤적을 드러낸다는, 절대적 판단이나 추상적인 가치들로 교란되지 않은 주변상황이 어쨌거나 기본적으로 정확한 상태로 존재한다는 생각이다.
>
> (Koetter 1998: 655)

벤추리를 비롯한 저자들은 그들의 접근이 팝아트에 빚진 것임을 다음처럼 자각하고 있었다. "예술가에게 새로움의 창조는 옛 것이냐 기존의 것이냐에 대한 선택을 뜻할 수도 있다. 팝 아티스트들은 이를 다시 깨달았다. 우리가 고속도로 스케일의 기존 상업건축을 승인하는 것도 이러한 전통 속에 있다"(1977: 6). 이러한 팝과의 관계는 양자가 공유한 매체와 커뮤니케이션에 대한 관심에 기초했다. 하지만 이 저자들의 상반된 주장들에도 불구하고 『라스베이거스의 교훈』은 메시지 자체에 거의 관심이 없었다. 오히려 그것은 대로변을 따라 줄지은 간판들의 형태와 모양, 크기, 비례, 관계들을 묘사했다. 이 책의 일차적인 관심은 실재에 있었으며, 매체와 커뮤니케이션에 대한 관심은 부차적 수준의 관심에 불과했다.

벤추리가 남긴 지워지지 않는 흔적은 『복합성과 대립성』과 『라스베이거스의 교훈』이지만, 그의 건축도 몇 년간은 극도의 영향력을 구가했다. 그의 이론적 기여만큼이나 벤추리와 로치(John Rauch)의 건축도 포스트모더니즘 양식과 공히 연관되었는데, 그들이 보여준 절충적인 콜라주의 집합과 상징에 대한 관심, 반-순수주의적 디자인들은 찰스 젱크스가 정의한 포스트모던 양식의 특징들과 다름없었기 때문이다. 하지만 벤추리와 로치, 스콧 브라운은 역사주의에 대한 관심이 덜했고, 그들의 초점은 실재와 일상적인 것, 의도치 않은 것, 평범한 것, 저속한 것에 있었다. 따라서 그들이 역사주의적 요소를 디자인에 통합했을 때 그것은 대부분의 포스트모더니스트들이 보여준 역사적 인용이 아니라 당대의 일상적 키치에서 발견한 유사요소에 대한 참조였을 거라고, 예를 들어 그리스 신전보다는 결혼식장에서 발견한 모조 도리스식 기둥이었을 거라고 주장할 수 있을 것이다. 사실 대다수의 건축가들이 포스트포디즘 논리의 수용을 거부했던 시기에 벤추리와 스콧 브라운은 거의 유일하게 그 새로운 사회정세를 수용한 이들이었다. 이에 비해 대부분의 포스트모더니스트들은 역사주의적이고 퇴보적인 저항 형식으로 탈출하고 있었다. 반면에 자율적 건축의 옹호자들은 현실에서 벗어나 스스로를 밀폐하는 방식으로, 즉 건축의 도피처 속에 스스로를 가두는 방식으로 저항했다.

하지만 벤추리 등의 저자들조차도 『라스베이거스의 교훈』에서 어떤 향수를 보여주는데, 그들이 묘사하는 상업적 세계, 즉 삼류상점들이 지배하는 세계가 이미 다국적기업들과 기업 자본주의로 대체되며 소실되고 있었기 때문이다. 그들이 사로잡혔던 상업은 지나간 시대의 상업이었다. 따라서 이러한 상업에서 '교훈'을 배우려던 그들의 시도는 코크스공장과 탄광이 머지않아 폐업될 위기 속에서도 여전히 활용되고 있던 1960년대에 산업구조들을 찍기 시작한 사진가 부부 베른트 베허와 힐라 베허(Bernd and Hilla Becher)의 기획과 유사하다. 1990년대에 이르자 『라스베이거스의 교훈』이 매혹되었던 순진한 자유방임적 상업개발은 대부분 라스베이거스 대로변에서 사라졌다. 벤추리와 스콧 브라운은 부패하는 상업형식을 조사함으로써 또 다른 상업적 현상인 파리의 쇼핑 아케이드에 대한 발터 벤야민의 연구논리를 따랐다. 프레드릭 제임슨이 말했듯이,

> 벤야민은 19세기가 쇠퇴하던 순간에 19세기 아케이드의 스냅 샷을 찍었고, 이로써

> 하나의 온전한 역사이론을 발전시켰다. 이미 막 유행을 지났을 뿐인 즉시적 과거의 입장에서 현재를 가장 잘 이해할 수 있을 거라는 역사이론을 말이다.
>
> (Jameson 2003: 69)

벤추리와 스콧 브라운은 많은 면에서 '고급' 건축과 '하위' 건축이라는 오늘날 (특히 미국에서) 흔한 구분을 범주화하고 '고급' 문화와 '하위' 문화라는 용어들을 보편적으로 확장시킨 장본인들이다. 미국에서 양자 간의 차이가 뿌리내리게 된 이유는 단지 전후 대중문화 자체가 미국에서 비롯해서만이 아니라 미국과 유럽의 건축 관습상 존재하던 특수한 차이들 때문이기도 했다. 미국에서 대부분의 주거는 조립식 주택이나 시골 통나무집들처럼 건축가들이 직접 개입하지 않는 전통적인 방식으로 실현되어왔다. 반면에 유럽 건축가들은 19세기 말 이후로 대량주거의 실현에 관여해왔다. 이렇게 다른 상황은 건축적 실천이 유럽과 미국의 맥락에서 다르게 작동한다는 뜻일 수밖에 없다. 이런 차이들로 인해 미국 건축가들의 관심은 일차적으로 박물관이나 기업본사 같은 대형 공공건물 의뢰 건들에 집중되는 데 반해 유럽에서는 주거가 여전히 주된 관심의 화두로 남게 된다.[12] 미국에서 건축가들의 주거 프로젝트 참여가 제한적이라는 점은 건축이 사회적인 것과 일상생활에 관여하는 학문분야로서는 주변적인 역할에 그치고 있음을 의미한다. 미국 건축에서 공공건물이 갖는 중요성은 건축학을 문화영역 속에 제대로 위치시킨다. 따라서 '고급건축'이라는 용어가 미국에서 태어났다는 건 놀랄 일이 아니다. 미국에서는 두 실현체계들, 즉 건축학을 포함하는 실현체계와 건축학을 완전히 빗겨가는 또 다른 실현체계가 나란히 병존하기에 그런 구분이 가능하다.

『라스베이거스의 교훈』에서는 폴 루돌프(Paul Rudolph)가 설계한 뉴헤

12. 『뉴욕타임스』에 실린 한 추정치에 따르면, 1990년대 미국에 지어진 주택 중 조립식 주택(catalogue housing)은 최대 90퍼센트에 달했다고 한다. 이에 비해 네덜란드 주택의 90~95퍼센트는 건축가들이 만들었다. (이 수치는 출처불명이다.) 주요 공공건물들은 언제나 건축가들에게 자신들의 설계능력을 보여주고 랜드마크 건물을 만들 기회로서 매우 중요했지만, 1980년대에서 90년대 사이에 유럽 건축가들에게 이런 건물들이 더 중요해진 것은 연속성과 대량생산에 대한 거부가 늘어나고 사회적 주거의 의뢰가 더욱 감소해가던 (특히 영국에서 감지되던) 경향과 관련된 것으로 이해해야 한다.

3.4 벤추리와 로치, 〈길드주택〉(1960-63), 필라델피아 소재.
사진: Lawrence Williams. 제공: Venturi, Scott Brown and Associates, Inc.

이븐의 〈크로포드 저택(Crawford Manor)〉을 벤추리와 로치가 설계한 필라델피아의 〈길드주택(Guild House)〉(그림 3.4)과 비교한다. 〈크로포드 저택〉은 고급건축의 병폐를 대표한다. 〈길드주택〉이 정말 하위건축인지의 여부는 문제의 여지가 있지만, 그것은 분명히 일상적이고 진부한 건물들에서 영감을 받는다. 벤추리와 스콧 브라운은 〈크로포드 저택〉이 어떤 인공물을 가장한 평범한 건물인 데 반해 〈길드주택〉은 평범하며 그렇게 보인다고 주장한다. 사실 그 역을 주장할 수도 있다. 즉 평범한 것 사이에 감춰지길 욕망하며 가장하는 건물은 다름 아닌 〈길드주택〉이라고 주장할 수도 있는 것이다. 일상적 건축을 설계한 더 좋은 사례는 〈게리주택(Gehry House)〉이다. 1970년대 말에 프랭크 게리가 직접 설계하여 지은 이 주택은 일상에서 발견한 재료들을 마치 무작위로 던져놓은 듯 질서정연한 혼잡을 이루도록 구성한 콜라주다. 그 결과는 허툰 실력으로 시공된 헛간을, 즉 미숙련 시공자가 만든 것만 같은 주택을 연상케 한다. 〈게리주택〉은 분명 건축가가 설계하여 전문적으로 시공된 건물이지만 거의 풍토적인

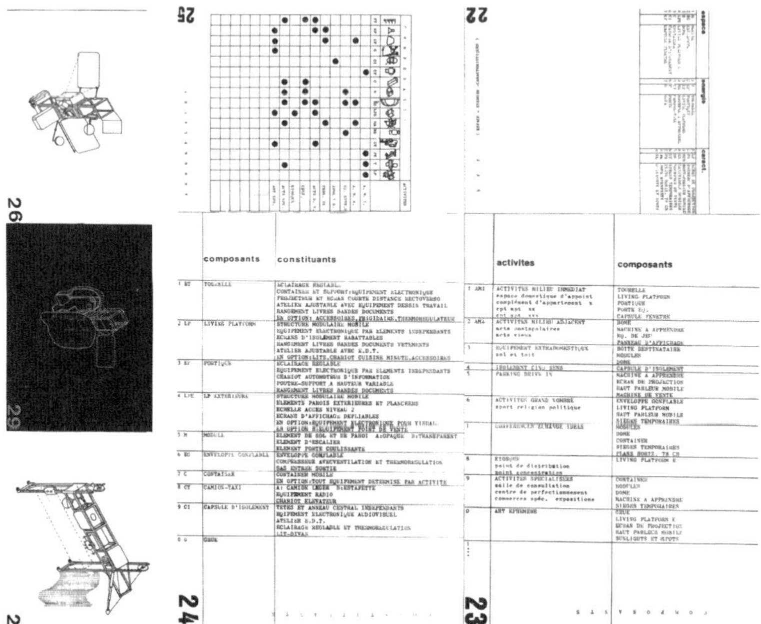

3.5 베르나르 츄미와 페르난도 몬테스, 〈자작도시〉(1970), 도판 22-7과 29.
표 23과 24는 활동요소들을 나열하고, 요소들의 구성요인을 식별한다. 표 25는 활동을 형태와 관련짓는다.
Bernard Tschumi Architects 제공.

건축으로 보인다. 이 건물은 1970년대 말에 캘리포니아에 불었던 보다 폭넓은 운동의 관심들을 보여주지만, 몇 년이 지나 이 운동은 일상적인 것에 대한 관심을 폐기한 채 아이젠만의 자율적이고 형태적인 건축으로 기울게 된다.

벤추리와 스콧 브라운이 정초한 바에 따라 건축적인 실재를 향한 또 하나의 대안적 계보는 1970년대에 베르나르 츄미가 그려나갔다. 이 스위스 건축가는 초기에 1968년 파리 운동의 사건들과 더불어 르페브르와 상황주의자들에게서 영향을 받으며 사회영역과 정치영역에 개입하는 건축을 추구했다. 이러한 경향이 그의 초기 저술과 프로젝트 들을 지배했는데, 페르난도 몬테스(Fernando Montés)와 협업한 〈자작도시(Do-It-Yourself-City)〉(1970)(그림 3.5)가 그 예다.●13 하지만 1970년대 중반에 이르러 츄미는 『텔 켈(Tel Quel)』 저널을 중심으로 후기구조주의 집단이 벌인 작업에서 영감을 받고 건축의 정치적·혁명적 잠재력에는 환멸을 느낀 나머지

초현실주의자 조르주 바타이유(George Bataille)의 작업으로 관심을 돌렸다(Martin 19990). 그는 바타이유와 후기구조주의를 통해 실재에 관한 자신의 생각들을 일부 발전시켰을 뿐만 아니라 대개 건축학에서 배제되는 이슈들을 다루어 건축 개념의 폭을 넓힐 수 있었지만, 그럼에도 그러한 새로운 영향들은 그의 초기 작업이 보여준 급진정치가 점차 추상적인 이론적 사고로 대체되어갔음을 의미했다.

하지만 이러한 발전은 점진적이었고, 르페브르의 이론들과 상황주의 방법론자들의 상당한 잔재가 1980년대 초까지 계속해서 이 건축가에게 활기를 불어넣었다. 예를 들어 츄미는 뒤늦게 1975년의 한 논설에서도 '개념화된, 지각된, 경험된' 공간의 3요소를 활용했던 것이다(Tschumi 2000a; Martin 1990). 1968년 5월 봉기 때의 포스터 사용양상에 친숙했던 츄미는 1970년대 중반에 〈건축을 위한 광고(Advertisements for Architecture)〉라는 일련의 건축 관련 포스터들을 만들었는데, 이 작업은 광고기법들의 '우회(*détournement*)'[14]를 실천한 것이었다. 한 포스터(그림 3.6)에서는 창문 밖으로 떨어지는 (혹은 던져진) 한 남자의 이미지 밑에 이런 설명을 달아놓았다. "건축은 그 벽체의 구획만큼이나 건축이 목격하는 행위들을 통해서도 정의된다. '거리에서의 사랑이 사랑의 거리(Street of Love)와 다른 것과 마찬가지로, 거리에서의 살인(Murder in the Street)'은 성당에서의 살인(Murder in the Cathedral)과 다르다. 근본적으로." (Tschumi 1994: xx).

분명컨대 츄미가 건축담론에 기여한 주요 개념이라 할 수 있는 '사건(the event)'은 일시적인 것과 즉시적인 것에 대한 관심을 표현했다. 이 개념은 르페브르의 '순간(the moment)'이라는 관념 및 기 드보르의 '상황(situation)'과 관련이 있으며,[15] 이전 세대의 사회학자들이 정초한 제한된 공

13 1971년에 츄미는 마틴 폴리(Martin Pawley)와 함께 『아키텍츄럴 디자인』 지의 한 섹션을 공동집필했는데, 그것은 투쟁하던 프랑스 건축학도들과 1968년 5월사건 및 그 여파에 관한 내용이었다. 이 섹션에서 저자들은 앙리 르페브르를 인용 및 참조하고, 르페브르의 조수이자 위토피 그룹의 일원이었던 위베르 통카(Hubert Tonka)와 인터뷰하며, 상황주의 기법들을 논한다(Pawley and Tschumi 1971).

14 '우회(데투르느망, *détournement*)'는 츄미에게 영향을 준 상황주의자들의 전략용어다. 이 말은 기존의 어떤 문화적 전략이 의미를 상실하거나 쇠약해졌을 때 그것에 새로운 (종종 반대되기도 하는) 의미를 부여하는 식으로 방향전환을 한다는 뜻이다. — 옮긴이

3.6 베르나르 츄미, 〈건축을 위한 광고〉 중 하나.
Bernard Tschumi Architects 제공.

15. 르페브르는 이렇게 기술했다. "순간은 '상황' 과 엄밀히 똑같지 않다. 어떤 결정과 어떤 선택의 — 어떤 노력의 — 결과로, 순간은 상황들을 만들어낸다"(Lefebvre 2002: 352). 르페브르의 순간에 관한 이론은 Lefebvre (2002: 340-58)을 참조.

리적 수요들(삶을 기계적인 작업으로 환원시킨 수요들)의 대안이 될 만한 활동과 상황, 욕망에 대한 1960년대 말의 논의를 반영한다. 일상생활 연구에서 비롯한 관념들은 유사하지만, 그 와중에도 '사건' 은 포스터 설명에 나오는 사건처럼 극적이고 예외적으로 발생하는 개념으로서 도드라진다. 이는 건축이 상황들의 촉매제 역할을 할 수 있고 사회적 작용인을 지닐 수 있다는 암시다.[16]

츄미가 작업한 또 다른 포스터의 설명은 이렇게 주장한다. "건축은 오로지 사회가 그것에 기대하는 형식을 부정하는 곳에서만 살아남는다. 역사가 설정해놓은 한계들을 위반함으로써 건축이 그 스스로를 부정하는 곳에서만"(Tschumi 1998: 356). 이 주장은 아이젠만이 표현한 입장들과 유사하다. 하지만 츄미는 이미 바타이유가 옹호한 불결한 현실에 매혹되었고, 결과적으로 아이젠만이 지지했던 위반과 아주 다른 위반을 설파했다(Martin 1990). 뒤이어 위반과 쾌락은 츄미 작업의 전면으로 떠올랐다. 이즈음에 이르러 츄미가 진술한 목적은 이상과 실재의 이분법, 즉 '정신적 산물로서의 건축' 과 '감각적 공간경험으로서의 건축' (1998: 357)의 이분법을 해소하는 것이었다. '에로티시즘(eroticism)' 은 신체적이고 의식적인 쾌락이 삶의 양분된 두 측면들로부터 하나의 '전체성' 을 만들어내는, 즉 주체와 객체가 합쳐지는 그러한 화해를 예증했다.

이상과 실재의 이분법이라는 문제 앞에서 츄미가 추구한 해법은 그의 저술들을 지배하는 일상적인 것의 측면들과 더불어 형태적인 건축유희로 표현되는 자율적인 것으로 귀결되는데, 이는 그의 작품 내에서 이분법을 재생산하여 오로지 이론적인 수준에서만 해법을 찾는 것이다. 츄미의 초기 작업이 건축의 일상적인 것을 위한 벤추리와 스콧 브라운의 실재에 대한 급진적 대안을 그렸던 반면, 이러한 대안적 계보는 더 폭넓은 운동으로 발전하지 않아 츄미의 초기 프로젝트 및 저술에만 국한된 채로 남

16. 사회정치적 사건들을 '촉발하는' 건축과 관련하여 츄미의 입장은 낭테르에서의 학생봉기에 대한 르페브르의 분석과 유사한데, 르페브르는 그 사건에서 사회정치적 사건들이 어느 정도 물리적인 환경에 의해 형성된다고 분석했다. Stanek, L. (2011) *Henri Lefebvre on Space, Architecture, Urban Research, and the Production of Theory*, University of Minnesota Press 참조.

았다. 그의 상반된 주장들에도 불구하고, '사건'은 이미 그의 이후 프로젝트들 속에서 경시된다. 심지어 그의 〈라 빌레트 공원〉조차도 다른 여느 공공공원보다 더 많은 자발적 사건들을 촉발할 만큼 특수한 설계·배치 능력을 갖추었다는 증거는 거의 없다.

통화주의의 부상(The rise of monetarism)

1980년대가 진행되면서, 모든 수준에서 좌파의 패배가 분명해졌다. 가장 극단적인 경우는 마가렛 대처(Margaret Thatcher) 수상이 과감한 사회변혁을 주도했던 영국이었다. 국가 전반에 대한 통제강화와 사회적 불안의 제거를 추진한 대처는 노동조합들과 싸웠고, 그들과 직접 맞서면서 대량해고로 그들의 힘을 약화시켰다. 통화주의 정책들의 형태로 이루어진 자유시장경제의 도입은 이후 다른 유럽 국가들이 모방하게 되었다. 이런 정책들의 실행은 세계대전 이후 정도는 달랐을지라도 좌파정부와 우파정부가 모두 실행했던 케인스주의 및 복지국가 모델 기반의 경제학이 새로운 모델로 대체되었음을 뜻했다. 합의를 통해 수용된 기존 경제모델을 뒤집는 이러한 시도는 노동조합과 야당이었던 노동당뿐만 아니라 처음에는 보수적인 의원들과 산업주의자들, 사업가들조차 반대했음에도 불구하고 일어났다. 대처는 다음처럼 말하며 결코 합의를 추구하지 않았다. "내게 합의란, 아무도 믿지 않지만 그 누구도 반대하지 않는 뭔가를 찾으려고 모든 신념과 원칙, 가치, 정책 들을 버리는 과정으로 보인다"(Hewison 1995: 209).

프랑스와 독일이 혼합 경제형식(기본적으로 복지국가를 지속하되 통화주의 관념들을 가미한 형식)을 실천했고 네덜란드는 '폴더 모델(polder model)'(노동조합들이 대량실업을 피할 수단으로서 노동자들의 급료를 줄이는 데 합의한 모델)을 통해 합의를 찾았던 데 반해, 영국과 미국은 밀턴 프리드먼(Milton Friedman) 같은 경제학자들의 자문을 받아 과감한 경제유형을 채택했다. 미국인이었던 프리드먼은 1950년대 초부터 케인스주의 경제학을 맹렬히 비판해온 인물로서, 그의 비판은 케인스를 둘러싼 합의를 허물어뜨리고 통화주의를 대안으로 제시하는 데 중요한 역할을 했다.

1968년에 카를 브루너(Karl Brunner)가 처음 쓴 용어인 통화주의(monetarism)는 인플레이션과의 싸움을 주요 경제정책으로 정의했는데, 이러한 싸움은 정부개입의 감축, 발행화폐 및 세액의 감축, 고용과 시장에 영향을 주는 정부 프로그램들의 최소화로 이뤄지게 된다. 통화주의는 중앙은행들이 불황을 막기 위해 재량껏 활용할 수 있는 수단을 충분히 보유하고 있다고 주장했다. 이러한 이론의 실행은 자유무역과 신자유주의의 도래를 알리는 첫 번째 단계였고, 그 초점은 미시경제학, 즉 개인과 회사에 있었다. 이 이론은 신고전적 경제이론을 가져다가 당대의 환경에 맞게 조정했다. 프리드먼은 1976년에 노벨경제학상을 받았고, 1980년에는 PBS 텔레비전 방송국에서 방영된 '선택의 자유(Free to Choose)' 라는 TV 시리즈를 진행했으며, 그 이후로는 『뉴스위크(Newsweek)』 매거진에 칼럼을 기고했다. 이런 그의 활동들은 보다 폭넓은 대중이 통화주의와 자유시장의 이데올로기를 지지하는 쪽으로 돌아서도록 유도하면서, 한때 지나치게 과격하다고 여겨졌던 이론을 합의적인 정치경제사상의 중심에 놓게 되었다.

자유시장개혁과 정부규모 축소의 옹호자들은 많은 경우 시장을 이데올로기적이지 않은 구성물로, 말하자면 '진리' 를 향한 독립적인 자기조정능력을 타고난 거의 자연적인 현상으로 보는 믿음을 표현하곤 했다. 프리드먼 자신도 1953년에 출판된 『실증경제학 시론(Essays in Positive Economics)』에서 규범경제학(normative economics)에 반대하며 경제학의 객관성을 옹호했는데, 이는 곧 '있어야 할 것(규범)' 보다 '있는 그대로의 것(실증)' 을 선호하는 주장으로서 실재의 찬미와 직접적으로 관련되는 것이었다. 『노예의 길(The Road to Serfdom)』과 『자유헌정론(The Constitution of Liberty)』 같은 책들을 쓴 경제학자 프리드리히 폰 하이에크(Friedrich von Hayek)처럼, 프리드먼의 입장은 1970년대에 이르러 더욱 더 경제학을 윤리적 · 도덕적 이슈들과 엮는 경향이 있었다. 프리드먼은 시장을 어떤 완벽한 균형을 만들어낼 수밖에 없는 독립적 중재자로 인식했음에도 불구하고, 점점 더 자유시장과 자유의 연계성에 대한 신념을 표현했다. 이미 『자본주의와 자유(Capitalism and Freedom)』(1962)에서 프리드먼은 자유무역이 정치적 자유를 위한 유일한 선결요건(충분조건)이 아님을 인정하면서도 그것을 하나의 필수요인(필요조건)으로 묘사한다.

> 경제체계는 자유사회를 진흥하는 데 이중의 역할을 수행한다. 먼저 경제체계에서의 자유 자체가 광의적인 자유의 한 구성요소인 만큼, 경제적 자유는 그 자체로 하나의 목적이다. 두 번째로, 경제적 자유는 정치적 자유를 성취하기 위해 없어서는 안 될 수단이기도 하다.
>
> (Friedman 1962: 8)

개인적 자유와 자유시장경제의 연계성은 애덤 스미스 이래로 경제학자들의 기본전제가 되어왔다. 전형적으로 경제학자들은 다음과 같이 주장한다.

> 개인의 자유는 경제조직의 근본적인 목표이며, 이는 대부분 거의 자유시장을 통해 접근된다. 애덤 스미스가 말하길, 자유시장과 사적 이익의 추구는 공동체의 생산을 극대화하며 여기에는 물론 자유로운 사람들이 여가를 선택하는 한 자발적으로 생산을 포기하게 될 제약이 따른다고 했다.
>
> (Dean 1981: 31)

이런 논리를 따라 프리드먼과 기타 신자유주의자들은 시장의 규제완화와 정부 서비스 및 공기업의 민영화를 옹호했다. 에드워드 프레스콧(Edward Prescott) 같은 경제학자들은 비고용 인구가 자발적으로 일하기를 거부하고 있으니 선택의 자유를 표현하고 있는 것이며 그런 비고용 인구에 대한 국가의 보살핌은 불필요하다고 주장했다. 그들은 정부가 계속 관여하지 않게 되면 민간부문이 '자연스러운', 따라서 '진리적' 이기도 한 어떤 균형에 도달할 수 있으리라고 믿었다(Dean 1981). 이 모든 게 신고전적 경제이론의 통상적인 특징인, 바탕의 실재적 경제에 대한 믿음과 관련되어 있었다. 말하자면 이는 '실재적인' 가격과 봉급, 시장 균형, 이 모든 걸 정부 개입과 노동조합 혹은 당파들이 계속해서 왜곡하고 있다는 믿음이었다. 따라서 '실재적인' 경제를 드러내려면 아마도 그러한 왜곡적인 압력들로부터 경제적 자유를 보장해야 할 것이었다. 시카고 대학교의 유진 파마(Eugene Fama)는 자유시장이 케인스의 주장처럼 투기촉발의 원인으로 기능하기보다 회사들의 가치를 정확하게 재현한다고 주장하기 위해 '효율적 시장 가설(efficient market hypothesis)'을 제시했다. 하버드 경영대학원의 마이클 젠센(Michael Jensen)은 1980년대에 이 주장을 확장하여 회사들이 주가 올리기를 경제적인 목표로서 추구하는 걸 지지했다(Krugman 2009). 하지만 자본주의 경제조건 속에서는 생산과 소비의 평형이 가능하지 않은 만큼, 베일에 가려진 실재적 경제의 관념은 현실이라기보다 하나의 이상적인 플라톤적 모델이다.

프리드먼은 개인적 자유의 관념을 보다 큰 비인간적 작용인인 시장과 결합시킨다. 자유시장이라는 작용인이 인간의 자유를 보장한다는 것이다. 신자유주의 경제학자들은 케인스주의 경제학의 붕괴로 경제가 정치적 종속에서 해방된 것을 자유의 성취로 이해했다. 한편 위르겐 하버마스는 이를 두고 전통적으로 상부구조의 이데올로기(정치)로 이해되던 정당화(시장)가, 말하자면 하나의 표상 형식이었던 것이 구조적 토대(경제)와의 거리를 말소하고 그 토대 속에 파묻히는 단계로 사회가 이동했다고 설명했다. 이제 시장은 그 스스로를 정당화한다. 시장은 굳게 닫힌 하나의 밀폐된 체계다. "(일단 중산층을 위한) 정당화(합리적인 자연법칙, 즉 공리주의)에 효과적인 전통의 요소들 자체가, 경제적 토대 속에 구축된 이데올로기인 등가물들의 교환에 의존하게 된다"(Habermas 2005: 24-5). 사회학자 뤽 볼탕스키와 에브 시아펠로는 하버마스의 이러한 주장을 더욱 확장시켰다.

> 사실 자본주의는 집단적 실천들이 도덕영역에서 완전히 분리되도록 조직하는 유일한 —혹은 적어도 주요한— 역사적 형식인데, 이는 자본주의가 그것의 자체적인 목적을 (즉 자본축적이야말로 그 목적 자체임을) 파악할뿐더러 단순히 어떤 공동선만이 아니라 민중이나 국가, 사회계급 같은 단체의 이익에도 의거하지 않는다는 의미에서 그러하다.
>
> (Boltanski and Chiapello, 2005: 20)

이와 유사하게 어디에나 편재하는 현실은 현실 자체를 정당화하고, 실재는 현실을 정당화하기 위한 이데올로기적 수단으로서 존재한다. 이러한 정당화는 르페브르가 말했듯이 비판의 가능성을 배제한다.

> 과학자, 혹은 무언가를 아는 식자(識者, sachant)는 반성적으로 절차를 밟아간다. 그는 그가 관찰하는 것에 비추어 생각해보고, 그것을 반영한다. 이러한 접근에 따르면, 실증적 지식은 기정사실(fait accompli), 즉 '사실적(factual)' 이고 '실재적(real)' 인 것을 벗어나지 않는다. 현실(reality)과 다른 가능성들(possibilities)이라는 늘 성가신 문제일 수밖에 없는 비판적 사고는 가려지고 제거되기까지 한다.
>
> (Lefebvre 2005: 4)

1980년대 말엽에 일어난 공산권의 붕괴는 우파의 정당성을 입증하는 듯했다. 수십 년 전 유럽좌파의 모델이었던 소련이 그 위치를 상실했고, 그러한 소련의 해체는 이제 좌파가 아무런 대안을 제공하지 못한 채 우파가 주도권을 잡은 새로운 사회적 · 경제적 · 정치적 정세를 상징하게 되었다.

건축의 실재를 향하여(Towards the architectural real)

이러한 발전과정 속에서 네덜란드 건축가 렘 콜하스는 그러한 실재적 기획의 이면에서 주된 동력으로서 등장했다. 콜하스가 1980년대와 90년대에 부상한 신우파의 전형은 아니었지만, 그는 신우파의 이데올로기를 건축으로 이식시키고 이런 관념들을 고수하는 건축이론가 및 실무건축가 세대를 만들어낸 거의 독보적인 장본인이었다. 그럴 수 있었던 것은 그가 현실에 집중적인 관심을 두다가 벤추리와 스콧 브라운이 남기고 떠난 실재의 기획을 집어 들었기 때문이다. 이 기획에 착수하기 전인 1960년대부터 이미 그는 네덜란드 주간지 『헤이그 포스트(Haagse Post)』에 쓴 기고문들을 통해 자기 주변의 반문화적 분위기에 대한 경멸을 표현했다(Lootsma 1999). 이 주간지는 G. B. J. 힐터만(Hiltermann)과 그의 부인 실비아 브란츠 바위스(Sylvia Brandts Buys)가 편집하던 자유주의적 중도우파 성격의 출판물이었다. 1960년대에 이 주간지의 몇몇 직원들은 당대의 신사실주의(Nouveaux Réalistes)와 필적했던 눌베베힝(Nulbeweging)(혹은 줄여서 '눌[Nul]') •17 운동 소속이었다. 이 '눌' 멤버들은 실재의 옹호자들이었는데, 이러한 그들의 입장은 추후에 콜하스가 표현한 입장들과 섬뜩하리만치 유사했다. '뉠' 멤버이자 『헤이그 포스트』의 필진이었던 예술가 아르만도(Armando)는 그의 선언문에서 이 운동의 개념들을 이렇게 진술했다.

> 현실을 도덕화하거나 해석(인위적으로 '예술' 화)하지 않고, 그것을 강화하기. 시작점: 단호한 현실수용 [중략] 작업방법: 떼어놓기, 붙이기. 이로써 진정성(authenticity)이 나온다. 제작자의 것이 아닌, 정보의 진정성이. 예술가는 더 이상 예술가가 아니라, 차갑고 합리적인 눈에 불과하다.
>
> (Lootsma 1999: 157)

몇 년간 『헤이그 포스트』에 글을 기고하고 영화대본을 쓴 이후인 1968년에 콜하스는 런던의 건축협회학교에서 건축을 공부하고 있었다. 콜하스는 학생신분으로 '하계연구(Summer Study)' —'기존의 건축사례를 택하여 고증하는 작업(실시도면, 사진, 분석연구 등)(Koolhaas *et al.* 1996: 216)' —란 이름의 과제를 수행하기 위해 베를린을 방문했다. 콜하스는 팔라디오주택이나 모더니즘의 거장이 아닌 베를린장벽을 연구대상으로 택했다. 당시의 그 젊은 네덜란드인에게 베를린장벽은 '건축' 이었다. 벤추리와 스콧 브라운이 타냐 광고판을 중요한 도시요소로 보았듯, 베를린이라는 도시에서도 그 장벽의 중요성은 대부분의 건물들을 무색케 하는 것이었다. "(장벽의 성능을 정의하고 그것의 효율을 설명하는) 분할(division)과 에워쌈(enclosure)(즉, 유폐)과 배제(exclusion)야말로 모든 건축의 필수전략들이 아니었던가?" 라고 콜하스는 의심했다(Koolhaas *et al.* 1996: 226). '분할' 과 '에워쌈' 과 '배제' 는 당시 코넬 대학교에서 콜린 로우가 모더니즘의 '공허한' 추상 공간적 도시에 대한 반대전략으로서 내세운 개념들이었다. 콜하스가 만들어낸 "건축으로서의 베를린장벽(The Berlin Wall as architecture)" 이란 보고서는 자신이 발견한 것들에 스스로 응답한 결과였는데, 그의 발견들이란 그 장벽이 하나의 분리선이라기보다 서베를린(콜하스의 용법에 따르면 칼 포퍼[Karl Popper]가 말한 '열린사회[open society]')을 에워싼다는 점, 어떤 정적이고 구획된 실체라기보다는 진화하는 벽이라

17. Nulbeweging은 영어로 zero-movement라는 뜻으로, 우리말로는 '제로운동' 이란 뜻이 된다. — 옮긴이

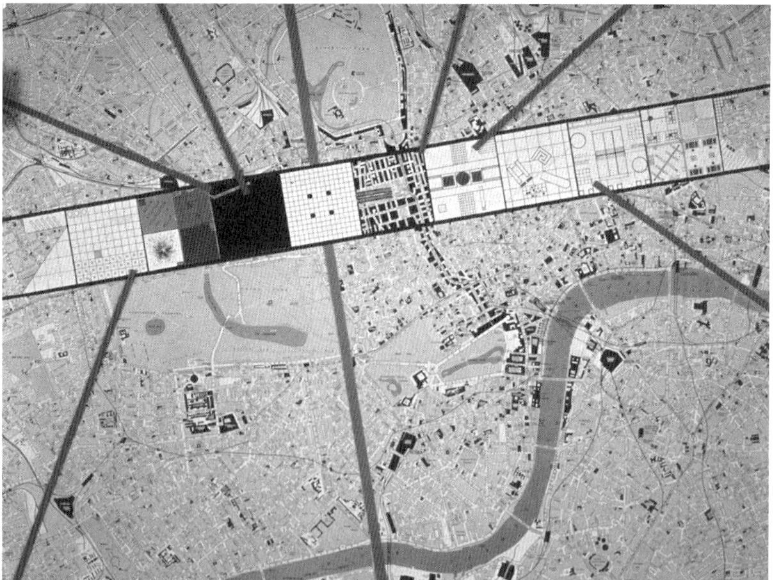

3.7, 3.8 OMA, 〈대이주, 혹은 건축의 자발적 수감자들〉(1972).
저작권자: OMA.

는 점, 그리고 이 '부정적인' 요소가 매력과 강도를 생산한다는 점이다. 콜하스는 이 베를린장벽에 대해 이렇게 썼다. "이에 비해 (내가 학생일 때 수년간 골몰했던) 60년대 건축의 해방적 잠재력에 대한 꿈은 미약한 수사적 유희로 보였다" (Koolhaas *et al.* 1996: 226).

"건축으로서의 베를린장벽"은 콜하스의 실재에 대한 심취를 보여줬고, 이미 그의 전형적인 관심들을 표현했다. 즉 그것은 도덕과 무관한(a-moral) 입장이라든가, 건축적이지 않거나 '고급' 건축이 아닌 대상들에 대한 매혹, 도시조건에 강력한 영향을 미치는 근본적 이슈들에 대한 선호를 표현했다. 이 연구는 그가 최초로 출판한 프로젝트인 〈대이주, 혹은 건축의 자발적 수감자들(Exodus, or the Voluntary Prisoners of Architecture)〉을 위한 출발점이 되었는데, 이 〈대이주〉 프로젝트는 1972년에 『카사벨라』 매거진이 주최한 "의미 있는 환경으로서의 도시(City as Meaningful Environment)" 공모전 출품작으로서 마델론 프리센도르프(Madelon Vriesendorp)와 엘리아 및 조 젱겔리스(Elia and Zoe Zenghelis)가 콜하스와 함께 설계한 작품이다(그림 3.7과 3.8). 어떤 의미에서 이 작품은 런던이라는 도시가 벽들로 분할되어 '강렬한 대도시적 욕망성의 띠' 를 만들어낸 상황을 상상하여 묘사한 각본이다. 이 띠 속에 거주하는 이들은 스스로의 자유의지로 수감자가 된 이들이다. 이 묘사적인 텍스트는 일련의 콜라주와 도면들로 도해되고 있다.

이 프로젝트는 형태면에서나 내용면에서나 당대의 급진적 페이퍼 건축을 쉽게 연상시키는데, 특히 슈퍼스튜디오의 〈연속적 기념비〉를 떠올리게 한다. 이는 단지 기존의 도시 위에 선형적인 건축요소를 겹쳐 올려서만이 아니라, 작품이 갖는 모호성과 아이러니 때문이기도 하다. 하지만 〈연속적 기념비〉가 유토피아와 디스토피아 사이를 맴도는 데 비해, 〈대이주〉는 태연하게 디스토피아에 머물며 그러한 디스토피아적 요소가 이 프로젝트에 비판성을 부여한다. 이 프로젝트의 첫 번째 단락에서 설계자들은 이렇게 기술하고 있다. "언뜻 보기에는 이런 제안들의 은유적 메시지가 실질적인 고려사항들을 압도하는 듯이 보일 수도 있겠지만, 이것은 또 하나의 유토피아 이야기가 아니다" (Koolhas *et al.* 2005: 253). 〈대이주〉는 스미슨 부부의 건축이 취하는 사회적 허세를, 콘스탄트와 세드릭 프라이스 및 아키그램의 기술적 유토피아들을 비난한다. 그것은 유토피아적인 프로젝트들을 조롱하며 다음처럼 희화한다.

> 네 개의 선형동굴들 끝에서, 신기루 기계들이 욕망할 만한 이상의 이미지들을 투사한다. 사막 속의 사람들은 튜브 속으로 들어가 이렇게 미화된 이미지들을 향해 달려간다. 하지만 실제로는 절대 거기까지 다다를 리가 없다. 그들은 신기루와의 거리가 줄어드는 만큼 반대방향으로 더 빠르게 움직이는 벨트 위를 달리니까 말이다.
>
> (Koolhaas *et al*. 1996: 12)

〈대이주〉는 어느 정도 칼 포퍼의 유토피아 비판을 도해한 것과 같으며, 위 단락의 묘사는 포퍼가 사용했던 운동(움직임)의 은유와 유사하다.

> 유토피아 건설의 시대는 사회변화의 시대이게 마련이다. (왜냐면) 그런 시대에는 관념들의 변화도 일어나게 마련이(기 때문이)다. [중략] 그렇다면, 전체적인 접근이 붕괴할 위험이 있다. 왜냐면 우리가 우리의 궁극적인 정치적 목적들을 변화시키는 *동시에 그것들을 향해 운동하려 할 경우* 이내 우리 스스로가 순환적으로 운동하고 있음을 발견할 수도 있는 거니까. [중략] 지금까지 취한 조치들이 *사실은 새로운 목적에서 더 먼 곳으로 이끌고 있음*이 쉽게 판명될 수도 있다. [이하 생략]
>
> (Rowe and Koetter 1983: 123 / 기울임체는 저자 강조사항)

수년이 지나 콜하스는 〈대이주〉에서 구현한 비판을 다음처럼 명료히 표현하게 된다.

> 1972년에 아키그램은 절정의 영향력을 구가하고 있었고 아키줌과 슈퍼스튜디오 같은 그룹들은 건축적 상상의 영역을 광대하게 확장하기 위한 건축이야기들을 상상하고 있었다. [중략] 이런 작업내용들의 기조는 반역사적인데다 순전히 낙관적이었고 궁극적으로는 순진했다. 〈대이주, 혹은 건축의 자발적 수감자들〉은 이런 순진함에 대한 응답이었으며, 건축의 힘이 보다 모호하고 위험함을 강조하기 위한 프로젝트였다.
>
> (Koolhaas 1988: 16)

슈퍼스튜디오의 아돌포 나탈리니(Adolfo Natalini)는 원래 젱겔리스와 콜하스가 건축협회학교에서 아키그램과 스미슨 부부에 반대하는 그룹을 강화하려고 이탈리아에서 초빙해온 인물이었다. 하지만 젱겔리스가 추후 회상한 바에 따르면, 그들은 나탈리니가 건축을 정치적이고 사회적인 목적에 종속시키는 데 실망했다고 한다(de Cauter and Heynen 2005: 270).

〈대이주〉는 베를린장벽이라는 실재를 계기로 촉발되었을지 몰라도, 유토피아-디스토피아적인 페이퍼 건축 영역의 다른 프로젝트들처럼 강력한 이상주의적 충동을 담고 있다. 그런 충동은 이 프로젝트의 은유적 풍부함으로, 비판적 알레고리로서의 건축요소 활용으로 특징된다. 이 프로젝트는 실재에 대한 관심을 보여주지만, 그 실재를 무색케 하는 건 가장 넓은 의미에서의 '건축'을 도시와 사회적인 것 위에 중첩시키는 강력한 이상주의적 충동이다. 즉 여기서 건축은 하나의 완전무결한 총체가 된다.

당시 벤추리와 스콧 브라운의 작업은 여전히 주로 건축의 의미회복이라는, 나중에 포스트모더니즘 양식이라 불릴 작업과 연관된 보다 폭넓은 관심의 일부로 이해되었다. 콜하스는 그러한 '의미' 진영으로부터 자신을 분리하는 데 꽤나 구체적이었다. "내가 보기에 그 [베를린] 장벽은 당시 떠오르던, 퇴행하는 속박적인 관계로 '형태'를 '의미'에 연관시키려던 시도들에 대한 총체적 조롱이기도 했다"(Koolhaas *et al.* 1996: 227). 당시 콜하스는 그의 관심과 벤추리 및 스콧 브라운이 가졌던 관심의 연관성을 느끼지 못했었다.

> 나는 코넬 대학교 학생이던 1972년에 『라스베이거스의 교훈』을 접했다. 내게 그 책은 영감이기도 위협이기도 했다. 벤추리와 스콧 브라운의 이 저서는 실체(substance)에서 기호(sign)로의 이동을 선언한 것이었고, 때마침 나는 나중에 『광기의 뉴욕(Delirious New York)』이 될 작업을 하면서 실체가 문화에 미치는 영향을 해독하기 시작하던 중이었다. 역설적이게도 나는 벤추리와 스콧 브라운의 저서에서 건축에 대한 사랑에도 불구하고 그 반대감정에 끔찍하게 매료된 건축가 부부를 느꼈다. 한편 나는 그 반대감정에서 생겨나는 건축에 매료되어가던 중이었다.
>
> (Obrist and Koolhaas 2001: 593)

〈대이주〉에서 건축은 베를린장벽을 건축요소로 이해한다고 가정하면서 수동적인 방관자가 아닌 사회의 결정적 작용인으로서 나타난다. 하지만 그것은 더 나은 사회가 아니라 강제거주지이자 감옥이요 수용소를, 즉 환영과 폐허와 황폐함을 만들어내는 힘이다. 비록 설계자들이 일부 도해들에서 나타나는 공포를 마치 실제로 인정하듯 양면적 의미로 다루긴 했다 한들, 그것은 악의 힘인 셈이다. 부정적인 것을 긍정적인 관점에서 다루는 이상의 전복은 보들레르 이후 19세기 말부터 흔히 쓰인 아방가르드 전략이었다. 이런 전략은 보통 중산층의 보수적 이상들을 겨냥하여 사회병폐의 본성을 바꾸거나 확대하는 식으로 '사회에 거울비추기'를 했다. 〈대이주〉에서의 콜하스는 추후 작업에서와 마찬가지로 역사적 아방가르드의 기조와 자세를 채택하여 당시 그의 주변에서 통용되던 기준과 입장들에 도전했다. 따라서 〈대이주〉는 사회공학을 통해 최적의 '좋은' 사회를 만들겠다는 모더니즘적 충동을 조롱하지만, 건축의 사회적 효능이 갖는 모든 가능성을 배제하지는 않는다. 그것은 기존의 한 도시 위에 임의적이고 폭력적인 방식으로 새로운 구조를 겹쳐 올리며, 그 방식은 베를린장벽의 야만성에 기인하면서도 모더니즘적인 백지화(tabula-rasa) 전략을 연상시킨다.

비판자들은 〈대이주〉를 통해 추후 OMA[18]의 실현된 작품에서 등장하게 될 수사법과 접근법 들을 파악한다. 이 작품이 중요한 것은 단지 OMA가 최초로 공표한 프로젝트여서만이 아니라, 건축에 관한 프로젝트인 만큼 예산과 프로그램 요건 및 건축주가 일으키는 타협의 여지들로부터 자유로운 명료한 방식으로, 건축가의 이데올로기를 건축적으로 표현한 몇 안 되는 프로젝트 중 하나이기 때문이다. 〈대이주〉에 존재하는 이러한 자율적 요소는 콜하스를 오독한 것도 아니요, 페이퍼 건축을 이 프로젝트의 표현형식으로 활용한다는 데 국한된 것도 아니다. 오히려 이는 자율적 모더니즘에 대한 콜하스의 선호와 관련이 있다. 이 네덜란드 건축가는 이미 당대의 보수적이고 역사주의적인 충동에 맞서 모더니즘을 구제

18. Office for Metropolitan Architecture의 약자로, 직역하면 '대도시건축사무소'라는 의미이지만 통상 '오엠에이'로 칭한다. — 옮긴이

하겠다는 거대한 기획의 초기 단계에 착수한 것이었다.

대중주의 모더니즘의 회복(Recuperating a populist modernism)

콜하스는 이미 건축협회학교에서 공부를 시작할 때부터 '건축' 에 대한 특수한 관념이 있었던 걸로 보인다. 상기했듯이 그는 당시 그 학교에서 유행하던 반건축(反建築, anti-architecture)에, 특히 많은 교수들과 학생들이 옹호하던 반문화(反文化, counter-culture)에 거의 관심이 없었다. 그가 구제하려던 모더니즘은 그것의 정치적 함의들과 분리되어 있었다. 같은 시기의 아이젠만처럼, 콜하스는 모더니즘의 초기 형식으로, 1920년대의 러시아 구성주의로, 특히 레오니도프(Leonidov)에게로 관심을 돌렸다. 그는 이러한 모더니즘의 사회적 대의들을 언급하지 않은 채 그것의 급진주의와 기량을 회복할 수 있었다. 그는 1970년대에 모스크바에 가서 이전까지 서구에 알려지지 않았던 레오니도프의 작품 슬라이드들을 갖고 돌아왔고, 일련의 건축 학교 및 센터 강의들을 통해 그것들을 발표했다. 수년이 지나 콜하스는 자신의 모더니즘에 대한 관심을 회상하게 되는데, 다음처럼 그것을 실재와 결부시킨다.

> 당신은 정말 모르겠지만 모더니티에 대한 깊고도 근본적인 적대성이 70년대 당시에 떠오르고 있었고 모더니티란 거의 실체적인 적이 되어가고 있었어요. 따라서 그 시점에 나는 모더니즘이 회복될 수도 있을 유일한 방법이라면 그것의 반대편, 말하자면 그것의 '대중성(popularity)' 과 '범속성(vulgarity)' , '쾌락주의(hedonism)' 에 관한 매우 진보적인 주장을 펼치는 것뿐이라고 느꼈지요.
>
> (Zaera Polo 1992: 18)

그는 그의 모더니티에 대한 매혹이 일시적이었다고도 말한다.

> 나는 우리가 한 일부 작업이 근대건축의 선례들에 너무 지나치게 의존한다고 생각했어요. 포스트모더니즘이 부상하던 80년대 초에는 그런 작업이 아마도 용기 있는 태도였을 테지만, 모더니즘이 유럽의 전역에서 '승리했을' 땐 그게 아주 지루해져버린 거죠.
>
> (Zaera Polo 1992: 7)

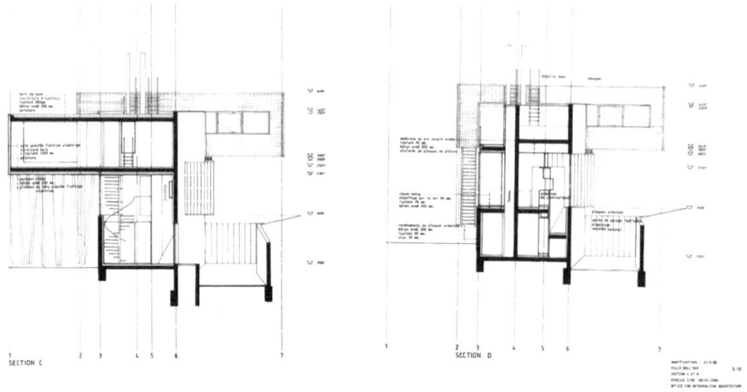

3.9 OMA, 〈달라바 주택(Villa Dall' Ava)〉(1991) 단면도.
이 작품이 르 코르뷔지에의 주택에 빚지고 있음을 보여준다.
OMA 제공.

OMA의 초기 프로젝트들에서 구성주의 형식들을 활용하고 르 코르뷔지에의 주택들과 미스 반 데어 로에의 작업을 참조한 것(그림 3.9)은 후기 모더니스트들의 사회적 책무와 건축의 포스트모더니즘적 전회에 대한 비난이었을 뿐만 아니라, 알도 판 아이크와 헤르만 헤르츠버거가 옹호한 '인간적 척도(human scale)' 건축의 관념들도 표적으로 삼은 것이었다. 콜하스는 분명컨대 모더니즘 건축에서 가장 비난받은 형식인 도시적 거대구조물을 구제하고 싶어 했다. 아마도 이런 욕망이 그를 코넬 대학교의 웅거스 스튜디오로 이끌었을 텐데, 웅거스는 콜하스와 마찬가지로 건축형식과 도시구성에, 육중하고 야수적이며 반복적인 거대구조들과 도시유형들에 매혹되어 있었기 때문이다.

초기 모더니즘의 회복에 대한 콜하스의 관심은 대부분의 비평가들로 하여금 그에게서 당대 네오아방가르드의 자율성을 연상케 했으며, 그가 베를린장벽을 '건축'에 포함시켰던 사실은 당시에 주목받지 못했다. 이후 코넬 대학교와 뉴욕 건축도시연구소에서 이루어진 OMA의 프로젝트들은 계속해서 〈대이주〉의 계보를 이어갔다. 이로써 〈사로잡힌 지구의 도시(The City of the Captive Globe)〉(1972)와 〈스핑크스 호텔(Hotel Sphinx)〉(1975-6), 〈뉴 웰페어 아일랜드(New Welfare Island)〉(1975-6), 〈웰페어 팰리스 호텔(Welfare Palace Hotel)〉(1976), 〈수영장 이야기(The Story of the

Pool)〉(1977)가 작업되었다. 이 프로젝트들은 기본적으로 도덕과 상관없이 강력한 은유적 내용을 담은 우화 같은 각본들이다. 콜하스는 뉴욕 건축도시연구소에서 자신의 프로젝트 작업을 하는 동안 이 연구소가 설파했던 건축에 거의 공감하지 못했다고 말하며 이렇게 덧붙였다. 그는 "다른 건축가들이 하고 있던 작업에서 어떤 타당성도 발견하지 못했다. 피터 아이젠만에게도, 케네스 프램튼에게도, 그들의 적대자였던 신진 포스트모더니스트 로버트 스턴에게도 말이다"(Scürkamp 2006: 368).

〈사로잡힌 지구의 도시〉는 건축이 도시환경으로부터 자율성을 갖게 해주는 체계가 추상적인 도시격자라던 타푸리의 말을 시각적으로 풀이한 것이라 할 수 있다(그림 3.10). 그림의 중심에는 텅 빈 맨해튼 블록을 차지하는 파묻힌 지구가 있다. 이 맨해튼 격자는 다양한 블록들을 고립시키며, 각각의 블록은 동일한 기단 위에 다양하게 설치된 특이한 건축적 환영을 선보인다. 이러한 건축적 환영들로는 르 코르뷔지에의 데카르트적 마천루와 말레비치의 파일럿을 위한 주택, 슈퍼스튜디오의 '히스토그램', 〈대이주〉에서 따온 요소 같은 게 있다. 격자의 질서와 고립, 그리고

3.10 OMA, 〈사로잡힌 지구의 도시〉(1972).
OMA 제공.

기단들로 말미암아, 환영들은 박물관 전시대 위에 놓인 골동품과 유사해 보인다. 달리 말해 뉴욕과 그 조직, 조닝, 건축의 어떤 측면들, 예를 들어 공통의 기단 같은 걸 과장함으로써 콜하스는 자율적 건축과 도시의 관계를 희화적으로 묘사한다.

하지만 동반된 텍스트 설명을 통해 콜하스는 고립된 자율성의 도식을 벗겨나간다. 콜하스는 격자가 일으키는 자유를 강조하기보다 코넬 대학교에서 웅거스가 개발한 '군도모델(archipelago model)'에 의거하여 이러한 체계의 통일성을 강조한다. 로우와 쾨터의 '콜라주 도시'를 닮은 이 군도모델은 무관해 보이는 독립된 '섬들'의 단편이 이루는 '전체'를 인식하는 수단이며(Schrijver 2006), 로마와 베를린처럼 다양한 단편들이 단절되고 자율적인 상태로 '부유하는' 역사도시들을 연구하며 발전된 모델이다. 따라서 콜하스가 이 모델을 맨해튼에 적용했다는 건 놀라운 시도이며, 타푸리에게 주된 요소였던 격자가 여기서는 그저 도시적인 블록-섬들을 만드는 수단이 된다. 그 건물들은 도시라는 더 큰 인공물을 만드는 데 참여하는 인공물들로 보이는 데 반해, 콜하스는 그 건물들의 내부가 외부와 독립되어 있다고 주장한다. 따라서 그는 자율적인 형태유희를 수용하면서도 그것에 건물 전체를 종속시키지 않으며, 이때 외부와 내부의 분리는 하나를 다른 하나보다 우선시하기보다 양자를 모두 향상시키는 수단이다. 그것은 뉴욕 마천루를 하나의 외피로 보는, 즉 어떤 프로그램을 담은 용기로 보는 관념을 표현한 초기 사례이기도 하다.

그가 뉴욕에 있을 때 작업한 저서인 『광기의 뉴욕』은 콜하스의 작업에 실재를 다시 끌어들였다. 1978년에 출판된 이 책은 '맨해튼주의(Manhattanism)'가 만들어낸 도시로서 뉴욕의 이야기를 펼쳐내는데, 콜하스는 맨해튼주의를 어떤 정의된 이데올로기가 아니라 급진적이고 진보적인 원동력으로, 즉 어떤 의식이자 충동이요 접근법으로 묘사한다. 콜하스에 따르면 도시는 위험을 감수하고 불가능한 걸 시도할 준비가 된 개발업자와 건축가, 발명가들에 의해 결정되었다. 콜하스는 선언과 결부된 급진주의를 채택하지만, 그것은 어떤 미래의 계획이기보다 기존의 것에 대한 독해라는 의식의 형태가 된다. 그는 이 책의 서문에서 이렇게 기술한다. "선언들의 치명적인 약점은 본질적으로 그 증거가 없다는 데에 있다. 맨해튼의 문제는 그 반대다. 즉 맨해튼은 선언이 없고 수많은 증거만 있다" (Koolhaas 1994: 9). 따라서 그 실재의 선언으로서 '소급적 선언(retroactive manifesto)' 이 태어난다.

이 네덜란드인 건축가는 유럽 모더니즘과 근본적으로 다른 모더니즘을, 즉 미국적 모더니즘을 묘사한다. "미국은 어떤 지점에서 대중주의 모더니티를 위한 기초를 유지했다"(Scürkamp 2006: 370)고 주장한 콜하스는 미국의 대중문화를, 자유방임의 모더니티를, 모더니즘 예술과 건축에 고압적인 사회정치적 책임들을 주입하는 도덕화의 부재를 언급한다. 『광기의 뉴욕』에서 유럽의 사회적 유토피아주의자들을 대신하는 인물은 맨해튼에 코니아일랜드의 유원지 타워들을 복제하려는 원대한 꿈을 꾸는 개발업자다. 콜하스가 보기에 맨해튼의 거대서사는 경직되고 독단적이며 퇴행적인 계획보다도 어떤 '의식' 이 조종하는 개인적인 환상과 꿈의 혼합물이다. 콜하스는 여기서 르 코르뷔지에나 한네스 마이어(Hannes Meyer)보다 기업가 윌리엄 H. 레이놀즈(William H. Reynolds)와 제도사 휴 페리스(Hugh Ferriss), 기업건축가 레이먼드 후드(Raymond Hood), 사업가 존 D. 록펠러(John D. Rockefeller)를 주인공들로 한 대안적인 모더니즘을 내세운다.

이 책은 '맨해튼주의' 라는 요리를 선보이기 위해, 추상격자와 엘리베이터의 발명, 구와 타워, 코니아일랜드의 판타지 오락산업 등을 기본적인 식재료처럼 개괄한다. 이렇게 겸손하게 시작한 이 주인공들은 그 숭고한 마천루들과 고밀도와 끊임없는 자기갱신충동을 통해 신화적인 뉴욕이 되어가는 실험을 전개한다. 『광기의 뉴욕』은 실재에 기초하면서도 그와 반대되는 신화형성의 이상주의와 판타지에의 매혹을 보여주기도 한다. 사실 〈대이주〉에서처럼 여기서도 실재는 그저 하나의 출발점에 불과하다. 이 책에서 전개되는 이야기는 강력한 유토피아적 함의들을 담은 풍부한 이상주의로 짜여있다. 콜하스는 유토피아 이야기들이라는 장르를 활용하여 근대적 유토피아 사상에 전형적인 사회적이고 도시적인 계획과 반대되는 관념을 제시한다. 따라서 그는 유토피아주의자들의 매너리즘과 그들의 선언들, 그들의 급진주의, 그들의 도취적인 수사법과 글쓰기 스타일을 채택함으로써 그들의 급진적 기획을 이어가는 것처럼 보이지만, 그의 메시지는 유토피아주의자들의 토대를 허물어뜨린다. 혹은 적어도 유토피아적 실천의 형식을 채택하면서 무엇보다도 그것을 유토피아적으로 만드는 근본적 측면들의 일부를 걸러낸다.

콜하스만 1970년대 말에 모더니티를 되살리려고 노력한 건 아니었다. '구세대'가 당시 떠오르던 포스트모던 문화에 맞게 자신들의 입장을 누그러뜨리거나 상실감에 빠져있었다면, 보다 젊은 세대의 전문가 및 학자 들은 다양한 분야에서 모더니티나 모더니즘을 포스트모더니티에 대항하는 수단으로서 재편하려고 시도했다. 마샬 버만(Marshall Berman)의 1982년 저작 『견고한 모든 것은 대기 속에 녹아버린다(All That is Sold Melts Into Air)』[19]가 이런 시도들 가운데 하나였다. 이 책은 콜하스보다 좌파적인 입장에서 마르크스의 말을 제목으로 차용했음에도 불구하고 콜하스의 기획과 분명 유사점이 있다. 이 책의 첫 부분에서 이미 버만은 콜하스처럼 절충적인 언어로 모더니티에 대해 얘기한다.

> 오늘날 전 세계의 만인이 공유하는 필수적인 경험방식이 있다. 그것은 시공간의 경험, 자기와 타자의 경험, 삶의 가능성과 위협에 대한 경험이다. 나는 이런 경험을 '모더니티'라 부를 것이다. 모던하다는 것은 우리에게 모험과 힘, 기쁨, 성장, 우리 자신과 세계의 변화를 약속하는 동시에 우리의 모든 소유, 우리의 모든 지식, 우리의 모든 존재를 위협하는 환경 속에 우리가 있음을 발견하는 일이다. 모던한 환경과 경험 들은 지리와 인종, 계급과 국적, 종교와 이데올로기의 모든 경계들을 가로지른다. 이런 의미에서 모더니티는 모든 인류를 통합한다고 말할 수 있다.
>
> (Berman 1983: 15)

버만은 모더니티, 즉 근대성의 부흥을 시도하고 있다. 콜하스는 자신의 디자인에서 모더니즘적 선례들을 사용한 데서 분명히 드러나는 모더니즘 부흥의 시도로 시작하는 듯하지만, 『광기의 뉴욕』에서는 기술과 개발과

19. 이 제목은 마르크스와 엥겔스의 『공산당선언』에 나오는 유명한 문구를 차용한 것이며, 국내에서는 부제인 'The Experience of Modernity'를 따라 『현대성의 경험』이란 제목으로 번역 출간되었다. — 옮긴이

기업건축을 강조하면서 근대성과 근대화(modernization)에도 주목한다. 버만의 책 제1장에서 저자는 파우스트를 전형적인 근대적 인물로 묘사하는데 몽상가(The Dreamer)에서 연인(The Lover)을 거쳐 개발자(The Developer)로 변화해가기 때문이며, 이런 인물들은 『광기의 뉴욕』에서도 (공상가와 연인, 개발업자로) 등장한다. 콜하스처럼 버만도 진보와 모더니티의 부정적 측면들, 말하자면 '더러움'과 숭고함, 대량개발이 일으키는 파괴 등을 찬미한다. 모더니티를 되살리려는 버만의 시도는 마르크스에게서 진보와 진전, 발전의 기본적 옹호를 넘어선 무언가를 지워내는 작업을 수반한다. 따라서 마르크스는 탈정치화되어 모더니티의 절충적 '정신'을 위한 매개체가 된다. 반면에 콜하스는 그저 설득력 있다고 여겨지는 모더니티의 측면들을 채택하면서도 공공연히 정치적이고 이데올로기적인 것들, 특히 사회개선에 초점을 둔 것들은 폐기한다. 따라서 버만과 콜하스에게서 모더니티는 하나의 탈정치화된 관념으로서 재편된다. 버만의 좋은 취지에도 불구하고, 당대의 맥락에서는 오로지 타협된 모더니티 개념만이 구제될 수 있었다.

계획에 대한 비판(Critique of Planning)

콜하스의 작품에서 이상적인 것과 자율적인 것이 존재하는 경향은 『광기의 뉴욕』 이후로 오래 지속되었다. 이런 경향은 그의 모든 초기 프로젝트들에 잠재적으로 존재하지만, 그것이 극단적으로 표출된 것은 1980년 베를린 코흐/프리드리히거리 주거공모전에 출품한 OMA의 작품에서였다. 아이젠만이 설계할 뻔했던 이 프로젝트에서 콜하스는 모더니즘의 선례들인 힐버자이머와 멘델존(Mendelsohn), 미스 반 데어 로에의 프로젝트들을 참조하여 4개의 도시블록들을 만들어내는데, 이중 2개는 같은 위치에 설계되었다.

OMA의 1982년 〈라 빌레트 공원〉 출품작은 최종결선까지 오르면서 폭넓은 공공의 관심과 주목을 받았다. 콜하스는 추후에 이 작품을 마천루의 '층들'이 띠가 되고 각각의 띠는 프로그램의 다양한 일부를 포함하는, 수평으로 눕힌 맨해튼 마천루라고 설명한다. 일련의 격자들이 간이구조물 같은 소규모 요소들을 중첩시키고, 추가적인 수직 층들은 동선과 '주요요소들'을 포함한다. 콜하스는 이 프로젝트에 덧붙인 진술을 통해 불확정성과 프로그램적인 관심들을 강조한다.

> 우린 이 프로그램을 바람직한 구성요소들을 잠정적으로 열거하는 제안으로 읽었다. 그것은 확정적이지 않다. 공원의 수명주기 동안 프로그램은 계속적인 변화와 조정을 겪을 거라고 예측하는 게 안전하다. [중략] 따라서 그 '디자인'은 건축적 특수성을 프로그램의 불확정성과 결합하는 방법을 제안해야 한다.
>
> (Koolhaas *et al*. 1996: 921)

이 프로젝트는 프로그램과 불확정성에 의존함으로써 '디자인'을 피하려는 시도가 두드러진다. 이 전략은 이렇게 심미주의를 피할 뿐만 아니라, 계획의 '가벼운' 버전으로서 권위적이지 않고 불확정적이어서 추후 변용과 변경이 가능한 계획을 고안하려고 한다.

1985년에 OMA는 이듬해에 열릴 《밀라노 트리엔날레》에 참여해달라는 초청을 받았다. OMA는 당시까지 해오던 디자인들에 집중하지 않고 미스 반 데어 로에의 1929년 작 〈바르셀로나 파빌리온〉에 대한 스터디를 선보였다. 이 전시에는 56년이라는 세월 속에서 최초의 파빌리온이 겪어온 모험의 각본이라는 서사와 아울러 본래 파빌리온의 남아있는 단편들로 재건한 설치작업이 수반되었다. 이 프로젝트에서 콜하스의 실재에 대한 관심은 분석으로 시작해서 발견된 오브제들로 확장하지만, 그럼에도 이 프로젝트는 건축학과 외부세계의 공통영역에 초점을 맞췄다. 콜하스와 자율적 건축의 연관성으로 말미암아 OMA는 1988년 뉴욕현대미술관에서 열린 ≪해체주의 건축≫ 전에 참여하게 된다. 이 전시회 이후로 OMA는 아이젠만과 가깝기보다는 반대적인 입장으로 점차 기울게 된다.

1995년에 『스몰, 미디엄, 라지, 엑스라지(S, M, L, XL)』가 출판되면서 콜하스는 건축의 전면으로 급부상했다. 이 책은 전례 없던 형식과 혁신적인 그래픽 디자인, 특히 그 과도한 크기와 풍성한 이미지들의 활용으로 즉시 건축도서 베스트셀러가 되었다. 한 권의 책 속에 20년 이상에 걸쳐 생산된 OMA의 프로젝트들과 콜하스의 글들을 집대성한 『스몰, 미디엄, 라지, 엑스라지』는 마치 총체적인 지식의 자료집이나 한 권의 사전 혹은 백과사전 같은 모양새인데, 이런 연상을 강화하는 것은 책 전반에 걸쳐 전개되는 알파벳순의 용어목록과 더불어 연대기가 아닌 척도에 의거한 프로젝트 구성이다.

『스몰, 미디엄, 라지, 엑스라지』에 실린 글들 가운데 당시에 중요한 이목을 끌었던 글은 "특징 없는 도시(Generic city)" 였다. 이 글은 마르크 오제(Marc Augé)의 『비장소(Non-Places)』를 연상시키는 단어들로 전형적인 도시 스프롤의 발달을 묘사한다. 하지만 오제의 저서가 '슈퍼모더니티(초근대성)' 의 공허하고 정체성 없는 공간들을 비판했다면, 콜하스는 원치 않게 태어난 이런 공간들을 포용하면서 건축가들과 도시계획가들 사이에 지배적이던 도시 스프롤에 대한 부정적 인식에 도전한다. 이 글은 차이와 정체성에 대한 요구를 비판하면서 시작한다. "정체성이 더 강해질수록, 그것은 더 감옥처럼 되고 확장과 해석, 갱신, 모순에 더 저항하게 된다" (Koolhaas *et al.* 1996: 1248). 이 경우 차이의 거부는 구체적으로 도시를 겨냥한 것이지만, 콜하스 스스로도 개인적인 문체인 건축적 '필체' 에 대한 혐오를 드러내면서 자신을 '특징 없는 인간(the man without qualities)' 으로 해석하려고도 한다.

일찍이 로우와 쾨터, 로시 같은 인물들이 차이에 대한 요구를 비판했을 때는 계몽시대의 도시를 통일성이 성취되고 차이가 제한되는 대안 모델로서 제시했던 데 반해, 콜하스는 신고전적으로 부흥하는 도시적 쌈지공간들을 차이와 정체성의 정치에서 본질적인 부분으로 정확히 짚어낸다. 달리 말해 그는 신고전주의로 돌아가자던 제안의 실패를 통상적인 '도시적' 건축을 만드는 수단으로서 인식한다. 이 네덜란드 건축가의 해법은 특징 없는 도시, 즉 그 일상적인 느낌과 진부함에도 불구하고 근본적인 (그리고 되레 그 진부함 때문에 근본적인) 도시환경이고, 이로써 중심성과 혼잡, 그 외의 도시-모델이 대변하는 모든 것에 대한 대안을 상정한다.

특징 없는 도시는 2차 대전 이후에 상업적으로 개발된 교외지역의 닮음 꼴이거나 그것이 성장한 꼴이다. 1947년부터 51년까지 지어진 레비타운(Levittown)은 미국에서 이루어진 그러한 개발의 초기 사례였는데, 이미 1970년대에 벤추리와 스콧 브라운은 '좋은 취향'에 맞서 진부한 것들에 대한 관심을 확장하면서 레비타운에서 나타나는 개성화(personalization)의 징후들을 연구한 바 있다. 하지만 벤추리와 스콧 브라운은 단독주택과 개인의 수준에서 개성화에 초점을 맞췄던 데 반해, 콜하스의 특징 없는 도시는 일차적으로 전통도시에 대한 현대적인 대안모델이다. "특징 없는 도시의 위대한 독창성은 그저 효과가 없는 걸 (용도가 만료된 걸) 버리고, 현실주의라는 착암기들로 이상주의라는 아스팔트포장을 깨내어 그곳에서 자라나는 모든 걸 수용한다는 것이다"(Koolhaas *et al.* 1996: 1252). 비록 콜하스는 특징 없는 도시에서도 어느 정도 계획이 존재함을 인정했지만, 도시스프롤은 다음처럼 하나의 진화적이고 유기적인 모델이라고 주장한다.

> 대개 특징 없는 도시는 어떤 관료조직이 도시개발을 통제한다는 통상적인 의미에서 '계획되어' 왔지만, 마치 자연에서처럼 다양한 메아리와 포자, 비유, 씨앗 들이 무작위로 땅 위에 떨어지듯이 (땅의 천연적인 비옥함을 활용하여) 하나의 조화를 성취하여 지금껏 이루고 있다. 즉 그것은 때때로 놀라운 결과들을 발생시키는 임의적인 유전자 공급원이다.
>
> (Koolhaas *et al.* 1996: 1253-4)

따라서 이 '유기적인 도시', 즉 진화적인 도시는 자기생성적인 자연현상이자 하나의 '주어진(given)' 현상으로 보인다. 이 도시의 잠재성과 기량은 도시개발을 지시하거나 제한하려는 시도들이 존재하는 상황에서도 자체적인 논리를 따르는 자존능력에 있다. 이 경우 특징 없는 도시의 형식으로 나타나는 실재는 하나의 자연력으로서 그 고유의 생명을 얻는다. 이런 식의 주장은 비단 "특징 없는 도시"라는 글에만 국한되지 않았으며, 다음처럼 도시에 대한 콜하스의 인식 일반을 특징짓는다.

> 이러한 [계획의 실패에 대한] 경험을 당혹스럽고 (건축가들에게) 굴욕적으로 만드는 것은 창조적으로, 물류적으로, 정치적으로 도시에 행사하거나 영향을 주려했던 모든 작용인들이 집단적으로 실패했음에도 불구하고 도시의 반항은 계속되면서 명백한 활

> 력을 얻는다는 사실이다. 도시 전문가들은 컴퓨터에게 패배하는 체스 플레이어들과 같다. 하나의 도착적인 자동조종장치가 그것을 포착하려는 모든 시도들보다 언제나 한술 더 뜨고, 그것을 정의하려는 모든 야심들을 소진시키며, 그것의 현재적 실패와 미래적 불가능성에 대한 가장 열정적인 주장들을 조롱하면서, 인정사정없이 비행을 전진시킨다.
>
> (Koolhaas *et al.* 1996: 961-3)

이렇게 제시된 자유의 이미지에서 인간적인 주체는 사라진다. 도시 거주자들은 그들이 만들어낸 환상세계(phantasgomaria)를 통제하지 못한다. 도시는 그 창조자들을 감춰버린 괴물이다. 궁극적으로 도시를 만드는 인간주체들은 그들의 창조물로부터 소외된다. 따라서 콜하스의 세계관에서 중심을 이루는 건 사물화(reification)다. 그러므로 콜하스의 이상은 어떤 무게중심도 없이 분산된 권력을 통해 진화했던 19세기 자유방임 자본주의 주도의 도시개발이며, 이는 벤추리와 스콧 브라운이 1972년의 라스베이거스에서 발견했던 상업적 발달과 다르지 않다. 이러한 이상과 반대된다고 상정되는 건 기본적으로 정부에 의한 중심화된 계획이다.

콜하스가 중심화된 계획을 비판하고 '진화적인 도시'를 선호하는 건 그의 작업에 나타나는 '자유에의 의지(will to freedom)'를 보여주는 또 하나의 사례일 뿐이며, 여기서는 그게 도시의 해방으로 표현된 것이다. 그는 특히 네덜란드의 불투명한 중앙집권적 구조와(Graafland and de Haan 1996: 219) 국가가 규제하는 부동산시장의 인위성을 이렇게 비판했다. "자연스럽게도 그것은 경제적 압력이 존재하지 않는다는 사실과 많은 관계가 있다. 의지력이 덜하고 실재적인 압력이 더하다면 결과가 다르리라고 생각해볼 수 있다"(1996: 220). 그러다가 수년이 지난 2002년에 콜하스는 라고스에 관한 자신의 다큐멘터리 영화에서 계획의 필요성을 인정하게 된다.[20]

20. 『스몰, 미디엄, 라지, 엑스라지』에 실린 논설 "도시계획에 대체 무슨 일이 일어났는가?(What ever happened to urbanism?)"는 '계획의 상실'을 애도하지만 계획을 복원하려 하기보다는 도시에 관한 담대하고 과감한 결정들이 없다는 데에 대한 애도에 더 가까워보인다. 콜하스의 제안은 '가벼운 도시계획(Lite Urbanism)'이며, OMA의 〈라 빌레트 공원〉 프로젝트를 이런 개념의 한 예로 볼 수 있다(Koolhaas *et al.* 1996: 958-71).

콜하스의 '자유에의 의지' 와 계획 비판은 예술의 사회비판에 뿌리를 두고 있으며, 1960년대의 계획 비판과도 어느 정도 관련이 있었다. 이러한 자유에 대한 요구는 위계의 거부로, 1960-70년대 극좌파에 의한 참여정치의 요청으로 이어졌으며, 이런 요구는 르페브르의 다음과 같은 '창조성' 에 대한 정의에도 나타난다. "사회적으로 이 [창조성이라는] 용어는 그 자체의 사회적 기능과 운명을 책임지는 어떤 집단성의 행위를—말하자면 자치행정(self-administration)을—나타낼 것이다" (Lefebvre 2000: 204). 건축 및 도시계획의 맥락에서, 참여정치에 대한 요구는 권위적인—심지어는 억압적인—기조들을 풍긴 계획 및 도시설계의 거부로 이어졌다. 콜하스는 계획가의 권력을 '민중에게로' 이양하라고 요구한 적이 없지만, 계획을 권위적이고 제약적이라고 특징지었다는 점에서는 유사했다. 계획과 도시설계에 대한 맹렬한 공격들은 종종 지역사회 활동가들과 정치적 급진주의자들이 포함된 집단들이 주도했다. 하지만 그런 입장들은 1970년대 초에 들어서야 건축담론에서 존재감을 획득했고, 이는 『아키텍츄럴 디자인(Architectural Design)』 같은 저널들에서 분명하게 나타났다.[21] 제기된 이슈들은 계획에 대한 비판에만 국한하지 않고 제3세계의 빈곤과 무주택자들을 위한 주거해법 등 다른 사회이슈들로 종종 확장되었는데 콜하스는 이에 아무런 관심을 보이지 않았다. 건축계에서 최초로 이뤄진 '참여적' 제안 중의 하나는 세드릭 프라이스와 레이너 밴험, 피터 홀(Peter Hall), 폴 바커(Paul Barker)가 1969년 3월 『뉴 소사이어티(New Society)』 지에 발표한 '비-계획(Non-Plan)' 프로그램이었다. "자동차 타운(Motown)은 '노-타운(no-town)' 에 길을 내줘야 한다" 가 이 계획의 모토였고, 노-타운이란 " '언제나' 자기-의식적이지 않은 즉시성을 독려하는" 것을 말했다(Price 1969: 269-73). '비-계획' 은 계획과 규제에 반대하는 선언이자 '자유의 실험' 이었으며, 주민과 도시를 모두 해방시키는 수단으로서 계획을 없애고 도시개발에 총체적인 자유를 허용하자는 제안이었다. 벤 프랭크스(Ben

21. 예를 들면 『아키텍츄럴 디자인』 1976년 제3호에 실린 헨리 모스(Henry Moss)의 "전문적 반동(Professional backlash)" 과 존 F. C. 터너(John F. C. Turner)의 "민중에 의한 주거(Housing by people)" 같은 논설들을 참조.

3.11 카나리아부두 계획을 보고 있는 마가렛 대처(1988).
런던, 『쥬이시 크로니클(Jewish Chronicle)』. © 2010.
사진: Scala, Florence/Heritage Images.

Franks)는 이런 비-계획의 관념들이 문제적이게도 시간이 좀 지나 신우파가 외쳤던 목소리들과 유사함을 설득력 있게 보여줬는데, 1980년대에 영국의 대처수상이 카나리아 부두(Canary Wharf)에 도입한 신자유주의적 자유기업구역(free enterprise zone)과 계획규제의 철폐(그림 3.11)가 프라이스와 밴험, 홀, 바커가 주장했던 관념들과 닮았다는 얘기였다(Franks 2000).

참여운동에 근본적인 관념들을 주창했던 이들은 '도시에 대한 권리(the right to the city)'와 같은 비판들이 다시 힘을 얻으면서 어떻게 본래의 비판적 내용이 희석되었는지를 잊지 않았다. 상황주의자 라울 바네겜(Raoul Vaneigem)은 그의 『일상생활의 혁명(Revolution of Everyday Life)』 서문에서 다음과 같이 회고했다.

> 따라서 『일상생활의 혁명』의 독자들 중에는 (나는 무엇보다도 빠져나오고 싶어 했던) 어떤 불행(*mal de vivre*)에 대한 나의 이야기를 두고 그들을 얽어매는 생존의 상태에 아

> 무런 저항도 하지 않을 핑계거리로 삼은 이들도 있었다.
>
> (Vaneigem 2006: 8)

'도시에 대한 권리'라는 개념의 '발명가'인 르페브르는 이렇게 변호했다. "기존 질서는 뛰어난 적응력과 통합력을 지니고 있다. 그것은 그와 반대되는 것을 동화시킨다. 그것은 발명하는 이들을 공격하는 대신 놀라운 유연성과 예상치 못한 수용력을 보여 왔음을 염두에 둬야 한다"(2005: 106). 하지만 극좌파의 관념들은 단순히 내용이 비워진 채로 타협된 사회에 흡수된 게 아니라, 오히려 복지국가의 와해를 도왔고 당시 떠오르던 신자유주의 경제와 진행 중이던 사회적 구조조정을 정당화하는 이데올로기로서 회복되었다.

참여에 대한 요구는 극좌파 진영 너머로 확산되었다. 이러한 요구는 매우 다양한 활동가들과 지지자들이 정치영역 외에 민주적 원리들을 적용하려는 시도로 이어졌다. 게다가 이러한 계보는 대중의 직접적인 참여를 부추기면서 대의제 민주주의를 보다 직접적인 형태의 민주주의로 대체하라는 요구를 촉발시켰다. 하지만 직접적인 참여는 하나의 선택지에 불과했고, 종종 실망스러우리만치 적었던 이들 세력은 참여권을 행사하고자 고생을 사서하는 격이었다.[22] 결과적으로 참여정치를 외치던 활동가들은 행동하는 대중을 상상했지만, 현실에서는 활동가들만 참여하고 나머지 대중은 종종 무관심하게 남아있었던 것이다.

참여에 대한 요구는 불가피하게도 전문가의 권력을 축소시키는 결

22. 이는 종종 직접참여를 선택할 수 있는 지역과 지자체, 근린지구의 정치적 스케일에서 명백하게 드러나곤 하지만, 대부분의 지역민들은 자기들의 이익이 침해되지 않는 한 근린지구나 소도시 운영의 일상적 측면들을 피하고 싶어 한다. 이러한 몇몇 좌절에 대해 신보수주의 경제학자 어빙 크리스톨(Irving Kristol)은 다음처럼 표현한 바 있다.

> 우리가 대학생들에게 모든 종류의 위원회에 참석할 대표권을 부여하고 나면 그들이 애써 회의에 참석하는 수고를 하지 않는다는 걸 알게 된다. 고립된 게토 안에 대중적으로 선출된 '커뮤니티' 조직들을 만들어놓고 나면 게토의 주민들이 투표하러 나오지 않으리란 걸 알게 된다. 우리는 뉴욕 시의 학교시스템을 분권화하지만 서민들은 유별나게도 지역 학교이사회 선거에 무관심하다는 것만 알게 될 뿐이다.
>
> (1971: 22-3)

Choi (2011)에 실린 뉴어크(Newark) 커뮤니티 계획가와의 인터뷰도 참조할 것.

과로 이어지는데, 전문가가 권위적으로 여겨지기 때문이다. 삶의 다양한 분야에 적용되는 평등주의라는 명분 속에서 대표직 의원들과 행정부 관료들은 권력을 상실하지만 이런 권력은 결코 약속한 것처럼 대중의 손아귀에 들어가지 않는다. 그 결과는 기업과 상업적 이익을 위한 열린 장을 만들어내는 점증하는 권력의 진공상태다. 왜냐면 전문가와 공공의 대표, 행정가, 관료는 앞서 대중의 일반적 선을 위해 민간의 경제적 이익을 제한하고 규제하는 권력의 기반을 형성해왔기 때문이다. 도시에서는 참여에 대한 요구와 권위에 대한 비판이 가하는 압력으로 계획가의 권력기반이 약해질 때 대중이 아닌 개발업자들이 최대 이익을 취한다. 간접적인 대의제를 대신할 직접참여제도를 진흥하는 것은 자유주의적 우파와 자유무역 경제학자들이 표현하는 일부 관념들과 유사하다. 여기서 밀턴 프리드먼의 관념들은 가장 극단적인 사례로서, 시장을 자유와 공공선의 장소로 보며 시장이야말로 공공의 욕망들을 직접적으로 표현한다고 이해한다. 이전까지 정치가나 관료, 도시계획가와 같은 '권위적인' 대표들이 보유했던 권력들을 이제는 시장이라는 비-인간적 작용인이 전유하는 것이다.

위기의 종언(The end of the crisis)

『스몰, 미디엄, 라지, 엑스라지』가 출판되었을 때는 1970년대에 서구를 집어삼키며 1980년대까지도 전반적으로 지속되던 절박한 분위기가 이미 소멸된 상태였다. '건축의 불가능성' 이나 '예술의 종언' 등의 고통스러운 선언들은 시들해졌고 기껏해야 불황기를 연상시키는 경미한 자극제가 되었다. 하지만 어떤 공허한 중심을 상정하는 포스트모던의 관점에서는 그러한 공허함의 위기가 '채워지지도' '해결되지도' 않았다. 아무런 대안이 발견되지 않았으므로, 안정적 기반이 본질적으로 결여된 상태는 계속해서 이어졌다. 일본과 통일 이후의 독일이 1990년대까지 이어지던 불황으로 고생하고 있었을 때, 대부분의 서구 경제국들—대표적으로 미국과 영국, 아일랜드, 네덜란드, 핀란드, 노르웨이—은 상당한 성장을 누렸다. 네덜란드는 '폴더모델' 이란 형태로 해법을 찾았다고 생각했고, 네덜란드의 장관과 경제학자 들은 세계를 돌아다니며 자유시장과 복지국가의 결합을 옹호했다. 영국과 미국은 다른 어떤 서구 국가보다도 더 근본적인 형태의 자유시장형 신자유주의로 옮겨갔는데, 그것은 민간의 경제이익에 부합하도록 각종 법률과 규제를 '합리화하는' 조치 이상의 정부개입이 거의 없는 형태였다. 영국과 미국은 새로운 경제적 패러다임에 완전히 적응했고, 이 새로운 체계의 요건들에 맞춰 사회적으로도 적응했다. 개인적인 노동계약들을 도입하고 고용 및 해고에 대한 제한과 통제를 줄여 '유연한 노동력'을 만들어내는 조치가 개인적 자율성에 대한 약속을 이행하는 조치로서 제시되었다. 이러한 약속은 더 이상 한 회사에서만 한평생 일하며 활력과 열정이 없는 정적인 미래가 아니라, 직업안정성과 평등성을 희생하되 개개인에 따라 맞춤화된 유동적이고, 활동적이고, 젊고, 야심차고, 위험을 감수하며, 보람찬 경력의 이미지를 제시했다. 전통적인 중공업들은 대부분 사라지고 서비스 및 정보 산업에 추월당했다. 산업적 의미에서의 생산보다는 투자와 주식판매수익에 더 의지하는 (악명 높은 엔론[Enron]과 같은) '경량'의 회사들이 이런 변화들을 상징했다. 스타트업(start-up) 회사들—실체적인 뭔가를 실제로 생산하기보다는 어떤 아이디어를 중심으로 형성된 사업체들—이 만들어낸 엄청난 수익은 투자자들을 감동시켰다. 자사제품판매로는 거의 눈에 띄는 수익을 올리기 힘들었던 정보기술 회사들이 주식판매로 엄청난 수익을 내면서 '닷컴거품(dot com bubble)'을 일으켰다.

이 모든 게 새롭고 짜릿해보였다. 과거의 분쟁들은 썰물처럼 빠져나가면서 멋진 신세계의 지평을 드러냈다. 사회는 이 새로운 질서에 적응했고, 그것을 수용했다. 이제 위기는 옛날얘기로 보였으며, 1970년대와 80년대의 절망은 요원한 기억이 되었다. 하지만 그 '공허'는 결코 채워지지 않았다. 그것은 억압되었고, 잊혀졌다. 실재와 그것의 현재에 대한 강조는 그 공허함을 덮는 반창고처럼 기능했다. 콜하스는 도시의 위기에 대해 말하면서 이렇게 물었다. "그냥 위기란 없다고 선언하고, 우리를 도시의 창조자라기보다 도시의 단순한 주체들로, 도시의 지원자들로 봄으로써 우리와 도시와의 관계를 재정의한다면 어떨까?" (Koolhaas *et al.* 1996: 971). 그리고 실제로 비판과 반대는 이제 구식이고 의사진행을 방해하며 고갈되어 불필요한 것처럼 보였다. 경제학자들, 사회역사가들, 그리고 프랜시스 후쿠야마(Francis Fukuyama) 같은 논평자들은 역사가 그 종언에 이르렀다고 주장했다. 공산주의와 이데올로기적 갈등이 소멸하고 자유시장이 헤게모니를 쥐게 되면서, 역사는 그 목적에, 즉 어떤 새로운 질서요 시간의 끝에 다다른 것처럼 여겨졌다.

1992년에 이미 출판된 후쿠야마의 『역사의 종언과 최후의 인간(The End of History and the Last Man)』에서 그가 했던 주장은 여기서 특히 중요한데, 그의 주장이 헤겔적인 진보관념에 의존하고 있기 때문이다. 후쿠야마가 묘사하는 역사는 이데올로기적 투쟁에 기초한 진보의 역사이며, 이러한 역사가 소련의 붕괴와 자유주의적 자본주의 경제의 승리로 종언을 고한다는 게 그의 주장이다. 자유민주주의의 승리는 후쿠야마가 보기에 불가피한 귀결이다. 민주적 자본주의가 그 시민들을 개인들로서 다루는 유일한 체계이자 인간본성의 근본적 측면에 해당하는 욕구라는 게 그 이유인데, 이러면서 그는 개인주의와 그때까지 부상해온 포스트포디즘의 연관관계를 무시한다. 그러한 진술의 유토피아적 열의와 그 이데올로기적 맹목성은 오늘날 이해하기 어려워 보이지만, 그런 것들은 1990년대를 지배하며 앞선 시대의 절망을 내쫓아버린 도취감의 시작을 신호한다.

토니 블레어가 사회학자 앤소니 기든스(Anthony Giddens)의 저서에서 차용한 용어인 '제3의 길(Third way)' 의 정치는 반대와 비판이 (아마도 제3의 길이라는 실용주의와 반대되게) 이데올로기적 동기에서 비롯할 뿐만 아니라 무의미하며 비현실적인 향수어린 투쟁으로까지 보였던 한 시대의 상징이었다. '흐름을 타라(go with the flow)' 는 말은 새로운 질서를 수용하란 의미였고, 많은 면에서 빌 클린턴과 토니 블레어, 게르하르트 슈뢰더의 정치가 옹호한 입장을 대변했다. 전통적으로 대립하던 좌 · 우파 정치는 신자유주의 경제정책에 기초한 하나의 중심화된 합의를 선호하는 입장으로 녹아들었다. 복지국가의 합의는 자유무역을 둘러싼 새로운 합의로 굳건히 대체되었다. 점차 좌파는 어느새 노동법이나 사회보장처럼 과거에 쟁취한 승리들을 지키고 보호하기 위해 투쟁하고 있었다. 유토피아적 지평이 없었던 좌파의 수사법과 비판은 변화를 막고 현상을 지키는 데 집중하면서 점점 더 보수적으로 들렸다. 반면에 신우파의 수사법은 그들이 지지한 새로운 질서를 향한 변화를 옹호하면서 진보적인 어조를 띠게 되었다.

우파의 '미래지향적' 수사법의 이면에는 몇 십 년 전 좌파가 지녔던 것과 그다지 다르지 않은 유토피아적 열의가 존재했다. 이러한 유토피아적 열의는 후쿠야마뿐만 아니라 불황 이후 벼락경기와 불경기를 반복하던 경제성장주기의 종언을 예측한 경제학자들에 의해서도 표출되었다. 1995년부터 98년까지 인기를 누린 이런 예측들은 서구경제의 성장하는 생산성이 불황의 위험을 극복했다는 생각에 기초하고 있었다. 이러한 유토피아주의는 즉각적으로 분간하기 어려운 것이었다. 과거를 돌아보며 미래를 내다보려던 19세기 유토피아주의와는 다르게, 자본주의 유토피아주의자들은 '역사' 를 회피하면서 현재에 집중했다. 후쿠야마와 여타의 많은 이들에게서 유토피아란 이미 '여기(here)' 에 있었고, 역사의 종언과 경제적 불안정성의 종언에 대한 그들의 믿음 속에 있었다. 1990년대 자본주의자들의 유토피아는 현재(the present)의 유토피아였다. 현실과 직접 연계된다는 점에서 앞선 유토피아들과 달랐던 그것은 얼토당토않은—심지어는 광기어린(delirious)—야심보다 현실이라는 베일에 덮여 있었다. 그리고 그 새로운 질서의 '지금(now)' 은 일상성의 '지금' 이었다.

이러한 일상성의 '현재성(presentness)' 이야말로 일상생활에 빠져들게 하는 원천이었고, 이 때문에 루카치 같은 학자들은 일상적인 것을 그것의 역사적 계보에 재투입함으로써 일상생활의 혁명을 시도했다. 일상생활의 '현재성' 은 일상성과 현실의 관계뿐만 아니라 그게 자연스럽다는 환영도 표현한 것이었다. 1990년대의 신자유주의적 유토피아를 떠받치던 양상은 기존의 일상생활에 초점을 맞추면서 시간과 역사를 제거해버리는 것이었다. 루카치는 이렇게 언급한 바 있다. 중산층이 "자신들의 생산체계를 영원히 유효한 범주들의 관점에서 이해하는 건 생사가 달린 문제다. 그들은 자본주의가 자연과 이성이라는 영원한 법칙들에 의해 영원히 살아남을 수밖에 없다고 생각해야만 한다"(Lukács 1971: 11). 따라서 실재의 '현재성' 은 그들의 생존에 중심적인 요인이었다. 이러한 '현재성' 은 결국 미래로 만족을 미루던 종래의 관념을 즉각적인 만족에 대한 욕망이 대체하는 양상으로도 나타난다. 즉 서구사회의 일원들은 이전 세대들처럼 자신들과 자식들의 미래에 정성껏 투자하기보다 즉흥적인 소비로 '순간을 영위하고' 즉각적인 만족을 얻고 싶어 한다. 이미 "철학의 빈곤(The poverty of philosophy)"에서 마르크스는 현실이 자연스러운 것이라는 생각이 시간과 역사가 제거될 때 나타나는 결과임을 다음과 같이 지적했다.

> 경제학자들이 현대적인 관계들—부르주아적 생산관계들—을 자연스럽다고 말할 때의 의미는 이런 관계들 속에서 이뤄지는 부의 생성과 생산력의 발달이 자연법칙을 따른다는 얘기다. 이에 따르면 이런 관계들이야말로 시간의 영향을 받지 않는 자연법칙이다. 그것들은 언제나 사회를 지배할 수밖에 없는 영원한 법칙이다. 따라서 역사가 지금껏 존재해왔음에도, 더 이상 아무런 역사도 없게 되는 것이다.
>
> (Marx 2003c: 227)

결국 (볼탕스키와 시아펠로가 도입한 용어를 쓰자면) '자본주의의 새로운 정신'은 현재의, '지금'의 기세로 나타난 것이었다. 이런 기세를 거부한다는 건 어리석게 여겨졌을 테고, 어떤 경우에도 사회민주주의와 복지국가라는 잃어버린 과거를 향수적으로 갈망하는 보수적인 입장을 뜻했을 것이다. 이렇게 정치적 · 이데올로기적 정세를 재구성해가던 양상의 일환으로 신우파는 그리 머지않은 과거에 개혁가들과 급진파들이 했었던 많은 생각들을 수용했는데, 언론의 자유와 법적 평등, 개인의 자유, (이제는 세계화[globalization]의 형태가 된) 국제주의(internationalism), 기술의 진보 같은 관념들을 수용한 것이었다. 유토피아를 잃어버린 진보세력들은 과거를 바라보게 되었다. 현재의 유토피아를 취한 신우파는 진보와 결부된 세력이 되었다. 물론 더 정확히 말해 그들과 결부된 진보는 진보의 환영, 말하자면 끊임없이 변화하는 패션과 스타일, 트렌드의 환상세계였고, 그것은 사실 어떠한 실질적 변화도 없이 불필요한 것들만 변하는 정체된 세계였다. 보드리야르는 이러한 실재의 '현재성'을 다음처럼 묘사했다.

> 기술의 진보를 따라 전체적인 체계를 움직이는 것처럼 보이는 경향은 본질적으로 움직이지 않은 채 안정적으로 남을 수 있는 그러한 체계의 능력에 조금도 도전하지 않

> 는다. 모든 게 움직이고 있고, 모든 게 우리의 눈앞에서 이동하며, 모든 게 계속해서 변하고 있지만, 실제로는 아무것도 변화하는 게 없다.
>
> (2005: 167)

콜하스와 자유(Koolhaas and freedom)

파도를 타는 건축가로 은유되곤 하는 콜하스는 이러한 새로운 질서를 쉽게 수용할 수 있었다. 그의 비판적 어조는 전통적인 비판을 비판했고, 지배 이데올로기가 아닌 반대 이데올로기의 이론가들과 비평가들을 비판했다. 건축을 외적인 결정요인들에 의존하는 약한 것으로 묘사한 그는 모더니스트들의 유토피아주의와 아이젠만이 옹호한 자율성을 모두 비판한 것이었다. 그리고 그의 입장을 뒷받침하는 수많은 증거가 있었다. 자체적인 계보를 결정할 능력도 없는 건축이 어떻게 현실을 바꾸는 꿈을 꿀 수 있단 말인가? 게다가 현실 자체가 끊임없는 매혹의 원천이었다. 콜하스가 보는 현실은 도시계획과 사회공학을 배제했고 모든 하향식 전략들을 배제했다. 오히려 그것은 자기-진화적이고 진정성이 있으며 계획이 없이 풀뿌리적인 '상향식' 발전 속에서 발견할 수 있을 실재였다. 따라서 그 실재는 자유롭고 민주적이기도 하지만, 실재의 반대는 생명이 없고, 권위적이며, 엘리트주의적인데다, 통제되고 계획된 것이었다.

콜하스는 기업 자본주의보다 정부계획을 비판하는 데 더 큰 목소리를 냈다. 하지만 그의 입장들은 1990년대 중반 타임스퀘어 지역의 42번가에서 일어난 변화들—성매매를 근절하고 디즈니의 상업·오락 시설로 대체한 변화들—에 관한 논쟁에서 분명한 윤곽이 잡혔다. 그는 디즈니에 대한 앞선 발표를 돌아보면서 자신과 벤추리에 대해 이렇게 말했다. "그 방에서 우리는 아마도 디즈니의 성격을 가장 잘 이해한 이들이었을 겁니다. [중략] 실제로 디즈니를 보았고 그것의 진정한 함의들을 이해했던 이들이었죠"(Obrist and Koolhaas 2001: 598). 뿐만 아니라 그는 42번가 지구가 기존의 나쁜 평판에 의한 사회적 규제에서 자유로워진 것도 높이 평가했다. 여기서, 즉 타임스퀘어의 근방에서 콜하스는 그가 지지하는 상업이 적어도 자유의 형식일 뿐만 아니라 규제와 제한의 형식이기도 함을 인식할 수 있었을 테다. 1996년에 쓴 한 에세이에서 콜하스는 이 지역의 변화가 이곳의 '진정성(authenticity)'을 파괴하고 있다고 통탄하면서 주변부는 도시에 대한 권리를 갖는다고 주장했다.

> 요컨대, 42번가는 전적으로 *진정성이 있는 곳*이었다. 명멸하는 섬광장치의 활력과 에너지가, 발명과 개척정신의 맥박이 뛰는 구역이었다. [중략] 병적이지만 활력적이던 진정성에서 디즈니의 가공된 환호성으로 바로 도약한 데에는 참을 수 없는 괴팍함이 있다.
>
> (Koolhaas 1996: 137-8)

콜하스는 이 지역이 '진정성'이 있다고 주장하는데, 이 말은 그곳이 계획과 규제에 의해서가 아니라 '자연스럽게' 상향식으로 만들어졌다는 의미다. 그는 이어서 디즈니화가 계획과 통제의 결과라고 말한다. "마치 성경 속의 어떤 장면처럼 도시에서 원치 않는 이들을 쫓아내는 도덕주의자들과 계획가들, 그리고 향수에 이끌린 거대오락산업의 연합[이하 생략]" (Koolhaas 1996: 138). 42번가의 사례에서 콜하스는 그를 반대하는 도덕주의자와 계획가, 향수에 젖은 이들을 다시금 전형적으로 희화한다. 이 글은 콜하스가 자유를 동경하고 상업과 오락 같은 대중적인 것보다 해방적 자유를 선호함을 강조한다. 디즈니에 대한 반대를 정당화하기 위해 그는 계획과 사회공학이 관여되었음을, 자유가 제약되었음을 강조한다. 미국 건축가 마이클 소르킨(Michael Sorkin)은 타임스퀘어 사례에서의 이러한 선택을 이렇게 표현했다. "형편없이 타락한 성매매를 있는 그대로 찬미하거나(콜하스 자신의 취향인 자유방임을 기념하거나), 디즈니랜드를 야기하거나" (Sorkin 2001: 14). 소르킨에겐 둘 다 불만족스러운 대안들이다.

42번가에 대한 콜하스의 매혹은 금지된 하류인생뿐만 아니라 이 지역이 일으키는 사회규제로부터의 자유에 대한 낭만주의적 이끌림, 즉 보들레르와 바타이유, 쥬네, 파스빈더, 기타 많은 이들의 작품에서 표현된 바 있는 매혹과 관련이 있다. 근린지구의 파괴에 반대하는 이들의 편에 서기로 함으로써, 그는 그와 연관되는 안전하고 신자유주의적인 친상업적 입장보다 특별한 낭만주의적 향수의 입장을 채택한다. 그의 관심영역 속에 있는 두 선택지 중 하나를 고를 수밖에 없을 때 그가 거부한다고 여겨지던 반문화 및 보헤미안 전통과 동일시되는 선택지를 실제로 택한다는 게 중요하다.

콜하스에게서 진정성과 '자연스러움'은 실재의 척도다. 콜하스의 전(前) 파트너였던 엘리아 젱겔리스(Elia Zenghelis)는 실재의 부상에 대해 느꼈던 당황스러움을 다음과 같이 표현했다.

> 나의 전(前) 파트너는 나의 문제가 현실관과 현실의 불일치라고 곧잘 말하곤 했었다. [중략] 현실 자체와 우리에게 보이는 현실 사이의 메울 수 없는 간극이 존재한다는 건 칸트 이래로 인정되어온 사실이 아닌가? [중략] 사실 지난 십년간 지속되었던, 말하자면 어떤 객관적인 '현실'을 건축담론의 중심에 두자고 요청하던 프로퍼갠더(선전)는 당황스러웠다.
>
> (Zenghelis 2005: 255)[23]

이런 식으로 보자면, 실재는 현실과 동일하지 않음에도 불구하고 현실에 사로잡혀있는 것이다. 실재는 현실을 이상화하거나 심지어 우상화마저 하기 때문에, 현실의 동의어라기보다 하나의 이상적인 범주다. 게다가 실

23. 엘리아 젱겔리스(1937~현재)는 그리스 출신 건축가로 런던의 건축협회학교(AA)에서 1961년까지 수학하고 1963년부터 교편을 잡다가 1968년이 지나고서 렘 콜하스를 학생으로 맞게 된다. 그러다가 1972년에 렘 콜하스의 〈대이주〉 프로젝트에 함께 참여하게 되고, 1975년에는 〈대이주〉의 공동작업 멤버들(그와 그의 부인 조 젱겔리스, 렘 콜하스, 마델론 프리센도르프)과 함께 OMA를 설립한다. 1980년부터 87년까지 OMA 런던지부의 파트너였고, 82년부터 87년까지는 OMA 아테네지부의 파트너였다. 젱겔리스의 이 인용문은 2005년에 출판된 『엑시트 유토피아: 건축적 도발들 1956-1976(Exit Utopia: Architectural Provocations 1956-1976)』에 실린 "텍스트와 건축: 텍스트로서의 건축(Text and architecture: architecture as text)"의 초반부 내용인데, 그는 이 글에서 자신의 어린시절부터 런던 건축협회학교에서 처음 수학할 당시 주류를 이루던 '실재론(realism, *혹은 사실주의나 현실주의)'의 분위기, 콜하스가 등장하면서 다른 방식으로 회복된 이상적인 '모더니즘', 그리고 콜하스가 유명해지면서 그 뒤를 따라 부상한 매너리즘적 실재론의 양상들을 언급하면서 자신과 콜하스가 공동 작업했던 〈대이주〉에서도 팀 텐과 아키그램처럼 무의식적인 포스트모더니즘이 있었노라고 회상한다. 한편 본 인용문의 마지막 문장에 이어서 젱겔리스는 객관적 '현실'을 요청하는 프로퍼갠더에 대해 이렇게 덧붙이고 있다. "(중략) 과학적인 '방법'을 표방하고 있지만, 그것은 근거 없이 선택된('리서치'라 불리는) 맥락정보를 무작위로 표본화하는 과정으로서 '실재론'이란 이름으로 수렴된다. 그것은 건축과의 힘겨운 대면을 피하면서 대안적인 것으로서, 즉 프로젝트를 획득하는 기성품으로서 기획된다. 그것의 '객관성'은 자기탐닉이라는 시대착오적인 건축의 악덕으로부터 그것을 '보호한다.' 이건 자신들만의 특권으로부터 도망치는 건축가들의 실망스런 시각, 즉 은폐공작이 아닌가? 과학의 세계에서 매핑은 영감어린 추측에 기초하여 목표들을 정의해왔다. 건축가들에게서 매핑은 어둠속을 더듬는 부차적인 구현작업이자 희망에 의지하는 의식이 되었고, 아울러 '리서치'는 영감을 불러내는 주문이 되었다." — 옮긴이

재는 현실을 정당화하는 만큼 일상성의 '현재성'과 역사의 제거와 연관된 이데올로기적 범주이기도 하다. 즉 그것은 신자유주의적 실재다. 부르디외가 일상생활에 대한 예술적 관심과 관련해서도 언급했듯이, 실재에 대한 관심도 역시 언제나 일정한 거리를 두고 일상과 분리된 상태에 기초하여 표현된다. 마이클 소르킨은 이를 강조하며 이렇게 말했다. "연구대상에 대한 우월감을 겸한 [중략] 고의적인 초연함이라는 인류학적 스타일이 콜하스의 진짜 모습이다"(Sorkin 2002: 6).[24] 사실 OMA의 실현된 작품들은 예사로운 상업 프로젝트였던 적이 흔치 않다. 콜하스는 대표적인 '쇼핑' 건축가인 존 저드(Jon Jerde)를 일정 거리를 두고 우상화할 수만 있을 뿐이지, 그가 저드가 될 순 없는 노릇이다.

슈퍼더치 시대(The SuperDutch era)

네덜란드에서는 1990년대의 경제호황이 계획 및 주택공사들의 부분적 민영화와 맞물리면서 건축의 황금시대를 불러왔다. 1990년대의 대량개발은 2005년까지 1백만 가구의 주택을 새로 공급하겠다는 정부계획의 주도로 주거에 집중되었다. 이러한 개발에는 네덜란드 사업체들의 성장을 수용하기 위한 신축 사무소 건물들과 신축 공공건물들이 포함되었고, 여기에는 새로 획득한 부를 신축 박물관과 도서관, 콘서트홀에 투자하는 재정능력이 반영되었다. 1990년대를 즈음하여 생겨난 네덜란드건축협회(Netherlands Architecture Institute)와 네덜란드건축기금(Netherlands Architecture Fund), 베를라헤 인스티튜트(Berlage Institute) 등의 새로운 건축기관들은 지역건축에 더욱 활기를 불어넣었다(그림 3.12). 한 세대를 아우르는 모든 젊은 건축가들이 대규모 프로젝트들을 실현하는 전례 없는 기회를 누렸다. 이 기간에 콜하스는 네덜란드 건축을 대표하는 국제적인 얼굴이 되었고 보다 젊은 대부분의 건축가들도 폭넓은 호평을 받았는데, 대표적인 예로 MVRDV와 유엔 스튜디오(UN Studio), 벤텀 크라우얼(Benthem Crouwel)이 있

24. '고급건축'이 '하위'적으로 될 순 없음을 잘 알고 있었던 벤추리와 스콧 브라운은 "대중문화로부터 교훈을 얻는다고 건축가가 고급문화적인 지위에서 떨어져나가는 건 아니다"고 기술했다(Venturi *et al.* 1977: 161). Rowe (1998: 145)도 참조.

3.12 네덜란드 건축협회 건물 개관식, 1993년 10월 29일 로테르담.
소장: Netherlands Architecture Institute, Rotterdam (NAI, Rotterdam).
사진: Jannes Linders.

고 좀 덜 유명한 보다 젊은 세대로는 VMX와 막스반(Maxwan), 보스 앤 하슬렛(Bosch & Hasslett), 원 아키텍처(One Architecture), M3H, S333, NL 아키텍츠가 있다. 이 중 일부 건축사무소의 대표는 OMA에서 예전에 일했거나 협력했던 이들인데, MVRDV의 비니 마스(Winy Maas)와 야코프 판 레이스(Jacob van Rijs), 빌럼 얀 뇌텔링(Willem Jan Neuteling), 케이스 흐리스티안서(Kees Christiaanse) 등이 그렇다. 이들 대부분은 어떻게든 콜하스에게서 영향을 받았다. 건축비평가 바르트 로츠마(Bart Lootsma)는 이런 세대와 시대를 묘사하고자 '슈퍼더치(SuperDutch)' 라는 용어를 도입했고, 이는 울리히 벡(Ulrich Beck)과 앤소니 기든스가 처음 사용한 용어인 '제2의 모더니티(the second modernity)'로 대신 명명되기도 한다. 두 용어는 모두 네덜란드 건축의 행복에 젖은 순간을 표현한다. 담대한 건축을 실현할 기회들이 생겨나면서 건축학의 관심은 페이퍼 건축에서 건축의 최종산물인 건물로 옮겨갔다. 어떤 비판적 입장이나 저항의 몸짓도 버려졌고, 일반적으로 건축할 기회들을 찬미하는 태도가 그것을 대신했다.

네덜란드의 민영화가 지속되는 동안 건축가들은 지방자치체와 정부조직, 개발업체들로부터 점점 더 많은 연구용역들을 의뢰받게 되었고, 이런 용역들은 프로젝트의 실행타당성을 평가하거나 대규모 용역들을 위한 기초를 마련하는 작업이었다. 이와 병행하여 많은 그래픽디자인 회사들이 1990년대에 브랜딩 회사 및 컨설팅 업체로 발전하면서 분석에서부터 기업이미지 디자인에 이르는 광범위한 서비스들을 제공했다. 이러한 발전양상에 반응하면서 '건물' 영역을 넘어선 용역들을 따내기 위해 콜하스는 1990년대 말에 OMA의 '잠재적(virtual)' 거울과 같은 자매사무소 AMO(*Architectuur Metropolitaanse Officie*: 건축대도시사무소)를 설립했다. 닷컴열풍이 최고조에 달했던 당시에 AMO를 만든 것은 아마도 콜하스의 작업에 바탕을 이루는 이상적 의미를 가장 잘 증언하는 사례일 것이다. 당시 AMO는 잠재성 담론의 부상과 연관되어 있었고, 이 사무소의 창립은 인터넷과 컴퓨팅이라는 새로운 미개척 영역에 참여하고픈 욕망이 주도한 듯했다. 하지만 AMO는 브랜딩 회사나 컨설팅 업체에 더 가깝다. 이 사무소는 건설산업 내에서 새로운 운영모델을 제시한 게 아니라, 건축매체를 통해 얻은 유명세와 관심에 힘입어 건축가가 무언가를 짓기보다 자문하는 역할이 커져가고 있다는 자각을 부추겼다. AMO가 생산하는 작업은 건물뿐만 아니라 도면까지도 회피하는 건축형식을 표상한다. 그것은 건물로부터 페이퍼 건축으로만 후퇴하는 게 아니라 분석으로도 후퇴할 수 있는 가능성을 상정한다. OMA와 AMO의 프로젝트에서 공히 발견되는, 무관한 데이터들의 터무니없는 중첩[25]을 하나의 과학적인 연구처럼 제시하는 스타

25. 예를 들어 뉴욕 프라다 매장 설계 스터디에서는, 프라다 매출의 지리적 분포를 도해하는 세계지도를 세계 온도지도 상에 중첩시켰고, 이로써 디자이너들은 온도가 제어되는 탈의실이 필수라고 결론짓게 되었다.

일은 타 분야 컨설팅업체들의 유사-과학적인 관습들에서 직접적으로 발전된 것이다. 전통적 생산에 대한 욕구를 해산시키는 '경량'의 회사인 AMO는 실체적 산물보다 금융자본이나 주식, 아이디어, 컨설팅작업으로 이윤을 얻은 1990년대의 신생 최첨단기업 중 하나라고 할 수 있다.

콜하스는 자신의 작업에서 실재와 이상이 모두 존재함을 인정한 바 있다. 그가 보기에 이 두 영역은 OMA의 작업 속에서 간편하게 분리된다.

> 우리는 전체적인 건축분야를 둘로 나눈다. 하나는 현실적인(actual) 건물과 자질구레한 것들, 프로젝트 하나를 실현하기 위한 엄청난 노력에 관한 부분이고, 다른 하나는 개념과 '순수한' 건축적 사고에 관한 모든 걸 다루는 잠재적인(virtual) 부분이다. 이러한 분리는 건축적 실천에서 건축적 사고를 해방시켜준다. 이는 불가피하게 건축에 대한 욕구를 더 문제시하도록 이끌지만, 이제 우리의 문제제기방식은 변했다. 일단 우리는 건물들을 통해 문제를 제기했고, 이제는 건물 짓기와 유사한 지적 활동들을 통해 제기할 수 있는 것이다.
>
> (Sigler 2000: 쪽수 없음)

2000년부터 2001년까지 출판된 세 권의 책, 『변이들(Mutations)』과 『대약진(Great Leap Forward)』, 『하버드디자인대학원 쇼핑가이드(Harvard Design School Guide to Shopping)』는 실재의 밑바닥을 찍은 작업들이었다. 콜하스가 1995년에 하버드디자인대학원에서 가르치기 시작하면서 작업된 이 책들은 은유적인 의미에서나 직설적인 의미에서나 '콜하스 학파'가 만들어졌다는 징표였다. 이 책들에 실린 글들은 콜하스의 글쓰기 스타일을 모방하는 경향이 있다. 『광기의 뉴욕』에서는 마천루가 엘리베이터의 발명으로 가능해졌다고 말하는 데 반해 『하버드디자인대학원 쇼핑가이드』에서는 쇼핑몰의 생성요건이 에스컬레이터의 '발견'이었다고, 그리고 또 다른 에세이에서는 에어컨의 발명이었다고 말한다. 궁극의 쇼핑몰 건축가인 존 저드가 추앙되는 반면, '고급건축'은 쇼핑을 이해하는 데 실패했다고 폄하된다.

하버드디자인대학원의 연구 성과를 담은 두 책(『대약진』과 『쇼핑가이드』)은 그 속에서 기술되는 현상들을 비판한다고도, 옹호한다고도 볼 수 있다. 무관심하게 일정 거리를 두고 객관적으로 접근하는 이 책들은 콜하스의 많은 글들에 깔려있는 모호함을 똑같이 보여준다. 이 글들의 종말론적인 과장법이 그런 현상들의 극단성을 강조하면서도, 저자들은 그런 현상에 어리둥절해하며 매혹된다. 이 책들은 중국의 대량도시화와 쇼핑의 도래를 모든 저항이 소용없어 보일 만큼의 기량과 규모를 자랑하는 불가항력으로 다룬다. 여기서도 인간적 작용인은 사라지며, 의미 없고 힘없는 요인으로 그려진다. 이 책들을 비판론으로 읽든 옹호론으로 읽든 결론은 동일하다. 즉 이런 현상들은 건축학이 유일하게 택할 수 있는 실질적 대안인 만큼 적응하고 수용해야 한다는 것이다.

콜하스의 제자들—그의 하버드 학생들과 그의 선례를 좇아온 건축사무소들—은 그들의 스승과 같은 관심들을 선보인다. 하지만 표면적으로는 유사할지언정, 그 제자들의 접근법과 세계관에는 콜하스의 글과 디자인 속에 잠복하는 편집증과 불안이 없고 그의 글 속에 존재하는 반성적 성격이 없다. 콜하스는 그 스스로가 인정했듯이(Zaera Polo 1992) 그를 두렵게 하고 어떤 실존적 구토를 일으키기도 하는 현상들에 매혹된다. 콜하스의 에세이들에서 일어나는 주요한 위반은 어느 정도 그 자신 속에 있는 악마들과의 싸움이다. 콜하스의 위반은 그의 행동으로 상실되는 것을, 수반되는 위험들을 충분히 자각하면서 이뤄진다. 그의 제자들은 콜하스처럼 쇼핑과 더불어 중국의 대량도시와 라고스의 병폐가 주는 공포에 접근하지만 거기엔 순진한 과잉열정이 곁들여있으며, '고급건축'에 대한 그들의 비난은 마치 고집스러움이라는 지상목적을 위해 어떤 입장이나 의견을 고수하려는 공허한 시도처럼 들린다. 콜하스의 제자들은 사실상 아무것도 위반하지 않는다.

OMA의 영향은 미국 동부의 대학교나 네덜란드에만 미친 게 아니었다. 이 사무소에서 일했거나 그와 협력했던 많은 이들이 세계의 여러 지역에 스튜디오를 열어 성공했다. 일찍이 콜하스와 협력하며 러시아 구성주의에 대한 관심을 공유했던 자하 하디드는 아이젠만과 네오아방가르드가 가졌던 형태적 관심들을 쉽게 연상시킬 만한 작업을 했던 데 반해, 파시드 무사비(Farshid Moussavi)와 알레한드로 자에라 폴로(Alejandro Zaera Polo)가

이끄는 런던기반의 FOA(Foreign Office Architects)[26]는 콜하스와 유사하게 실용주의와 비즈니스를 승인했다. FOA는 〈요코하마 터미널(Yokohama Terminal)〉 같은 프로젝트들을 통해 형태조작에 대한 매혹을 보여줬던 데 반해, 그들이 옹호했던 실용주의와 서비스로서의 건축(Zaera Polo 2005)과 더불어 벨고(Belgo) 레스토랑 체인 같은 프로젝트들에서 '시시한' 상징을 활용했던 사례는 그들이 신자유주의적 조건을 완전히 수용했음을 보여준다.

OMA와 연관된 사무소 중에서 접근법과 방법론, 세계관이 가장 유사한 사무소는 MVRDV이다. 1991년의 〈베를린 보이드(Berlin Voids)〉 현상설계 출품작 이후로, MVRDV의 작업은 본래 콜하스가 개괄했던 어떤 아이디어들을 '완성'하거나 정교화한 작업으로 볼 수 있다. 이러한 예로는 콜하스의 밀도와 혼잡에 대한 관심을 확장한 MVRDV의 출판물 『파맥스(FARMAX)』와 OMA의 〈위트레흐트대학 교수회관(Educatorium)〉이 완공되기도 전에 '주름(the fold)' 개념을 실현한 〈브이피알오 사옥(Villa VPRO)〉[27]이 있을 뿐 아니라, OMA가 결코 완전히 개발하지 못한 개념들도 있다. 예를 들어 콜하스가 『광기의 뉴욕』에서 과거 '맨해튼주의'를 이끌던 야심들을 보여주고자 실은 1909년 만화에 등장한 축적된 조경(stacked landscape)은, 요스 보스만(Jos Bosman)의 지적처럼(Bosman 2003) 꽤나 직설적으로 MVRDV의 〈2000년 하노버엑스포 네덜란드 파빌리온〉으로 발전된 것이다.

26. 이란 출신의 무사비와 스페인 출신의 자에라 폴로가 1993년에 설립한 사무소로, 당시 그들은 부부였으나 2011년에 이혼을 발표한 이후 사무소는 FMA(Farshid Moussavi Architects)와 AZPA(Alejandro Zaera Polo Architects)로 분리되었다. 직역하면 '외무(外務) 건축가들' 쯤 되는 FOA(Foreign Office Architects)라는 이름은 이 두 사람의 이국적인 배경과 그들이 수행하던 프로젝트들의 다양한 국적을 암시한다. — 옮긴이

27. 네덜란드의 라디오방송국인 VPRO는 네덜란드어 '*Vrijzinnig Protestantse Radio Omroep*'의 약자로, '자유기독교라디오방송사'란 뜻이다. 콜하스의 〈위트레흐트대학 교수회관〉과 거의 비슷한 시기인 1993년부터 1997년에 걸쳐 실현된 이 건물은 콜하스의 〈교수회관〉처럼 하나의 연속된 곡면이 바닥과 벽, 천장을 아우르는 형태로 라이프니츠의 '주름(the fold)' 개념을 구현한 사례로서, 이 개념을 해석한 들뢰즈의 사상이 당시의 건축담론에 끼친 영향을 예증한다. 건축에서 '주름' 개념의 적용은 1993년에 들뢰즈의 『주름, 라이프니츠와 바로크(The Fold, Leibniz and the Baroque)』가 영어로 번역된 이후 그렉 린(Greg Lynn)을 통해 본격적으로 이론화되었고, 콜하스의 실현되지 않은 1993년 프로젝트 〈두 개의 쥬시우 도서관〉은 이런 경향을 실천한 프로젝트 중 최초로 가장 큰 영향력을 남긴 사례로 손꼽힌다. — 옮긴이

3.13 MVRDV, 〈하노버 엑스포 파빌리온〉(2000).
사진: Hans Werlemann. 제공: MVRDV.

하지만 이런 다양한 차용의 사례들을 넘어 OMA와 MVRDV가 공유하는 가장 중요한 관심은 어떤 과학적인 연구방법론, 즉 유물론의 한 형식으로 이해되는 과학적 실증주의의 개발이었다. 그런 방법론의 다양한 구현사례들 가운데, MVRDV의 '데이터스케이프(datascape)' 들은 다른 어떤 프로젝트보다도 더 과학적인 엄격함에 대한 요구를 예시하고 상징한다. 데이터스케이프는 인터넷과 신기술 및 정보의 열풍이 정점에 달했던 1995년부터 98년 사이에 개념화한 수많은 프로젝트들로 이루어진다. 데이터스케이프 프로젝트는 대개 프로젝트 대지와 프로그램, 경제적 조건, 지역규제사항 등에 관한 정보를 수집하면서 시작한다. 이런 데이터들은 종종 표기와 다이어그램 작업을 통해 3차원적으로 재현되어 향후 건물에 일어날 교통이나 지역규제 같은 현상의 효과나 규모를 시각적으로 보여주게 된다. 말하자면 이런 데이터스케이프들은 프로젝트의 기본 조건늘이 일으키는 효과와 제약 들을 시각화하는 수단인 것이다.

데이터스케이프들이 시각화하는 조건들은 건축적이지 않고 건물의 결정요인들에서 비롯하며 건축가의 영역을 벗어나 있기 때문에, 데이터스케이프는 어떤 자율적인 '자기기만적' 고립보다 현실을 조성하는 다양한 힘들의 파악을 선호하는 접근법을 제시한다. 이런 조건들과 힘들에 도전하거나 그것들을 문제시하길 삼가는 데이터스케이프는 MVRDV의 다른 프로젝트들과 더불어 결국에는 기존현상을 그대로 승인할 수밖에 없게 된다. MVRDV의 작업에서 건축을 결정하는 작용인은 현실이고, 그 안에 현실을 결정하는 작용인으로서의 인간주체는 존재하지 않는다. 오히려 인간주체는—설계자든 소비자든—사전에 결정된 대안들 가운데 하나를 선택하는 역할로 격하된다.

이렇게 종종 개인적인 욕망들과 반대로 제한된 자원들을 상정하며 건축을 지배하는 힘들을 파악하다보면 건축가나 개발업자, 혹은 사용자가 할 수 있는 제한된 선택의 범위가 파악된다. 이러한 과정은 건축을 결정하는 숨겨진 힘들을 드러내고 해법을 찾는 데 따르는 제약들을 보여주며 의사결정을 시뮬레이션 하기에 최적화된 하나의 훈시적인 접근법을 제시한다. MVRDV가 개발한 '시나리오들' 은 무덤덤하고 객관적인 언어를 사용하면서도 현대생활을 지배하는 부조리함을 강조하는 정보를 채택한다. 예를 들면 벨기에와 네덜란드의 과세차이가 두 국가의 국경을 따라 위치하는 주택들의 수요로 이어지는 사례에서처럼, 어떤 생활영역에 속한 정부규제가 다른 영역에서 예기치 않은 효과를 일으킴을 강조하는 것이다. 이렇게 부조리함과 객관적인 과학적 엄밀성을 엮는 과정에서는 "비합리적 사고는 절대적이고 논리적으로 따라야 한다"(Lewitt 2000: 106)던 솔 르윗의 개념미술에 대한 언명이 새로운 형태를 취한다. 부조리한 데이터를 특정하게 선호하고 서로 항상 관련되지는 않은 다양한 정보들을 병치하기에, MVRDV의 작업은 유사-과학적이고 심지어는 추상적으로까지 보인다. 이런 방법들은 본질적으로 유희적이며 '실험실'에서 생산되듯 데이터를 고립시키기에 방법론의 인위성과 현실과의 거리가 강조된다. 그 현실은 단순히 끊임없는 정보의 원천으로만 기능할 뿐이다.

이렇게 방법론이 추상적이기에 MVRDV는 단일건물부터 도시와 광역에까지 이르는 다양한 규모에 그것을 적용할 수 있었다. 이런 방법론의 핵심에 놓인 부조리함과 더불어 인간존재의 '총체성'을 묘사하고픈 그 장대한 욕망은 〈기능혼합기(Functionmixer)〉와 〈광역제조기(Regionmaker)〉, 그리고 더욱 최근에는 〈우주전투기(Spacefighter)〉 같은 프로젝트들로 이어졌다. 매번 전작보다 더 허세가 강해지는 이 세 프로젝트들은 데이터의 총체성, 즉 현실을 결정하는 힘들의 총체성을 분석하고 한 분야의 변화가 또 다른 분야에 영향을 주는 방식을 분석하고자 한다. 이 프로젝트들을 통해 MVRDV는 과학, 특히 사회과학이 애초부터 답하고자 노력해온 질문들에 해법을 제시한다. 순전한 과대망상이건 농담이건, 이런 접근법은 어쨌든 MVRDV가 일상생활의 혼잡과 현실의 불가해성에 의한 불안으로 추동되는 사무소임을 드러낸다. 이 네덜란드 사무소가 제시하는 해법은 건축을 지배하는 다중적인 힘들의 제약 속에서 어떤 근본적인 자유를 상상하는 것인데(Scalbert 2003), 그것인즉 오로지 현실을 포용하고 수용하며 찬미함으로써만 가능한 자유다. 삶의 임의성이 부조리한 것으로 특징되면서도 현실의 혼잡함과 불확실성, 예측불가능성을 제한하는 보다 폭넓은 맥락 속에 놓인다는 점에서, MVRDV의 낙관주의와 실증적 긍정이 드러난다.

MVRDV는 AMO와 유사하게 '수직적' 전문화보다 폭넓은 '수평적'

지식을 보유한 보편적 전문가의 역할을 수행한다. 1970년대에는 학제적이고 다분야적인 실천들이 건축학의 닫힌 경계에 맞서 반항을 표했던 데 반해, 1990년대에는 안정성과 영구성보다 유동성과 끊임없는 변화를 선호하는 경향과 관련된 '수평적' 지식이 최첨단 사무소들의 전형적인 특징이 되었다(Sennett 2006; Boltanski and Chiapello 2005). MVRDV는 이러한 요구를 내면화하여 건축에 이식한 대표적인 사례다. MVRDV의 '차이'에 대한 관심은 설계자의 개별성을 내세우는 방식이 아니라 차이와 개성화를 통틀어 만들고자 시도하는 방식으로 표현된다(Attali 2003). 이런 관념은 장 아탈리(Jean Attali)가 말하듯이 다양한 주거유형들을 통합한 〈보조코(WoZoCo)〉나 〈실로담(Silodam)〉 같은 프로젝트들이 제시하는 생활양식의 다양성으로 완벽하게 설명된다.[28] 정체성 정치(identity politics), 즉 소수자들의 목소리 요구는 결국 다양한 생활양식의 선택지들과 결합된 특수한 시장적 가능성들로 귀결된다. 이 네덜란드 회사의 주된 관심은 개성화에 대한 사용자의 욕망과 대량생산에 대한 경제적 수요가 이루는 긴장에 있으며, 이러한 긴장은 볼거리가 되는 특이한 건물 만들기와 '객관적'이고 '합리적'이라 여겨지는 방법론 사이에서도 나타난다. 따라서 게리가 현대사회의 규제와 제약 속에서 볼거리로서의 건축을 만들 수 있음을 증명했다면, MVRDV는 사회적·경제적 제약들 속에서 끝없이 무한한 가능성들을 강조하면서 그런 건축을 만들 수 있다는 결론을 선포하는 것이다.

불안의 귀환(The return of anxiety)

정보의 과잉축적과 이상야릇한 규정, 부조리한 데이터 등으로 인해 비니마스는 불가피하게도 이렇게 선언하기에 이르렀다. "내가 보기에 세계는

28. 〈보조코(WoZoCo)〉(1997)는 네덜란드어로 Woon Zorg Complex를 줄인 약자로, 영어로 번역하면 Living Care Complex, 즉 '주거(Wo) 돌봄(Zo) 단지(Co)' 정도의 뜻이다. 이 단지는 총 100가구를 수용하는 가운데 55세 이상 노인들만 살 수 있는 15가구가 캔틸레버 구조로 발코니처럼 튀어나온 게 특징적인데, 이는 대지상의 인구수용 한계를 극복하기 위한 MVRDV의 독창적인 제안으로서 늘어나는 인구밀도에 대처하는 하나의 해법으로 이해되었으며 캔틸레버 구조의 활용으로 상승한 공사비는 입주세대의 증가로 생긴 수익으로 충당되었다. 한편 〈실로담〉(2002)은 157가구를 수용하는 주상복합단지로서 주거와 상업을 건물 전체에 걸쳐 뒤섞은 게 특징적인데, 공간의 용도에 따라 색을 달리한 채 강변에 자리하기 때문에 마치 색색의 컨테이너들이 쌓여있는 듯한 느낌을 준다. 두 주택단지 모두 암스테르담에 위치하고 있다. — 옮긴이

이제 끝없이 많은 '엉터리(shit)' 로 이루어져 있는 거 같다"(Morel 2003: 133) 이 말은 데이터스케이프의 그늘 속에 잠복하고 있던 불안을 드러낸다. 그러한 불안은 콜하스의 2002년 에세이 "정크스페이스(Junkspace)"[29]에서 중점적으로 표면화된다. 이 에세이는 콜하스의 작업에 전반적으로 스며있는 극단성과 어두움을 드러낸다. 그것은 모더니티가 성취한 것들에 대한 비참한 요약이다. 그 무아경적인 보드리야르적 언어는 현재의 예언이요, 운명의 예언이다. 한 편의 헝클어진 의식의 흐름인 "정크스페이스"는 그 미로 같은 텍스트를 통해 콜하스가 언급하고 있는 방향상실과 과잉의 느낌을 똑같이 만들어낸다. 이 에세이에 전반적으로 반복되는 생략부호는 이 텍스트가 건축과 모더니티와 문명에 대한 혹평들을 무한반복하고 있음을 암시한다. "정크스페이스"는 모든 행동과 모든 구성물, 모든 사고를 무용한 것으로 묘사한다. 그것은 총체적 마비상태로 이어지는 텍스트로서, 정크스페이스의 형태로 나타나는 과잉의 창출이 현대문명의 최종결과임을 암시한다. 이 에세이는 아무것도 아끼지 않으며, 콜하스가 경멸하는 것들에 대해서 만큼이나 그가 애호하는 것들에 대해서도 손가락질을 한다. 이 에세이는 총체적인 파괴행위로써 하나의 백지상태(tabula rasa)를 만들어내는, 모든 것에 대한 말소작업이다.

"정크스페이스"는 언제나 콜하스의 작업에 스며있었던 염세주의와 편집증과 부정성을 세계를 대상으로 풀어놓는다. 이 에세이가 발표된 시점은 1990년대의 낙관주의가 종언을 고하는 시점이다. 패션산업의 환상세계라는 베일에 덮인 실재의 '변화 없는 시대' 는 자본주의 부르주아사회의 영원한 안정성을 전제하고 있었지만, 실은 '역전적' 신자유주의로 인한 경기순환 경제(cyclical economy)로의 회귀와 위기의 징후를 은폐하고 있었다. 애초에는 1990년대 중반의 장밋빛 전망들이 1997년 동남아시아 경제위기와 1998년 러시아 루블화 붕괴 및 채무불이행으로 시험대에 올랐다. 낙관적인 자유무역 경제학자들은 이 모든 것의 원인으로 투명성과 민

29. '정크스페이스' 라는 제목은 칼로리만 높고 영양가는 낮은 '정크푸드(junk food)' 같은 인스턴트 공간을 암시하는 조어법이며, 거칠게는 '쓰레기 공간' 으로 번역할 수도 있다. — 옮긴이

주주의의 결여를 지적했다. 2000년에는 닷컴거품이 무너졌고, 이듬해에는 세계무역센터가 붕괴되어 전 세계에 충격파를 안기며 미국경제를 불황으로 몰아넣었다. 뒤이어 네덜란드도 불황을 겪으며 건축 프로젝트들—과 특히 투기 및 사무소건축 프로젝트들—이 정체되었고 슈퍼더치 시대는 막을 내리게 되었다.

비록 2002년의 불황은 그 혹독함에 있어 1970년대의 경제적 역경에 거의 필적할 바가 못 되었지만, 서구에서는 연이은 이라크전쟁과 환경적 관심의 부상, '문명의 충돌' 이라는 자기충족예언[30]과 더불어 위기의식이 일어났다. 이러한 불확실성은 특히 네덜란드에서 감지되어왔는데, 2002년에 혜성처럼 떠올랐다가 암살된 극우파 정치인 핌 포르타윈(Pim Fortuyn)이 그러한 대표적인 예다. 네덜란드의 양대 트레이드마크였던 '폴더모델' 과 합의사회는 2004년에 영화감독이자 선동가였던 테오 판 호흐(Theo van Gogh)가 피살되고[31] 중도우파 정부가 논쟁적인 경제정책과 외국인혐오정책을 펼치면서 더욱 손상되었다. 네덜란드의 이러한 암울함은 건축 잡지 『오아서(OASE)』가 "파티 이후(After the Party)" 란 제목의 특별 호를 발행하고 프렘셀라(Premsela) 디자인협회가 네덜란드 디자인의 위기를 다룬 일련의 모임들을 개최하는 결과로 나타났다. 따라서 2001년부터 2008년까지는 위기에 앞서 찾아오는 불확실성과 의심의 시기였다고 할 수 있으며, 이러한 분위기는 2008년 9월 리먼 브라더스의 붕괴로 미국 건설업과 직결된 투기에 의한 세계적 위기가 발발하면서 정점에 달했다. 미

30. 미국 하버드대 정치학 교수였던 새뮤얼 헌팅턴(1927~2008)은 1993년에 '문명충돌론' 을 제기하고 1996년에 『문명의 충돌(The Clash of Civilizations)』을 펴내면서, 냉전이 지나간 90년대 이후 국제정치의 가장 심각한 분쟁이 '문명의 충돌' 에 있다고 주장했다. 그는 세계 문명권을 주로 종교적인 구분에 입각하여 서구기독교권과 그리스정교권(러시아 영향권), 이슬람권, 유교권(중화권), 불교권, 힌두권을 구분하고 지역적 · 정치적 영향을 고려하여 남미권과 아프리카권, 일본권 등도 구분했다. 하지만 종교와 지리, 정치라는 서로 다른 기준을 자의적으로 적용하였다는 비판을 받았고, 그나마 그의 이론이 유일하게 명맥을 유지한 것은 서구기독교권 · 그리스정교권과 이슬람권의 '충돌' 이었다. 그리고 2001년에 9/11 사건이 일어나면서 이러한 이론이 '자기충족예언' 처럼 증명되는 듯했지만, 정작 헌팅턴은 그런 연관성을 부인하면서 이 사건이 '이슬람권' 내부의 갈등에서 빚어진 것이라고 설명했다. — 옮긴이

31. 테오 판 호흐는 우리에게 '빈센트 반 고흐' 란 영어식 이름으로 알려진 네덜란드 인상파화가 핀센트 판 호흐의 동생 테오의 증손자로서, 이슬람의 여성차별을 다룬 10분짜리 단편영화 〈굴종(Submission)〉(2004)을 제작하여 방영했다가 암스테르담 거리에서 자전거를 타던 중 이슬람교도에게 총격을 당해 사망했다. — 옮긴이

국에서 벌어진 서브프라임 모기지의 대폭락과 유질처분은 '건축가 없는' 조립식 주택과 연관되어 있었지만, 아랍에미리트 소유의 투자대기업인 두바이월드(Dubai World)의 재정적 어려움은 '건축'과 직결된 문제였다. 세계 일부의 유명건축가들—OMA와 장 누벨(Jean Nouvel), 자하 하디드 등—이 힘을 보탠 건설열풍의 진원지 두바이는 2009년에 파산하면서 때 이른 건설공사 중단사태를 맞이했다. 미국과 여타 지역에서의 위기는 투기에 대한 사회적 취약성에 관한 의문들을 일으키고 '시장 효율성'의 허위를 증명하면서 신자유주의 질서의 근본원리에 도전했다.

21세기 초에 떠오른 이러한 위기의식은 1990년대의 행복감에 종언을 고하는 사태였다. '역사의 종언'이라는 수사법과 서구경제가 불황을 넘어 연속성장의 과정으로 넘어왔다는 믿음은 얼마 지나지도 않아 상상조차 불가한 순진한 생각으로 보이고 있다. 이렇게 발달하는 위기는 변화와 담대한 결정의 필요성을 제시하고, 여러 갈래로 향후의 길들을 제시하며, 어느 정도는 운동의 몸짓을 인위적으로 드러내면서, 실재의 정지 상태에 도전을 제기했다.

실재가 기존의 현재에 집중하고 떠오르는 탈산업사회를 수용하면서 모더니티의 위기에 해법을 제공하는 만큼, 그 속에서 다른 미래의 가능성을 포기하고 비판을 거부하며 현실을 승인하게 되는 현상은 인간의 관점을 극심하게 좁히며 막다른 난국을 야기해왔다. 결과적으로 그것은 기존의 것을 평가할 필요성을 거부하면서 신자유주의적 현실을 정당화하는 '현실기계(reality machine)'의 역할을 했다. 이러한 현실기계는 인간적이고 사회적인 활동을 통해, 논쟁과 투쟁을 통해 생성되어온 모든 걸 자연법칙에 맞춰 설명하려는 하나의 이상주의적 구성물이다. 현실이라는 우상화된 이미지를 설파하는 실재는 건축의 지평뿐만이 아니라 사회 그 자체를 축소시키는 데 성공했다.

실재의 도래와 더불어 건축학은 하나의 주기를 완성했다. 대중이 건축을 거부한 이후 30년간, 처음엔 후퇴했다가 이내 떠오르던 탈산업사회에 저항해온 건축학은 결국 그 새로운 사회정세를 받아들이면서 적응했다. 실재가 현실 자체를 강조하고 '도면'보다 '건물'에 대한 선호를 강조함에도 불구하고, 건축의 기초들은 여전히 이상의 영역 속에 남았다. 건축이 거쳐 온 그 '주기'는 결코 이상에 대한 선호를 허물어뜨리지 않았고, 결코 도면과 건물을 분리하는 간극을 좁히지 않았으며, 결국에는 기껏해야 단편적이고 부분적으로 드러나는 해법들을 제공해왔을 뿐이다.

결론: 이상에서 환영으로, 다시 이상으로

Epilogue: from the ideal to the simulacra and back

막다른 길(The impasse)

본서에서 풀어낸 이야기는 동일한 관념에서 생겨난 운동들이 서로 대립하게 되고 일견 서로 어긋나 보이는 별개의 관념들이 공통의 관심이나 기원을 공유하게 되는, 놀라운 우여곡절과 예기치 않은 연합 및 분기에 관한 이야기다. 자유에 대한 점증하는 요구로 고무된 1960년대와 70년대의 극좌파는 이전까지 예술적인 사회비판과 연관되었던 입장들을 채택했다. 그들은 포디즘을 비판하고 권위에 저항하며 표준화와 관료제를 공격함으로써, 이전까지 산업사회가 확립해놓았던 윤리와 이상과 제도 들을 파괴했다. 동시에 구조주의 철학은 사회분석으로 인간적 작용인을 해치워버림으로써 인본주의 전통에 치명타를 안겼고, 편재하는 권력체계들에 대한 푸코의 암울한 묘사는 인간주체에 대한 희망을 말소해버렸다. 산업사회의 윤리체계에, 인본주의와 계몽주의의 전통에 일어난 이러한 파괴는 1980년대에 신자유주의가 부상하도록 길을 닦아주었다.

당시 표현되었던 자유의 관념들은 케인스식 민주주의나 공산주의 국가 같은 다양한 산업사회 형태의 반대편에 섰지만, 이는 당시 떠오르던 포스트포디즘사회와 탈산업사회의 핵심적 관념들로서 신자유주의가 개인주의와 차이를 강조하던 성격과 공명하는 것이었다. 따라서 극좌파가 제기한 자유에 대한 요구는 신자유주의가 설파한 개념과 별개의 것임에도 불구하고, 중심화된 권위와 기술관료주의, 표준화에 대한 그들의 공통된 적개심은 그 두 움직임이 당시 지배적이던 포디즘적 케인스주의 질서에 맞서 투쟁하는 연합세력이었음을 뜻했다. 극좌파와 구조주의자 및 후기구조주의자 들이 산업사회를 파괴하는 데에 참여했음에도, 새로운 질서를 형성하게 될 당사자는 신자유주의자들이었다. 1970년대에 떠오르던 비판은 하나의 적에 대항하여 정말 큰 성공을 거뒀지만, 새로운 적에 대해서는 총체적 무능에 빠지는 결과를 낳았다.

건축학 또한 이런 정세를 따라 좌파운동 및 당시 떠오르던 신보수주의자들과 똑같이 낭만주의적 저항형식을 반영한 자유에 대한 욕망을 표현했다. 잃어버린 신뢰를 회복하고자 건축학이 최초로 시도한 포스트모더니즘 건축은 상업주의와 대중주의, 고급부류와 하위부류 등 지나치게 많은 분파들을 만족시키고자 했고, '사회' 보다는 '문화' 를 해법으로서 정확하게 파악했지만 당시 떠오르던 새로운 사회 '논리' 를 충분히 내면화하는 데 실패했다. 반면에 네오아방가르드와 그들의 자율적 건축은 포스트포디즘의 다양한 요구들을 완벽하게 만족시켰다. 따라서 이상의 계보는 변화한 사회정세에 건축을 적응시키는 결과로 이어졌으며, 저항을 표방했음에도 불구하고 이미 포스트포디즘에 맞게 합리화된 건축학을 실재의 옹호자들에게 넘겨주었다. 네오아방가르드는 그들이 저항했던 사회와 다른 사회에 동화되었다. 신자유주의가 이런 자율적 특징들을 자랑하는 건축을 통합할 수 있었던 건, 양자가 공히 탈산업적 '논리' 를 공유했을 뿐만 아니라 자유와 창조성, 개인적인 자기충족에 대한 요구를 공유했기 때문이다. 비록 각각의 관념이 본래 개념화되고 명료화된 방식은 서로 달랐을지라도 말이다.

동시에 현실을 직시하려던, '구체성' 을 성취하려던, 자본주의가 일으키는 사회적 파편화에 저항하려던 욕망은 일상생활의 느슨한 운동을 만들어내기에 이르렀다. 여기서 현실을 혁명이나 개혁의 수단으로서 탐구하던 연구가 현실 자체를 위한 현실연구로 변화하자, 일상적인 것은 실재의 건축으로 슬그머니 변해가기 시작했다. 실재의 건축은 어떠한 저항의 표방도 회피하면서 기꺼이 현실 자체에 사로잡혔다. 그 결과는 자기참조적이고 자기정당화적인 닫힌 원리로서, 변화를 생산하려는 모든 시도를 배제한 것이었다. 앙리 르페브르는 타푸리(Tafuri 1998)와 유사한 언어로 실재와 심미주의에 공히 존재하는 결점들을 다음과 같이 요약했다.

> 우리는 대안에 직면하고 있지 않은가? 일상생활을 있는 그대로 (변화하며 발달하는 대로) 수용할 것인가, 아니면 거부할 것인가? 그 거부란 영웅적이고 금욕적일 수도, 쾌락적이고 감각적일 수도 있다. 즉 혁명적인 거부인가, 아니면 무정부주의적인, 그러니까 신낭만주의적인 심미적 거부인가? 수용이란 사고파는 다양한 종류의 사소한 소비활동들을 승낙하는 것보다 훨씬 많은 걸 수반한다. 그것은 사회와 그 생산방식을, 한 마디로 하나의 총체성을 수용하는 '합의' 를 내포한다. 이런 식으로 사람들은 [중략] 이런 생산방식의 너머를 욕망하거나, 개념화하거나, 상상하지 않도록 스스로를 운명 짓는다.
>
> (Lefebvre 2005: 1)

르페브르와 타푸리의 염세주의적 진술이 있고나서 얼마간의 시간이 흐른 후, 이상과 실재는 건축가들이 택할 수 있는 유일한 대안들로 남았다.

여기서 얘기하는 최근의 과거사는 사회조직의 구조적 변화들이 건축학에 영향을 끼치는 방식을, 즉 사회가 부과하는 변화하는 요구들에 맞게 건축이 스스로를 조정하는 방식을 보여준다. 건축학이 취해온 경로는 현실을 직시할 필요성에서 후퇴하는 것으로 시작하여, 이상주의적 은둔의 형태로 되살아난 다음, 새로운 사회질서를 완전히 수용하는 실재로의 회귀로 귀결된다. 이러한 회복의 경로는 우연이라기보다 하나의 학문적 '반성(reflex)' 같은 것이었으며, 건축의 이상주의적 기초가 만들어낸 결과요 도면과 건물을 분리하는 간극이 일으킨 결과였다. 도면과 건물 사이의 거리는 이상의 선호를 사전에 규정하는 어떤 실존적 조건으로서 드러나는데, 이는 위기상황에서 후퇴하는 이상을 선호하는 하나의 '방어기제'다. 결국 본서의 주장은 후퇴에 의거한 저항행위가 당시 떠오르던 새로운 사회질서를 수용할 방법론과 기법 및 절차 들을 확립해가던 적응과정의 한 필수단계에 불과했다는 점이다.

아우라의 회복(Recuperating the aura)

"기술복제시대의 예술작품(The work of art in the age of mechanical reproduction)"을 저술한 발터 벤야민은 기술과 문화와 시각문화가 사회에 미치는 영향을 예견한 최초의 학자 중 한 명이었다. 하지만 이 저술의 세계관은 당시의 산업사회와 이후에 떠오를 탈산업사회 사이에 위치한다. 이 에세이의 주된 주장 중 하나인, 예술작품이 복제되면서 그 본래의 아우라가 줄어든다는 주장은 탈산업사회 질서로의 이행을 통해 시험대에 올랐다. 벤야민의 기본적인 주장은 산업적 생산수단이 점차 보편화할수록 복제기술이 원본들을 소멸시키면서 독특한 예술작품의 아우라도 사라진다는 것이다. 하지만 탈산업사회는 수많은 방식으로 이런 도전에 저항해왔다. 첫째, 탈산업사회는 표준화에 반응하여 원본(the original)의 가치를 수공예제품처럼 과대평가했다. 일단 대다수의 사물들이 대량생산되면, 독특한 사물의 가치가 그 어느 때보다 높아지는 것이다. 둘째, 대량생산된 사물이 여타의 대량생산된 사물들보다 희소가치가 있는 한 독특하다고 여겨질 수 있는, 상대적 독창성(relative originality)이 발달했다. 셋째, 독창성은 점차 물적인 생산물보다 그 이미지에, 즉 그 '대상관념' 이나 브랜드 속에 있는 걸로 여겨지면서 대량생산된 사물들에도 스며들 수 있게 된다.

독창성과 차이와 진정성(authenticity)[1]은 모두 소비사회의 목표들이다. 볼탕스키와 시아펠로는 이렇게 기술했다.

> 원본의 진실과 그 이미지 속에 '가공된' 것의 인위성이 이루는 긴장은 진정한 것의 특징적인 의미를 사물 자체보다 그것을 초래한 것들의 *의도*를 지칭하는 방향으로 변화시킨다.
>
> (Boltanski and Chiapello 2005: 449)

이러한 독창성의 발달은 생산물에서 지각되는 독특함과 그 생산수단 사이에 존재하는 관계를 끊어버린다. '오리지널' 의 의미는 모든 복제물이 참조하는 단 하나뿐인 사물에서 상대적인 독창성으로 변했다가, 다시 꽤나 다른 무언가로, 즉 어떤 독특한 이미지나 관념으로 변했다.

보드리야르는 각각의 사례에 활용되는 다양한 생산수단들에 기초하여 모델과 시리즈를 구별했다. 하지만 신기술이 발달하고 위에서처럼 원

1. 소비사회의 상품에 덧붙여지는 용어를 고려하면 '정통성' 으로 번역할 수도 있겠지만, 앞서 콜하스를 거론할 때 등장했던 42번가의 '진정성' 과 같은 용어이기에 같은 말로 옮겼다. — 옮긴이

본의 지각이 변화한 결과, 시리즈와 모델 간의 차이들은 그 어느 때보다 불분명해졌다. 리처드 세넷은 컴퓨팅과 혁신기술의 결과로 현대에는 차이를 도입한 산업생산도 가능함을 다음처럼 기술했다.

> 이러한 생산과정은 우리에게 친숙한 산업적 방식의 대량생산품 제작과정과 꽤나 다르다. 현대기술들은 병이나 상자의 모양 및 크기를 빠르게 변화시킬 수 있다. 그 내용은 도구들이 단일용도에 맞춰 제작되는 구식 조립라인에서보다 전자생산 방식으로 더 빠르게 개조될 수도 있다.
>
> (Sennett 2006: 144)

따라서 최근에 한 개발업자는 보다 평범한 주변 환경과 다른 형태나 재료로 차별화된 주택 군으로 '독특한' 대량주거를 자랑할 수 있었다. 이제 개발업자는 연속주택단지 자체에 그러한 주변적 차이들을 도입하고 그 주택들 내부에도 차이들을 도입할 수 있다. 물론 이는 여전히 생산물에 거의 영향을 주지 않는 주변적 차이들에 속하지만, 그런 주변적 차이들을 미시적 수준에서 보다 폭넓게 적용할 수 있는 가능성을 보여주기도 한다.

'차이' 의 소진(The exhaustion of 'difference')

21세기의 첫 10년간 일어난 불확실성과 위기의식의 부상은 '차이' 에 의문을 제기하게 만들었다. 게리와 리베스킨트의 랜드마크 건물들이 매체와 대중으로부터 경이적인 반응을 얻은 이후로, 랜드마크 건물의 모델적 지위는 실제로 감소해왔다. 신축 박물관과 콘서트홀의 의뢰열풍이 이런 건물들의 지위를 오히려 떨어뜨려온 것이다. 〈빌바오 구겐하임 미술관〉 이후에 지어진 게리의 랜드마크 건물 중에는 음악박물관인 시애틀 〈익스피리언스 뮤직 프로젝트(Experience Music Project)〉, 애넌데일온허드슨(Annadale-on-Hudson)에 있는 〈리처드 B. 피셔 공연예술센터(Richard B. Fisher Center for the Performing Arts)〉, 로스앤젤레스 소재 〈월트디즈니 콘서트홀(Walt Disney Concert Hall)〉, 매사추세츠공과대학교 소재 〈레이 앤 마리아 스타타 센터(Ray and Maria Stata Center)〉, 헤르포르트 소재 〈마르타(MARTa)〉 미술관이 있다. 이런 건물들은 〈빌바오 미술관〉과 동일한 특성을 제시하지 않는다고 주장할 수 있을 것이다. 하지만 게리의 모든 건물들은 새로운 건을 의뢰받을 때마다 그 지위가 줄어든다. 어느 순간에는 하나뿐이었던 건물이 복제되면서 시리즈의 일부로 보이는데, 이 경우는 '게리 시리즈'라 할 수 있겠다(그림 4.1, 그림 4.2, 그림 4.3). 랜드마크 건물의 독특함은 반복을 통해 모호해진다. 콜하스 같은 건축가들은 게리처럼 '본인의 필치'가 묻어나는 독특한 스타일을 회피함으로써 이런 위협을 피해온 걸로 여겨진다. 하지만 '차이'가 급증할수록 '차이' 자체는 그 가치의 뭔가를 잃어버린다. 10년 전에 칭송받던 건물들은 점차 갈채를 받는 일이 적어지고 있다. 예를 들어 마이어 엔 판 스코텐(Meyer & van Schooten)의 〈ING 암스테르담 본사〉나, 볼스 엔 윌슨(Bolles+Wilson)의 로테르담 〈룩소르 극장(Luxor Theatre)〉이 그런 경우다. 이 두 건물들, 그리고 다른 많은 건물들이 그 독특함으로 눈에 띄지만, 모든 곳에 '차이'가 자리하여 그것을 측정할 '몰개성'의 기준이 사라져버리면 그러한 '차이' 자체가 줄어들게 된다.

따라서 이렇게 독특한 건물들이 급증하면서 '차이'의 가치가 줄어드는 것은 그것이 비교기준이 될 만한 규준적 건축(normative architecture), 즉 '차이'가 측정될 만큼 '몰개성적'인 건축의 소멸과 연관된 문제다. 모든 건물이 하나의 시리즈 상품처럼 제공되고 나면, 모델로서의 독특함 자체를 측정할 수 없게 된다. 이런 변화에 반응하여 라프 엔 라프(Rapp & Rapp)나 케이스 흐리스티안서(Kees Christiaanse) 같은 몇몇 네덜란드 건축가들은 규준적 건축을 만들고자 했다. 이런 시도들은 1970년대에 '차이'의 부상에 맞서서, 절대적 자유와 창조성에 대한 허무주의적 요구에 맞서서 건축학을 희생해가며 싸웠던 로우와 크리에의 작업을, 그리고 어느 정도는 벤추리와 로시의 작업까지도 연상시킨다. 현대 실무건축가들이 규준적 건축을 만들려는 시도들은 건축학 내에서 일부의 지지를 얻어오면서 규준과 예외 간의, 평범함과 볼거리 간의 긴장 속에 반영되고 있는데, 이펜뷔르흐(Ypenburg) 중심지(그림 4.4)와 암스테르담의 에이뷔르흐(Ijburg), 혹은 함부르크의 하펜시티(Hafencity) 같은 최근의 많은 도시설계 계획들이 그 예다. 하지만 규준적 건축에 대한 공적 지지가 많다는 증거는 거의 없으며, 이는 그런 건물들의 폭넓은 의뢰가 점차 불가능해질 수 있음을 뜻한다.

4.1, 4.2, 4.3 '게리 시리즈' : 〈빌바오 구겐하임 미술관〉(1997), 로스앤젤레스 〈월트디즈니 콘서트홀〉(2003), 〈마르타〉 헤르포르트 미술관(2005).
저작권자: Thomas Mayer.

4.4 라프 엔 라프, 이펜뷔르흐 중심지(2006).
Kim Zwarts 제공.

규준적 건축은 포스트포디즘의 요구들과 정반대에 서 있고 이런 건축이 확산하는 데 필요한 강력한 계획가와 도시설계자의 자리는 지난 몇 십간 쇠락해왔기 때문이다.

블롭 건축(Blob architecture)

1990년대 초에는 새로운 세대의 빠르고 저렴한 컴퓨터들이 건축 제도판과 제도용 펜 들을 대체하기 시작했다. 이렇게 컴퓨터보조설계가 건축실무에 통합되면서 90년대 후반에는 종종 '블롭 건축'이라고 개략적으로 칭해지는 경향이 봇물처럼 터져 나왔다.•2

2. 그렉 린의 웹사이트는 이렇게 공표하고 있다.
'블롭(blob)' (*말 그대로는 물방울이라는 뜻 — 옮긴이)이란 용어가 건축에서 처음 사용된 것은 『애니(Any)』 매거진에 동명의 제목으로 실린 한 에세이에서였는데, 그것은 영화 〈블롭(Blob)〉(1958, 1988)과 같은 대중문화와 제임스 카펜터(James Carpenter)의 라텍스 특수효과뿐만 아니라 소프트이미지(Softimage)의 '메타클레이(Metaclay)'와 웨이브프런트(Wavefront)의 '메타블롭스(Metablobs)' 같은 당시 소프트웨어의 모델링기법들도 참조한 말이었다. 이런 소프트웨어 프로그램들은 'BLOB'이란 용어를 'binary large objects(이진데이터 대용량객체)'의 약자로 사용했다.
〈http://www.glform.com〉에서 볼 수 있음 (2010년 9월 9일 접속)

녹스(NOX)와 어심토트(Asymptote), 그렉 린(Greg Lynn)을 비롯한 신생 젊은 건축사무소들이 컴퓨터상에서 구부리고 뒤튼 비유클리드적 형태들을 만들어냈다. 아이젠만의 사례를 따르는 린의 작업은 혁신적인 형태들을 이용하는 건축실험으로 이해되었다. 이러한 수사법은 당시의 뉴미디어와 신기술에 대한 도취를 통해 더욱 향상되었다. 이 기간에 이러한 기술적 계보에 참여한 건축가들의 작업은 실재를 모사하는 가상현실과 사이버공간에 대한 당시의 관심에 잘 부합하는 극단적 이상주의를 과시했고, 그러한 실재의 시뮬레이션은 아이젠만과 그의 동료들이 했던 작업을 무색케 할 정도의 이상적 형식이었다.

체험되는 경험적 공간을 벗어난 사이버영역에 존재하는 '가상공간'에 대한 강조는 신플라톤주의적인 관념들을 반영한 것이었고, 프랑스 사회학자 장 보드리야르가 현대사회에서 시뮬레이션이 현실을 대체해버리는 방식을 일컫고자 사용한 용어인 시뮬라크라(simulacra)(Baudrillard 1983)라는 환영과 관계된 것이었다.[3] 보드리야르의 예언은 이상을 향한 사회적 변화와 맞아떨어졌다. 그는 새로운 컴퓨터와 인터넷을 중심으로 발달하는 기술을 무아경적으로 숭배하는 새로운 대중을 발견했다. 도발적이게도 보드리야르는 제1차 걸프전이 결코 일어나지 않았다고 역설했는데, 이는 현대세계에서 현실에 대한 접근이 거부되고 환영으로 대체된 매개된 현실을 경험한다는 의미였다. 그의 예언은 실재를 이상이 식민화한다는 암울한 경고였지만, 그럼에도 그는 분명 그가 비판하던 대상에 이끌렸다. 그의 많은 추종자들도 마찬가지였는데, 그들은 가상현실과 사이버공간, 명멸하는 이미지들과 전자매체의 영역에 대한 자기들의 관심을 뒷받

3. '시뮬라크라(simulacra)' 라는 말은 본래 '환영' 과 '그림자', '모조품' 등을 뜻하는 라틴어 '시뮬라크룸(*simulacrum*)' 의 복수로서 영어에 그대로 흡수된 말이고, 불어로는 '시뮬라크르(*simulacre*)' 로 표현된다. 여기서는 영어에 흡수된 라틴어 원어를 준용하여 '시뮬라크라' 로 표기한다. 한편 시뮬라크라(시뮬라크르)와 시뮬레이션(시뮬라시옹)은 명사와 동사의 관계로서 시뮬레이션은 시뮬라크라를 만들어내는 작업을 말한다. 보드리야르의 『시뮬라시옹(Simulacres et Simulation)』(하태환 옮김, 민음사, 2001)에 나오는 첫 에세이 "시뮬라크르들의 자전(precession des simulacres)" 에서 오늘날의 시뮬라시옹은 "원본도 사실성도 없는 실재, 즉 파생실재를 모델들을 가지고 산출하는 작업" (p. 12)으로 정의되고 있는데, *réalité* (reality)의 번역어인 '사실성' 을 '현실' 로, *l hyperréel* (the hyperreal)의 번역어인 '파생실재' 를 '극사실' 로 바꿔 번역해보면 오늘날의 시뮬레이션이란 "모델들을 가지고 원본도 현실도 없는 실재, 즉 극사실들을 산출하는 작업" 이 된다. 따라서 여기서 말하는 '파생실재' 나 '극사실' 은 원본도 현실도 사라져버린 오늘날의 '시뮬라크라' 를 지칭하는 다른 이름이다. — 옮긴이

침하는 수단으로서 보드리야르를 열정적으로 인용했다.[4] 이런 입장들은 불가피하게도 기술적인 건축을 중심으로 한 담론에 빠져들게 되었다. 따라서 이상의 가장 급진적인 형태가 건축에 진입하면서 모든 현실개념을 즐겁게 처분해버렸다.

결과적으로 혁신적 형태에 대한 린의 실험은 그의 작업에서 나온 이차적인 결과에 가까웠다. 그의 작업은 일차적으로 새로운 건축매체에 대한 연구이자 '시운전'으로서, 컴퓨터 소프트웨어의 능력과 한계를 연구하는 것이었다. 따라서 이 시기에 생산된 많은 작업은 리베스킨트가 〈실내악곡〉을 건축의 도구이자 수단으로서 연구하던 것과 유사한 관점에서 이해할 수 있을 테지만, 한 가지 주된 차이가 있다. 리베스킨트는 여러 세대에 걸쳐 건축실무에 이바지해온 수단과 매체를 활용하여 건축을 연구하고 있었던 반면, 린은 실무를 효과적으로 바꾸고 있던 새로운 매체를 시험하고 있었던 것이다. 린의 디자인들에 나타나는 형태적 측면들은 린 자신에 못지않게 프로그래머들에 의해서도 결정되는 소프트웨어 능력들의 결과였다. 흥미롭게도 린이 건물을 실제로 실현하기 시작하면서 그의 주장은 보다 모더니즘적인 기조를 채택했고, 건축을 재현하거나 시뮬레이션 하기보다 건축을 구성하는 수단으로 정착한 컴퓨터의 성과를 환호했다. 이는 마치 외장재를 절단하는 과정에서 카티아(CATIA) 등의 소프트웨어를 사용한 덕에 린이 기술로 보조하는 시공의 확고한 기반을 급작스럽게 발견한 것과도 같다.

재현적 혁신의 소진(The exhaustion of representational innovation)

건축에서 극사실적 렌더링에 컴퓨터를 쓰게 되면서 일어난 변화는 투시도로의 분명한 회귀였다. 실현된 건물의 컬러이미지들을 출판하는 게 건축실무에서 가장 중요한 일이기 때문에, 극사실적 렌더링은 건물이 완공될 때까지 사진의 대체물이 된다. 그것은 사진을 잘 받는 건물이 태어나

4. 1999년의 블록버스터 영화 〈매트릭스(The Matrix)〉는 1990년대 말의 이상주의적이고 신플라톤주의적인 세계관을 상징하게 되었다.

게끔 부추긴다.

컴퓨터 렌더링은 척 클로스의 극사실주의적 드로잉들처럼 현실보다 사진을 모방한다. 하지만 그것은 현실의 불완전함을 전해주지 않는다. 렌더링이 처리하는 빛의 반사와 음영은 너무도 정확해서 현실에서는 완벽하게 매끄럽지 않은 표면들이 묘사되지 못한다. 마치 모든 벽돌이나 석재가 동일한 것인 양 똑같은 패턴들이 반복된다. 결국 컴퓨터 렌더링은 실재하는 건물보다 이상적인 건물을 재현한다. 그것은 손으로 그린 도면보다 실재로부터 더 멀리 떨어져 있다. 반대로 손수 그린 도면의 불완전함은 현실의 불완전함을 닮아있다.

건축에서 가상과 현실의 관계는 도면과 건물의 관계에 필적한다. 가상도 도면도 평범한 의미의 재현은 아니며, 둘 다 현실로부터 떨어져 있다. 따라서 컴퓨터의 활용은 건축에서의 이러한 기본적 관계를 거의 바꾸지 않았다. 오히려 가상이 그 스스로를 그 고유의 현실로서, 즉 하나의 '물자체' 로서 확립하려는 시도는 가상이야말로 그 어느 때보다 더 실재하는 건물로부터 멀어지는 것임을 의미한다. 결국 가상은 도면과 건물의 관계를 재구성하기보다 그것을 가시적으로 표현함으로써 건축 내의 이러한 역설적 관계를 강조한다.

'블롭 건축' 의 최초 유행은 2000년의 닷컴거품 붕괴 이후로 그 추진력을 상당부분 상실했다. 앞선 시기의 기술적 호황에 뒤따른 초기의 도취어린 과장이 소멸되면서 기술적 건축은 거품이라는 연상이 일어났다. 게다가 컴퓨터는 어느 건축사무소에나 보편적으로 보급되고 일상적인 건축문화의 일부가 되었다. 새로운 형태와 디자인을 만드는 데 컴퓨터를 활용하는 건 이제 더 이상 최첨단 건축사무소의 어느 소규모집단이 지닌 특권이나 관심이 아니며, 건축실무와 건축교육으로 동화되었다. 건축에서의 이러한 기술적 운동은 더 이상 건축학의 새로운 수단들을 '시험하는' 필수적 수단이 아니라, 본래의 역할을 상실하고 새로운 조건에 적응하면서 일상적인 실무로 통합되었다.

구조적 변화(Structural transformation)

본서에서 기술한 광대한 사회적 변화들, 그러니까 의식과 일상생활, 사회형식, 기타 수많은 부분에서 경험되는 변화들에 비하자면 여기서 기술하는 다른 변화들과 특히 건축학적인 변화들은 의미가 경미해 보인다. 예를 들어 건축에서 계속해서 두드러진 윤곽선들이 활용된다거나, (아이젠만처럼) '과정' 을 표현하는 수단으로서든 (MVRDV처럼) 유사-과학적 방법론을 완성하는 수단으로서든 다이어그램들의 활용이 늘어난다거나 하는 변화 말이다. 하지만 건축학의 변화는 사회변화처럼 종종 예기치 않은 경로들을 취하며, 기법이라는 일견 '경미' 해 보이는 이슈들이 중요한 결과를 낳을 수도 있다.

도면과 건물을 분리하는 실존적 간극을 잇는다는 점에서 극히 중요한 결과를 낼 수 있을 한 가지 경로는 상기한 1990년대 말의 기술적 건축과 관련이 있다. 컴퓨터가 건축사무소에 도입되었다는 사실은 건축실무에서 생산수단이 변화했다는 표시이자 건축학에 구조적인 결과를 안겨주는 변화다. 제1세대 컴퓨터보조설계(CAD) 소프트웨어는 전통적인 도면기법들을 모방했지만, 예전의 방법론·기법들과 새로운 방식 및 더 새로운 소프트웨어 사이에서 행하는 중재적 기능(예를 들면, 건설정보모델링[Building Information Modelling: BIM])은 새로운 생산수단의 논리를 완전히 내면화한다. 특히 중요한 것은 〈빌바오 구겐하임 미술관〉에서 처음으로 건축생산에 응용된 카티아 같은 소프트웨어의 활용이다. 카티아는 다양한 제품개발 단계들을 통합하는 제1세대 소프트웨어에 속하는데, 설계와 생산을 잇는 중재자로서 기능하고 예를 들어 외장재를 절단하라는 식의 설계시방을 기계로 직접 전달한다.[5] 위에서 언급한 개발업자가 하나의 시리즈 속에서 주변적 차이들을 만들 수 있게 하는 게 바로 이런 유형의 기술이다. 하지만 그런 소프트웨어는 더 큰 약속을 품고 있다. 모더니티가 도래한 이래로 건축에 도전해온, 이상과 실재, 주체와 객체, 도면과 건물 등

---

5. 카티아 개발자의 공식 온라인사이트 참조.
〈http://www.3ds.com/products-solutions/plm-solutions/catia〉에서 볼 수 있음(2010년 9월 접속).

의 다양한 이분법들을 해소하겠다는 약속 말이다.

그러한 생산수단의 변화는 '의식' 이 만들어낼 수 없는 근본적인 결과들을 일으킬 수 있다. 15세기에 건축의 기초로서 등장한 도면과 기하학이 건축학의 이상적 토대를 일으켰듯이, 추상적인 도시격자의 도입으로 건축이 도시와 사회적인 것들로부터 자유로워질 수 있었듯이, 컴퓨팅 기법도 역시 원대하고 예기치 못한 효능을 낼 수 있을 것이다. 변화하는 생산수단을 직접 실행하는 새로운 기법은 실무뿐만이 아니라 크게는 건축학 전체에 대한 구조적인 함의를 지닐 수 있다. 설계와 생산을 잇는 기법은, 그동안 건축학을 소진시키며 총체적 난국으로 이끌어온 다양한 분열의 틈을 잇는다. 그것은 (건축적) 이상을 실재의 수사법보다 훨씬 더 구체적이고 물질적인 현실과 관계시킨다. 앞으로 그러한 기법들이 폭넓게 실행된다면 건축적 이상의 막다른 길과 실재라는 영원한 현재로부터 빠져나올 출구가 먼 미래가 아닌 가까운 미래에 임박할 것이며, 이로써 건축은 상부구조와 토대를 병치하여 '문화' 의 제약들을 탈피할 가능성을 제공받을 것이다.

삽화목록 Illustrations

참고문헌 Bibliography

Adorno, T. (1968) 'Late Capitalism or Industrial Society?' trans. D. Redmond. <http://www.efn.org/~dredmond/AdornoSozAddr.PDF>(2010년 9월 접속)에서 볼 수 있음.

——(2001) *The Culture Industry: Selected Essays on Mass Culture*, ed. and intro. J. M. Bernstein, New York; London: Routledge.

——(2002) *Aesthetic Theory* [originally published 1970], trans. R. Hullot-Kentor, London: The Athlone Press.

Alberti, L. B. (1988) *On the Art of Building in Ten Books*, trans. J. Rykwert, N. Leach, and R. Tavernor, London; Cambridge, MA: MIT Press.

Alexander, C. (1964) *Notes on the Synthesis of Form*, Cambridge, MA: Harvard University Press.

——(1966) 'A city is not a tree', *Design*, No 206, February: 46-55.

——(1977) *A Pattern Language: Towns, Buildings, Construction*, New York: Oxford University Press.

——(1979) *The Timeless Way of Building*, New York: Oxford University Press.

Allen, S. (2000) *Practice: Architecture, Technique and Representation*, London: Routledge.

Althusser, L. (1969) *For Marx* [1965], trans. B. Brewster, London: Allen Lane.

——(2001) 'Ideology and ideological state apparatuses' [1970], *Lenin and Philosophy and Other Essays*, trans. B. Brewster, New York: Monthly Review Press, pp. 85-126.

Althusser, L. and Balibar, E. (1970) *Reading Capital* [1968], trans. B. Brewster, London: NLB.

Appleyard, D., Lynch, K. and Myer, J. R. (1964) *The View from the Road*, Cambridge, MA: MIT Press for the Joint Center for Urban Studies, MIT & Harvard University.

Archizoom Associati (1970) 'City, assembly-line of social issues: ideology and theory of the metropolis', *Casabella*, no 350-351, July/August, pp. 156-74.

Asor Rosa, A. (2007) 'Manfredo Tafuri, or humanism revisited', *Log 9*, Winter/Spring, pp. 29-38.

Attali, J. (2003) 'Vertical labyrinths', in *Reading MVRDV*, ed. V. Patteeuw, Rotterdam: NAI Publishers, pp. 72-81.

Augé, M. (1995) *Non-Places: Introduction to an Anthropology of Supermodernity*, trans. J. Howe, London: Verso.

Aureli, P. V. (2007) 'The difficult whole', *Log 9*, Winter/Spring, pp. 39-61.

——(2008) *The Project of Autonomy: Politics and Architecture Within and Against Capitalism*, New York: Princeton Architectural Press.

Avermaete, T. (2005) *Another Modern: The Post-War Architecture and Urbanism of Candilis-Josic-Woods*, Rotterdam: NAI Publishers.

Baird, G. (1969) ' ''La dimension amoureuse'' in architecture', in *Meaning in Architecture*, eds C. Jencks and G. Baird, London: Barrie and Rockliff, pp. 79-100.

——(2004) '"Criticality" and its discontents', *Harvard Design Magazine*, Fall/Winter, No 21. <http://www.gsd.harvard.edu/research/publications/hdm/back/21_baird.pdf>(2010년 9월 접속)에서 볼 수 있음.

Banham, R. (1955) 'The new brutalism', *Architectural Review* 118, December, pp. 354-61.

——(1966) *The New Brutalism: Ethic or Aesthetic?* London: Architectural Press.

——(1999) *A Critic Writes*, Berkeley; London: University of California Press.

Banham, R., Barker, P., Hall, P. and Price, C. (1969) 'Non-Plan: an experiment in freedom', *New Society*, vol. 13, no. 338, pp. 435-43.

Barthes, R. (1967) *Elements of Semiology* [1964], trans. Lavers, A. and Smith, C., London: Cape.

——(2002) 'The Eiffel Tower', in *Rethinking Architecture: A Reader in Cultural Theory*, trans. R. Howard, ed. Neil Leach, London; New York: Routledge, pp. 172-80.

Baudrillard, J. (1983) *Simulations*, trans. P. Foss, P. Patton and P. Beitchman, New York: Semiotext[e].

——(1993) *The Transparency of Evil: Essays of Extreme Phenomena* [1990], trans. J. Benedict, London: Verso.

——(2002) 'The Beaubourg-effect: implosion and deterrence' , in *Rethinking Architecture: A Reader in Cultural Theory*, trans. R. Krauss and A. Michelson, ed. N. Leach, London; New York: Routledge, pp. 210-18.

——(2005) *The System of Objects* [1968], trans. J. Benedict, New York: Verso.

Bekaert, G. (2005) '"Une mise à nu l' architecture par ses adorateurs mêmes" Maurice Culot and Leon Krier: a forgotten episode' , in *Exit Utopia: Architectural Provocations 1956-76*, eds van Schaik, M. and Macel, O., Munich; Berlin; London; New York: Prestel, pp. 299-308.

Bell, C. (1997) 'The aesthetic hypothesis' , in *Aesthetics*, eds S. Feagin and P. Maynard, Oxford; New York: Oxford University Press, pp. 15-23.

Bell, D. (1976) *The Coming of Post-Industrial Society* [1973], New York: Basic Books.

——(1981) 'Models and reality in economic discourse' , in *The Crisis in Economic Theory*, eds D. Bell and I. Kristol, New York: Basic Books, pp. 46-80.

Bell, D. and Kristol, I. (eds) (1971), *Capitalism Today*, New York: National Affairs.

——(1981) 'Introduction' , in *The Crisis in Economic Theory*, eds D. Bell and I. Kristol, New York: Basic Books, pp. vii-xiii.

Benjamin, W. (1982) 'The author as producer' [1934], in *Thinking Photography*, ed. V. Burgin, London: Macmillan Press, pp. 15-31.

——(1988a) 'The work of art in the age of mechanical reproduction' [1936], in *Illuminations*, trans. H. Zohn, New York: Schocken Books, pp. 217-51.

——(1988b) 'Theses on the philosophy of history' [1940], in *Illuminations*, trans. H. Zohn, New York: Schocken Books, pp. 253-64.

Berman, M. (1983) *All That is Solid Melts into Air: The Experience of Modernity* [1982], London; New York: Verso.

Bloch, E. (1988) *The Utopian Function of Art and Literature: Selected Essays*, trans. J. Zipes and F. Mecklenburg, Cambridge, MA; London: MIT Press.

Bois, Y. A. (1981) 'Metamorphosis of axonometry' , *Diadalos* vol.1, pp. 40-58.

Boltanski, L. and Chiapello, E. (2005) *The New Spirit of Capitalism* [1999], trans. G. Elliott, London; New York: Verso.

Borio, G., Pozzi, F. and Roggero, G. (2005) *Gli Operaisti: Autobiografie di Cattivi Maestri*, Rome: DeriveApprodi.

Boschloo, A.W.A., Hendrikse, E. J., Smit, L. C. and van der Sman, G-J. (eds) (1989) *Academies of Art: Between Renaissance and Romanticism*, 'S-Gravenhage: SDU Uitgeverij.

Bosman, J. (2003) 'Form follows fiction: from meta-city to mega-city' , in *Reading MVRDV*, ed. V. Patteeuw, Rotterdam: NAI Publishers, pp. 88-103.

Bourdieu, P. (2003) Distinction: *A Social Critique of the Judgement of Taste* [1979], trans. R. Nice, London: Routledge.

Boyer, C. (2003) 'An encounter with history: the post-war debate between the English journals of architectural review and architectural design (1945-1960)' , paper presented at the *Team X: Between Modernity and the Everyday Conference*, Delft, June. <http://www.team10online.org/research/papers/delft2/boyer.pdf> (2010년 9월 접속)에서 볼 수 있음.

Branzi, A. (2005) 'No-Stop city: Archizoom Associates 1969-72' , in *Exit Utopia: Architectural Provocations 1956-76*, eds M. van Schaik, and O. Macel, Munich; Berlin; London; New York: Prestel, pp. 177-82.

Broadbent, G., Brunt, R. and Jencks, C. (eds) (1980) *Signs, Symbols and Architecture*, Chichester; New York: Wiley.

Bull, M. (2001) 'You can' t build a new society with a stanley knife' , *London Review of Books*, 4th October. <http://www.lrb.co.uk/v23/n19/print/bull01_.html> (2010년 9월 접속)에서 볼 수 있음.

Bürger, C. (1992) 'Modernity as postmodernity: Jean Francois Lyotard' , in *Modernity and Identity*, eds S. Lash and J. Friedman, Oxford; Cambridge, MA: Blackwell, pp. 73-93.

Bürger, P. (1996) *Theory of the Avant-Garde* [1974], trans. M. Shaw, Minneapolis, MN: University of Minnesota Press.

Calinescu, M. (2003) *The Five Faces of Modernity: Modernism, Avant-Garde, Decadence, Kitsch, Postmodernism* [1987], 2nd edn, Durham: Duke University Press.

Caro, R. (1974) *The Power Broker: Robert Moses and the Fall of New York*, New York: Knopf.

Carrier, C. (2002) *Rosalynd Krauss and American Philosophical Art Criticism: From Formalism to Beyond Postmodernism*, Westport, CT: Praeger.

Cauter, L. de, Heynen, H. (2005) 'The exodus machine' , in *Exit Utopia: Architectural Provocations 1956-1976*, eds M. van Schaik, and O. Macel, Munich; Berlin; London; New York: Prestel and IHAAU TU Delft, pp. 263-76.

Cellini, F., D' Amato, C., De Bonis, A. and Farina, P. (eds) (1980) *The Presence of the Past: First International Exhibition of Architecture, La Biennale di Venezia 1980*,

Venice: Edizioni La Biennale di Venezia.

Certeau, M. de (1988) *The Practice of Everyday Life, trans.* S. Rendall, Berkeley and Los Angeles; London: University of California Press.

Chermayeff, S., Alexander, C. (1963) *Community and Privacy: Towards a New Architecture of Humanism*, New York: Doubleday.

Choay, F. (1969) 'Urbanism and semiology', in *Meaning in Architecture*, eds C. Jencks and G. Baird, London: Barrie and Rockliff, pp. 27-37.

Choi, S. (2011) 'Newark and community development', in *Urban Asymmetries: Studies and Projects on Neoliberal Urbanization*, eds T. Kaminer, M. Robles-Duran, and H. Sohn, Rotterdam: 010 Publishers.

Chung, C. J., Inaba, J., Koolhaas, R. and Leong, S. T. (eds) (2001) *Great Leap Forward: Harvard Design School Project on the City*, Köln: Taschen.

——(eds) (2001) *Project on the City 2*: Harvard Design School Guide to Shopping, Köln; London: Taschen.

Collier, G. (1972) *Art and the Creative Consciousness*, Upper Saddle River, NJ: Prentice-Hall, pp. 190-202.

Colomina, B. (2003) 'A conversation with Frank Gehry', *El Croquis* 117, Frank Gehry from A to Z, 1996-2003, pp. 18-33.

Confurius, G. (ed.) (2000) 'The everyday', *Daidalos*, no. 75, May 2000.

Costanzo, M. (2008) *MVRDV: Works and Projects 1991-2006*, Milan: Skira.

Craig-Roberts, P. and Stephenson, M. A. (1973) *Marx's Theory of Exchange, Alienation and Crisis*, Stanford, CA: Hoover University Press.

Culot, M. (1999) 'Reconstructing the city in stone' [1980], in *Theories and Manifestoes of Contemporary Architecture*, eds C. Jencks and K. Kropf, London: Academy Editions, p. 178.

Culot, M. and Krier, L. (2000) 'The only path for architecture' [1978], in *Architecture Theory since 1968*, ed. K. M. Hays, Cambridge, MA; London: MIT Press, pp. 350-5.

Dean, J. W. (1981) 'The dissolution of the Keynesian consensus', in *The Crisis in Economic Theory*, eds D. Bell and I. Kristol, New York: Basic Books, pp. 19-34.

Debord, G. (1995) *The Society of the Spectacle* [1967], trans. D. Nicholson-Smith, New York: Zone Books.

Debord, G. and Wolman, G. J. (1981) 'Methods of detournement' [1956], in *Situationist International Anthology*, ed. K. Knabb, Berkeley: The Bureau of

Public Secrets, pp. 8-14.

Deutsche, R. and Ryan, C. G. (1984) 'The fine art of gentrification', *October*, vol. 31, Winter, pp. 91-111.

De Domizio Durini, L. (1997) *The Felt Hat: Joseph Beuys, a Life Told*, Milano: Edizioni Charta.

Derrida, J. and Eisenman, P. (1997) *Chora L Works*, New York: Monacelli Press.

Dorfles, G. (1962) *Simbolo Comunicazione Consumo*, Turin: Einaudi.

Duro, P. (2002) 'Academic theory 1550-1800', in A *Companion to Art Theory*, eds P. Smith and C. Wilde, Oxford; Malden, MA: Blackwell, pp. 88-102.

Eagleton, T. (2004) *After Theory*, London; New York: Penguin Books.

Eco, U. (2002) 'Function and sign: the semiotics of architecture', in *Rethinking Architecture: A Reader in Cultural Theory*, ed. N. Leach, London; New York: Routledge, pp. 182-202.

Eisenman, P. (1971) 'Notes on conceptual architecture: towards a definition', *Casabella*, no. 359-360, pp. 49-56.

——(1980) Peter Eisenman Special Issue: *Architecture and Urbanism*, no. 112, pp. 13-252.

——(1982) *House X*, New York: Rizzoli.

——(1987) *Houses of Cards*, New York: Oxford University Press.

——(1993) *Re:working Eisenman*, London: Academy Editions.

——(1997) 'Autonomy and the avant-garde', in *Autonomy and Ideology: Positioning an Avant-Garde in America*, ed. R. Somol, New York: Monacelli Press, pp. 68-79.

——(2000a) 'Post-functionalism' [1976], in *Architecture Theory since 1968*, ed. K. M. Hays, Cambridge, MA; London: MIT Press, pp. 236-9.

——(2000b) 'The end of the classical: the end of the beginning, the end of the end' [1984], in *Architecture Theory since 1968*, ed. K. M. Hays, Cambridge, MA; London: MIT Press, pp. 524-38.

——(2006) *Feints*, Milan: Skira.

Eisenman, P., Graves, M., Gwathmey, C., Hejduk J. and Meier R. (1975) *Five Architects: Eisenman, Graves, Gwathmey, Hejduk, Meier*, New York: Oxford University Press.

Ellis, W. (1998) 'Type and context in urbanism: Colin Rowe's contextualism' [1979], in *Oppositions Reader*, ed. M. K. Hays, New York: Princeton Architectural Press, pp. 227-51.

Evans, R. (1997) *Translations from Drawing to Building and Other Essays*, London; Cambridge, MA: MIT Press.

——(2000a) *The Projective Cast: Architecture and its Three Geometries*, London; Cambridge, MA: MIT Press.

——(2000b) 'In front of lines that leave nothing behind' [1984], in *Architecture Theory since 1968*, ed. K. M. Hays, Cambridge, MA; London: MIT Press, pp. 480-9.

Fiedler, L. (1971) 'The death of avant-garde literature', *The Collected Essays of Leslie Fiedler*, vol. II, New York: Stein & Day, pp. 454-61.

Florida, R. (2002) *The Rise of the Creative Class: and How it's Transforming Work, Leisure, Community and Everyday Life*, New York: Basic Books.

Forty, A. (2000) *Words and Buildings: A Vocabulary of Modern Architecture*, London: Thames and Hudson.

Foster, H. (1996) *The Return of the Real*, Cambridge, MA; London: MIT Press.

——(ed.) (1998) *The Anti-Aesthetic: Essays on Postmodern Culture*, New York: New Press.

——(2001) 'Bigness', *London Review of Books*, vol. 23, no. 23, 29 November. <http://www.lrb.co.uk/v23/n23/fost01_.html>(2010년 9월 접속)에서 볼 수 있음.

——(2003) 'On the first pop age', *New Left Review* 19, January-February. <http://newleftreview.org/?view=2434>(2010년 9월 접속)에서 볼 수 있음.

Foucault, M. (1979) *Discipline and Punish: The Birth of the Prison*, trans. A. Sheridan, London: Penguin Books.

Frampton, K. (1969) 'Labour work & architecture', in *Meaning in Architecture*, eds C. Jencks and G. Baird, London: Barrie and Rockliff, pp. 151-67.

——(1975) 'Criticism', *Lotus 9*, Feb, pp. 231-4.

——(1992) *Modern Architecture: A Critical History*, London: Thames and Hudson.

——(1998) 'Industrialization and the crisis in architecture' [1973], in *Oppositions Reader*, ed. M. K. Hays, New York: Princeton Architectural Press, pp. 39-63.

——(2001) 'The English crucible', paper delivered at the expert meeting *Team 10, the English Context*, Delft, November. <http://www.team10online.org/research/papers/delft2/boyer.pdf>(2010년 9월 접속)에서 볼 수 있음.

Franks, B. (2000) 'New Right/New Left: an alternative experiment in freedom', in

Non-Plan: Essays on Freedom, Participation and Change in Modern Architecture and Urbanism, eds J. Hughes and S. Sadler, Oxford: Architectural Press, pp. 37-43.

Friedman, M. (1953) *Essays in Positive Economics*, Chicago; Cambridge: University of Chicago Press and University of Cambridge Press.

——(1962) *Capitalism and Freedom*, Chicago: University of Chicago.

Fukuyama, F. (1992) *The End of History and the Last Man*, London: H. Hamilton.

Gablik, S. (2004) *Has Modernism Failed?* [1984], 2nd edn, London, Thames & Hudson.

Gans, H. (1962) *The Urban Villagers: Group and Class in the Life of Italian-Americans*, New York: Free Press of Glencoe.

Gautier, T. (1987) 'Preface to Mademoiselle de Maupin' [1835], in *Art in Theory 1815-1900*, trans. J. Murphy, eds C. Harrison, P. Wood and J. Gaiger, London: Blackwell Publishers, pp. 96-100.

Gehry, F. (2003) *El Crouis 117*, Frank Gehry from A to Z, 1996-2003.

Giedion, S. (1982) *Space, Time and Architecture: The Growth of a New Tradition* [1941], 5th edn, Cambridge, MA: Harvard University Press.

Glancey, J. (2004) 'Life after carbuncles', The *Guardian*, Monday 17 May. <http://www.guardian.co.uk/artanddesign/2004/may/17/architecture.regeneration>(2010년 1월 1일 접속)에서 볼 수 있음.

Goodman, N. (1976) *Languages of Art*, New York: Heckett.

Graafland, A. (1986) 'Esthetisch materiaal', *Esthetisch vertoog en ontwerp: Theorie en methode van betekenisverlening in architectuur en kunst*, Nijmegen: Sun, pp. 115-29.

——(2007) 'Urban mapping: tactical games or critical theories', MVRDV/DSD, *SpaceFighter: The Evolutionary City (Game:)*, Barcelona; New York: Actar, pp. 94-127.

Graafland, A. and de Haan, J. (1996) 'A conversation with Rem Koolhaas', in *The Critical Landscape*, ed. M. Speaks, Rotterdam: 010 Publishers, pp. 218-36.

Grabow, S. (1983) *Christopher Alexander: The Search for a New Paradigm in Architecture*, Boston; London: Oriel Press.

Grafe, C., Maaskant, M. and Stuhlmacher, M. (eds) (2005) *OASE 67*, After the party: Dutch architecture 2005. Rotterdam: NAI Publishers.

Graves, M. (1990) *Buildings and Projects*, 1982-1989, New York: Princeton Architectural

Press.

Greenberg, C. (1989) *Art and Culture: Critical Essays* [1961], Boston: Beacon Press.

Gregotti, V. (1966) *Il Territorio dell' Architettura*, Milan: Feltrinelli.

Gruppo 7 (1981) 'The rationalist manifesto' [1931], Profile 32: From Futurism to Rationalism, *Architectural Design*, vol. 51, 1/2, p. 43.

Guglielmi, A. (1964) *Avanguardia e sperimentalismo*, Milan: Feltrinelli.

Habermas, J. (1987) *The Philosophical Discourse of Modernity: Twelve Lectures* [1985], trans. F. Lawrence, Cambridge: Polity & Basil Blackwell.

——(1998) 'Modernity - an incomplete project' [1980], in *The Anti-Aesthetic: Essays on Postmodern Culture*, ed. H. Foster, New York: New Press, pp. 1-15.

——(2002) 'Modern and postmodern architecture' , in *Rethinking Architecture: A Reader in Cultural Theory*, ed. N. Leach, London; New York: Routledge, pp. 227-35.

——(2005) *Legitimation Crisis* [1973], trans. T. M. McCarthy, Boston: Beacon Press.

Hall, S. (1980) 'Cultural studies: two paradigms' , *Media, Culture and Society*, vol. 2, pp. 57-62.

Harvey, D. (1992) *The Condition of Postmodernity* [1989], Cambridge, MA; Oxford: Blackwell.

Hastings, H. de C. (1945) 'Programme for the City of London' , *The Architectural Review*, June, pp. 158-84.

Hayek, F. von (1960) *The Constitution of Liberty*, London: Routledge & Kegan Paul.

——(1991) *The Road to Serfdom* [1944], London: Routledge.

Hays, K. M. (1984) 'Critical architecture: between culture and form' , *Perspecta 21: The Yale Architectural Journal*, Cambridge, MA: MIT Press, pp. 14-29.

——(1992) *Modernism and the Posthumanist Subject: The Architecture of Hannes Mayer and Ludwig Hilberseimer*, Cambridge, MA; London: MIT Press.

——(2003) 'The autonomy effect' , in *Bernard Tschumi*, ed. G. Damiani, New York: Rizzoli, pp. 7-16.

Heidegger, M. (2002) 'Building, dwelling, thinking' , in *Rethinking Architecture: A Reader in Cultural Theory*, ed. N. Leach, London; New York: Routledge, pp 100-09; also published in *(1975) Poetry Language Thought*, trans. A. Hofstadter, New York: Harper & Row, pp. 143-63.

Hejduk, J. (1985) *Mask of Medusa: Works 1947-1983*, New York: Rizzoli.

——(1987) *The Collapse of Time and Other Diary Constructions*, London: Architectural

Association.
——(1989) *Riga, Vladivostok, Lake Baikal:* A Work, New York: Rizzoli.
——(2002) *Sanctuaries: The Last Words of John Hejduk*, ed. K. M. Hays, New York: Whitney Museum of Art.
Heuvel, D. van den (2002) 'As found: the metamorphosis of the everyday', *OASE*, no. 59, pp. 52-67.
Hewison, R. (1990) *Future Tense: A New Art for the Nineties*, London: Methuen.
——(1995) *Culture and Consensus: England, Art and Politics since 1940*, London: Methuen.
Heynen, H. (1999) *Architecture and Modernity: A Critique*, Cambridge, MA; London: MIT Press.
Highmore, B. (ed.) (2002) *The Everyday Life Reader*, London; New York: Routledge.
——(2003) 'Between modernity and the everyday: Team X', paper delivered at the *Team 10: Between Modernity and the Everyday Conference*, Delft, June 2003. <http://www.team10online.org>(2010년 9월 접속)에서 볼 수 있음.
Holl, C. (2005) *State Gallery Stuttgart,* Die Neuen Architecturfuhrer Nr. 72, Berlin: Stadwandel Verlag.
Howe, I. (1971) *Decline of the New*, London: Gollancz.
Huet, B. (2000) 'Formalism - Realism' [1977], in *Architecture Theory since 1968*, ed. K. M. Hays, Cambridge, MA; London: MIT Press, pp. 254-60.
Hughes, R. (1979) 'Doing their own thing', *Time Magazine*, 8 January 1979. <http://www.time.com/time/magazine/article/0,9171,919959,00.html>(2010년 9월 18일 접속)에서 볼 수 있음.
——(1991) 'Trouble in utopia', *The Shock of the New: Art and the Century of Change* [1980], London: Thames and Hudson, pp. 154-211.
Huizinga, J. (1970) *Homo Ludens: A Study of the Play Element in Culture*, London: Paladin.
Huxtable, A. L. (1981) 'The troubled state of modern architecture', *Architectural Design*, vol. 51, 1/2, pp. 9-17.
The Institute for Architecture and Urban Studies (1971) 'The Institute for Architecture and Urban Studies', *Casabella*, nos. 359.360, pp. 101-2.
Jacobs, J. (1972) *The Death and Life of Great American Cities* [1961], London: Penguin Books.
Jameson, F. (1985) 'Architecture and the critique of ideology', in *Architecture,*

Criticism, Ideology, ed. J. Ockman, Princeton, NJ: Princeton Architectural Press, pp. 51-87.

——(1988) 'Cognitive mapping', in *Marxism and the Interpretation of Culture*, eds C. Nelson and L. Grossberg, Urbana, IL: University of Illinois Press, pp. 347-57.

——(2003) 'Future city', *New Left Review*, vol. 21, May-June, pp. 65.79. <http://www.newleftreview.org/?page=article&view=2449>(2010년 9월 접속)에서 볼 수 있음.

——(2005) *Postmodernism, or, The Cultural Logic of Late Capitalism* [1991], Durham, NC: Duke University Press.

——(2007) *Archaeologies of the Future: The Desire Called Utopia and Other Science Fictions*, London; New York: Verso.

——(2009) 'Culture and finance capital', *The Cultural Turn: Selected Writings on the Postmodern, 1983-1998*, London: Verso, pp. 136-61.

Jay, M. (1984) *Marxism and Totality: The Adventures of a Concept from Lukács to Habermas*, Berkeley, LA: University of California Press.

Jencks, C. (1969a) 'History as myth', in *Meaning in Architecture*, eds C. Jencks, and G. Baird, London: Barrie and Rockliff, pp. 245-65.

——(1969b) 'Preface', in *Meaning in Architecture*, eds C. Jencks and G. Baird, London: Barrie and Rockliff, pp. 7-8.

——(1969c) 'Semiology and architecture', in *Meaning in Architecture*, eds C. Jencks and G. Baird, London: Barrie and Rockliff, pp. 11-25.

——(1973) *Modern Movements in Architecture*, Harmondsworth, Middlesex: Pengiun Books.

——(1975) 'The rise of post-modern architecture', *Architectural Association Quarterly*, vol. 7, no. 4, October/December, pp. 3-14.

——(1977) *The Language of Post-Modern Architecture*, London: Academy Editions.

——(ed.) (1988) 'Deconstruction in architecture', *Architectural Design* Profile 72, vol. 58, 3/4, pp. 1-81.

Johnson, P. (1999) 'The seven crutches of modern architecture' [1954], in *Theories and Manifestoes of Contemporary Architecture*, eds C. Jencks and K. Kropf, London: Academy Editions, p. 209.

Johnson, P. and Wigley, M. (eds) (1988) *Deconstructivist Architecture*, New York: Museum of Modern Art.

Kahneman, D., Slovic. P. and Tversky, A. (1982) *Judgement under Uncertainty:*

Heuristics and Biases, Cambridge, MA: Cambridge University Press.

Kaminer, T. (2003) 'The end of the crisis', unpublished thesis, London: The Bartlett University College London.

Kant, I. (1964) *The Moral Law: Kant's Groundwork of the Metaphysic of Morals*, London: Hutchinson University Library, pp. 80-120.

——(1996) *Critique of Pure Reason*, Indianapolis, IN; Cambridge: Hackett Publishing.

——(1997) 'Art and genius', in *Aesthetics*, eds S. Feagin and P. Maynard, Oxford; New York: Oxford University Press, pp. 180-92.

——(2008) *The Critique of Judgement*, Charleston, SC: BiblioBazaar.

Kaprow, A. (1996) *The Blurring of Art and Life* [1993], Berkeley; London: University of California Press.

Karol, K. S. (1980) 'The tragedy of the Althussers', *New Left Review*, I/124, November-December, pp. 93-5.

Kaufmann, E. (1933) *Von Ledoux bis Le Corbusier: Ursprung und Entwicklung der Autonomen Architecktur*, Vienna: Passer.

——(1952) *Three Revolutionary Architects: Boullée, Ledoux and Lequeu*, Philadelphia, PA: The American Philosophical Society.

——(1968) *Architecture in the Age of Reason: Baroque and Post-Baroque in England, France, and Italy* [1955], New York: Dover.

KEA (2006) 'The economy of culture in Europe', European Commission study. <http://ec.europa.eu/culture/eac/sources_info/studies/economy_en.html>(2010년 9월 접속)에서 볼 수 있음.

Kelly, M. (ed.) (1998) *Encyclopedia of Aesthetics*, vol. 1-4, New York: Oxford University Press.

King, I. E. (1993) 'Christopher Alexander and contemporary architecture', *Architecture and Urbanism*, special issue, August.

Kipnis, J. (1993) 'Towards a new architecture', *Architectural Design* Profile 102, Folding Architecture, pp. 41-9.

Kipnis, J. and Johnson, P. (1997) 'A conversation around the avant-garde', in *Autonomy and Ideology: Positioning an Avant-Garde in America*, ed. R. Somol, New York: Monacelli Press, pp. 40-7.

Koetter, F. (1998) 'On Robert Venturi, Denise Scott Brown, and Steven Izenour's Learning from Las Vegas' [1974], in *Oppositions Reader*, ed. M. K. Hays, New

York: Princeton Architectural Press, pp. 654-9.

Koolhaas, R. (1988) 'Sixteen years of OMA', *Architecture and Urbanism*, no. 217, October: 16-17.

——(1994) *Delirious New York: A Retroactive Manifesto for Manhattan* [1978], Rotterdam: 010 Publishers.

——(1996) 'Regrets?', *Grand Street* no. 57: Dirt, Summer, pp. 137-8.

——(2002) 'Junkspace', October, 100, Spring, pp. 175-90; reprinted in OMA/AMO, and Koolhaas, R. (2004) *Content*, Cologne: Taschen, pp. 162-71.

Koolhaas, R., OMA, and Mau, B. (1996) *S, M, L, XL*, New York: Monacelli Press.

Koolhaas, R., Boeri, S., Kwinter, S., Tazi, N. and Obrist, H. U. (eds) (2001) *Mutations*, Barcelona: Actar.

Koolhaas, R., Zenghelis, E., Vriesendorp, M. and Zenghelis, Z. (2005) 'Exodus, or the voluntary prisoners of architecture' [1972], in *Exit Utopia: Architectural Provocations 1956-1976*, eds M. van Schaik and O. Macel, Munich; Berlin; London; New York: Prestel & IHAAU TU Delft, pp. 236-53.

Korsch, K. (2008) *Marxism and Philosophy* [1923], trans. F. Halliday, New York; London: Monthly Review Press.

Krier, L. (1977) 'The city within the city', *A+U* special issue, November, pp. 69-152. <http://zakuski.math.utsa.edu/krier/city.html>(2010년 9월 접속)에서 볼 수 있음.

——(1980) *Drawings 1967-1980*, Brussels: Archives d' Architecture Moderne.

——(ed.) (1985) *Albert Speer: Architecture, 1932-1942*, Brussels: Archives d' architecture moderne.

——(1998) 'Vorwärts, Kameraden, wir müssen zurück (Forward, Comrades, we must go back)' [1981], in *Oppositions Reader*, ed. M. K. Hays, New York: Princeton Architectural Press, pp. 400-11.

——(1999) 'Building and architecture' [1984], in *Theories and Manifestoes of Contemporary Architecture*, eds C. Jencks and K. Kropf, London: Academy Editions, p. 182.

——(2005) 'Looking back without anger', in *Exit Utopia: Architectural Provocations 1956-76*, eds M. van Schaik and O. Macel, Munich; Berlin; London; New York: Prestel, pp. 309-14.

Kristol, I (1971) '"When virtue loses all her loveliness" - some reflections on capitalism and "the free society"', in *Capitalism Today*, eds D. Bell and I. Kristol, New

York: National Affairs, pp. 13-26.

Krugman, P. (2009) 'How did economists get it so wrong?' , *New York Times*, September 2. <http://www.nytimes.com/2009/09/06/magazine/06Economic-t.html?hpw>(2010년 9월 접속)에서 볼 수 있음.

Lang, L., Menking, W. (eds) (2003) *Superstudio: Life Without Objects*, Milan: Skira.

Leach, A. (2006) 'The conditional autonomy of Tafuri' s historian' , *OASE*, no. 69, pp. 14-28.

Le Corbusier (1970) *Towards a New Architecture*, trans. F. Etchells, London: Architectural Press.

——(1991) *Precisions on the Present State of Architecture and City Planning* [1930], Cambridge, MA: MIT Press.

Lee, P. (2004) *Chronophobia: On Time in the Art of the 1960s*, Cambridge, MA; London: MIT Press.

Lefebvre, H. (2000) *Everyday Life in the Modern World* [1971], trans. S. Rabinovitch, London: Athlone.

——(2002) *The Critique of Everyday Life, Vol. II: Foundations for a Sociology of the Everyday* [1961], trans. J. Moore, London; New York: Verso.

——(2005) *The Critique of Everyday Life, Vol. III: From Modernity to Modernism (Towards a Metaphilosophy of Daily Life)* [1981], trans. G. Elliott, London; New York: Verso.

——(2008) *The Critique of Everyday Life, Vol. I: Introduction* [1947], trans. J. Moore, London; New York: Verso.

Lévi-Strauss, C. (1966) *The Savage Mind* [1962], Chicago: Chicago University Press.

Lewis H. and O' Connor, J. (1994) *Philip Johnson: The Architect in His Own Words*, New York: Rizzoli.

LeWitt, S. (2000) 'Sentences on conceptual art' [1969], in *Conceptual Art: A Critical Anthology*, eds A. Alberro and B. Stimon, Cambridge, MA; London: MIT Press, pp. 106-8.

Libeskind, D. (1983) *Chamber Works: Architectural Meditations on Themes from Heraclitus*, London: Architectural Association.

——(1991) 'Countersign' , *Architectural Monographs no. 16*, London: Academy Editions.

——(1999) *Jewish Museum Berlin: Between the Lines*, Munich; London: Prestel.

Lichtenstein, C. and Schregenberger, T. (eds) (2001) *As Found: The Discovery of the*

Ordinary, Baden, Germany: Lars Muller.

Lipovetsky, G. (1994) 'May ' 68 or the rise of transpolitical individualism' , in *New French Thought*, ed. M. Lilla, Princeton, NJ: Princeton University Press, pp. 212-9.

Lippard, L. R. and Chandler, J. (2000) 'The dematerialization of art' [1968], in *Conceptual Art: A Critical Anthology*, eds A. Alberro and B. Stimon, Cambridge, MA; London: MIT Press, pp. 46-50.

Loos, A. (1962) 'Ornament und Erziehung' [1924], in *Sämtliche Schriften*, vol. 1, ed. F. Gluck, Vienna; Munich: Herold Verlag, pp. 391-8.

——(2008) 'Regarding economy' [1924], in *Raumplan versus Plan Libre: Adolf Loos and Le Corbusier, 1919-1930*, trans. F. R. Jones, ed. M. Risselada, Rotterdam: 010 Publishers, pp. 173-7.

Lootsma, L. (1998) 'Interview with Rem Koolhaas' , *Domus* 800, pp. 40-1.

——(1999) 'Now switch off the sound and reverse the film: Koolhaas, Constant, and Dutch culture in the 1960s' , *Hunch*, No. 1, pp. 152-73.

——(2000) *Superdutch: New Architecture in the Netherlands*, London: Thames & Hudson.

Lotringer, S. and Marazzi, C. (eds) (2007) *Autonomia: Post-Political Politics* [c1979], New York; Los Angeles: Semiotext(e).

Lubow, A. (2006) 'The China syndrome' , *New York Times Magazine*, May 21st. <http://select.nytimes.com/gst/abstract.html?res=F00C17FC3E5A0C728EDDAC0894DE404482> (2010년 9월 10일 접속)에서 볼 수 있음.

Lukács, G. (1971) *History and Class Consciousness: Studies in Marxist Dialectics* [1923], trans. R. Livingstone, Cambridge, MA: MIT Press.

Lynch, K. (1960) *The Image of the City*, Cambridge, [Mass.]; London: MIT Press.

Lynn, G. (1999) *Animate Form*, New York: Princeton Architectural Press.

Maas, W., Rijs, J. van, and Koek, R. (eds) (1998) *FARMAX: Excursions on Density*, Rotterdam, 010 Publishers.

Maas, W., Rijs, J. van, and Vries, N. de (eds) (1999) *Metacity Datatown*, Rotterdam: 010 Publishers.

MacEwen, M. (1974) *Crisis in Architecture*, London: RIBA Publications.

McLennan, G., Molina, V. and Peters, R. (1977) 'Althusser' s theory of ideology' , Centre for Contemporary Cultural Studies, *On Ideology*, London: Hutchinson, pp. 77-105.

McLeod, M. (2000) 'Architecture and politics in the Reagan era: from postmodernism to deconstructivism' [1989], in *Architecture Theory since 1968*, ed. K. M. Hays, Cambridge, MA; London: MIT Press, pp. 680-702.

Mandel, E. (1975) *Late Capitalism* [1972], trans. J. De Bres, London: NLB.

Martin, L. (1990) 'Transpositions: on the intellectual origins of Tschumi' s architectural theory,' *Assemblage*, No. 11, pp. 23-37.

Marx, K. (2003a) 'Economic and philosophical manuscripts' [1844], in *Selected Writings*, 2nd ed., ed. D. McLellan, Oxford; New York: Oxford University Press, pp. 83-121.

—— (2003b) 'The fetishism of commodities' [1856], in *Selected Writings*, 2nd ed., ed. D. McLellan, Oxford; New York: Oxford University Press, pp. 472-82.

—— (2003c) 'The poverty of philosophy' [1847], in *Selected Writings*, 2nd ed., ed. D. McLellan, Oxford; New York: Oxford University Press, pp. 212-33.

Maxwell, R. (1977) 'Architecture, language and process, Tafuri/Culot/Krier: the pleasure of architecture' , *Architectural Design*, vol. 47, no. 3, pp. 190-9.

Meier, M. (1999) *Building the Getty,* Berkeley, CA; London: University of California Press.

Merleau-Ponty, M. (1992) 'From Mauss to Claude Lévi-Strauss' , in *Signs* [1960], trans. R. C. McCleary, Evanston, IL: Northwestern University Press, pp. 114-25.

Mertins, D. (1997) 'System and freedom: Sigfried Giedion, Emil Kaufmann, and the constitution of architectural modernity' , in *Autonomy and Ideology: Positioning an Avant-Garde in America*, ed. R. Somol, New York: Monacelli Press, pp. 212-31.

Moneo, R. (1998) 'Aldo Rossi: the idea of architecture and the Modena Cemetery' [1976], in *Oppositions Reader*, ed. M. K. Hays, New York: Princeton Architectural Press, pp. 105-25.

Morel, P. (2003) 'We're all experts now' , in *Reading MVRDV*, ed. V. Patteeuw, Rotterdam: NAI Publishers, pp. 122-35.

Münch, R. (1988) *Understanding Modernity: Toward a New Perspective Going Beyond Durkheim and Weber*, London; New York: Routledge.

MVRDV (2002) 'MVRDV files: projects 002-009' , *Architecture and Urbanism*, November, special issue.

—— (2003) MVRDV 1991-2002, *El Croquis*, 86+111.

MVRDV, DSD (2007) *SpaceFighter: The Evolutionary City (Game:)*, Barcelona; New York: Actar.

Negri, A. (2003) 'Keynes and the capitalist theory of the state' [1972], in *Labor of Dionysus: A Critique of State-Form*, eds M. Hardt and A. Negri, Minneapolis, MN: University of Minnesota Press, pp. 23-51.

Norberg-Schulz, C. (1963) *Intentions in Architecture*, London: Allen and Unwin.

——(1969) 'Meaning in architecture' , in *Meaning in Architecture,* eds C. Jencks and G. Baird, London: Barrie and Rockliff, pp. 214-29.

——(1980) *Genius Loci: Towards a Phenomenology of Architecture*, New York: Rizzoli.

Obrist, H. U. (1999) 'Cultivating urban emptiness' , *Artorbit,* issue 4, February. <http://artnode.se/artorbit/issue4/i_koolhaas/i_koolhaas.html>(2010년 9월 10일 접속)에서 볼 수 있음.

Obrist, H. U. and Koolhaas, R. (2001) 'An interview with Denise Scott Brown and Robert Venturi' , in *Project on the City 2: Harvard Design School Guide to Shopping*, (eds) C. J. Chung, J. Inaba, R. Koolhaas, S. T. Leong Koln, Germany; London: Taschen, pp. 593-617.

Ockman, J. (ed.) (1993) *Architecture Culture, 1943-1968: A Documentary Anthology*, New York: Rizzoli & Columbia Books of Architecture.

Oechslin, W. (1981a) 'From Piranesi to Libeskind - explaining by drawing' , *Diadalos*, vol. 1, pp. 15-19.

——(1981b) 'Geometry and line. The Vitruvian "science" of architectural drawing' , *Diadalos*, vol. 1, pp. 20-35.

OMA/AMO, and Koolhaas, R. (2004) *Content*, Cologne: Taschen.

Panofsky, E. (1968) *Idea: A Concept in Art Theory* [1924], trans. J. J. S. Peake, New York; London: Harper & Row.

——(1993) *Meaning in the Visual Arts* [1955], London; New York: Penguin Books.

——(2005a) *Gothic Architecture and Scholasticism* [1951], Latrobe: Archabby Publications.

——(2005b) *Perspective as Symbolic Form* [1927], trans. C. S. Wood, New York: Zone Books.

Papadakis, A. (ed.) (1993) *Theory + Experimentation: An Intellectual Extravaganza*, London: Academy Editions.

Papadakis, A. C. (ed.) (1988) 'Deconstruction in architecture' , *Architectural Design*, Profile 72, vol. 58, no. 3/4.

—— (ed.) (1977) 'Post-Modernism' , *Architectural Design*, Profile 4, vol. 47, no. 4.

Pawley, M., Tschumi, B. (1971) 'The Beaux-Arts since ' 68' , *Architectural Design*, vol. 9, pp. 533-66.

Pérez Gómez, A. (1983) *Architecture and the Crisis of Modern Science*, Cambridge, MA: MIT Press.

Pevsner, N. (1973) *Academies of Art, Past and Present*, New York: Da Capo Press.

Poggioli, R. (1968) *The Theory of the Avant-Garde*, London; Cambridge, MA: Belknap.

Pogrebin, R. (2008) 'The lords of Dumbo make room for the arts, at least for the moment' , *New York Times*, March 6. <http://www.nytimes.com/2008/03/06/arts/design/06dumb.html?pagewanted=all>(2010년 9월 10일 접속)에서 볼 수 있음.

Portoghesi, P. (1980) 'The end of prohibitionism' , in *The Presence of the Past: First International Exhibition of Architecture*, La Biennale di Venezia 1980, eds Cellini, F., D' Amato, C., De Bonis, A. and Farina, P., Venice: Edizioni La Biennale di Venezia, pp. 9-13.

Price, C. (1969) 'Non-Plan' , *Architectural Design*, May, vol. 39, pp. 269-73.

Prince of Wales, '150th anniversary of the RIBA speech' , 29 May 1984. <http://www.princeofwales.gov.uk/speechesandarticles/a_speech_by_hrh_the_prince_of_wales_at_the_150th_anniversary_1876801621.html>(2010년 1월 1일 접속)에서 볼 수 있음.

Roberts, J. (2006) *Philosophizing the Everyday: Revolutionary Praxis and the Fate of Cultural Theory*, London; Ann Arbor: Pluto Press.

Ross, K. (2002) *May 68 and its Afterlives*, Chicago; London: University of Chicago Press.

Rossi, A. (1958) 'Emil Kaufmann e l' architettura dell' Illuminismo' , *Casabella continuità*, 222, pp. 43-6.

—— (1985) *Buildings and Projects*, New York: Rizzoli.

—— (1991) *The Architecture of the City* [1966], trans. D. Ghirardo and J. Ockman, Cambridge, MA; London: MIT Press.

—— (2000) 'Cemetery of San Cataldo, Modena' [1971], in *Architecture Theory since 1968*, ed. K. M. Hays, Cambridge, MA; London: MIT Press, pp. 68-9.

Rowe, C. (1975) 'Introduction' , *Five Architects: Eisenman, Graves, Gwathmey, Hejduk, Meier*, New York: Oxford University Press, pp. 3-7; also published as (2000) 'Introduction to Five Architects' , in Architecture Theory since 1968, ed. K. M. Hays, Cambridge, MA; London: MIT Press, pp. 72-84.

——(1987) *The Mathematics of the Ideal Villa and Other Essays*, Cambridge, MA; London: MIT Press.

——(1996) *While I Was Saying: Recollections and Miscellaneous Essays I-III*, Cambridge, MA; London: MIT Press.

——(1998) 'Robert Venturi and the Yale Mathematics Building' [1976], in *Oppositions Reader*, ed. K. M. Hays, New York: Princeton Architectural Press, pp. 145-53.

Rowe, C. and Koetter, F. (1983) *Collage City* [1978], Cambridge, MA: MIT Press.

Rykwert, J. (1974) 'XV Triennale', *Domus*, 530, pp. 1-15.

——(1980) *The First Moderns: The Architects of the Eighteenth Century*, Cambridge, MA; London: MIT Press.

Samonà, G., de Giorgi G., Muntoni, A., Pazzaglini, M. (1977) *Il Dibattito Architettonico in Italia 1945-1975*, Rome: Bulzoni.

Scalbert, I. (2003) 'Architecture at the end of history', in *Reading MVRDV*, ed. V. Patteeuw, Rotterdam: NAI Publishers, pp. 64-71.

Schaik, M. van and Macel, O. (eds) (2005) *Exit Utopia: Architectural Provocations 1956-76*, Munich; Berlin; London; New York: Prestel.

Schiller, F. (2004) *On the Aesthetic Education of Man*, trans. R. Snell, Mineola, NY: Dover Publications.

Schneider, B. (1981) 'Perspective refers to the viewer, axonometry refers to the object', *Diadalos*, vol. 1, pp. 81-95.

Schrijver, L. (2006) 'The archipelago city: piecing together collectivities', *OASE*, 71: Urban Forms and Collective Spaces, pp. 18-36.

——(2009) *Radical Games: Popping the Bubble of 1960s Architecture*, Rotterdam: NAI Publishers.

Schultze, F. (1994) *Philip Johnson: Life and Work*, New York: A. A. Knopf.

Schumacher, T. (1971) 'Contextualism: urban ideals and deformations', *Casabella*, no. 359-360, pp. 79-86.

Scolari, M. (2000) 'The new architecture and the avant-garde' [1973], in *Architecture Theory since 1968*, ed. K. M. Hays, Cambridge, MA; London: MIT Press, pp. 126-45.

——(2007) 'Crossing architecture', *Log 9*, Winter/Spring, pp. 13-27.

Scott Brown, D. (1971a) 'Learning from pop', *Casabella*, no. 359-360, pp. 15-24.

——(1971b) 'Reply to Frampton', *Casabella*, no. 359-360, pp. 41-6.

Scully, V. (1977) 'Introduction', in *Complexity and Contradiction in Architecture* [1966], 2nd edn, New York: The Museum of Modern Art, pp. 9-12.

Scürkamp, B. (2006) 'New York, New York . . . Rem Koolhaas and Joseph Beuys - two Europeans and their interventions in the 70s generic city', in *The Body in Architecture*, ed. D. Hauptmann, Rotterdam: 010 Publishers, pp. 363-83.

SDS (Students for a Democratic Society) (1962) *Port Huron Statement*. <http://coursesa.matrix.msu.edu/~hst306/documents/huron.html>(2010년 9월 10일 접속)에서 볼 수 있음.

Sennett, R. (2006) *The Culture of New Capitalism*, London; New Haven: Yale University Press.

Shane, G. (1976) 'Contextualism', *Architectural Design*, November, pp. 676-7.

Sigler, J. (2000) 'Interview with Rem Koolhaas', *Index Magazine*. <www.indexmagazine.com/interviews/rem_koolhaas.shtml>(2010년 9월 10일 접속)에서 볼 수 있음.

Simmel, G. (2002) 'The Metropolis and mental life' [1903], in *Rethinking Architecture: A Reader in Cultural Theory*, ed. N. Leach, London; New York: Routledge, pp. 69-79.

——(2003) *The Philosophy of Money* [1907], 3rd edn, trans. T. Bottomore, D. Frisby and K. Mengelberg, London; New York: Routledge.

Smith, K. (1924) *Prolegomena to an Idealist Theory of Knowledge*, London: Macmillan.

Smith, N. (2008), 'The evolution of gentrification', in *Houses in Transformation: Interventions in European Gentrification*, eds J. J. Berg, T. Kaminer, M. Schoonderbeek and J. Zonneveld, Rotterdam: NAI Publishers, pp. 15-26

Smithson, A. (ed.) (1965) *Team 10 Primer*, London, MIT Press.

——(2001) *As in Ds: The Eye on the Road* [1983], Baden: Lars Muller.

Smithson, A. and Smithson, P. (1956) 'But to-day we collect ads', *Ark*, vol. 18, pp. 49-50.

——(1957) 'Thoughts in Progress: the New Brutalism', *Architectural Design*, April, pp. 111-3.

Somol, R. and Whiting, S. (2002) 'Notes around the Doppler effect and other moods of modernism', *Perspecta 33: The Yale Architectural Journal*, pp. 72-7.

Sorkin, A. R. (2008) 'A "bonfire" returns as heartburn', *New York Times*, 24 June 2008. <http://dealbook.blogs.nytimes.com/2008/06/24/a-bonfire-returns-as-heartburn/index.html?hp>(2010년 9월 10일 접속)에서 볼 수 있음.

Sorkin, M. (2001) *Some Assembly Required*, Minneapolis, MN; London: University of Minnesota Press.

——(2002) 'Design Inc.' , *Harvard Design Magazine*, Fall/Winter, pp. 4-9.

St. John Wilson, C. (1992) *Architectural Reflections: Studies in the Philosophy and Practice of Architecture*, Oxford: Butterworth Architecture.

Stern, R. (1977) 'America now: drawing towards a more modern architecture' , *Architectural Design*, vol. 47, no. 6, pp. 381-3.

——(2000) 'Gray architecture as post-modernism, or, up and down from orthodoxy' [1976], in *Architecture Theory since 1968*, ed. K. M. Hays, Cambridge, MA; London: MIT Press, pp. 242-5.

Stirling, J. (1956) 'Ronchamp: Le Corbusier' s Chapel and the crisis of rationalism' , *The Architectural Review*, vol. 119, no. 711, March, pp. 155-61.

——(1990) 'Design philosophy and recent work' , James Stirling, Michael Wilford & Associates, *Architectural Design* Profile 85, vol. 60, 5/6, pp. 6-18.

——(1998) *Writings on Architecture*, Milan: Skira.

Summerson, J. (1993) 'The case for a theory of modern architecture' [1957], in *Architecture Culture, 1943-1968: A Documentary Anthology*, ed. J. Ockman, New York: Rizzoli & Columbia Books of Architecture, pp. 227-36.

Superstudio (1993) 'Invention design and evasion design' [1967], in *Architecture Culture*, 1943-1968: A Documentary Anthology, ed. J. Ockman, New York: Rizzoli & Columbia Books of Architecture, pp. 438-41.

——(2003a) 'Destruction, metamorphosis and reconstruction of the object' [1971], in *Superstudio: Life Without Objects*, eds L. Lang and W. Menking, Milan: Skira, pp. 120-1.

——(2003b), 'The continuous monument: an architectural model for total urbanization' [1969-71], in *Superstudio: Life Without Objects*, eds L. Lang and W. Menking, Milan: Skira, pp. 122-47.

——(2005) 'Five fundamental acts' [1972-73], in *Exit Utopia: Architectural Provocations 1956-76*, eds M. van Schaik and O. Macel, Munich; Berlin; London; New York: Prestel, pp. 191-211.

Tafuri, M. (1975) 'Towards the "socialist city" : research and realisation in the Soviet Union between the NEP and the first five year plan' , *Lotus 9*, February, pp. 216-9.

——(1976) *Architecture and Utopia: Design and Capitalist Development* [1973], trans. B. Luigia La Penta, Cambridge, MA; London: MIT Press.

——(1987) *The Sphere and the Labyrinth: Avant-Gardes and Architecture from Piranesi to the 1970s* [1980], trans. P. d' Acierno and R. Connolly, Cambridge, MA; London: MIT Press.

——(1998) 'L' architecture dans le boudoir: the language of criticism and the criticism of language' [1974], in Oppositions Reader, ed. M. K. Hays, New York: Princeton Architectural Press, pp. 291-316; also published in Hays, K. M. (ed.) (2000) *Architecture Theory Since 1968*, Cambridge, MA; London: MIT Press, pp. 148-73; and in Tafuri, M. (1987) The Sphere and the Labyrinth: *Avant-Garde and Architecture from Piranesi to the 1970s*, Cambridge, MA; London: MIT Press, pp. 267-90.

——(2000) 'Towards a critique of architectural ideology' [1969], in *Architecture Theory since 1968*, ed. K. M. Hays, Cambridge, MA; London: MIT Press, pp. 6-35.

Teyssot, G. (1981) 'Neoclassic and "autonomous" architecture: the formalism of Emil Kaufmann' , *Architectural Design*, vol. 51, 6/7, pp. 24-9.

Touraine, A. (1971) *The Post Industrial Society: Tomorrow' s Social History - Classes, Conflicts, and Culture in the Programmed Society* [1969], trans. L. F. X. Mayhew, New York: Random House.

Trotsky, L. (1973) *Problems of Everyday Life and Other Writings on Culture and Science*, trans. Z. Vergerov, London; New York: Monad Press.

Tschumi, B. (1986) *La Case Vide*, London: Architectural Association.

——(1994) *The Manhattan Transcripts*, London: Academy Editions.

——(1996) *Architecture and Disjunction*, Cambridge, MA; London: MIT Press.

——(1998) 'Architecture and transgression' , in *Oppositions Reader*, ed. M. K. Hays, New York: Princeton Architectural Press, pp. 355-63.

——(2000a) 'The architectural paradox' , in *Architecture Theory since 1968,* ed. M. K. Hays, Cambridge, MA; London: MIT Press, pp. 214-28; originally published as (1975) 'Questions of Space: The Pyramid and the Labyrinth (or the Architectural Paradox)' , *Studio International*, Sep-Oct, pp. 136-42.

——(2000b) *Event-Cities 2*, Cambridge, MA; London: MIT Press.

Ungers, O. M. (1993) 'The city as a work of art' [1963], in *Architecture Culture, 1943-1968: A Documentary Anthology*, trans. L. Widder, ed. J. Ockman, New York: Rizzoli & Columbia Books of Architecture, pp. 362-4.

Vaneigem, R. (2006) *The Revolution of Everyday Life* [1967], trans. D. Nicholson-

Smith, London: Rebel Press.

Venturi, R. (1977) *Complexity and Contradiction in Architecture* [1966], 2nd edn, New York: The Museum of Modern Art.

Venturi, R., Scott Brown, D. and Izenour, S. (1977) *Learning from Las Vegas: The Forgotten Symbolism of Architectural Form* [1972], revised edn, Cambridge, MA; London: MIT Press.

Vesely, D. (1987) 'Architecture and the poetics of representation' , *Diadalos*, no. 25, September, pp. 25-36.

Vidler, A. (1998a) 'The idea of type: the transformation of the academic ideal 1750-1830' [1977], in *Oppositions Reader*, ed. M. K. Hays, New York: Princeton Architectural Press, pp. 439-59.

——(1998b) 'The third typology' [1976], in *Oppositions Reader*, New York: Princeton Architectural Press, pp. 13-16.

——(2006) 'What is a diagram anyway?' , in *Feints*, ed. P. Eisenman, Milan: Skira, pp. 19-27.

——(2008) *Histories of the Immediate Present: Inventing Architectural Modernism*, London; Cambridge, MA: MIT Press.

Vidotto, M. (1997) *Alison + Peter Smithson*, Barcelona: Gustavo Gili.

Violeau, J. L. (1999) 'Utopie: in acts . . .' , in *The Inflatable Moment: Pneumatics and Protest in ' 68*, ed. M. Dessauce, New York: Princeton Architectural Press, pp. 37-59.

——(2007) 'Why and how "to do science" ? On the often ambiguous relationship between architecture and the social sciences in France in the wake of May ' 68' , *Footprint*, issue 1, Autumn, pp. 7-22.

Watkin, D. (1977) *Morality and Architecture: The Development of a Theme in Architectural History and Theory from the Gothic Revival to the Modern Movement*, Oxford: Clarendon.

Weber, M. (2002) *The Protestant Ethic and the Spirit of Capitalism* [1905], 3rd edn, trans. S. Kalberg, Oxford: Blackwell.

Weightman, J. (1973) *The Concept of the Avant-Garde: Explorations in Modernism*, London: Alcove Press.

Wennerberg, T. (2000) 'On humanism and morality: Noam Chomsky Interviewed by Tor Wennerberg' , *Montreal Serai,* vol. 13, no. 3, Autumn. <http://www.chomsky.info/interviews/199811-.htm>(2010년 9월 10일 접속)에서 볼 수 있음.

Welsch, W. (1988) 'Postmoderne fur Alle: die Postmoderne Architektur', *Unsere Potmoderne Moderne*, Weinheim, Germany: VCH, pp. 87-130.

Welter, V. (2003) 'Talking squares - grids and grilles as architectural analytical and communicative tools', paper delivered at the Team 10: Between Modernity and the Everyday Conference, Delft, June. <http://www.team10online.org>(2010년 9월 10일 접속)에서 볼 수 있음.

Wigley, M. (1988) 'Deconstructivist architecture', in *Deconstructivist Architecture*, eds P. Johnson and M. Wigley, New York: Museum of Modern Art, pp. 10-20.

——(1993) *The Architecture of Deconstruction: Derrida's Haunt*, Cambridge, MA; London: MIT Press.

——(1998) *Constant's New Babylon: The Hyper-Architecture of Desire*, Rotterdam: 010 Publishers.

Williams, R. (1983) *Culture and Society*: 1780-1950 [1958], New York: Columbia University Press.

——(2005) *Culture and Materialism*, London; New York: Verso.

Willes, M. H. (1981) '"Rational expectations" as a counterrevolution', in *The Crisis in Economic Theory*, eds D. Bell and I. Kristol, New York: Basic Books, pp. 81-96.

Wittkower, R. (1971) *Architetural Principles in the Age of Humanism* [1949], New York; London: W. W. Norton.

Wolf, G. (2000) 'Exploring the unmaterial world', Wired, issue 8.06, June. <http://www.wired.com/wired/archive/8.06/koolhaas.html>(2010년 9월 10일 접속)에서 볼 수 있음.

Wolfe, T. (1982) *From Bauhaus to Our House*, New York: Washington Square Press; Pocket Books.

Wood, A. W. (2004) *Karl Marx*, 2nd edn, New York; London: Routledge.

Zaera Polo, A. (1992) 'Finding freedoms: conversations with Rem Koolhaas', *El Croquis,* no. 53, OMA/Rem Koolhaas 1987/1992, pp. 6-31.

——(1996) 'A conversation with Rem Koolhaas', *El Croquis*, no. 79, OMA/Rem Koolhaas 1992/1996, pp. 8-25.

——(2005) 'The Hokusai Wave', *Quaderns* 45, April, pp. 77-87.

Zaknic, I. (1985) *Philip Johnson & John Burgee: Architecture 1979-1985*, New York: Rizzoli.

Zenghelis, E. (2005) 'Text and architecture: architecture as text', in *Exit Utopia:*

Architectural Provocations 1956-1976, eds M. van Schaik and O. Macel, Munich; Berlin; London; New York: Prestel & IHAAU TU Delft, pp. 255-62.

Zevi, B. (1981) 'Gruppo 7: The rise and fall of Italian rationalism' , Profile 32: From Futurism to Rationalism, *Architectural Design*, vol. 51, 1/2, pp. 41-3.

Žižek, S. (2002) *Welcome to the Desert of the Real*, London: Verso.

Zukin, S. (1988) *Loft Living: Culture and Capital in Urban Change*, London: Radius-Hutchinson.

찾아보기 Index

ㄱ~ㅎ

작품명 · 전시회명

인명 · 집단명

지은이 **탈 카미너**(Tahl Kaminer)는 영국 바틀렛 건축대학에서 디플로마와 역사이론분야 석사학위를 받았고, 네덜란드 델프트공대 건축대학원에서 박사학위를 받은 후 조교수로 지내다가 영국 에든버러 예술대학 건축조경학부로 옮겨 설계와 이론을 가르쳐오고 있다. 『도시의 비대칭(Urban Asymmetries)』(2011)과 『비판적 도구들(Critical Tools)』(2011), 『변화하는 주택들(Houses in Transformation)』(2008)의 공동 편집자이자 학술저널 『풋프린트(Footprint)』의 창립멤버인 그는 건축학과 건축실무의 사회적 역할에 초점을 두고 건축과 정치경제 및 이데올로기와의 상호영향관계를 탐구하는 한편, 도시변화를 통한 사회개선수단을 연구하는 데 힘쓰고 있다.

옮긴이 **조순익**은 연세대학교에서 건축을 전공하고 전문번역가로 활동해왔다. 건축과 디자인, 예술 및 철학을 위주로 관심분야를 넓혀오다가 어느새 탐독가가 되어 건축 관련 간행물에 서평을 기고하고 있으며, 건축담론의 사회문화적 지평을 넓힐 수 있을 시각을 전하는 데 역점을 두고 있다. 역서로는 『건축의 욕망』(2011)과 『건축과 내러티브』(2010), 『디자인과 건축에서의 디지털 제조』(2010) 등이 있다.

현대성의 위기와 건축의 파노라마

Architecture, Crisis and Resuscitation

2014년 4월 5일 인쇄
2014년 4월 10일 발행

탈 카미너(Tahl Kaminer) 저
조순익 옮김

발행인 김기현
발행처 시공문화사 *Spacetime*
등　록 1993년 3월 12일
주　소 서울시 서대문구 독립문공원길 13 극동프라자 5층
전　화 02) 3147-1212, 2323
전　송 02) 3147-2626
ISBN 978-89-5592-289-9

http://www.spacetime.co.kr
spacetime@korea.com

정가 18,000원